安徽省"十三五"规划教材

U0737047

维修电工实训指导教程

主 编：袁清萍

副主编：陈圣涛 董国贵 贺笃贵

张志宏 余红英

合肥工业大学出版社

图书在版编目(CIP)数据

维修电工实训指导教程/袁清萍主编.—合肥：
合肥工业大学出版社,2022.4
ISBN 978 - 7 - 5650 - 5861 - 5

Ⅰ.①维…　Ⅱ.①袁…　Ⅲ.①电工 - 维修 - 教材
Ⅳ.①TM07

中国版本图书馆 CIP 数据核字(2022)第 053306 号

维修电工实训指导教程

主　编　袁清萍　　　　　　　责任编辑　张择瑞

出　版	合肥工业大学出版社	版　次	2022 年 8 月第 1 版
地　址	合肥市屯溪路 193 号	印　次	2022 年 8 月第 1 次印刷
邮　编	230009	开　本	787 毫米×1092 毫米　1/16
电　话	理工教材编辑部:0551 - 62903204	印　张	22.5
	市 场 营 销 部:0551 - 62903198	字　数	517 千字
网　址	www. hfutpress. com. cn	印　刷	安徽联众印刷有限公司
E-mail	hfutpress@163. com	发　行	全国新华书店

ISBN 978 - 7 - 5650 - 5861 - 5　　　　　　定价: 52.00 元
如果有影响阅读的印装质量问题,请与出版社市场营销部联系调换。

前　言

为贯彻落实国务院印发的《国家职业教育改革实施方案》相关要求,满足新时代职业教育对教材的需求,提高学生职业技能水平,我们组织了教学经验丰富、实践能力强的教师共同对本书进行了修订。

本书自 2010 年出版后,以其鲜明的职业教育特色,科学合理的内容,受到了广大院校教师和学生的欢迎。为了使本书内容紧跟行业需求和技术发展,突出本专业领域的新知识、新工艺和新方法,在保留原教材主体内容与特色的基础上,采用了项目任务式体例编写,内容上遵循"由浅入深,理论够用,突出技能"的原则,删除了直流电动机等相关内容,项目一、项目二及项目六中增加了相关技能训练内容,项目七中的机床维修内容改为目前企业生产常见的机床,使得修订后的教材更具有可操作性和实用性,紧跟企业生产实际,突出实践能力的培养,更好地提高学生的综合职业能力。在编写中还收集了大量生产实用技术,充实和更新生产实际中新知识、新技术、新设备和新材料等方面的内容,吸收和借鉴国内同类教材中的精华部分。

本书项目一、项目四由铜陵职业技术学院袁清萍编写,项目二由铜陵职业技术学院张志宏编写,项目三、项目七由铜陵职业技术学院董国贵编写,项目五由铜陵职业技术学院贺笃贵编写,项目六由芜湖职业技术学院余红英编写,项目八由铜陵职业技术学院陈圣涛编写。全书由袁清萍统稿。

由于编写时间仓促,编者水平有限,书中难免存在错误和不足,敬请广大读者批评指正。本书也是铜陵职业技术学院电气自动化专业教学团队(项目号为 2020jxtd268)的教研成果。

编　　者

2022 年 11 月

目　录

项目一　　电工实训基础知识

【项目目标】

了解电工的作用和任务。

掌握电工安全基本知识及触电急救。

掌握电能的生产、输送和分配。

【知识目标】

掌握电工安全基本知识、触电急救知识及电能的生产、输送和分配。

【技能目标】

学会现场触电急救。

电工的职责是保证工厂中拖动各类生产机械运动的各种类型电动机及其电气控制系统和生产、生活照明系统的正常运行,这对提高劳动生产率和安全生产都具有重大作用。

电工的任务主要有以下几方面:

(1)照明线路和照明装置的安装。

(2)动力线路和驱动部件的安装。

(3)生产机械的电气控制线路的安装。

(4)根据现代设备的要求,按照预防为主、修理为辅的原则降低故障发生率,进行改进性的维修。

(5)对各种电气线路、电气设备、电动机进行日常的保养、检查和维修。

(6)保证工厂中拖动各类生产机械运动的交、直流电动机及其电气控制系统和生产、生活照明系统的正常运行。

本项目主要介绍电工的作用和任务、安全用电、触电急救及电能的传输等,这部分内容是作为电工必须掌握的。

任务一　安全用电及触电急救

人体触电时,所承受的电压越低,通过人体的电流就越小,触电伤害就越轻。当电压低到某一定值以后,对人体就不会造成伤害。在不带任何防护设备的条件下,当人体接触带电体时对各部分组织(如皮肤、神经、心脏、呼吸器官等)均不会造成伤害的电压值,叫安全电压。根据场合不同,规定 36V 以下、24V 以下、12V 以下三个安全电压等级。当人体触及安全电压以上的带电体时,就会对人体造成不同程度的伤害。

知识链接1　触电种类及方式

(一)触电种类

人体触电时电流对人体的伤害有两种:电击和电伤。

电击是指电流通过人体内部时对人体所造成的伤害。电击致伤的主要部位在人体内部,使肌肉抽搐、内部组织损伤,造成发热、发麻、神经麻痹等,严重时会引起昏迷,甚至心脏停止跳动、血液循环终止等而导致死亡。

电伤是电流的热效应、化学效应或机械效应对人体造成的伤害。电伤多见于肌体外部,常会在人体皮肤表面留下明显的伤痕。

(二)触电方式

1. 单相触电

人体的一部分在接触一相带电体的同时,另一部分又与大地接触,电流从相线流经人体到地(或零线)形成回路,称为单相触电。

2. 两相触电

人体的不同部位同时接触电气设备的两相带电体而引起的触电事故,称为两相触电。

3. 跨步电压触电

闪电流入地、载流电力线(特别是高压线)断落到地以及电器故障接地时,会在接地点周围形成强电场,其电位分布以接地点为中心向周围扩散,电位值逐步降低而在不同位置之间形成电位差。当人跨进这个区域时,分开的两脚间所承受的电压,称为跨步电压。在跨步电压作用下,电流从人的一只脚流进,从另一只脚流出,造成的触电称跨步电压触电。

当发生触电事故时,触电现场急救要做到迅速、准确、就地、坚持。

知识链接2　现场急救方法

1.使触电者尽快脱离电源

发现有人触电时,千万不要惊慌,最关键、最首要的措施是使触电者尽快脱离电源,这是减轻伤害和救护触电者的关键步骤,应迅速关断电源,把人从触电处移开。如果触电现场远离开关或不具备关断电源的条件,只要触电者穿的是比较宽松的干燥衣服,救护者可站在干燥木板上,用一只手抓住衣服将其拉离电源,或用绝缘体(如木棍等)将带电体从人体上拨开,切不可触及带电人的皮肤。触电者处在高空时,应在使其脱离电源的同时,做好摔落的保护措施。

2.就地抢救

触电者脱离电源后,应立即在现场进行急救治疗。急救时切不可用错误的方法处理触电者,如泼冷水、针刺人中、用导线绑在触电者身上"放电"等,这些做法会耽误抢救时机。救护人员必须迅速在现场或附近就地抢救触电者。要实现就地救治,必须普及救治方法,如人工呼吸法、胸外心脏挤压法。千万不要停止救治而长途送往医院。

人工呼吸法和胸外心脏挤压法是主要的现场急救方法。对重症触电者,如果呼吸停止,应采用口对口人工呼吸法,迫使其体内外气体交换得以维持;如果心脏停止跳动,应采用胸外心脏挤压法,维持人体内的血液循环;如果呼吸、脉搏均已停止,应同时使用上述两种抢救方法。

(1)人工呼吸法

人工呼吸的目的是用人工的方法来代替肺的呼吸活动,供给氧气,排出二氧化碳。各种人工呼吸法中,口对口人工呼吸法效果最好,而且操作简单,易于掌握。步骤如下:

① 使触电者仰卧,将头偏向一侧,清除口中杂物,从而使呼吸道畅通,同时松开衣服、裤子,尤其是紧身衣物,以免影响呼吸时的胸廓及腹部自由扩张。然后使触电者颈部伸直,头部尽量后仰,鼻孔朝上,使舌根不致阻塞气流,如果舌头后缩,应拉出舌头;如果触电者牙关紧闭,可用木片、金属片从嘴角处伸入牙缝,慢慢撬开。

② 救护者位于触电者头部一侧,一只手捏紧触电者的鼻孔(防止漏气),并用这只手的外缘压住额部,另一只手托住其颈部,将颈上抬。使头部自然后仰,解除舌根后缩造成的呼吸困难,如图 1-1a 所示。

③ 救护者作深呼吸后,用嘴紧贴触电者的嘴(中间可垫一层纱布或薄布)大口吹气,约持续2s,同时观察触电者胸部的隆起程度,以确定吹气量的大小,一般以胸部略有起伏为宜,如图 1-1b 所示。胸腹起伏过大,说明吹气太多,容易吹破肺泡。胸腹无起伏或起伏太小,则吹气不足,应适当加大吹气量。

④吹气完毕换气时,应立即离开触电者的嘴,并放开捏紧的鼻孔,让其自动向外呼气,约持续3s,如图 1-1c 所示。这时应注意观察触电者胸部的复原情况,侧听口鼻处有无呼气

声,从而判断呼吸道是否阻塞。

按照上述步骤连续不断地进行抢救,直到触电者恢复自主呼吸为止。对成年人每分钟吹气14~16次,大约5s一个循环。对儿童每分钟吹气18~24次,不必捏紧鼻孔,可以使一部分空气漏掉,吹气量要减少,防止肺泡破裂。也可采用口对鼻吹气,方法与口对口吹气相似,只是此时应使触电者嘴唇紧闭,防止漏气。

图1-1 人工呼吸法

（a）　　　　　　　　　（b）　　　　　　　　　（c）

（2）胸外心脏挤压法

① 使触电者仰卧在硬板或平整的硬地面上,松开衣裤。救护者跪跨在触电者腰部两侧。

② 救护者将一只手的掌根按于触电者前胸,中指指尖对准颈根凹陷下边缘,另一只手压在该手背上呈交叠状。肘关节伸直,靠体重和臂与肩部的用力,向触电者脊柱方向慢慢压迫胸骨。使胸廓下陷3~4cm,使心脏受压,心室的血液被压出,流至触电者全身各部。

③ 双掌突然放松,依靠胸廓自身的弹性,使胸腔复位,让心脏舒张,血液流回心室。放松时,交叠的两掌不要离开胸部,只是不加力而已,如图1-2所示。

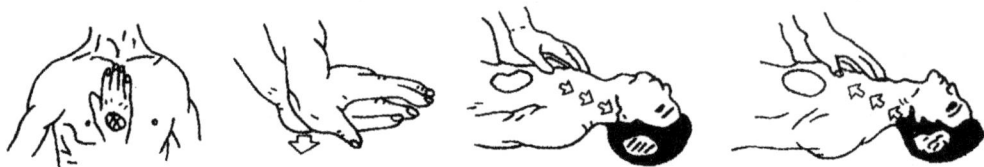

图1-2 胸外心脏挤压法

（a）　　　　　　（b）　　　　　　（c）　　　　　　　（d）

重复②、③步骤,每分钟约60次左右。在做胸外心脏挤压时,位置必须准确,接触胸部只限于手掌根部,手指应向上,不可全掌着力。

3. 救治要坚持到底

实施人工呼吸和胸外心脏挤压等抢救方法,要坚持不断,即使在送往医院的途中也不能停止。抢救过程中,要不断观察触电者,如果触电者皮肤由紫变红,瞳孔由大变小,说明救治收到效果;如果触电者嘴唇、眼皮会动,或喉嗓间有咽东西的动作,说明触电者已经有一定的呼吸能力,这时应暂时停止几秒钟,观察其是否能自主呼吸和心脏是否跳动;如果触电者不能自主呼吸或者呼吸很微弱,应继续进行人工呼吸和胸外心脏挤压,直到能正常呼吸为止。在触电者呼吸未恢复正常以前,无论什么情况,都不能中止抢救。

知识链接3 用电安全常识

为了防止触电事故的发生,电工必须具备安全用电知识,严格遵守各种安全操作规程。任何电气设备和线路都必须采取适当的保护措施。

(1)必须用绝缘材料将带电体封闭起来,保证人体不会触及带电导体而发生触电事故。良好的绝缘是电气设备和线路正常运行的必要条件,是防止触电事故的重要措施。常用的电工绝缘材料有瓷、玻璃、云母、橡胶、木材、塑料、布、纸及矿物油等。但应注意,绝缘材料如果受潮,会降低甚至丧失绝缘性能。

(2)采用遮栏、护罩、护盖、栅栏等屏护装置将带电体与外界隔绝开来,防止人员接近、触及带电体,以杜绝不安全因素,这些措施称为屏护措施。凡是金属材料制作的屏护装置,均应妥善接地或接零。屏护装置应有足够的尺寸,与带电体之间应保持必要的距离。被屏护的带电部分应有明显的标志,标明规定的符号或涂上规定的颜色。在遮栏、栅栏等屏护装置上,应根据被屏护的对象挂上"止步,高压危险!""禁止攀登,高压危险!""当心触电!"等标示牌或安全标志。

(3)为防止人体触及或过分接近带电体,或者车辆和其他物体碰撞或过分接近带电体,避免火灾和各种短路事故,在带电体与地面之间、带电体与带电体之间、带电体与其他设施之间,都必须保持一定的安全距离。安全间距的大小取决于电压的高低、设备的类型、安装的方式等因素。

(4)所有电气设备的金属外壳都应有可靠的保护接地或保护接零措施,有可能被雷击的电气设备要安装避雷设施。

(5)照明等控制开关一定要接在火线上。

(6)已出现故障的电气设备、装置、线路不能继续使用,以避免扩大事故范围,须及时维修。

(7)设备操作要按规程,通电时先合隔离开关,再合负荷开关;断电时先断负荷开关,再断隔离开关。

(8)在一个电源插座上不允许接过多或功率过大的用电器和设备。

(9)不能用潮湿的手或湿布去接触或擦抹开关、插座、电气设备的金属外壳。

(10)在雷雨天气,不要靠近高压线杆、铁塔和避雷针的接地导线,以免遭到雷击。不要靠近断落在地上的高压电线,万一靠近时,要立即单脚或双脚并拢跳到离高压线落地点10m以外的区域,切不可奔跑,以防跨步电压伤人。

技能训练

模拟触电救护操作练习

1. 实训目的

熟悉现场触电救护的基本要领,初步掌握口对口人工呼吸救护法和胸外按压法。

2. 实训器材

绝缘服、绝缘鞋、电工钳、干木棒、木板和人体模具等。

3. 实训步骤

(1)触电发生,打 110 报警,打 120 请求医疗救护,穿绝缘服和戴绝缘用具,进入现场。

(2)用木棒或者其他方式让触电者脱离电源。

(3)解开触电者的衣服,把触电者安放在通风口,尽量让其呼吸通畅。

(4)实施口对口人工呼吸或胸外按压进行救护。

4. 注意事项

(1)人工呼吸或胸外按压的操作的频率不能太快或太慢。

(2)对儿童救护时,要注意力度,以免产生新的伤害。

5. 实训报告

总结救护的操作步骤,特别要找出自己操作中的失误并加以纠正。

任务二 电能的生产、输送和分配

知识链接 1 电能的产生

电能是由煤炭、石油、水力、核能、太阳能和风能等通过各种转换装置而获得的,目前世界各国电能的生产主要采用火力发电、水力发电和核能发电三种方式,发电装置的示意图如图 1-3 所示。

图 1-3 发电装置示意图

　(a)火力发电　　　　　(b)水力发电　　　　　(c)核能发电

1. 火力发电

火力发电是利用煤炭、石油燃烧后产生的热量来加热水,使之成为高温、高压蒸汽,再用蒸汽推动汽轮机旋转并带动三相交流同步发电机发电,如图 1-3(a)所示。火力发电的优点是建厂速度快,投资成本相对较低。缺点是消耗大量的燃料,发电成本较高,对环境污染较为严重。目前我国及世界上绝大多数国家仍以火力发电为主。

2. 水力发电

水力发电是利用水流的势能落差及流量去推动水轮机旋转并带动三相交流同步发电机发电,如图 1-3(b)所示。水力发电的优点是发电成本低,不存在环境污染问题,并可实现水力资源的综合利用。缺点是一次性投资大,建站时间长,而且受自然条件的影响较大。我国水力资源丰富,开发潜力很大,特别是长江三峡水利工程的建设,将使我国水力发电量得到大幅度的提高,缓解电力紧张的现状。

3. 核能发电

核能发电是利用原子核裂变时释放出来的巨大能量来加热水,使之成为高温、高压蒸汽,再用蒸汽推动汽轮机并带动三相交流同步发电机发电,如图 1-3(c)所示。核能发电消耗的燃料少,发电成本较低,但建站难度大、投资高、周期长。目前全世界核能发电量约占总发电量的 20%,其中法国最高,约占其总发电量的 80%,我国目前只占 1% 左右。

此外,还可利用太阳能、风能等能源发电。它们都是清洁能源,不污染环境,开发前景很好。

知识链接2 电能的输送与分配

我们知道,工厂通常建在原材料较丰富的地方或运输方便之处,而发电站则大多建于有能源的地方,因此电能的生产和使用之间存在着位置上的矛盾。这个矛盾由于电能的远距离输送而得到解决。

在输送电能时,当输送的电功率 P 一定时,输电线路的电压越高,则通过输电线路的电流就越小。这不仅可以减小输电线路导线的横截面积,节省线材,而且可以降低输电线路上的能量损耗。因此目前各国均采用高压输电,而且不断地升高输电线路的电压等级。

目前我国高压输电线路的电压等级有 110kV、220kV、330kV 及 500kV 等多种。由于发电机本身结构及绝缘材料的限制,不可能直接产生这样高的电压,因此在输电时必须通过升压变压器将电压升高。高压电能输送到用电区后,为了保证用电安全,必须通过各级降压变电站,将电压降至合适的数值。为了增大供电的可靠性,提高供电质量,目前世界各国都将本国或一个大地区的各个发电站并入一个强大的电网,构成一个集中管理、统一调度的大电力系统。

变电是指变换电压的等级,配电是指电力的分配。变电分输电电压的交换和配电电压的交换,完成前者任务的称电站或变电所,完成后者任务的称变配电站或变配电所。大中型工厂都有自己的变配电站。用电量在 1000kW 以下的用电单位,一般只需设一个低压配电室。

在配电过程中,通常把动力用电和照明用电分别配电,即把各动力配电线路和照明配电线路分开,这样可缩小局部故障带来的影响。供电部门在向用户供电时,将根据用户负荷的重要性、用电的需求量及供电条件等因素确定供电的方式以保证供电质量。电力负荷通常分为三类:一类负荷是指停电时可能引起人身伤亡、设备损坏、产生严重事故或混乱的场所,如大医院、地下铁道、机场铁路运输、政府重要机关等,它们一般采用两个独立的电源系统供电;二类负荷是指停电时将产生大量废品、减产或造成公共秩序严重混乱的部门,此类用电单位一般采用两路电源线供电;三类负荷是指不属于一、二类负荷的用电单位,其供电方式为单路。

思考题与习题

1-1 进行人工呼吸法和心脏挤压法的急救练习。

1-2 参观电厂、工厂变配电设备并了解电工的工作情况。

项目二　基本操作技术

【项目目标】

掌握常用的工具及其使用方法。

掌握常用的仪器、仪表使用方法。

掌握单股铜导线的连接并恢复绝缘。

【知识目标】

了解电工仪器、仪表的基本工作原理。

【技能目标】

会使用常用的电工工具及仪表的使用。

任务一　常用的电工工具基本操作技术

常用的电工工具包括通用工具、线路安装工具、登高工具和设备装修工具等。正确使用这些工具,既能提高工作效率和施工质量,又能减轻劳动强度,保证操作人员安全和延长工具使用寿命。

知识链接 1　通用工具

通用工具是指一般专业电工都要应用的常用工具和装备。

1. 验电器

验电器是检验导线和电气设备是否带电的一种电工常用工具,分为低压验电器和高压验电器两类。

(1)低压验电器

低压验电器又称测电笔(简称电笔),有钢笔式和螺丝刀式两种,如图 2－1 所示,其检测电压范围为 60～500V。它由氖管、电阻、弹簧和笔身等部分组成。

图 2-1 低压验电器

(a)钢笔式低压验电器　　　　　　　　(b)螺丝刀式低压验电器

当用电笔测试带电体时,带电体经电笔、人体到大地形成通电回路,只要带电体与大地之间的电位差超过60V时,电笔中的氖管就会发出红色的辉光。

电笔在使用时,必须按照图2-2所示的方法握妥,即以手指触及笔尾的金属体,并使氖管小窗背光朝向自己,以便于观察;同时要防止笔尖的金属体触及皮肤,以避免触电。在螺丝刀式电笔的金属杆上,必须套上绝缘管,仅留出刀口部分供测试使用。

电笔使用注意事项:

① 在使用电笔前,一定要在有电的电源上检查氖管能否正常发光。

② 在明亮的光线下测试时,往往不易看清氖管的辉光,所以应当避光检测。

③ 电笔的金属探头多制成螺丝刀形状,它只能承受很小的扭矩,使用时应特别注意,以免损坏。

④ 电笔不可受潮,不可随意拆装或受剧烈震动,以保证测试可靠。

电笔的实用经验:

① 可根据氖管发亮的强弱来估计电压的高低。

② 在交流电路中,当电笔触及导线时,氖管发亮的即是相线(正常情况下,零线是不会使氖管发亮的)。

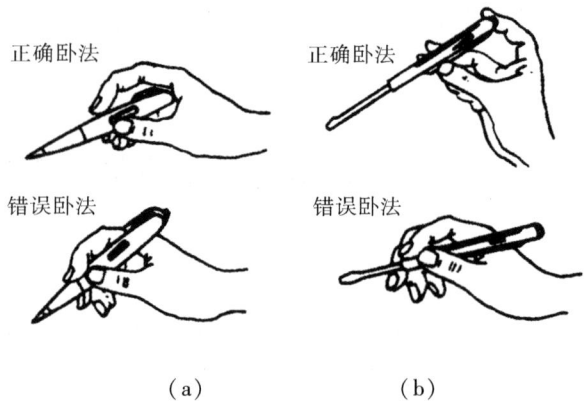

图 2-2　低压验电器握法

(a)钢笔式握法　　　　(b)螺丝刀式握法

③ 交流电通过电笔时,氖管里两个电极同时发亮;直流电通过时,只有一个电极发亮。

④ 用电笔触及电机、变压器等电气设备外壳,若氖管发亮,则说明该设备相线有碰壳现象,若壳体上有良好接地装置,氖管是不会发亮的。

⑤ 在三相三线制星形接法的交流电路中,用电笔测试时,如果两根相线很亮,而另一根不亮,则这三相有接地现象;在三相四线制电路中,当单相接地后,中性线测试时也会发亮。

(2)高压验电器

高压验电器又称高压测电器,用来检查高压供电线路是否有电。如图2-3所示为10kV高压验电器外形图,它由金属钩、氖管、氖管窗、固紧螺钉、护环和把柄等组成。

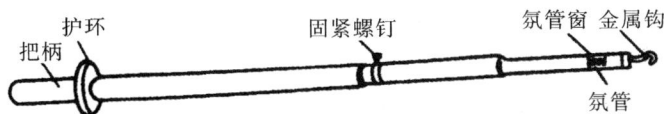

图 2 - 3　10 kV 高压验电器

高压验电器的检查对象为高压电路,操作时应注意以下几点:

① 验电器在使用前,一定要进行试测,证明验电器确实良好,方可使用。

② 使用高压验电器时手应放在把柄处,不得超过护环,如图 2-4 所示。

③ 检测时操作人员必须戴符合耐压要求的绝缘手套,身旁要有人监护,不可一个人单独操作。人体与带电体应保持足够的安全距离,检测 10kV 电压时安全距离为 0.7m 以上。

④ 检测时验电器应逐渐靠近被测线路,氖管发亮,说明线路有电,氖管不亮,才可与被测线路直接接触。

⑤ 在室外使用高压验电器应注意气候条件,在雪、雨、雾及湿度较大的情况下不能使用,以防发生危险。

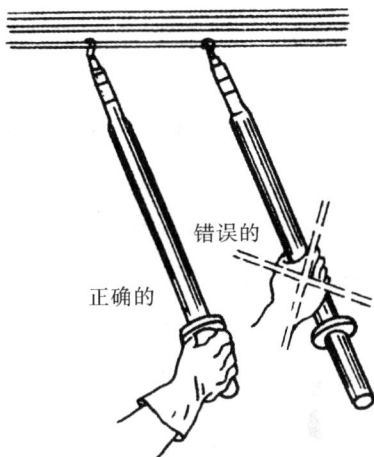

图 2-4　高压验电器握法

2. 电工钳

（1）钢丝钳

电工钳是一种钳夹和剪切工具。由钳头和钳柄两部分组成,钳头由钳口、齿口、刀口和铡口四部分组成。钳口可用来弯绞和钳夹导线头;齿口用来紧固或起松螺母;刀口用来剪切导线或剖削软导线绝缘层,铡口用来铡切电线线芯、钢丝或铅丝等较硬金属。如图 2 - 5 所示。其绝缘耐压为 500V,可在有电场合使用。钢丝钳规格以全长表示,有 150mm、175mm、200mm 三种。

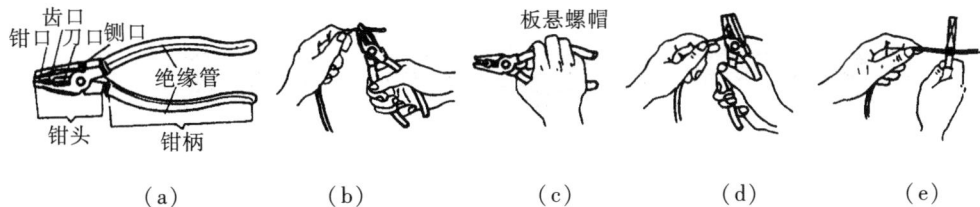

图 2 - 5　电工钢丝钳的构造及用途

（a）构造　　　（b）弯绞导线　　　（c）紧固螺母　　　（d）剪切导线　　　（e）铡切钢丝

钢丝钳使用注意事项:

① 使用电工钢丝钳以前,必须检查绝缘柄的绝缘是否完好。如果绝缘损坏,进行带电作业时会发生触电事故。

② 用电工钢丝钳剪切带电导线时,不得用刀口同时剪切相线和零线,或同时剪切两根相线,以免发生短路故障。

③ 钳头不可代替手锤作为敲打工具使用。

④ 钳头应防锈,轴销处应经常加机油润滑,以保证使用灵活。

（2）尖嘴钳

尖嘴钳如图 2-6 所示,其头部尖细而长,适用于在狭小的工作空间操作,绝缘柄耐压为500V。其规格以全长表示,有 140mm 和 180mm 两种。主要用途是可剪断较细的导线和金属丝,将其弯制成所需的形状,并可夹持、安装较小螺钉、垫圈等。

3. 电工刀

电工刀主要用来剖削或切割电工器材,其结构如图 2-7 所示,如剖削电线电缆绝缘层、切割木台缺口、削制木桩及软金属等。使用时,刀口应朝外进行操作;剖削导线绝缘层时,应使刀面与导线成较小锐角,以免割伤导线;用毕,应随即把刀身折入刀柄。电工刀刀柄是无绝缘保护的,不能在带电导线或器材上剖削,以防触电。

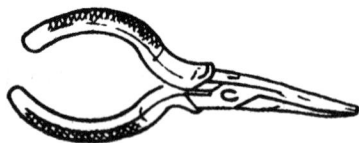　　　　　　

图 2-6　尖嘴钳　　　　　　图 2-7　电工刀

4. 活络扳手

活络扳手是用来紧固和起松螺母的一种专用工具,主要由头部和柄部组成。头部又由活络扳唇、扳口、蜗轮和轴销等构成,如图 2-8(a)所示,旋动蜗轮可调节扳口的大小。其规格是以长度×最大开口宽度（单位:mm）来表示,有 $150 \times 19(6')$、$200 \times 24(8')$、$250 \times 30(10')$ 和 $300 \times 36(12')$ 四种。

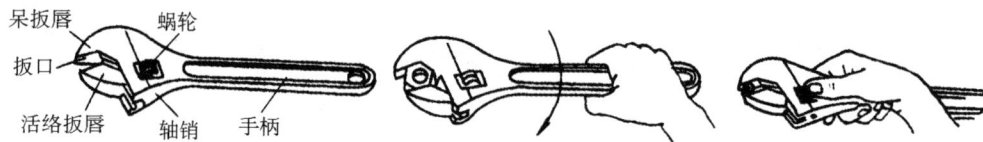

活络扳手使用时要注意以下几点。

① 扳动大螺母时,需用较大力矩,手应握在近柄尾处,如图 2-8(b)所示。

② 扳动较小螺母时,需用力矩不大,但螺母过小易打滑,故手应握在接近头部的地方,随时调节蜗轮,收紧活络扳唇防止打滑,如图 2-8(c)所示。

③ 活络扳手不可反用,以免损坏活络扳唇,也不可用钢管接长手柄来施加较大的扳拧力矩。

④ 活络扳手不得当作撬棒和手锤使用。

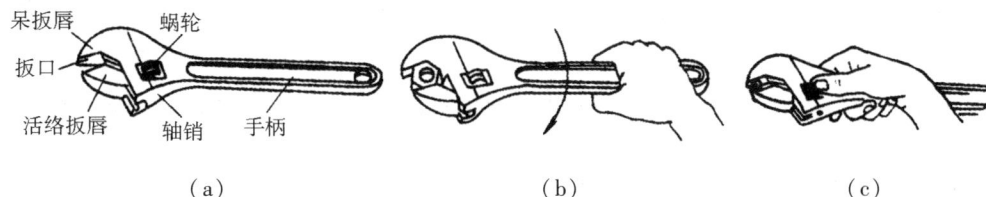

图2-8 活络扳手

（a）活络扳手构造 （b）扳较大螺母时握法 （c）扳较小螺母时握法

5.螺钉旋具

螺钉旋具俗称螺丝刀，又称起子、改锥等，它是一种紧固或拆卸螺钉的工具，其式样和规格很多，按头部形状可分为一字形和十字形两种，如图2-9所示，每一种又分若干规格。电工多采用绝缘性能较好的塑料柄螺丝刀。

（1）一字形

一字形又称平口起，用来紧固或拆卸一字槽的螺钉和螺丝，它的规格用握柄以外的刀杆长度来表示，常用的有50mm、100mm、150mm、200mm、300mm、400mm等规格。

（2）十字形

十字形又称梅花起，用来紧固或拆卸十字槽的螺钉和螺丝，常用的规格有四种：Ⅰ号适用于直径为2～2.5mm的螺钉；Ⅱ号适用于3～5mm的螺钉；Ⅲ号适用于6～8mm的螺钉；Ⅳ号适用于10～12mm的螺钉。

（3）多用形

多用形是一种组合工具，握柄和刀体是可拆卸的。它除具有几种规格的一字形、十字形刀体外，还附有一只钢钻，可用来预钻木螺丝的底孔。握柄采用塑料制成，有的还具有试电笔的功能。

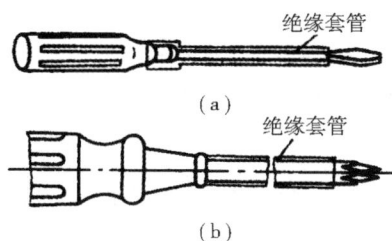

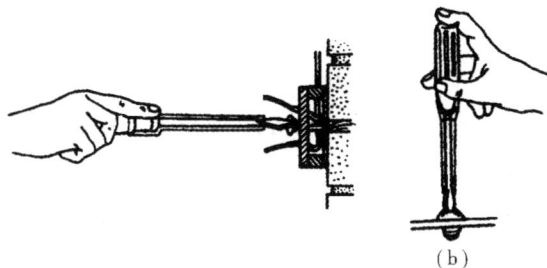

图2-9 螺钉旋具　图2-10 螺丝刀的正确使用

（a）一字形 （b）十字形 （a）大螺丝刀的用法 （b）小螺丝刀的用法

使用螺钉旋具时注意以下几点：

① 电工不可使用金属杆直通柄顶的螺钉旋具，易造成触电事故。

② 使用时，手不得触及螺丝刀的金属杆，以免发生触电事故，正确使用方法如图2-10

所示。使用大螺钉旋具时,除大小拇指、食指和中指要夹住握柄外,手掌还要顶住柄的末端,以防旋转时滑脱。使用小螺钉旋具时,可用大拇指和中指夹着握柄,用食指顶住柄的末端捻旋。

③ 为避免螺钉旋具的金属杆触及皮肤或邻近带电体,应在金属杆上穿套绝缘管。

知识链接2 **线路的安装工具**

线路安装工具是指安装或检修户内外线路时所需的必备工具和装备。

1. 钻孔工具

(1)电工用凿

电工用凿主要用来在建筑物上打孔,以便穿输线管或安装架线木桩。它主要有以下几种,如图2-11所示。

① 圆榫凿 圆榫凿又称麻线凿或鼻冲,用来凿打混凝土结构建筑物的木榫孔,常用的规格有直径6mm、8mm、10mm 三种。操作时要不断转动,并经常拔出凿身,使灰沙石屑及时排出,以免凿身涨塞在建筑物内。

② 小扁凿 小扁凿用来凿打砖墙上的方榫孔,电工常用的凿口宽12mm。使用时要经常拔出凿身,以利排出灰砂碎砖,并观察墙孔开凿得是否平整,大小是否正确及孔壁是否垂直等。

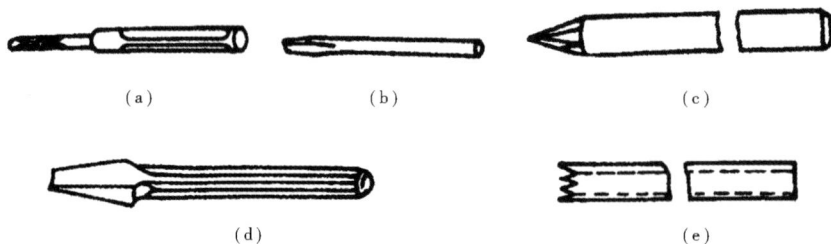

图2-11 电工用凿

(a)圆榫凿 (b)小扁凿 (c)凿混凝土孔用长凿 (d)大扁凿 (e)凿砖墙孔用长凿

③ 大扁凿 大扁凿用来凿打角钢支架和撑脚等的埋设孔穴,常用的凿口宽为16mm。使用方法同小扁凿。

④ 长凿 长凿用来凿打墙孔,作为穿越线路导线的通孔。用来凿打混凝土墙孔的是由中碳圆钢制成;用来凿打砖墙孔的是由无缝钢管制成。长凿直径为19mm、25mm 和30mm,长度通常有300mm、400mm 和500mm 等多种。使用时应不断旋转,以便及时排出碎屑。

(2)冲击钻

冲击钻是一种电动工具,通常可冲打直径为6~16mm 的圆孔,如图2-12所示。它具有两种功能:一种是在使用时把调节开关调到标记为"钻"的位置,可作为普通电钻使用;另一种是在使用时把调节开关调到标记为"锤"的位置,可用来冲打砌块和砖墙等建筑面的木榫孔和导线穿墙孔。

冲击钻使用时注意事项：

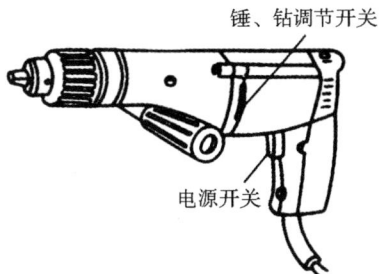

锤、钻调节开关

电源开关

① 有的冲击钻可调节转速，有双速和三速之分，在调速或调挡时，均应停转。

② 用冲击钻开凿墙孔时，需配用专用的冲击钻头，其规格按所需孔径选配，常用的有 8mm、10mm、12mm、16mm 等多种。

③ 在冲钻墙孔时，应经常把钻头拔出，以利排屑。

图 2-12 冲击钻

④ 在钢筋建筑物上冲孔时，遇到坚实物不应施加过大压力，以免钻头退火。

2. 钳类工具

（1）剥线钳

剥线钳用来剥削截面为 $6mm^2$ 以下塑料或橡胶绝缘导线的绝缘层，它由钳头和手柄两部分组成，如图 2-13 所示。钳头由压线口和切口构成，切口具有 0.5～3mm 多个直径尺寸，手柄带有绝缘把，耐压为 500V。使用时，根据需要定出要剥去绝缘层的长度，按导线芯线的直径大小，将其放入剥线钳相应切口，用力握钳柄，导线的绝缘层即被割断，同时自动弹出。

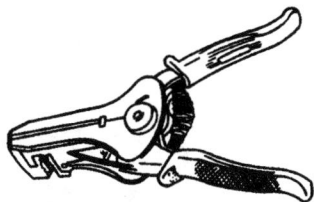

活络扳唇 呆扳唇 蜗轮   手柄

图 2-13 剥线钳　　　图 2-14 管子钳

使用时注意事项：

① 使用时，电线必须放在大于其芯线直径的切口上剥削，否则会切伤芯线。

② 带电操作之前，须检查绝缘把套的绝缘是否良好，以防绝缘损坏，发生触电事故。

（2）管子钳

管子钳常用来在电线线路施工时，拧紧或放松电线管上的束节或管螺母，如图 2-14 所示。它的使用方法与活络扳手类似，常用的规格有 250mm、300mm 和 350mm 等。

（3）弯管器

弯管器的种类很多，常用的有以下两种：

① 管弯管器 管弯管器由一个铁弯头和一段铁管组成，如图 2-15 所示。它的特点是体积小、轻便，适于现场使用，可以弯直径 50mm 以下的管子。

② 滑轮弯管器 滑轮弯管器由工作台、滑轮组等组成，能弯直径 100mm 以下的管子，如图 2-16 所示。弯管时不易损伤管子，适宜弯曲半径相同的成批管子。

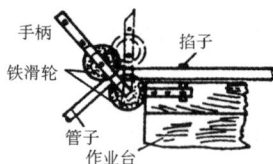

图 2 – 15 管弯管器　　　　图 2 – 16 滑轮弯管器

（4）套丝器具

钢管与钢管之间的连接，应先在连接处套丝（加工外螺纹），再用管接头连接。厚壁钢管套丝一般用管子绞板，电工常用的绞板规格有 13 ～ 51mm 和 64 ～ 101mm 两种，如图 2 – 17（a）所示。若是电线管或硬塑料管套丝，常用圆扳架和圆扳牙，如图 2 – 17（b）所示。

套丝时，先将管子固定在龙门钳上，伸出龙门钳正面的一端不要太长，然后将绞板丝牙套上管端，调整绞板活动刻度盘，使扳牙内径与管外径配合，用固定螺丝将扳牙锁紧。再调整绞板上的三个支撑脚，使其卡住钢管，以保证套丝时扳牙前进平稳，不套坏丝扣。绞板调整好后，握住手柄，平稳向前推进，同时向顺时针方向扳动，如图 2 – 17（c）所示。扳动手柄时用力要均匀。套完所需长度的丝扣后，退出扳牙，并将扳牙稍调小一点，重套一次，边转动边松开扳牙，一方面清除毛刺，另一方面形成锥形丝扣，以便于套人管接头。

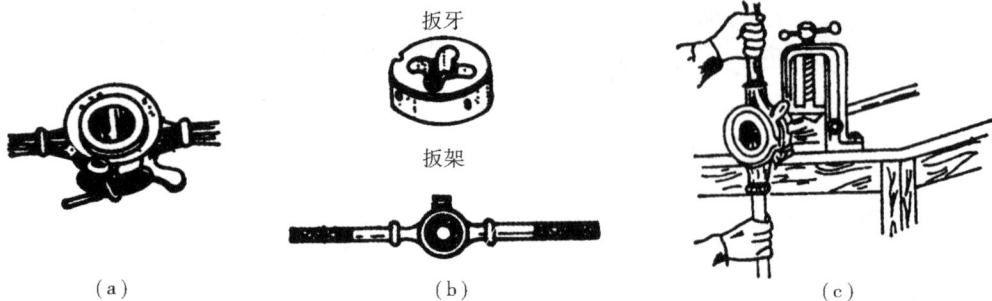

图 2 – 17　管子套丝绞板

（a）钢管绞板　（b）扳架与扳牙　（c）管子套丝

电线管或硬塑料管套丝，可用圆扳牙。先造好与管子配套的圆扳牙，固定在扳架内，将管子固定后，平正地套上管端，边扳动手柄边平稳向前推进，即可套出所需丝扣。

（5）紧线钳

紧线钳用来收紧户内瓷瓶线路和户外架空线路的导线。紧线钳的种类很多，常用的有平口式和虎头式两种，其外形如图 2 – 18 所示。平口式原名鬼爪式，它由前部（包括上钳口和拉环）和后部（包括棘爪和棘轮扳手）两部分组成。虎头式原名钳式，它的前部带有利用螺栓夹紧线材的钳口，后部有棘轮装置，用来绞紧架空线，并有两用扳手一只，一端有一个可旋动钳口螺母的孔,另一端制有可以绞紧棘轮的孔。

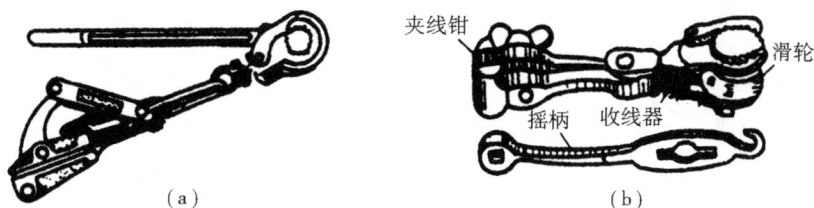

图2-18 紧线钳

(a)平口式紧线钳 (b)虎头式紧线钳

平口式紧线钳的使用方法如下:

① 上线(前部) 一手握住拉环,另一手握住下钳口往后推移,将需要拉紧的导线放入钳口槽中,放开手中的下钳口,利用弹簧夹住导线。

② 收紧(后部) 把一段钢绳穿入紧线盘的孔中,将棘爪扣住棘轮,然后利用棘轮扳手前后往返运动,使导线逐渐拉紧。

③ 放松 将导线拉紧到一定要求并轧牢后,将棘轮扳手推前一些,使棘轮产生间隙,此时用手将棘爪向上扳开,被收紧的导线就会自动放松。

④ 卸线 仍用一手握住拉环,另一手握住下钳口往后推,如发现钳口电线过紧时,可用其他工具轻轻敲击下钳口,被收紧的导线就会自动放松。

虎头式紧线钳的使用方法与平口式基本上相同。不同之处是虎头式紧线钳上线时,须旋松翼形螺母,这时钳口就自动弹开,将导线放入钳口后旋紧翼形螺母即可夹住导线。

紧线钳使用注意事项:

① 根据使用导线的粗细,采用相应规格的紧线钳。

② 在使用时如发现有滑线现象,应立即停止使用并采取措施(如在导线上绕铁丝)再行夹住,使导线确实夹牢后,才能继续使用。

③ 在收紧时,平口式的应扣着棘爪与棘轮,防止棘爪脱开打滑。

(6)导线垂弧测量尺

导线垂弧测量尺又称弛度标尺,其外形如图2-19所示。使用时需用两把同样标尺,先把两把标尺上的横杆根据架空导线弛度的参考值,相应地调节到同一位置上,接着把两把标尺分别挂在被测量挡距的两根电杆上的同一根导线上,并应挂在近瓷瓶处,然后两个测量者彼此从横杆上进行观察,并指挥紧线。当两横杆上沿与导线下垂的最低点成一直线时,则说明导线的弛度已调整到预定的要求。

(7)梯子

电工用梯子分为直梯和人字梯两种,如图1-20所示。直梯通常用于户外登高作业,人字梯常用于户内登高作业。

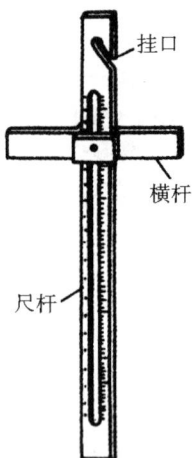

防滑拉绳

防滑胶皮

(a)　　　　　　　(b)

图 2 - 19 导线垂弧测量尺　　　图 2 - 20 电工用梯

(a)直梯　(b)人字梯

直梯使用注意事项:

① 直梯在使用前应检查是否有虫蛀及折裂现象。

② 直梯两脚应各绑扎胶皮之类防滑材料。

③ 在直梯上作业时,为了保证不致用力过度而站立不稳,应按图 2 - 21 所示方法站立。

④ 直梯放置的斜角约为 60°~75°,安放的位置应与带电体保持安全距离,且不准放在箱子或桶类物体上使用。

人字梯使用注意事项:

① 人字梯应在中间绑扎两道防自动滑开的安全绳,若已有安全绳,应检查是否结实、牢靠。

② 在人字梯上作业时,切不可采取骑马的方式站立,以防人字梯两脚自动分开时,造成严重工伤事故。

图 2 - 21　梯上作业的站立姿势

知识链接3　设备装修工具

设备装修工具是指安装或维修电气设备和装置时所需的工具。

1. 拉具

拉具又叫房子、拉模、拉扒或拉盘,用来拆卸皮带轮和轴承等配件,分双爪和三爪两种。拉具的结构和使用方法如图 2 - 22 所示,使用时,爪钩要抓住工件的内圈,顶杆轴心与工件轴心线重合。

2. 套筒扳手

套筒扳手主要用来拧紧和旋松有沉孔的螺母,或在无法使用活络扳手的场合使用。它由套筒和手柄两部分组成,如图2-23所示。套筒大小应配合螺母规格选用。

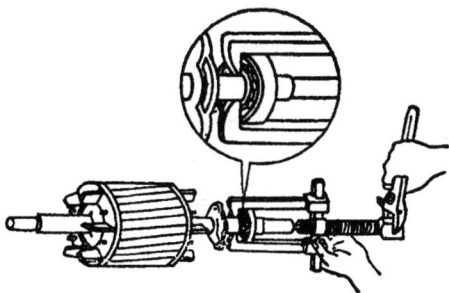

图2-22 拉具的结构和使用   图2-23 套筒扳手

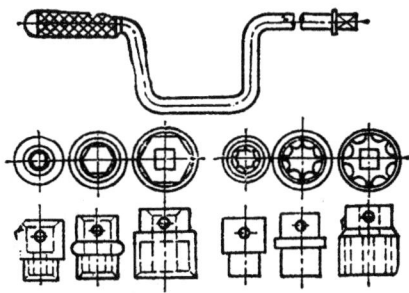

3. 千斤顶

千斤顶是一种手动的小型起重和顶压工具,常用的有螺旋千斤顶(LQ型)和液压千斤顶(LYQ型)两种。

(1)螺旋千斤顶

螺旋千斤顶的优点是自锁性强,顶起重物后安全可靠,缺点是速度慢、效率低、起重量小,一般为5~50t,最低高度为250~700mm,起升高度为130~400mm。

使用注意事项:

① 使用前应检查丝杠、螺母有无裂纹或磨损现象。

② 使用时必须用枕木或木板垫好,以免顶起重物时滑动,还必须将底座垫平校正,以免丝杠承受附加弯曲载荷,同时不准超荷使用,顶起高度也不准超过规定值。

③ 传动部分要经常润滑。

(2)液压千斤顶

液压千斤顶的优点是承受载荷大,上升平稳,安全可靠,省力且操作简单,起重量为3~320t,最低高度为200~450mm,起升高度为130~200mm。

使用时注意事项:

① 使用时要检查活塞等部分是否灵活,油路是否畅通。

② 使用时底座要放置在结实坚固的基础上,下面垫以铁板枕木,顶部还需衬设木板,以防重物滑动。

③ 当起重中途停止作业时要锁紧。

④ 活塞升起高度不准超过规定值,不准任意增加手柄长度,以免千斤顶超负荷工作。

4. 电烙铁

电工在安装和维修过程中常常通过锡焊方法对铜、铜合金、钢和镀锌薄钢板等材料进行焊接,电烙铁就是锡焊的主要工具。它由手柄、电热元件和铜头组成,如图2-24所示,根据铜头的受热方式又可分为内热式和外热式两种,其中内热式电烙铁的热利用率较高。电烙铁的规格是以消耗的电功率来表示的,通常有 25W、45W、75W、100W 和 300W 等几种。

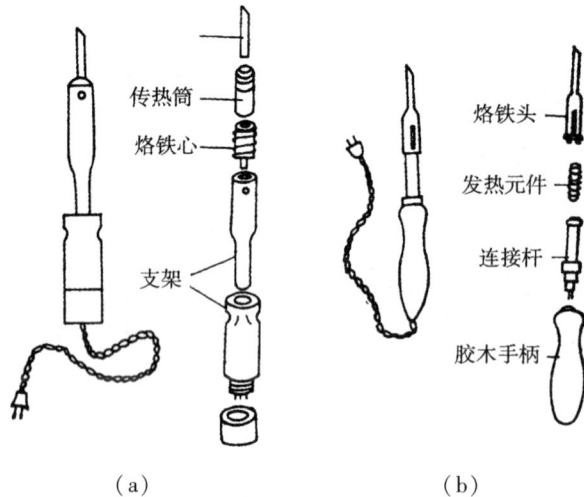

(a)   (b)

图 2-24 电烙铁

(a)外热式电烙铁   (b)内热式电烙铁

电烙铁使用注意事项:

① 电烙铁的功率应选用适当,如功率过大,既浪费电力又易烙坏元件;如过小,又会因热量不够影响焊接质量。焊接弱电元件时,一般选用 20W 的;焊接较粗多股铜芯绝缘线接头时,根据铜芯直径大小,选用 75~150W 的;对于面积较大元件进行搪锡处理等,要选用功率为 300W 的。

② 电烙铁用毕,要随时拔去电源插头,以节约电力,延长使用寿命。

③ 在导电地面使用时,电烙铁的金属外壳必须妥善接地,以防漏电时触电。

5. 喷灯

它是火焰钎焊的热源,电工常用它焊接铅或电缆的外皮(铅包层)、大截面铜导线连接处的加固搪锡及其他电连接表面的防氧化镀锡等,它的结构如图 2-25 所示。按使用燃料的不同,喷灯分煤油喷灯(MD)和汽油喷灯(QD)两种。

喷灯的使用方法如下:

① 加油。旋下加油阀上的螺栓,倒入适量的油,一般以不超过筒体的 3/4 为宜,保留一部分空间贮存压缩空气以维持必要的空气压力。加完油后应旋紧加油口的螺栓,关闭放油阀杆,擦净撒在外部的汽油,并检查喷灯各处是否有渗漏的现象。

② 预热。在预热燃烧盘中倒入汽油,用火柴点

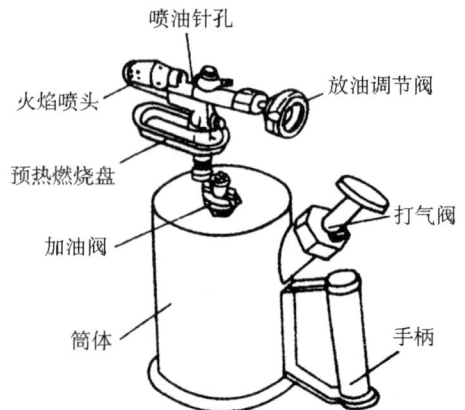

图 2-25 喷灯

燃,预热火焰喷头。

③ 喷火。待火焰喷头烧热后,燃烧盘中汽油烧完之前,打气3~5次,将放油阀旋松,使阀杆开启,喷出油雾,喷灯即点燃喷火。而后继续打气,到火力正常时为止。

④ 熄火。如需熄灭喷灯,应先关闭放油调节阀,直到火焰熄灭,再慢慢旋松加油口螺栓,放出筒体内的压缩空气。

使用喷灯注意事项:

① 不得在煤油喷灯的筒体内加入汽油。

② 汽油喷灯在加汽油时,应先熄火,再将加油阀上螺栓旋松,听见放气声后不要再旋出,以免汽油喷出,待气放尽后,方可开盖加油。

③ 在加汽油时,周围不得有明火。

④ 打气压力不可过高,打完气后,应将打气柄卡牢在泵盖上。

⑤ 在使用过程中应经常检查油筒内的油量是否少于筒体积的1/4,以防筒体过热发生危险。

⑥ 经常检查油路密封圈零件配合处是否有渗漏跑气现象。

⑦ 使用完毕应将剩气放掉。

技能训练

(一)用低压测电笔按下列用途进行测试

实训内容

1. 区别电压的高低测试时可根据氖管发亮的强弱来估计电压的高低。

2. 区别相线与零线在交流电路中,当验电器触及导线时,氖管发亮的即是相线,正常的情况下,零线是不会使氖管发亮的。

3. 区别直流电与交流电交流电通过验电笔时,氖管里的两个极同时发亮,直流电通过验电笔时,氖管里两个电极只有一个发亮。

4. 区别直流电的正负极把测电笔连接在直流电的正负极之间,氖管发亮的一端即为直流电的负极。

5. 识别相线碰壳用验电笔触及电机、变压器等电气设备外壳,若氖管发亮,则说明该设备相线有碰壳现象。如果壳体上有良好的接地装置,氖管是不会发亮的。

6. 识别相线接地用验电笔触及三相三线制星形接法的交流电路时,有两根比通常稍亮,而另一根的亮度较暗则说明亮度较暗的相线有接地现象,但还不大严重。如果两根很亮,而另一根不亮,则这一相有接地现象。在三相四线制电路中,当单相接地后,中性线用验电笔测量时,也会发亮。

（二）螺钉旋具的使用

实训内容

螺钉旋具旋紧木螺钉的基本功练习

（1）用 50mm 螺钉旋具在木配电板上作旋紧木螺钉的练习。

（2）用 150mm 螺钉旋具在木配电板上作旋紧木螺钉的练习。

（三）用电工钳按下列要求练习

实训内容

1. 用钢丝钳练习

（1）按图 2-5（b）的方法作弯绞导线练习。

（2）按图 2-5（d）的方法作剪切导线练习。

（3）按图 2-5（e）的方法作侧切钢丝练习。

2. 用尖嘴钳练习

将直径为 1~2mm 的单股导线弯成 $\phi 4~5mm$ 的圆弧接线鼻子。

3. 用剥线钳练习

用剥线钳对废旧电线作剥削练习

（四）用电工刀对废旧塑料单芯硬线作剖削练习

实训要求：逐渐做到不剖伤芯线。

任务二　导线的连接技术

在电气安装和线路维修中，经常需要将一根导线与另一根导线连接起来，或将导线与接线桩相连。对导线连接的基本要求是：导线接头处的电阻要小，不得大于导线本身的电阻值，且稳定性要好；接头处的机械强度应不小于原导线机械强度的 80%；保证接头处的绝缘强度不低于原导线的绝缘强度；导线连接处要耐腐蚀。

知识链接 1　导线绝缘层的处理

导线在连接前，要对导线的绝缘层进行处理，即进行绝缘层的剖削，把导线端头的绝缘层削掉，并将裸露的导体表现清理干净。塑料软线的绝缘层只能用钢丝钳或剥线钳剖削，橡皮线绝缘层必须用电工刀来剖削。绝缘层剖削的长度在 50~150mm 之间，截面小的剖短些，截面大的剖长些。剖削绝缘层时应尽量不损伤芯线，如损伤较大应重新剖削。

1. 塑料硬线绝缘层的剖削

芯线截面在 4mm² 以下的塑料硬线，一般用钢丝钳或剥线钳剖削。在剖削中要注意不可切入芯线,应保持芯线完整无损。

截面在 $4mm^2$ 以上的塑料护套线硬线可用电工刀来剖削。首先将电工刀以 45°角的倾斜切入塑料绝缘层,然后将刀面以 15°角左右用力向线端推削,注意不可切入芯线;最后将下面塑料绝缘层向后扳翻,再用电工刀齐根切去,如图 2-26 所示。

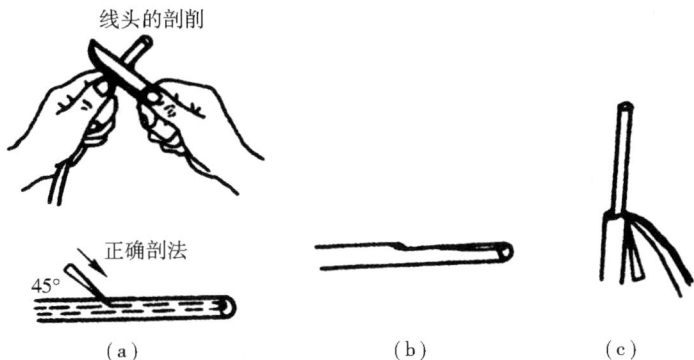

线头的剖削

正确剖法
45°

（a）　　　　　　（b）　　　　　　（c）

图 2-26　用电工刀剖削塑料硬线

（a）刀口以 45°角切入　（b）刀面以 15°角削去绝缘层　（c）翻下剩余绝缘层

2. 塑料软线绝缘层的剖削

塑料软线绝缘层不可用电工刀剖削,只能用剥线钳或钢丝钳剖削。

3. 塑料护套线绝缘层的剖削

塑料护套线绝缘层必须用电工刀来剖削,先用电工刀刀尖对准芯线缝隙间划开护套层,向后扳翻护套层,再用刀齐根切去。然后再用电工刀剖削,其方法同塑料硬线的剖削。

4. 花线绝缘层的割削

先用电工刀在棉纱织物保护层四周割切一圈后拉去棉纱,再用钢丝钳刀口切割并勒去橡胶绝缘层;最后露出内棉纱层,将其松散开来,用电工刀割断即可。

知识链接 2　导线的连接方法

当导线不够长或要分接支路时,就要将导线与导线进行连接。

1. 铜导线的连接

常用铜导线的线芯有单股、7 股和 19 股多种,连接方法随芯线的股数不同而异。

（1）单股铜导线的连接

单股铜导线的连接有绞接和缠绕两种方法。绞接方法适合截面较小的导线,缠绕方法则适合截面较大导线的连接。

图 2-27 为直接绞接示意图。操作时先将导线互绕 3 圈,然后将两线端分别在另一导线上紧密绕 5 圈,使线端分别贴在导线上,割去多余的部分。图 2-28 为分支连接示意图,又称 T 形连接。操作时,使支线与干线十字相交,先用手将支线在干线上粗略绕二三圈,再

用钳子紧密绕 5 圈,多余部分割去。

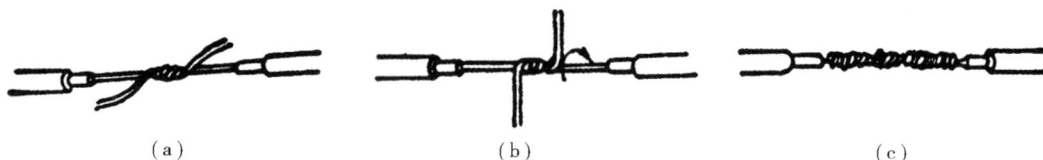

图 2 - 27　单股铜导线的直接连接(绞接)

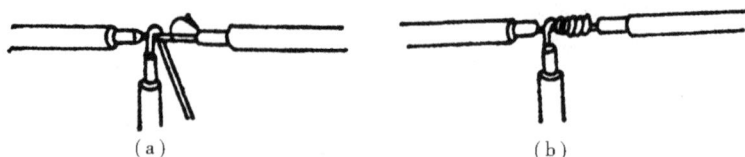

图 2 - 28　单股铜导线的 T 形连接

如图 2 - 29、图 2 - 30 所示为缠绕连接示意图。直接连接时,先将两线端用钳子略加弯曲,使之并合,然后用直径约为 1.5mm 的裸铜线紧密地缠绕在两根导线的并合处。分支连接时,先将分支导线线端略加弯曲,使之与干线并合,其后与直接连接操作相同。并合处缠绕长度可视连接直径而定,通常导线直径在 5 mm 以下取 60mm,在 5mm 以上取 90mm。

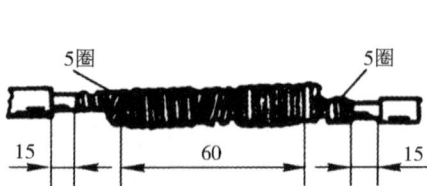

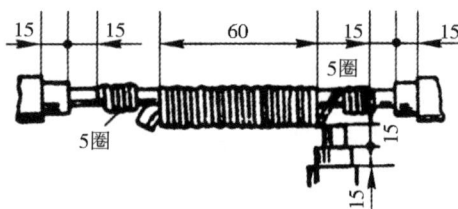

图 2 - 29　用缠绕法直接连接单股铜导线　图 2 - 30　用缠绕法完成单股铜导线 T 形连接

(2)7 股铜导线的连接

7 股铜导线连接有直接连接和 T 字分支连接两种,7 股铜导线的直接连接如图 2 - 31 所示。

7 股铜导线的直接连接方法如下:

① 首先剖去导线的绝缘层,用砂纸将芯线表面擦净,把接近绝缘层 1/3 段的芯线绞紧,把余下的 2/3 段芯线分散成伞状,逐根拉直,如图 2 - 31(a)所示。再把两个伞状芯线线头隔根对叉,如图 2 - 31(b)所示。

② 将一端的 7 股线按 2、2、3 根分成三组,然后把张开的各线端合拢,紧贴于所连接的导线。接着扳起一组二根芯线,按顺时针方向缠绕于对叉连接处 2～4 圈,余下的线向右扳直,如图 2 - 31(c)所示。

③ 再把下边第二组的 2 根芯线扳直,也按顺时针方向紧紧压着 2 根扳直的芯线向右缠绕 2～4 圈,也将余下的芯线向右扳直理顺,如图 2 - 31(d)所示。

④ 再把第三组的 3 根芯线扳直,按顺时针方向紧压着前 4 根扳直的芯线向右缠绕 3～5

圈后,切去每组多余的芯线,钳平线端,如图2-31(e)所示。

⑤ 用同样的方法再缠绕另一边芯线,完成后如图2-31(f)所示。

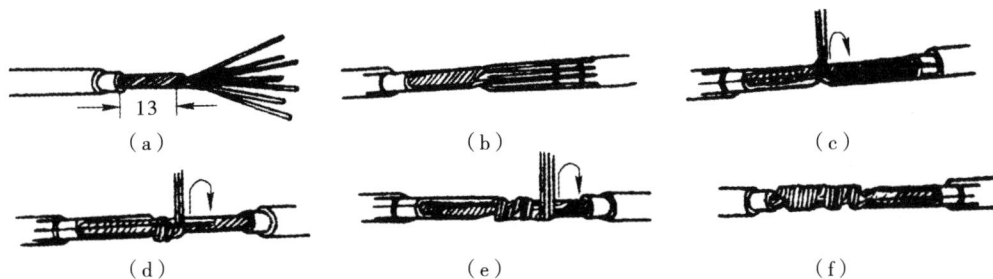
图2-31 7股铜导线的直线连接

7股铜导线的T字分支连接如图2-32所示,连接步骤如下:

① 把分支芯线散开钳直,接着把近绝缘层1/8的芯线绞紧,把支路线头7/8的芯线分成二组,一组4根,另一组3根,并排齐。然后用旋凿把干线的芯线撬分二组,再把支线中4根芯线的一组插入干线两组芯线中间,而把3根芯线的一组放在干线芯线的前面,如图2-32(a)所示。

②支路3根芯线的一组在干线右侧按顺时针紧紧缠绕3~4圈,钳平线端,如图2-32(b)所示。

③再把支路4根芯线的一组按逆时针方向缠绕4~5圈后,钳平线端,如图2-32(c)所示。

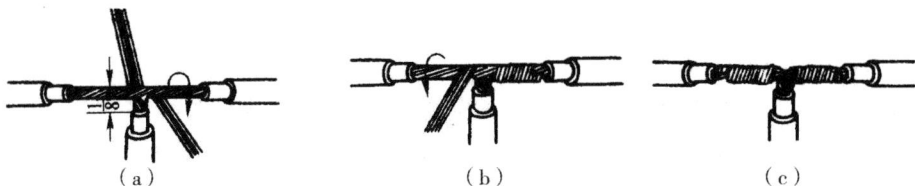
图2-32 7股铜导线的T字分支连接

(3)19股铜导线的连接

19股铜导线的直接连接方法与7股导线的基本相同,芯线太多可剪去中间的几根芯线。连接后,在连接处尚须进行钎焊,以增加其机械强度和改善导电性能。19股铜导线的T字分支连接与7股导线也基本相同。只是将支路导线的芯线分为9根和10根,并将10根芯线插入干线芯线中,各分两次向左右缠绕。

2.铝芯导线的连接

由于铝极易氧化,且铝氧化膜的电阻率很高,所以铝芯导线不宜采用铜芯导线的方法进行连接,而常采用螺钉压接法和压接管压接法连接。

(1)螺钉压接法连接

螺钉压接法连接使用瓷接头,又称接线桥,它用瓷接头上接线桩的螺钉来实现铝导线的

连接。该方法适用于负荷较小的单股铝导线的连接,优点是简单易行。其操作步骤如下:

① 把削去绝缘层的铝芯线头用钢丝刷刷去表面的铝氧化膜,并涂上中性凡士林,如图 2 – 33(a)所示。

② 作直线连接时,先把每根铝芯导线在接近线端处卷上 2～3 圈,以备线头断裂后再 7 次连接用,然后把四个线头两两相对地插入两只瓷接头的四个接线桩上,然后旋紧接线桩上的螺钉,如图 2 – 33(b)所示。

③ 若要作分支连接时,要把支路导线的两个芯线头分别插入两个瓷接头的两个接线桩上,然后旋紧螺钉,如图 2 – 33(c)所示。

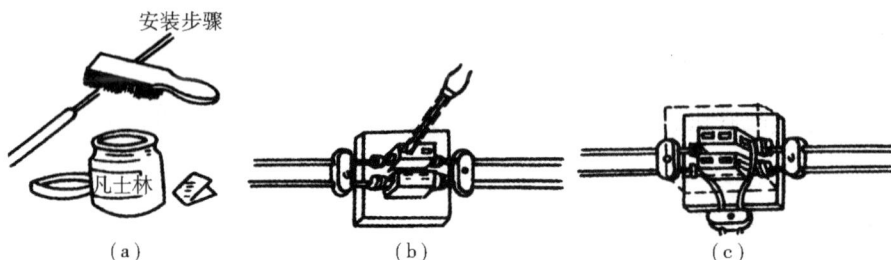

图 2 – 33 单股铝导线的螺钉压接法连接

(a)刷去氧化膜涂上凡士林　　　(b)在瓷接头上做直线连接　　　(c)在瓷接头做分路连接

④ 最后在瓷接头上加罩铁皮盒盖或木罩盒盖。

如果连接处在插座或熔断器附近,则不必用瓷接头,可用插座或熔断器上的接线桩进行过渡连接。

(2)压接管压接法连接

压接管压接法连接是利用铝压接管,又称铝套管,使用压接钳,实现铝导线的连接,该法适用于较大负荷多根铝芯导线的连接,如图 2 – 34 所示,其操作步骤如下:

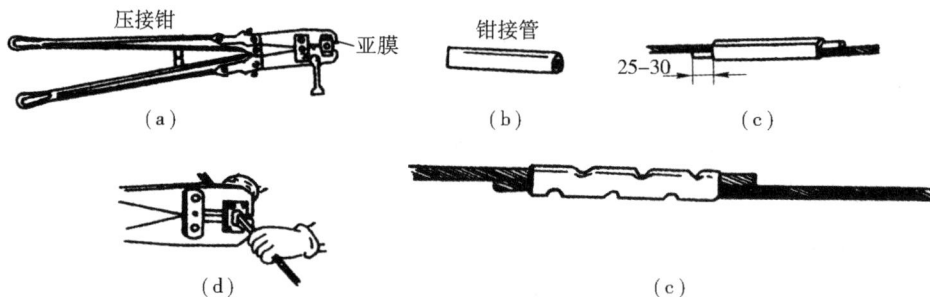

图 2 – 34 压接钳和压接管

(a)手动冷挤压接钳　(b)压接管　(c)穿进压接管　(d)进行压接　(e)压接后的铝芯线

① 根据铝线规格选择适当的铝压接管,剥去导线两端的绝缘约 55mm 左右。

② 用电工刀或钢丝刷清除铝芯线表面和压接管内壁的铝氧化层,涂上一层中性凡士林。

③ 把两根铝芯导线线端相对穿入压接管,并使线端穿出压接管 25～30mm。

④ 然后进行压接,压接时,第一道坑应压在铝芯线端一侧,不可压反,压接坑的距离和数量应符合技术要求。

3. 线头与接线桩的连接

在各种电器或电气装置上,均有接线桩供连接导线用。常用的接线桩有针孔式和螺钉平压式两种。

(1)线头与针孔式接线桩的连接

在针孔式接线桩上接线时,如果单股芯线与接线桩插线孔大小适宜,只要把芯线插入针孔,旋紧螺钉即可;如果单股芯线较细,则要把芯线折成双根,再插入针孔,如图 2－35(a)所示。

如果是多根细丝的软芯线,必须先绞紧,再插入针孔,切不可让细丝露在外面,以免发生短路事故。

(2)线头与螺钉平压式接线桩的连接

在螺钉平压式接线桩上接线时,如果是较小截面单股芯线,则必须把线头变成羊眼圈,羊眼圈弯曲的方向应与螺钉拧紧的方向一致,如图 2－35(b)所示。较大截面单股芯线与螺钉平压式接线桩连接时,线头必须装上接线耳,由接线耳与接线桩连接。

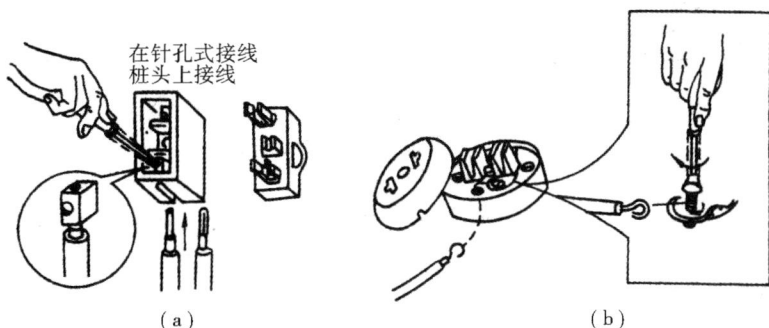

图 2－35 线头与接线桩的连接

(a)在针孔式接线桩上接线 (b)在螺钉平压式接线桩上接线

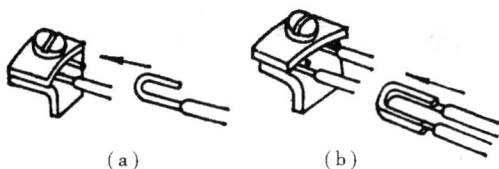

图 2－36 单股芯线与瓦形接线桩的连接

(a)一个线头连接 (b)两个线头连接

(3)线头与瓦形接线桩的连接

瓦形接线桩的垫圈为瓦形。压接时为了不致使线头从瓦形接线桩内滑出,压接前应先将已去除氧化层和污物的线头弯曲成 U 形,再卡入接线桩瓦形垫圈下方压紧,如图 2-36 所示。

知识链接3 导线绝缘层的恢复

导线的绝缘层破损后,必须恢复,导线连接后,也须恢复绝缘。恢复后的绝缘强度不应低于原有绝缘层。通常用黄蜡带、涤纶薄膜带和黑胶带作为恢复绝缘层的材料,黄蜡带和黑胶带一般选用 20mm 宽较适中,包缠也方便。

1. 绝缘带的包缠方法

包缠的方法是将黄蜡带从导线左边完整的绝缘层上开始包缠,包缠两根带宽后方可进入无绝缘的芯线部分。包缠时,黄蜡带与导线保持约 55° 的倾斜角,每圈压叠带宽的 1/2。包缠一层黄蜡带后,将黑胶布接在黄蜡带的尾端,按另一斜叠方向包缠一层黑胶布,也要每圈压叠带宽的 1/2。

2. 注意事项

(1)用在 380 伏线路上的导线恢复绝缘时,必须先包缠 1~2 层黄蜡带,然后再包缠一层黑胶带。

(2)用在 220 伏线路上的导线恢复绝缘时,先包缠一层黄蜡带,然后再包缠一层黑胶带,也可只包缠两层黑胶带。

(3)绝缘带包缠时,不能过疏,更不允许露出芯线,以免造成触电或短路事故。

(4)绝缘带平时不可放在温度很高的地方,也不可浸染油类。

技能训练

(一)导线的连接练习

1. 实训内容

(1)两根长 1.2m 的 BV2.5mm²(1/1.76mm)塑料铜芯线作直线连接。

(2)两根长 1.2m 的 BV4mm²(1/2.24mm)塑料铜芯线作 T 字分支连接。

(3)两根长 1.2m 的 BV10mm²(7/1.33mm)塑料铜芯线作直线连接。

(4)两根长 1.2m 的 BV16mm²(7/1.7mm)塑料铜芯线作 T 字分支连接。

2. 实训要求

(1)剖削导线绝缘层时,芯线不能损伤。

(2)导线缠绕方法要正确。

(3)导线缠绕后要平直、整齐和紧密。

(二)导线的连接与绝缘层的恢复综合练习

1.实训内容

(1)两根长1.2m的BV16mm²(7/1.7mm)塑料铜芯硬线直线连接。

(2)恢复绝缘层。

2.实训步骤

(1)剖削绝缘层。

(2)直线连接。

(3)浇焊。

(4)恢复绝缘层。

(5)浸入常温水中30分钟,应不渗水。

任务三　常用电工仪表的使用

知识链接1　万用表的使用方法

万用表也称万能表,一般可用来测量直流电流、多直流电压、交流电压和电阻等。有的万用表还可测量功率、电感和电容等。万用表的型式很多,使用方法也有些不同,但基本原理是一样的,其最简单的测量原理如图2－37所示。

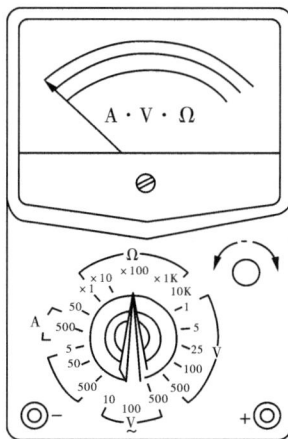

现以如图2－38所示的MF30型万用表的面板图为例来说明其使用方法。

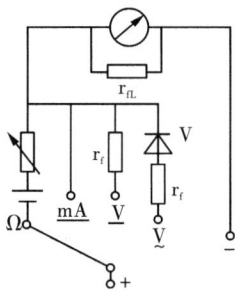

图2－37　万用表最简单的测量原理图　　　图2－38　MF30型万用表面板图

1.万用表的使用方法

(1)测量电压的方法

① 测量交流电压 将转换开关转到"V"符号,测量交流电压时将两根表棒并接在被测电路的两端,不分正负极;所需量程由被测量电压的高低来确定。如果被测量电压的数值不知道,可选用表的最高测量范围500V,指针若偏转很小,再逐级调低到合适的测量范围。

② 测量直流电压 将转换开关转到"V"符号,测量直流电压时正负极不能搞错,"＋"插口的表棒接至被测电压的正极,"－"插口表棒接至被测电压的负极,不能接反,否则指针会因逆向偏转而被打弯。如果无法弄清被测电压的正负极,可选用较高的测量范围档,用两根表棒很快地碰一下测量点,看清表针的指向,找出被测电压的正负极。

(2)测量直流电流的方法

将转换开关转到"mA""μA"符号的适当量程位置上,然后按电流从正到负的方向,将万用表串联到被测电路中。

(3)测量电阻的方法 把转换开关转到"Ω"符号的适当量程位置上,先将两根表棒短接,旋动调零旋钮,使表针指在电阻刻度的"0"欧上;然后用表棒测量电阻。面板上×1、×10、×100、×1k、×10k的符号表示倍率数,从表头的读数乘以倍率数,就是所测电阻的阻值。

2.万用表测量时的注意事项

(1)转换开关的位置应选择正确

选择测量种类时,要特别细心,若误用电流档或电阻档测电压,轻则表针损坏,重则表头烧毁。选择量程时也要适当,测量时最好使针指在量程的1/2 到2/3 范围内,读数较为准确。

(2)端钮或插孔选择要正确

红色表棒应插入标有"＋"号的插孔内。黑色表棒应插入标有"－"号的插孔内;在测量电阻时注意万用表内干电池的正极与面板上"－"号插孔相连,干电池的负极是与面板上"＋"号插孔相连。

(3)不能带电测量电阻值

当测量线路中的某一电阻时,线路必须与电源断开,不能在带电的情况下测量电阻值,否则会烧坏万用表。

知识链接2 **摇表的使用方法**

摇表又叫兆欧表、梅格表、高阻表等,是用来测量大电阻和绝缘电阻的;它的计量单位是兆欧,用"MΩ"符号表示。

摇表的种类很多,但其作用大致相同,常用的ZC11型摇表的外形如图2-39所示。

1.摇表的选用

测量额定电压在500 伏以下的设备或线路的绝缘电阻时,可选用500V 或1000V 摇表;

测量额定电压在 500V 以上的设备或线路的绝缘电阻时,应选用 1000 ~ 2500V 摇表;测量瓷瓶时,应选用 2500 ~ 5000V 摇表。

量程的选用:一般测量低压电器设备绝缘电阻时,可选用 0 ~ 200MΩ 量程的表,测量高压电器设备或电缆时可选用 0 ~ 2000MΩ 量程的表。

2.摇表的接线和测量方法

摇表有三个接线柱,其中两个较大的接线柱上分别标有"接地"(E)和"线路"(L),另一个较小的接线柱上标有"保护环"或("屏蔽")(G)。

(1)测量照明或电力线路对地的绝缘电阻将摇表接线柱的(E)可靠地接地,(L)接到被测线路上,如图 2 - 40(a)所示。线路接好后,可按顺时针方向摇动摇表的发电机摇把,转速由慢变快,一般约一分钟后发电机转速稳定时,表针也稳定下来,这时表针指示的数值就是所测得的绝缘电阻值。

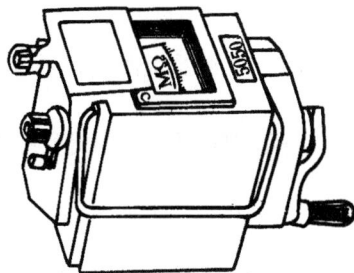

图 2 - 39 摇表

(2)测量电机的绝缘电阻

将摇表接线柱的(E)接机壳,(L)接到电机绕组上,如图 2 - 40(b)所示。

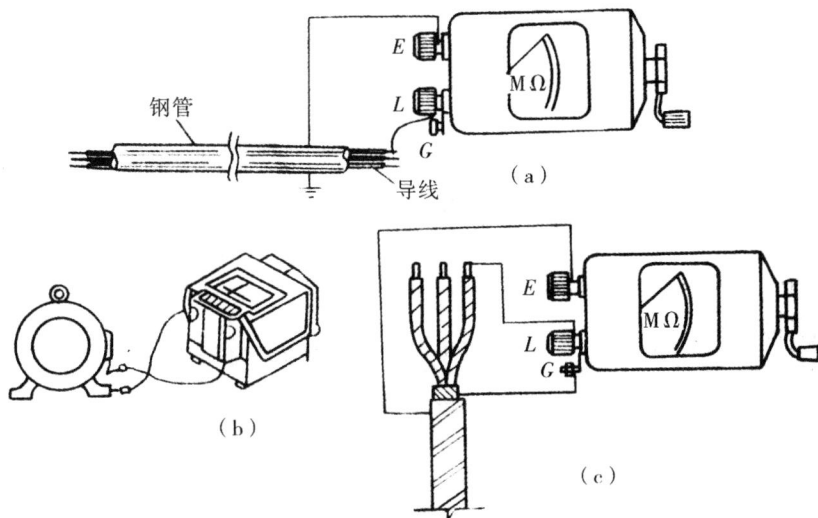

图 2 - 40 摇表的接线方法

(a)测量照明或动力线路绝缘电阻 (b)测量电机绝缘电阻 (c)测量电缆绝缘电阻

(3)测量电缆的绝缘电阻

测量电缆的导电线芯与电缆外壳的绝缘电阻时,除将被测两端分别接(E)和(L)两接线柱外,还需将(G)接线柱引线接到电缆壳芯之间的绝缘层上,如图 2 - 40(c)所示。

3.摇表使用时的注意事项

(1)测量电气设备的绝缘电阻时,必须先切断电源,然后将设备进行放电,以保证人身安全和测量准确。

（2）摇表测量时应放在水平位置，未接线前先转动摇表作开路试验看指针是否指在"∞"处，再将（L）和（E）两个接线柱短接，慢慢地转动摇表，看指针是否指在"0"处，若能分别指在"∞"或"0"处，说明摇表是好的。

（3）摇表接线柱上引出线应用多股软线，且要有良好的绝缘，两根引线切忌绞在一起，以免造成测量数据的不准确。

（4）摇表测量完后应立即使被测物放电，在摇表的摇把未停止转动和被测物未放电前，不可用手去触及被测物的测量部分或进行拆除导线，以防触电。

知识链接3 钳形表的使用方法

钳形表又称钳形电流表，在不断开电路而需要测量电流的场合，可使用钳形表。钳形表是根据电流互感器的原理制成的，其结构如图2-41所示。

1. 钳形表的使用方法

使用时，将量程开关转到合适位置，手持胶木手柄，用食指勾紧铁芯开关，便可打开铁芯。将被测导线从铁芯缺口引入铁芯中央，然后，放松铁芯开关的食指，铁芯就自动闭合。被测导线的电流就在铁芯中产生交变磁力线，表上就感应出电流，可直接读数。

2. 钳形表使用时的注意事项

（1）钳形表不得去测高压线路的电流，被测线路的电压不能超过钳形表所规定的使用电压，以防绝缘击穿，人身触电。

（2）测量前应估计被测电流的大小，选择适当的量程，不可用小量程档去测量大电流。

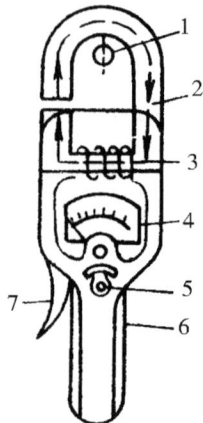

图2-41 钳形表

（3）每次测量只能钳入一根导线，测量时应将被测导线置于钳口中央部位，以提高测量准确度，测量结束应将量程调节开关扳到最大量程档位置，以便下次安全使用。

知识链接4 功率表的接线方法

功率表又称瓦特表，是用来测量电功率的仪表。

1. 单相功率表的接线方法

（1）功率表的选择

功率表量程的选择，就是要正确选择功率表的电流量程和电压量程。使电流量程能允许通过负载电流，电压量程能承受负载电压。

例：有一感性负载，其功率约为800W，电压220V，功率因数为0.8，需用功率表去测量其功率,怎样选择功率表的量程?

解:负载电流 I 可用下式算出:

$$I = \frac{P}{V\cos\varphi} = \frac{800}{220 \times 0.8} \approx 4.55(A)$$

故功率表的电流量程可选为5A。由于功率为800W,负载电压为220V,故选用250V或300V的电压量程。

(2)功率表的接线方法

功率表板面的电压、电流各有一个接线柱上标有"＊"的符号。接线时,有"＊"符号的电流接线柱应接电源一端,另一接线柱5A接在负载端;有"＊"符号的电压接线柱一定要接在有"＊"符号的电流线圈所接的那条电线上。无符号的接线柱(300V)要接在电源的另一端,如图2-42所示。

在低压电路中,有的负载消耗功率很大,超过了表的量程,在这种情况下,就要通过电流互感器来测量,接线方法如图2-43所示。为了使功率表的电流线圈和电压线圈的电源端处在同电位,故把电流互感器的二次绕组 L_2 和一次绕组 L_1 连接。因此,在单相电路中,功率表通过电流互感器测量功率,电流互感器的二次线圈可以不要接地。

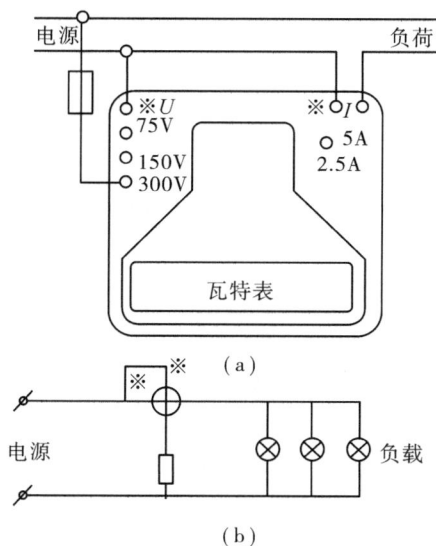

图2-42 单相功率表的接线图
(a)接线方法

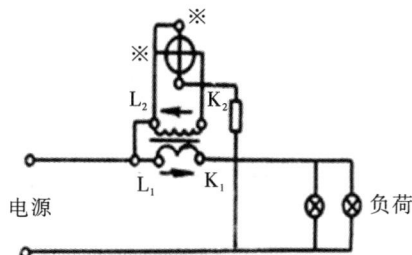

图2-43 单相功率表经电流互感器接线图
(b)接线图

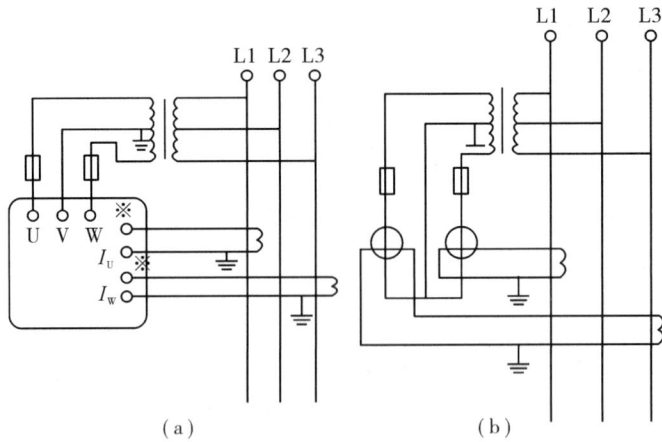

图 2-44 三相二元件功率表经电流互感器和电压互感器接线图

(a)接线方法 (b)接线图

2.三相二元件功率表的接线方法

在高压线路上测量功率,通常采用三相二元件功率表。因为线路电压很高,功率不能直接测量,应通过电压互感器和电流互感器,其接线方法如图 2-44 所示。

知识链接5 电度表的接线方法

电度表又称火表,它是计量电能的仪表。即能测量某一段时间内所消耗的电能。

1.单相电度表的接线方法

在低压小电流线路中,电度表可直接接在线路上,如图 2-45(a)所示。电度表的接线端子盒盖上一般均有接线图。

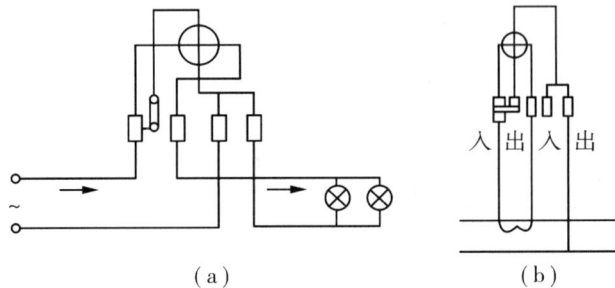

图 2-45 单相电度表接线方法

(a)不经电流互感器 (b)经电流互感器

在低压大电流线路中测量电能,电度表须通过电流互感器将电流变小,接线方法如图 2-45(b)所示。

2.三相电度表的接线方法

在低压三相四线制线路中,通常采用三元件的三相电度表。若线路上负载电流未超过电度表的量程,则可直接接在线路上,接线方法如图 2-46 所示。

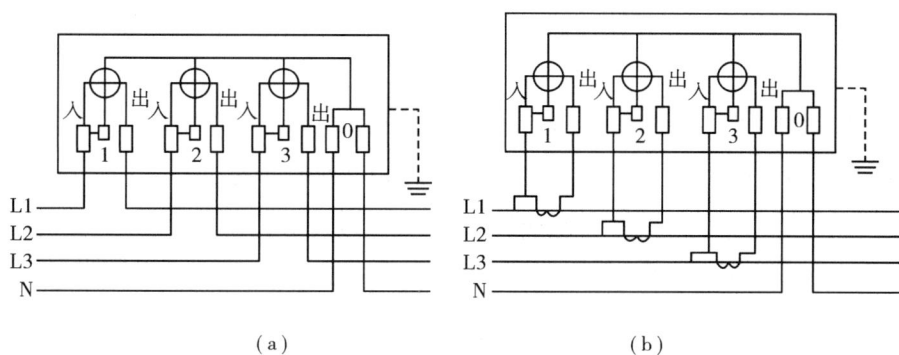

图2-46 三相电度表的接线方法

（a）直接接法 （b）经电流互感器接法

如果负载电流超过电度表的量程,须经电流互感器将电流变小,接线方法如图2-46（b）所示。

知识链接6 电桥的使用方法

1. 直流单臂电桥的使用方法

直流单臂电桥又称惠斯顿电桥,是测量$1 \sim 10^6$欧姆电阻的常用仪器,可用来测量各种电机、变压器及各种电器的直流电阻。

常用QJ23型直流单臂电桥的面板如图2-47所示。

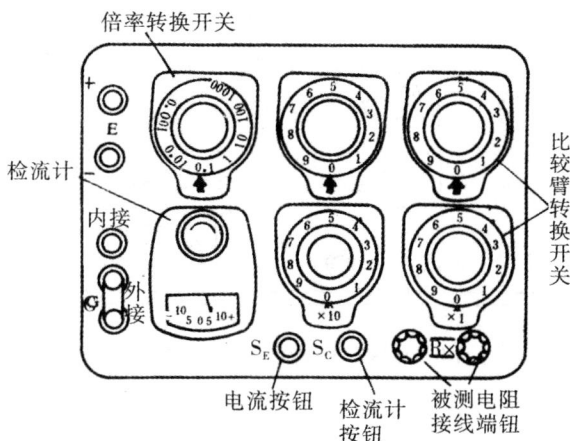

图2-47 QJ23型直流单臂电桥

比例臂倍率分为0.001、0.01、0.1、1、10、100和1000等7档,由倍率转换开关选择。比较臂由四组可调电组串联而成,每组均有9个相同的电阻,第一组为9个1欧,第二组为9个10欧,第三组为9个100欧,第四组为9个1000欧。由比较臂转换开关调节,面板上的四个比较臂转换开关构成了个、十、百和千位,比较臂的阻值为四组读数之和。

直流单臂电桥的使用步骤:

（1）首先将检流计锁扣打开,调节机械凋零旋钮,使指针位于零。

（2）将被测电阻 RX 接在接线端钮上，根据 RX 的阻值范围选择合适的比例臂倍率，使比较臂的四组电阻都用上。

（3）调节平衡时，先按电源按钮 SE。再按检流计按钮 SG；测量完毕后，先松开检流计按钮 SG，再松开电源按钮 SE，以防被测对象产生感应电势损坏检流计。

（4）按下按钮后，若指针向"＋"侧偏转，应增大比较臂电阻；若向"－"侧偏转，则应减小比较臂电阻；调平衡过程中，不要把检流计按钮按死，待调到电桥接近平衡时，才可按死检流计按钮进行细调，否则检流计指针可能因猛烈撞击而损坏。

（5）若使用外接电源，其电压应按规定选择，过高会损坏桥臂电阻，太低则会降低灵敏度；若使用外接检流计，应将内附的橙流计用短路片短接，将外接检流计接至"外接"端钮上。

（6）测量结束后，应锁上检流计锁扣，以免受振而损坏。

2．直流双臂电桥的使用方法

直流双臂电桥又称凯尔文电桥，适用于测量 1 欧以下的短导线、分流器、大中型电机和变压器绕组的低阻值电阻。

常用的 QJ42 型直流双臂电桥的面板如图 2 - 48 所示。

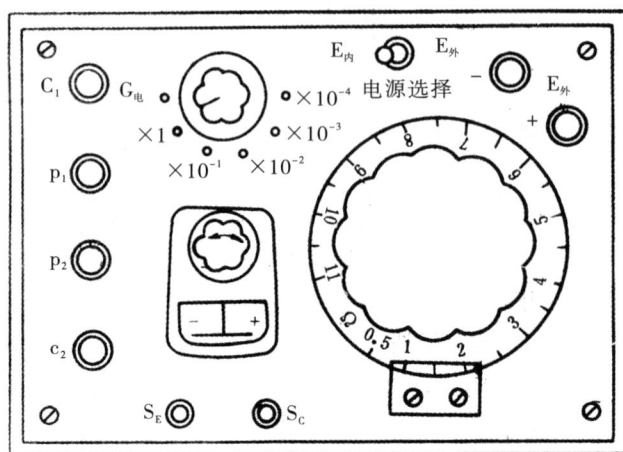

图 2 - 48　QJ42 型直流双臂电桥的面板图

图中右上角是外接电源端钮 $E_{外}$ 和 $E_{内}$，外电源选择开关；下面是已知电阻调节盘，可在 0.5 ～ 11 欧范围内调平衡。左上面是倍率选择开关，有 $\times 10^{-4}$、$\times 10^{-3}$、$\times 10^{-2}$、$\times 10^{-1}$、$\times 1$ 五档，其下面是检流计。面板左面是 C_1、P_1、P_2、C_2 四个端钮，用来连接被测电阻 R_x。电桥平衡后，用电阻调节盘的阻值乘以倍率，即为被测电阻 R_x 的阻值。

直流双臂电桥使用时，除了按照直流单臂电桥的使用步骤外，还应注意以下几点：

（1）被测电阻应与电桥的电位端钮 P_1、P_2 和电流端钮 C_1、C_2 正确连接，若被测电阻没有专门的接线，可从被测电阻两接线头引出四根连接线，但注意要将电位端钮 P_1、P_2 接至电流端钮 C_1、C_2 的内侧，如图 2 - 49 所示。

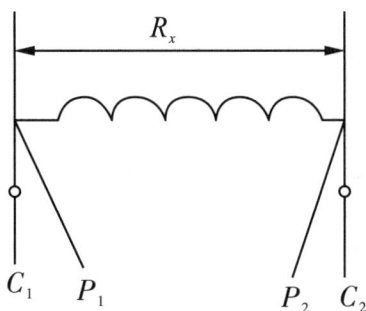

图 2-49　被测电阻电位端钮和电流端钮接法

（2）连接导线应尽量短而粗。接线头要除尽漆和锈并接紧,尽量减少接触电阻。

（3）直流双臂电桥工作电流很大,测量时操作要快,以免耗电过多,测量结束后应立即关断电源。

（一）万用表使用练习

实习内容

1. 用万用表测量交流380V、220V 和36V 电压练习。

2. 用万用表测量直流3V 和6V 电压练习。

3. 用万用表测量若干只电阻。

（二）摇表使用练习

实习内容

1. 用500 伏摇表测量三相异步电动机相对相及相对地的绝缘电阻练习。

2. 用1000 伏摇表测量低压电缆芯壳之间的绝缘电阻。

（三）钳形表使用练习

实习内容

用钳形表测试三相异步电动机的三相空载电流练习。

（四）双臂电桥使用练习

1. 实习内容

用双臂电桥测试三相异步电动机绕组的直流电阻。

2. 实训图

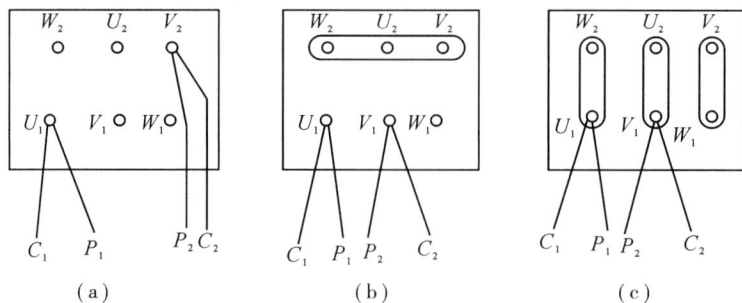

图 2 - 63　双臂电桥测电机绕组的接线方法

（a）测每相电阻　（b）测 Y 接线电阻　（c）测 △ 接线电阻

3. 实训器具

（1）QJ42 型双臂电桥。

（2）Y/△接法三相异步电动机一台。

（3）连接导线若干根。

4. 操作步骤

（1）接线　用较粗而短的连接线分别按图 2 - 63（a）（b）（c）将电机绕组接线柱与电桥电位端钮 P_1、P_2 和电流端钮 C_1、C_2 连接，并用螺母紧固。

（2）接通电源　将电桥的电源选择开关扳向相应的位置。

（3）调整零位　旋动检流计旋钮将指针调在零位上。

（4）选择倍率　估计电机绕组的电阻值，将倍率开关旋到相应的位置上。

（5）调节电桥的平衡，算出被测电阻值，将刻度盘旋到零的位置上，用左手中指按下电源按钮 S_E，再由食指按下检流计按钮 S_C，如检流计的指针指向" - "方向，应旋动电阻调节盘减小电阻值，若调节盘已在最小数值上，无法再减小时，应重新选择倍率。如果检流计指向" + "的方向，则应将电阻调节盘向增加方向旋动，反复调节使检流计指针指向零位。测量完毕，读出电阻调节盘阻值再乘以倍率. 即为所测电阻值。并将电阻值填入下空格。

测试每相电阻值：

$$U_1 - U_2 \underline{\hspace{2cm}}, V_1 - V_2 \underline{\hspace{2cm}}, W_l - W_2 \underline{\hspace{2cm}}。$$

测试 Y 接线电阻值：

$$U_1 - V_1 \underline{\hspace{2cm}}, V_1 - W_1 \underline{\hspace{2cm}}, W_l - U_1 \underline{\hspace{2cm}}。$$

测试 △ 接线电阻值：

$$U_1 - V_1 \underline{\hspace{2cm}}, V_1 - W_l \underline{\hspace{2cm}}, W_l - U_1 \underline{\hspace{2cm}}。$$

（6）测量结束　测量结束后，应将倍率开关旋至短路位置上。

（7）成绩评定见表 2 - 1。

表 2 - 1

项目内容	配分	评分标准	扣分	得分
接线	20	接线错误	扣 20 分	
操作步骤	30	错一次	扣 10 分	
操作方法	30	操作错误,每次	扣 10 分	
识读阻值	20	阻值错一次	扣 3 分	
考核时间	60 分钟	每超过 5 分钟扣 5 分,不足 5 分钟以 5 分钟计		
开始时间		结束时间	评分	

(五) 三相三线电度表的安装练习

1. 实训内容

三相三线电度表的安装。

2. 实训图

接线图如图 2 - 59 所示。

3. 工具、仪表、器材

① 线路安装板(900 × 600 × 60)1 块。

② DS25A 三相三线电度表 1 只。

③ 三相闸刀开关(15A)1 只。

④ 熔断器(RCL10A)3 只。

⑤ 螺口平灯座 3 只,螺口灯泡(220V/200W)3 只。

⑥ 圆木 3 只、1 号钢精轧头、木螺钉各 1 小包。

⑦ BVVlmm²(1/1.13)三芯塑料护套线 2m。

4. 实训步骤

① 清点元件数量和规格,并检查元件是否良好。

② 按照接线图在模拟配电板划出各元件的位置和走线方向。

③ 在模拟配电板上用护套线线路敷设,安装备元件(白炽灯作 Y 连接)。

④ 选配合适熔体。

⑤ 自查电路安装质量,接线是否正确。

⑥ 查对无误后进行通电和量电试验。

5. 注意事项

① 电度表在通电试验时,表面与地要保持垂直。

② 熔体选配应合理。

③ 熔断器应装在负载前面。

④ 施工中要注意安全。

6. 成绩评定。(表2-2)

表2-2　成绩评定

项目内容	配分	评分标准	扣分	得分
电度表接线	40分	接错,每处　扣15分		
元件安装	30分	(1)布局不合理,每处　扣10分 (2)不牢固,每只　扣10分		
敷线	20分	(1)不平直,每处　扣5分 (2)线头露铜太长,每只　扣5分		
熔体选配	10分	不合理　扣10分		
通电试验		每返工一次　扣20分		
安全与文明生产		每违犯一次　扣10分		
工时	1日	得分		

注:每项最高扣分不超过该项的配分。

(六) 进户装置的安装

进户装置是户内外线路的衔接装置,是低压用户内部线路的电源引接点。

进户装置通常由进户杆或角钢支架上装瓷瓶,以及进户线和进户管等部分组成。

1. 进户杆的安装

凡进户点低于2.7m,或接户线(从架空配电线的电杆至用户户外第一个支持点之间的一段导线)因安全需要而放高等原因,需加装进户杆来支持接户线和进户线(从用户户外第一个支持点至用户户内第一个支持点之间的导线)。进户杆分有长杆和短杆两种,如图2-50所示。进户杆可采用混凝土杆或木杆两种。

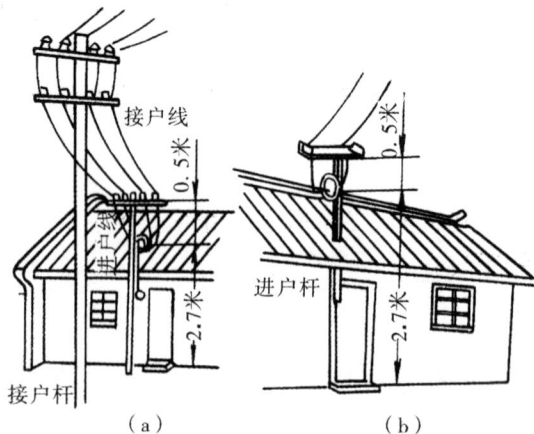

图2-50 进户杆装置　　　　图2-51 角钢支架加装瓷瓶装置

（1）木质长进户杆埋入地面的深度应按表 2 - 1 所列规定,埋入地面前,应在地面以上 300mm 和地面以下 500mm 的一段,采用烧根或涂水柏油等方法进行防腐处理。木质短进户杆与建筑物连接时,应用两道通墙螺栓或抱箍等固紧方法进行接装,两道固紧点的中心距离不应小于 500mm。

（2）混凝土进户杆安装前应检查有无弯曲、裂缝和松酥等情况,混凝土进户杆埋入地面的深度要求见表 2 - 1。

表 2 - 1　杆的深埋要求　　　　　　　　　　　　（单位:m）

杆别 \ 杆长	4	5	6	7	8	9	10	11	12	13	15
木杆	1.0	1.0	1.1	1.2	1.4	1.5	1.7	1.8	1.9	2.0	
混泥土杆	–	–	–	1.4	1.5	1.6	1.7	1.8	1.9	2.0	2.5

（3）进户秆杆顶应安装横担,横担上安装低压 ED 型瓷瓶。常用的横担由镀锌角钢制成,用来支持单相两线的,一般规定角钢规格不应小于 $40 \times 40 \times 5mm$,用来支持三相四线,一般不应小于 $50 \times 50 \times 6mm$。两瓷瓶在角钢上的距离不应小于 150mm。

（4）用角钢支架加装瓷瓶来支持接户线和进户线的安装形式如图 2 - 51 所示。

2.进户线的安装

（1）进户线必须采用绝缘良好的铜芯或铝芯绝缘导线,铜芯线最小截面不得小于 $1.5mm^2$,铝芯线截不得小于 $2.5mm^2$,进户线中间不准有接头。

（2）进户线穿墙时,应套上瓷管、钢管或塑料管,如图 2 - 52 所示。

（3）进户线在安装时应有足够的长度,户内一端一般接于总熔丝盒,如图 2 - 53（a）所示。户外一端与接户线连接后应保持 200mm 的弛度,如图 2 - 53（b）所示,户外一段进户线不应小于 800mm。

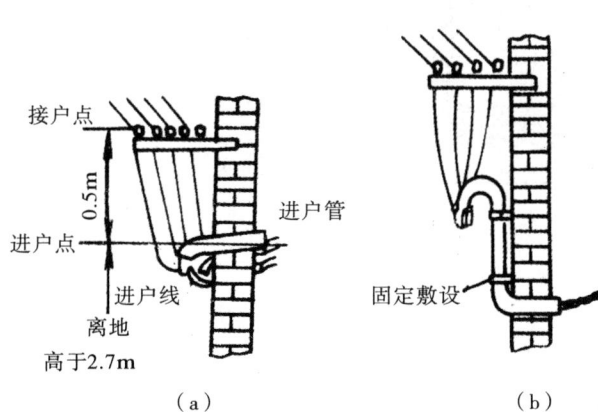

（a）　　　　　　　　　　　（b）

图 2 - 52 进户线穿墙安装方法

（a）进户线穿瓷竹安装　（b）进户线穿钢管安装

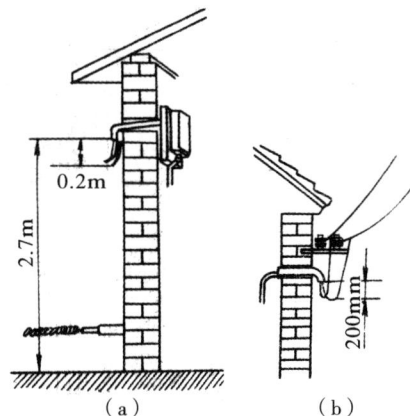

（a）　　　　　　　　（b）

图 2 - 53 进户线两端的接法

（a）户内一端进总熔丝盒　（b）户外一端的弛度

3.进户管的安装

用来保护进户线常用的进户管有瓷管、钢管和塑料管三种,瓷管又分弯口和反口两种。瓷管管径以内径标称,常用的有 13mm、16mm、19mm、25mm 和 32mm 等多种。

(1)进户管的管径应根据进户线的根数和截面来决定,管内导线(包括绝缘层)的总截面不应大于管子有效截面的 40%,最小管内径不应小于 15mm。

(2)进户瓷管必须每线一根,进户瓷管应采用弯头瓷管,户外的一端弯头向下,当进户线截面在 50 平方毫米(19/1.83mm)以上时,宜用反口瓷管,户外一端应稍低。

(3)当一根瓷管的长度不能满足进户墙壁的厚度时,可用两根瓷管紧密连接,或用硬塑料管代替瓷管。

(4)进户钢管须用白铁管或经过涂漆的黑铁管,钢管两端应装护圈,户外一端必须有防雨弯头,进户线必须全部穿于一根钢管内。

(七) 量电和配电装置的安装

量电装置通常由进户总熔丝盒、电度表和电流互感器等部分组成。配电装置一般由控制开关、过载及短路保护电器等组成,容量较大的还装有隔离开关。

一般将总熔丝盒装在进户管的墙上,而将电流互感器、电度表、控制开关、短路和过载保护电器均安装在同一块配电板上,如图 2-54 所示。

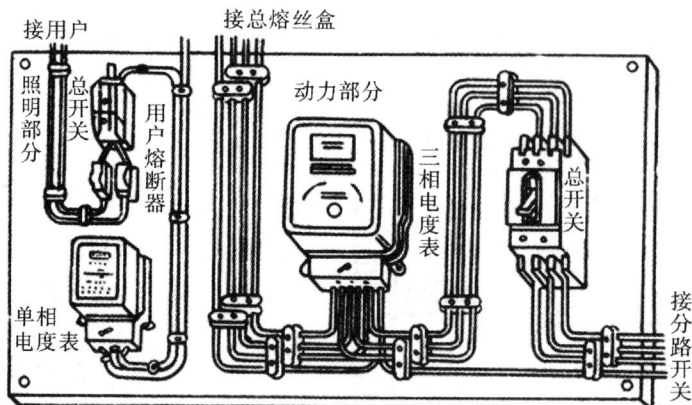

(a)

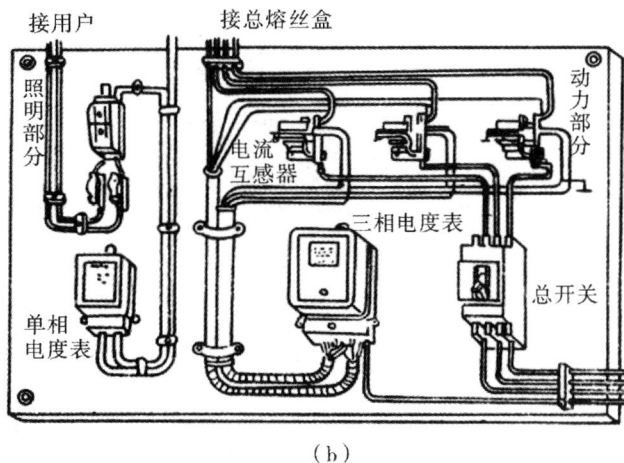

图 2 - 54　配电板的安装

（a）小容量配电板　　（b）大容量配电板

1. 总熔丝盒的安装

常用的总熔丝盒分铁皮式和铸铁壳式。铁皮盒式分 1 型 ～ 4 型四个规格, 1 型最大, 盒内能装三只 200A 熔断器; 4 型最小, 盒内能装三只 10A 或一只 30A 熔断器及一只接线桥。铸铁壳式分 10、30、60、100 和 200A 五个规格, 每盒内均只能单独装一只熔断器。

总熔丝盒有防止下级电力线路的故障蔓延到前级配电干线上而造成更大区域的停电; 又能加强计划用电的管理（因低压用户总熔丝盒内的熔体规格, 由供电单位置放, 并在盖上加封）等作用。

（1）总熔丝盒应安装在进户管的户内侧, 安装方法如图 2 - 55 所示。

（2）总熔丝盒必须安装在实心木板上, 木板表面及四沿必须涂以防火漆, 安装时, 1 型铁皮盒式和 200A 铸铁壳式的木板, 应用穿墙螺栓或膨胀螺栓固定在建筑面上。其余各型木板可用木螺钉来固定。

（3）总熔丝盒内熔断器的上接线桩, 应分别与进户线的电源相线连接。接线桥的上接线桩应与进户线的电源中性线连接。

（4）总熔丝盒后如安装多具电度表, 则在每具电度表前级应分别安装总熔丝盒。

2. 电流互感器的安装

（1）电流互感器次级（即二次回路）标有"K_1"或"＋"的接线桩要与电度表电流线圈的进线桩连接, 标有"K_2"或"－"的接线桩要与电度表的出线桩连接, 不可接反, 电流互感器的初级（即一次回路）标有"L_1"或"＋"的接线桩, 应接电源进线, 标有"L_2"或"－"的接线桩应接出线, 如图 2 - 56 所示。

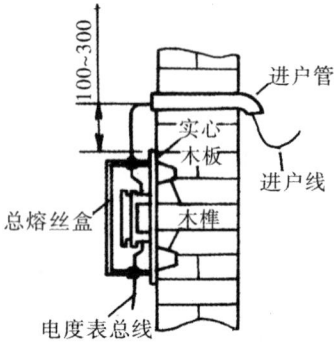

图2-55 总熔丝盒的安装

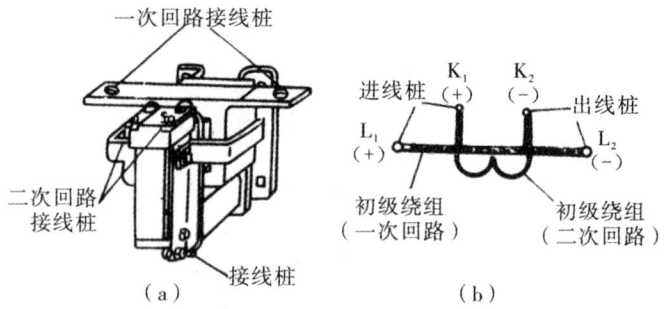

图2-56 电流互感器

(a)外形码 (b)原理图符号

(2)电流互感器次级的"K_2"或"-"接线桩外壳和铁心都必须可靠的接地,电流互感器应装在电度表的上方。

3. 电度表的安装

电度表有单相电度表和三相电度表两种,三相电度表又有三相三线制和三相四线制电度表两种。按接线方式不同,又各分为直接式和间接式两种,直接式三相电度表常用的规格有10、20、30、50、75和100A等多种,一般用于电流较小的电路上;间接式三相电度表常用的规格是5安培,与电流互感器连接后,用于电流较大的电路上。

(1)单相电度表的接线

单相电度表共有四个接线桩头,从左到右按1、2、3、4编号。接线方法一般按号码1、3接电源进线,2、4接出线,如图2-57所示。

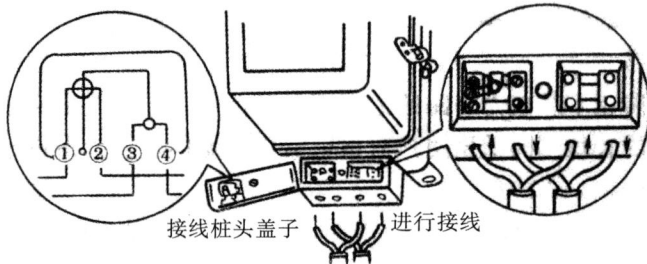

图2-57 单相电度表的接线

也有些单相电度表的接线方法是按号码1、2接电源进线,3、4接出线,所以具体的接线方法应参照电度表接线桩盖子上的接线图。

(2)三相电度表的接线

① 直接式三相四线制电度表的接线 这种电度表共有十一个接线桩头,从左至右按1、2、3、4、5、6、7、8、9、10、11编号,其中1、4、7是电源相线的进线桩头,用来连接从总熔丝盒下桩头引出来的三根相线;3、6、9是相线的出线桩头,分别去接总开关的 图2-58 直接式三相四

线制电度表的接线三个进线桩头;10、11 是电源中性线的进线桩头和出线桩头;2、5、8 三个接线桩头可空着,如图 2 - 58 所示。

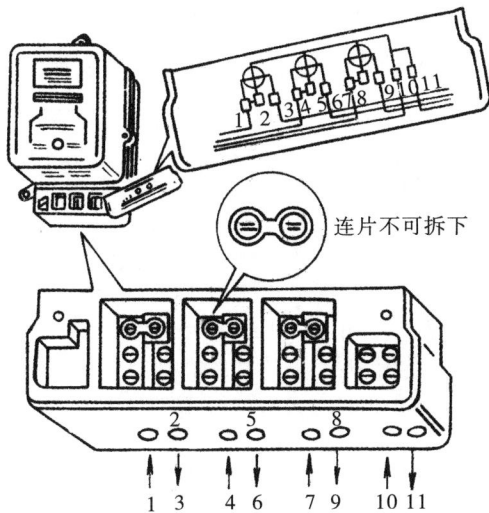

图 2 - 58   直接式三相四线制电度表的接线

② 直接式三相三线制电度表的接线 这种电度表共有八个接线桩头,其中 1、4、6 是电源相线进线桩头。3、5、8 是相线出线桩头。2、7 两个接线桩可空着,如图 2 - 59 所示。

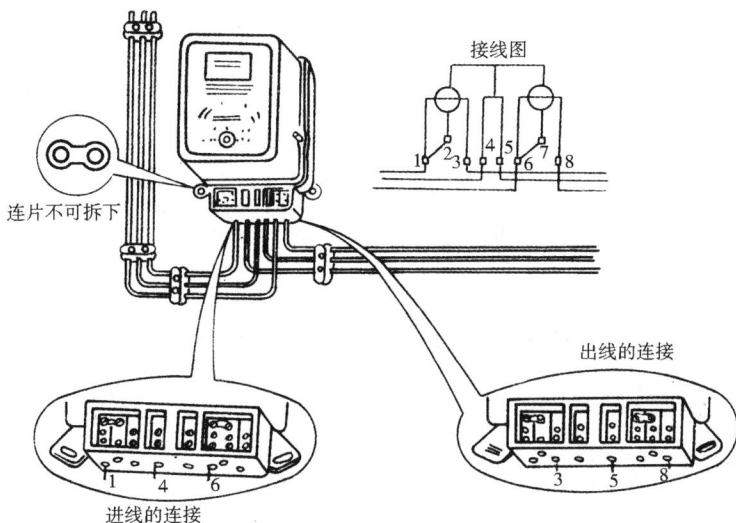

图 2 - 59   直接式三相三线制电度表的接线

③ 间接式三相四线制电度表的接线 这种三相电度表需配用三只同规格的电流互感器,接线时把从总熔丝盒下接线桩头引来的三根相线,分别与三只电流互感器初线的" + "接线桩头连接,同时用三根绝缘导线从这三个" + "接线桩引出,穿过钢管后分别与电度表 2、5、8 三个接线桩连接。接着用三根绝缘导线,从三只电流互感器次级的" + "接线桩头引出,穿过另一根钢管与电度表 1、4、7 三个进线桩头连接。然后用一根绝缘导线穿过后一根保护钢管,一端

连接三只电流互感器次级的"－"接线桩头,另一端连接电度表的3、6、9 三个出线桩头,并把这根导线接地,最后用三根绝缘导线。把三只电流互感器初级的"－",接线桩头分别与总开关三个进线桩头连接起来,并把电源中性线穿过前一根钢管与电度表10 进线桩连接,接线桩Ⅱ是用来连接中性线的出线,如图 2-60 所示。接线时应先将电度表接线盒内的三块连片都拆下。

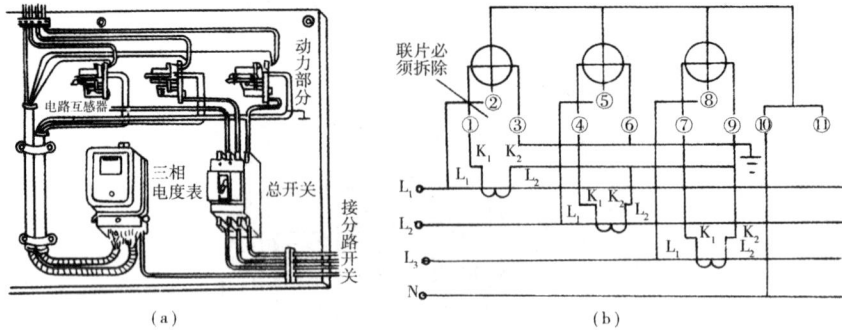

图 2-60　三相四线制电度表间接接线图

(a)接线外形图　(b)接线原理图

④ 间接式三相三线制电度表的接线 这种三相电度表需配用两只同规格的电流互感器。接线时把从总熔丝盒下接线桩头引出来的三根相线中的两根相线,分别与两只电流互感器初级的"＋"接线桩头连接,同时从该两个"＋"接线桩头,用铜芯塑料硬线引出,并穿过钢管分别接到电度表2、7 接线桩头上。接着从两只电流互感器次级的"＋"接线桩用两根铜芯塑料硬线引出,并穿过另一根钢管分别接到电度表1、6 接线桩头上。然后用一根导线从两只电流互感器次级的"－"接线桩头引出,穿过后一根钢管接到电度表的3、8 接线桩头上,并应把这根导线接地。最后将总熔丝盒下桩头余下的一根相线和从两只电流互感器初级的"－"接线桩头引出的两根绝缘导线,接到总开关的三个进线桩头上。同时从总开关的一个进线桩头(总熔丝盒引入的相线桩头)引出一根绝缘导线,穿过前一根钢管,接到电度表4 接线桩上,如图 2-61 所示。同时注意应将三相电度表接线盒内的两块连片都拆下。

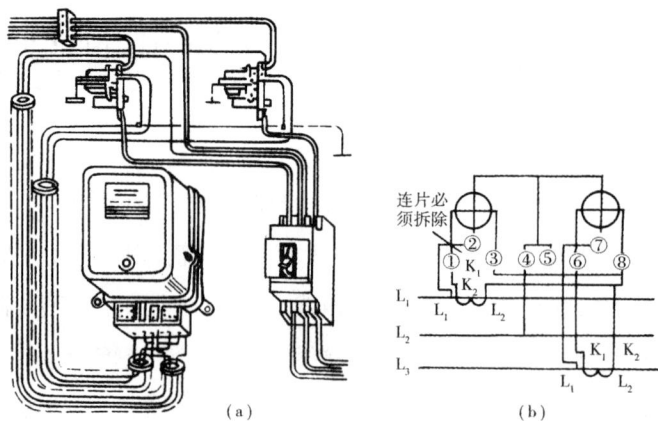

图 2-61　三相三线制电度表间接接线外形图

（3）电度表总线必须采用铜芯塑料硬线，其最小截面不得小于 $1.5mm^2$，中间不准有接头，自总熔丝盒至电度表之间沿线敷设长度不宜超过 10m。

（4）电度表总线必须明线敷设，采用线管安装时，线管也必须明装，在进入电度表时，一般以"左进右出"原则接线。

（5）电度表必须安装得垂直于地面，表的中心离地面高度应在 $1.4\sim1.5m$ 之间。

（八）移动电具及照明装置的安装规程

1. 移动电具的安装

（1）生活用单相移动电具的电源，均应用插头在照明线路的插座上引取。

（2）移动电具的电源引接线应采用三芯橡皮线或多股铜芯塑料护套软线，长度一般不得超过 5 米，中间不准有接头。

（3）移动电具的电源引接线必须装得牢固可靠，芯线不可裸露在外。

（4）移动电具的金属外壳的接地线应接在可靠的接地桩上，其绝缘电阻不应小于 2 兆欧。

2. 照明装置的安装规程

（1）在特别潮湿、有腐蚀性气体的场所，以及易燃、易爆的场所，应分别采用合适的防潮、防爆、防雨的灯具和开关。

（2）吊灯应装有挂线盒，每一只挂线盒只可装一盏灯（多管日光灯和特殊灯具除外）。吊灯线的绝缘必须良好. 并不得有接头。在挂线盒内的接线应防止接头处受力使灯具跌落。超过 1 千克的灯具须用金属链条吊装或用其他方法支持，使吊灯导线不承力。

（3）螺丝灯头必须采用安全灯头，并且必须把相线接在螺丝灯头座的中心铜片上。

（4）各种吊灯离地面距离不应低于 2m，潮湿、危险场所和户外应不低于 2.5m，低于 2.5m 的灯具外壳应妥善接地，最好使用 $12\sim36V$ 的安全电压。

（5）各种照明开关必须串接在相线上，矸关和插座离地高度一般不低予 1.3m。特殊情况矮座可以装低，但离地不应低于 150mm。幼儿园、托儿所等处不应装设低位插座。

> **思考题与习题**

2 - 1　简述低压验电笔的使用方法。

2 - 2　低压验电笔有哪些用途？

2 - 3　为什么测量绝缘电阻要用兆欧表而不能使用万用表？

2 - 4　用兆欧表进行测量时，应该怎样接线？

2 - 5　使用螺钉旋具的安全注意事项有哪些？

2 - 6　使用电工刀时应注意什么？

2 - 7　简述使用万用表的注意事项。

2 - 8　使用钳形表的注意事项有哪些？

项目三　室内照明线路的安装与检修

【项目目标】

掌握室内照明线路的配线技术。

掌握照明灯具、开关和插座的安装与调试。

【知识目标】

室内照明线路的配线技术,灯具安装规范,接线工艺规范,日光灯等常用电光源电路的工作原理。

【技能目标】

能对照明电路进行安装接线和调试。

任务一　室内照明线路的配线的技术

室内配线有明配线和暗配线两种。导线沿墙、天花板及柱子等明敷设称为明配线,导线穿管埋设在墙内、地坪内或装设在顶棚里称为暗配线。

知识链接 1　室内配线的技术要求

室内配线要使电能安全可靠地传送,其技术要求如下:

(1)使用导线的额定电压应大于线路的工作电压,导线的绝缘应符合线路的安装方式和敷设环境的要求,导线截面应能满足供电和机械强度的要求。

(2)配线时应尽量减少导线接头数,因为常常由于导线接头不好而造成事故。导线连接和分支处不应受到机械力的作用,穿在管内的导线在任何情况下都不能有接头,只能把接头放在接线盒或灯头盒内。

(3)明配线路在建筑物内应水平或垂直敷设。水平敷设时,导线距地面不小于 2.5m。垂直敷设时,导线距地面不小于 2m。否则,应将导线穿在钢管内加以保护,以防机械损伤。配线位置应便于检查和维修。

（4）当导线穿过楼板时，应设钢管加以保护，钢管长度应从离楼板面 2m 高处到楼板下出口处为止。

导线穿墙要用瓷管或钢管保护，管的两端出线口伸出墙面不小于 10mm，这样可以防止导线和墙壁接触，以免墙壁潮湿而产生漏电现象。导线过墙，除穿向室外的应一线一管外，同一回路的几根导线可以穿在同一根管内，但管内导线的总面积（包括绝缘层）不应超过管内截面积的 40%。

当导线沿墙壁或天花板敷设时，导线与建筑物之间的距离一般不小于 10mm。在通过伸缩缝的地方，导线敷设应稍有松弛，对于钢管配线，应装设补偿盒，以适应建筑物的伸缩性。

当导线互相交叉时，为避免碰线，在每根导线上套以塑料管或其他绝缘管，并将套管牢靠地固定，不使其移动。

（5）为确保安全用电，室内电气管线和配电设备与其他管道、设备间要有一定的安全距离，必要时还应采取保护措施。

知识链接 2 配线工序

室内配线主要包括以下几道工序：

（1）按设计图纸确定灯具、插座、开关、配电箱、起动设备等的位置。

（2）沿建筑物确定导线敷设的路径、穿过墙壁或楼板的位置。

（3）在土建未抹灰前，将配线所有的固定点打好孔眼，预埋绕有铁丝的木螺钉、螺栓或木砖。

（4）装设绝缘支持物、线夹或管子。

（5）敷设导线。

（6）导线连接、分支和封端，并将导线出线接头和设备连接。

知识链接 3 导线的敷设

敷设导线时，应从绝缘子的一端开始。将导线一端紧固在终端绝缘子上，将导线调直，再进行敷设。对小截面导线，调直时先将导线拉紧，用螺丝刀柄在导线弯曲处来回捋动几次，即可使导线挺直。对于截面较大的导线，手工调直有困难时，可用滑轮调直。若还有个别地方弯曲，可用木榔头轻轻敲直。将导线拉直后固定在另一端的绝缘子上，最后把导线固定在中间的绝缘子上。

敷线应保持横平竖直。在转角处应成直角但不得转急弯，应有一小段圆弧，以免折伤线芯。导线各自套上绝缘套管并将两端绑扎固定。导线与热力管交叉时，除导线要加绝缘外，导线距热力管保温层的距离要不小于 20mm。导线在梁上或柱上敷设时，必须加绝缘子，以保证导线与建筑物之间的最小安全距离。

导线在绝缘子上固定时,应用绑线绑扎。导线的截面越大,绑线的直径也越大,其绑线直径的选择见表 3-2。导线在绝缘子上的绑扎常用三种方法:导线截面在 $6mm^2$ 以下或在中间绝缘子上固定时,用单花绑扎法;导线截面在 $6mm^2$ 以上或在受力绝缘子上固定时,用双花绑扎法;终端绝缘子用回头绑扎法。各种绑扎法如图 3-1 所示。

表 3-1 绑线直径的选择

导线截面/mm²	绑线直径/mm		
	铝绑线	铜绑线	纱包铁心线
<10	2.0	1.0	0.8x

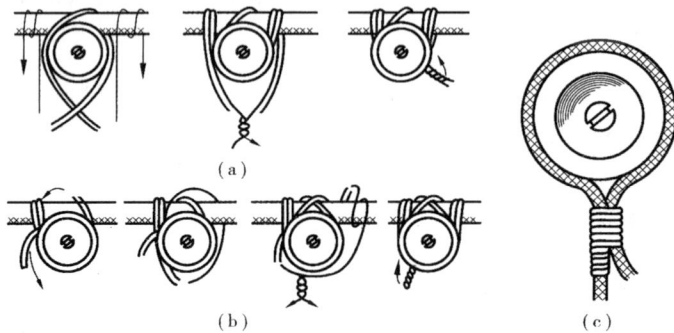

图 3-1 绑扎法

(a)单花绑扎法 (b)双花绑扎法 (c)回头绑扎法

塑料护套线是在两根或多根塑料绝缘线外再加套一层公用塑料护套层的导线。它具有防潮、耐腐蚀、造价低、安装工艺简单等优点,所以在小容量电路上应用广泛。可用钢精扎头或塑料卡固定,直接敷设在空心楼板内和建筑物表面。

护套线不适合在墙体、楼板及抹灰层内暗敷,不适合在露天场所明敷,也不适用于大容量电路。塑料护套线配线施工步骤如下:

(1)定位划线。定位划线先确定起点和终点位置,然后用粉线袋按导线走向划出正确的水平线和垂直线,每隔 150~200mm 划出固定铝片卡的位置。距开关、插座、灯具的木台 50mm 处和导线转弯两边的 80mm 处,都应设置铝片卡的固定点。

(2)固定铝片卡。在混凝土结构上,可采用环氧树脂粘接;在木结构上,可用钉子钉牢;在有抹灰层的墙上,可用铁钉直接钉住铝片卡。

(3)导线敷设。在水平方向敷设护套线时,如果线路较短,为便于施工,可按实际需要长度将导线剪断,把它盘起来。敷设导线时,一只手扶持导线,另一只手将导线固定在铝片卡上,如图 3-2 所示。如果线路较长,又有数根导线平行敷设时,

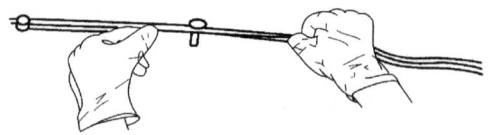

图 3-2 护套线敷线方法

可用绳子把导线吊挂起来,使导线的重量不完全承受在铝片卡上,然后把导线逐段捋平并扎牢,再轻轻拍平,使其与墙面紧贴。垂直敷线时,应自上而下,以便操作。转角处敷线时弯曲护套线用力要均匀,其弯曲半径不应小于导线宽度的 6 倍。塑料护套线的接头,最好放在开关、灯头或插座处,以求整齐美观。如果接头不能放在这些地方,则可装设接线盒,将接头放在接线盒内。当护套线与接地体、发热管道接近或交叉时,应加强绝缘保护。容易机械损伤的部位,应穿钢管保护。护套线在空心楼板内敷设,则不用其他保护措施,但楼板孔内不应有积水和损伤导线的杂物。

知识链接 5 线管配线

把绝缘导线穿在管内敷设,称为线管配线。这种配线方式具有安全可靠、可避免腐蚀性气体侵蚀和遭受机械损伤、因混线发生的火灾少、容易更换电线等优点,是现代建筑最常用的配线方法。

线管有明配和暗配两种:明配要求配管横平竖直,整齐美观;暗配只要求管路短,弯头少。施工中常用钢管和硬塑料管两种。

1. 钢管配线

(1) 钢管的选用

配线用的钢管有厚壁和薄壁两种,后者又叫电线管。在干燥环境,可用薄壁钢管明敷和暗敷。在潮湿、易燃、易爆场所和在地坪下埋设,则必须用厚壁钢管。钢管的选择要注意不能有折扁、裂纹、砂眼,管内应无毛刺、铁屑,管内外不应有严重锈蚀。为了便于穿线,配管前应考虑导线的截面积、根数和管子内径是否合适,一般要求管内导线的总截面积(包括绝缘层)不应超过线管内径截面积的 40%。

敷设之前,将所选用钢管内外的灰渣、油污与锈块等清除。为防止除锈后重新氧化,应迅速涂漆。常用除锈方法有如下三种:

①手工除锈。在钢丝刷两端各绑一根长度合适的铁丝,穿入钢管内来回拉动,即可除去钢管内壁锈块。钢管外壁除锈很容易,可直接用钢丝刷或电动除锈机除锈。除锈后立即涂防锈漆。但在混凝土中埋设的管子外壁不能涂漆,否则会影响钢管与混凝土之间的结构强度。如果钢管内壁有油垢或其他脏物,也可在一根长度足够的铁丝中部扎上适量布条,在管中来回拉动即可擦掉,待管壁清洁后再涂防锈漆。在除锈过程中,如果发现管壁上有砂眼、裂缝和塌陷等情况,应把有缺陷的部位锯掉。

②压缩空气吹除。在钢管的一端注入高压压缩空气,吹净管内脏物。

③高压水清洗。用高压水从管口一端灌入,利用高压水的冲击力洗净管内脏物,最后用人工方法驱除管内水汽,再涂防锈漆。

（2）钢管的锯割套丝

敷设电线的钢管一般都用钢锯锯割，下锯时锯架要扶正。向前推动时，适当加压力，但不得用力过猛，以防折断锯条。钢锯回拉时，应稍微抬起，减小锯条磨损。管子快锯断时，要放慢速度，使断口平整。锯断后用半圆锉锉掉管口内侧的棱角，以免穿线时划伤导线。钢管与钢管之间连接时，应先在连接处套丝。

（3）弯管

线路敷设中，由于走向的改变，管道必须随之弯曲。弯管的工具常用管弯管器、滑轮弯管器、电动或液压弯管机。对于管壁较厚或管径较大的钢管，可用气焊加热弯曲。在用氧炔焰加热时要注意火候，若火候不到，无法使其弯曲；加热过度，又容易弯瘪。最好在加热前，先用干燥砂粒灌入管内并捣实，然后再加热弯曲，即可避免弯瘪现象发生。对于薄壁大口径管道，灌砂弯管显得更为重要。施工时要尽量减少弯头。为了便于穿线，管子的弯曲角度一般要在90°以上。管子弯曲半径，明配管不应小于管子直径的6倍；暗配管不应小于管子直径的10倍。

（4）钢管敷设

1）明管敷设

明管敷设的一般顺序是：

① 按施工图确定电气设备的安装位置，划出管道走向中心线及交叉位置，并埋设支撑钢管的紧固件。

② 按线路敷设要求对钢管进行下料、清洁、弯曲、套丝等加工。

③ 在紧固件上固定并连接钢管，明线敷设时应采用管卡支持，钢管进入开关、插座、接线盒前300mm处，以及线管弯头两边均需用管卡固定，如图3－3所示。

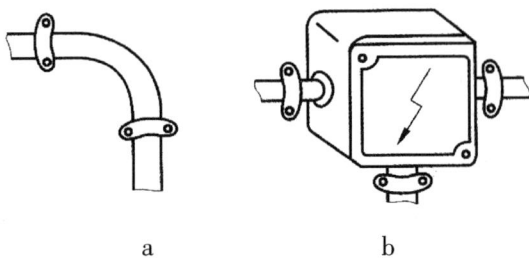

图3－3　管卡定位

（a）线管弯曲处　（b）线管与接线盒连接处

④ 将钢管、接线盒、灯具或其他设备连成一个整体，并将管路系统妥善接地。

明管配线要求整齐美观、安全可靠。沿建筑物敷设要横平竖直，并用合适的管卡或管夹固定。固定点的直线距离应均匀，其固定点间的最大允许距离应符合表3－3中的规定。

管卡距始端、终端、转角中点、接线盒边缘的距离和跨越电气器具的距离为150～500mm。配管在拐角上，要用拐角盒。

表3-2 钢管明敷时固定点间的最大允许距离

钢管内径/mm 管卡间最大距离/m 管壁厚度/mm	13~19	25~32	36~54	64~76	
2.5以上	1.5	2.0	2.5	3.5	
2.5以下	1.0	1.5	2.0	/	

2）暗管敷设

在工厂车间、各类办公场所,特别是现代城乡住宅,大量运用暗管在墙壁内、地坪内、天花板内敷线。各种灯具的灯头盒、线路接线盒、开关盒、电源插座盒等,都嵌入墙体或天花板内。这样可使整个房间显得清爽、整洁。暗管敷设的一般顺序是:

① 按施工图确定接线盒、灯头盒、开关盒、插座盒等在墙体、楼板或天花板上的具体位置,测出线路和管道敷设长度。这时不必像明管敷设那样讲究横平竖直,可尽量走捷径,尽量减少弯头。

② 在管道中穿入引线铁丝,然后在管口堵上木塞,在上述盒体内填满废纸或木屑,以免水泥砂浆和其他杂物进入。

③ 将管道和连接好的各种盒体固定在墙体、地坪、天花板内或现浇混凝土模板内。

④ 对于金属管、盒、箱,应在管与管、管与盒、管与箱之间焊好接地线,使该管路系统的金属体连成一个可靠的接地整体。

3）暗线管道敷设工艺

① 在现浇混凝土楼板内敷设管道时,应在浇灌混凝土以前进行。先用石、砖等在模板上将管子垫高15mm以上,使管子与模板保持一段距离,然后用铁丝将管子固定在钢筋上或用钉子将其固定在模板上,如图3-4所示。

② 在砖墙内敷设线管应在土建砌砖时预埋,边砌砖边预埋并用水泥砂浆、砖屑等将管子塞紧。若在砌砖时未预埋管道,应在墙体上预留线管槽和接线盒等盒体穴,并在相应固定点预埋木砖,在木砖上钉入钉子。敷设时将管道用铁丝绑扎在钉子上,再将钉子进一步钉入木砖,使管子与墙壁贴紧。然后用水泥砂浆覆盖槽口,恢复建筑物表面平整。

③ 在混凝土楼板垫层内配管。在浇灌混凝土前放一木桩,以便留出接线盒的位置。

当混凝土硬化后再把木桩取下,进行配管。配管完毕,焊好地线。如果垫层是焦砟,应先用水泥砂浆对配管进行保护,再铺焦砟垫层作地面,如图3-5所示。

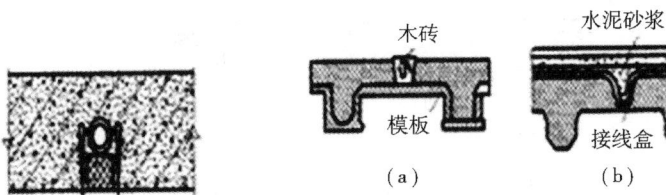

(a)　(b)

图3-4 在混凝土楼板内固定钢管　图3-5 在楼板内预埋木砖、盒体

4）暗配管工程应注意的问题

① 不能因为配管而影响混凝土强度。

② 电线管的外径超过混凝土厚度的 1/3 时，不许在混凝土内配管。

③ 主钢筋如果是一个方向时，在可能的情况下，要使钢管和主钢筋并行。

④ 配管接近梁时，不允许和梁并行。

⑤ 多根配管合在一起时，必须使其各个分开，其间应灌上混凝土。

2. 硬塑料管配线

硬塑料管配线具有施工方便、节约钢材、价格低、防腐蚀、防潮等优点，应用越来越普遍。可以暗敷设，也可以明敷设，其固定方法与钢管相同。明敷设时管壁厚度不小于 2mm，暗敷设时管壁厚度不小于 3mm。

（1）管子连接

①直接插入法。适用于直径 50mm 及以下的硬聚氯乙烯管。连接前，先在 A 管端部的内圆倒角，在 B 管端部的外圆倒角。除净插接段的杂物、油污，然后将 A 管插接段（长度为管子直径的 1.2～1.5 倍）放在电炉上加热至 145℃ 左右，呈柔软状态后，即插入涂有胶合剂的 B 管，待中心线一致时，立即用湿布冷却，如图 3-6（a）所示。

②胀管插入法。适用于直径 65mm 及以上的硬聚氯乙烯管。连接前，先在 A 管端部的内圆倒角，在 B 管端部的外圆倒角。除净插接段的杂物、油污，然后将 A 管插接段（长度为管子直径的 1.2～1.5 倍）放在电炉上加热至 145℃ 左右，呈柔软状态后，即插入已涂甘油加热的金属模具进行扩口，如图 3-6（b）所示。然后用水冷却至 50℃ 左右，取下模具，再用水继续冷却，使管子恢复原来的硬度。要求成型模的外径比硬管内径大 2.5% 左右。再用汽油或酒精等溶剂把管子插接处的油污杂物擦干净，在 A 管和 B 管两端涂以黏接剂，把 B 管插入 A 管内，同时加热 A 管，然后用水急速冷却，使其扩口部分收缩。这道工序也可改用焊接，即用硬聚氯乙烯焊条在连接处焊 2～3 圈，使其密封良好。

③套管连接法。先取一段与接管同直径的硬塑料管，将其加热扩大成套筒，然后把需要接合的管子端头用汽油或酒精擦干净，涂上黏接剂，迅速插入套筒中，用湿布冷却。也可用上述焊接方法加以密封，如图 3-7 所示。

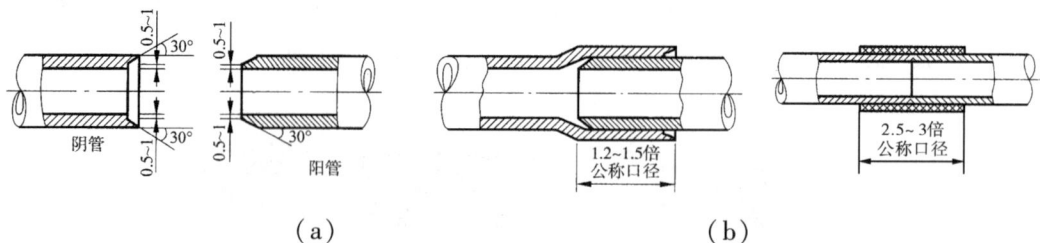

（a）　　　　　　　　　　　　　（b）

图 3-6　插入法　图 3-7　套管连接法

（a）管口倒角　（b）插接长度

（2）弯管

塑料管的弯曲通常用加热弯曲法。加热时要掌握好火候,既要使管子软化,又不得烤伤、烤变色或使管壁出现凸凹状。弯曲半径可作如下选择:明敷不能小于管径的6倍,暗敷不能小于管径的10倍。对塑料管的加热弯管有直接加热和灌砂加热两种方法。

①直接加热弯曲法。直接加热弯曲法适用于管径在20mm及其以下的塑料管。将待弯曲部分在热源上匀速转动,使其受热均匀。待管子软化时,趁热在木模上弯曲。

②灌砂加热弯曲法。灌砂加热弯曲法适用于管径在25mm及其以上的硬塑料管。

对于这类内径较大的管子,如果直接加热弯曲,很容易使弯曲部分变瘪。为此,应先在管内灌入干燥砂粒并捣紧,封住两端管口,再加热软化,在模具上弯曲成型。

（3）敷设

硬塑料管的敷设与铜管在建筑物上的敷设基本相同,但要注意以下几个问题:

①硬塑料管明敷时,固定管子的管卡距始端、终端、转角中点、接线盒或电气设备边缘的距离为150~500mm,中间直线部分间距均匀。其最大允许间距见表3-4所列。

表3-3 硬塑料管明敷时管卡间最大允许间距

管内径/mm 最大距离/m 敷设方法	20及以下	21~49	50以上
吊架、支架或沿墙敷设	1.0	1.52.0	

②明敷的硬塑料管在易受机械损伤的部分应加钢管保护。如埋地敷设引向设备时,对伸出地面200mm处,伸入地下50mm处,应用同一钢管保护。

③硬塑料管热胀系数比钢管大5~7倍,敷设时应考虑加装热胀冷缩的补偿装置。在施工中,每敷设30m,应加装一只塑料补偿盒。将两塑料管的端头伸入补偿盒内,由补偿盒提供热胀冷缩余地,塑料补偿盒如图3-8所示。

图3-8 塑料补偿盒

④与塑料管配套的接线盒、灯头盒不能用金属制品,只能用塑料制品。而且塑料管与接线盒、灯头盒之间的固定一般也不应用锁紧螺母和管螺母,多用胀扎管头绑扎,如图3-9所示。

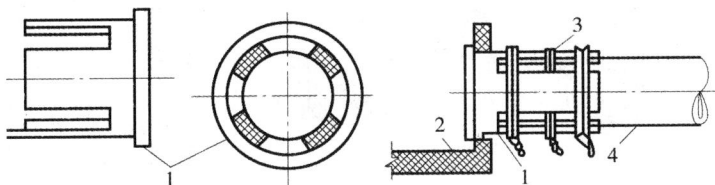

图3-9 塑料管与接线盒、灯头盒之间的固定

1-胀扎管头 2-塑料接线盒 3-绑线 4-聚氯乙烯管

（4）清管穿线

穿线工作一般是在土建地坪和粉刷工程结束后进行。所谓穿线，就是将绝缘导线由配电箱穿到用电设备，或由一个接线盒穿到另一个接线盒。为不伤及导线，穿管前应先清扫管路，其方法是用压力约为 2.5 大气压的压缩空气，吹入已敷好的管中，以便除去残留的灰分和水分。如无压缩空气，则可在钢丝上绑碎布，来回拉动数次，将管内杂物和水分擦净。管路清扫后，随即向管内吹入滑石粉以便穿线，并将管子端部安上护线套，再进行穿线。导线穿入管中，一般用钢丝引入。当管路较短、弯头较少时，可把钢丝引线由一端送向另一端，再从另一端将导线绑扎在钢丝引线上，牵引导线入管。如果管路较长，从一端打通钢丝引线有困难时，可从管两端同时打入钢丝引线，引线端部弯成小钩。当钢丝引线在管中相遇时，用手转动引线使其钩在一起，然后把一根引线拉出，另一根引线绑扎在导线端部，把导线拉入管中。穿线时，应使用放线架，以便保持导线不乱和不出急弯。

导线穿入管中，应一端有人拉，另一端有人送，两者动作要协调。穿入管内的导线应平行成束进入，不能互相缠绕。在垂直管路中，为减少管内导线的下垂力，保证导线不因自重而折断，应在下列情况下装设接线盒：

①管路长度大于 20m，导线截面在 50mm² 以上。

②管路长度大于 30m，导线截面为 35mm² 以下。

为使穿在管内的线路安全可靠地工作，凡是不同电压和不同回路的导线，不应穿在同一根管内，但下列情况除外：

①供电电压在 65V 及以下时，同一设备配电盘和控制盘上控制的回路。

②同类照明的几个回路。

3. 槽板配线

槽板配线是把绝缘导线敷设在槽板的线槽内，上面用盖板把导线盖住。这种配线方式适用于干燥的室内或无法安装暗配线的工程，也可于工程改造更换线路时采用。常用的槽板有两种：一种是木槽板。一种是塑料槽板。槽板有双线的，也有三线的。如图 3-10 所示为 806 系列塑料线槽，它由硬聚氯乙烯工程塑料挤压成型，由槽底和槽盖组合而成，每根长 2m。线槽具有阻燃、质轻的特点，安装维修方便。

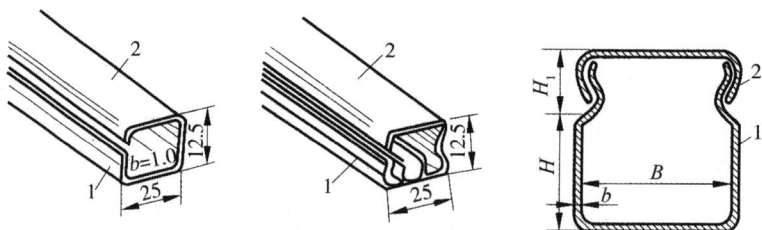

图 3-10　806 系列塑料线槽规格

1-底槽　2-盖板

槽板配线的施工步骤是：

（1）定位划线。根据施工电路图的要求，先在建筑物上确定并标出照明灯具、插座、控制电器、配电板等电气设备的位置，并按图纸上电路的走向划出槽板敷设路线。按规定划出槽底的固定点位置，特别要注意标明导线穿墙、穿楼板、起点、转角、分支、终点等位置及槽底的固定点。槽底固定点间的直线距离不大于500mm，起始、终端、转角、分支等处固定点间的距离不大于50mm。

（2）槽板固定。可用钉子、木螺丝或膨胀螺栓等将槽板固定在预埋件上，钉子或木螺丝等的长度不应小于槽板厚度的1.5倍。在混凝土建筑物上，预埋固定件有困难时，可采用粘结技术，将槽板底板粘结在混凝土建筑物上，粘结前对混凝土的粘结面必须洗净、晾干。

底板拼接时，线槽要对准，拼接应紧密。如遇分支T型拼接时，在拼接点上把底板的筋用锯子锯掉后铲平，使导线在线槽中能够顺畅地通过。如在凹凸不平的墙面上安装槽板，应把槽底锯成适合墙面凹凸的形状，使它紧贴墙面。

槽板在转角处连接时应把两根槽板端部各锯成45°斜角，并把转角处的线槽内侧削成弧形，以免碰伤导线绝缘。直线处两底槽连接时应各自锯成45°角相并接。线槽封端处，将槽底锯成斜角。

（3）敷设导线。槽板底板固定好后，即可沿线槽敷设导线。敷设导线时要注意：一条槽板内只能敷设同一回路的导线，槽板内的导线，不能受到挤压，不应有接头。如果必须有接头和分支，应在接头或分支处装设接线盒，接头放在接线盒中便于维修。导线伸出槽板与灯具、插座、开关等电器连接时，应留出100mm左右的裕量。

（4）固定盖板。在线路安装中，固定盖板和敷线应同时进行，边敷线边将盖板固定在底槽上。固定盖板可用钉子直接钉在底槽的中心线上。钉子要垂直钉入，否则会伤及导线。钉子与钉子之间的距离应不大于300mm，最末一个钉子离槽板端部应不大于40mm。盖板的接口和底槽的接口应错开，其间距一般为槽板宽度。接口处锯成45°斜角，使衔接紧密、不留空隙。

技能训练

室内配线的练习

1. 实训目的

初步学会塑料护套线明敷设和瓷瓶（绝缘子）配线。

2. 实训工具、设备与器材

电工常用工具（钢丝钳、尖嘴钳，电工刀，活络扳手、螺丝刀、验电笔，铁锤和钢锯等）、万用表、兆欧表、瓷瓶（鼓形）、塑料护套线、铝片卡或线卡、元灯、元钉、1.5～2.5m2铜或铝芯线、扎线、螺丝及绝缘胶布等。

3.实训步骤与工艺要求

塑料护套线的明敷设训练。在实训室墙上进行塑料护套线，"直线、交叉和转角等部位"的明敷设，并将有关数据记入表中。

任务二　照明灯具、开关和插座的安装与维修

照明灯具、开关和插座的安装是室内线路安装中的一项重要工作，要根据原理图及施工图的要求，严格按电工操作规程进行安装，不可违章操作，留下隐患。

照明装置的安装要求，可概括成八个字，即：正规、合理、牢固和整齐。

（1）正规：是指各种灯具、开关、插座及所有附件必须按照有关规程和要求进行安装。

（2）合理：是指选用的各种照明器具安装必须正确、适用、经济、可靠，安装的位置应符合实际需要。

（3）牢固：是指各种照明器具安装得牢固可靠，使用安全。

（4）整齐：是指同一使用环境和同一要求的照明器具要安装得平齐竖直，品种规格要整齐统一，形色协调。

知识链接 1　照明灯具的安装

1.白炽灯照明线路的安装

（1）圆木的安装

在安装绝缘圆木时，先用电钻在圆木中间钻三个孔，孔的大小应根据导线的截面积确定。如果是护套线明配线，应在圆木正对导线的底面用电工刀刻一豁口，将导线卡入圆木的豁口中，用木螺钉穿过圆木固定在事先做好的预埋木桩上，如图 3 – 11 所示。

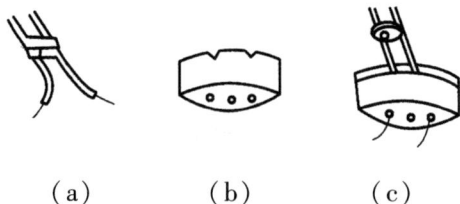

　　　（a）　　　　　（b）　　　　　（c）
图 3 – 11　圆木的安装

（2）挂线盒的安装

先将圆木上的电线头从挂线盒底座中穿出，用木螺钉紧固在圆木上，如图 3 – 12（a）所示。

然后将伸出挂线盒底座的线头剥去 15 ~ 20mm 绝缘层，分别压接在挂线盒的两个接线

柱上。再按灯具的安装高度要求取一段塑料花线做挂线盒与灯头之间的连接线,上端接挂线盒内的接线柱,下端接灯头接线柱,如图3-12(b)所示。为了不使接线柱处承受灯具重力,吊灯电源线在进入挂线盒盖后,打一个结,这个结扣正好卡在挂线盒孔里,将灯具悬吊起来,如图3-12(c)所示。

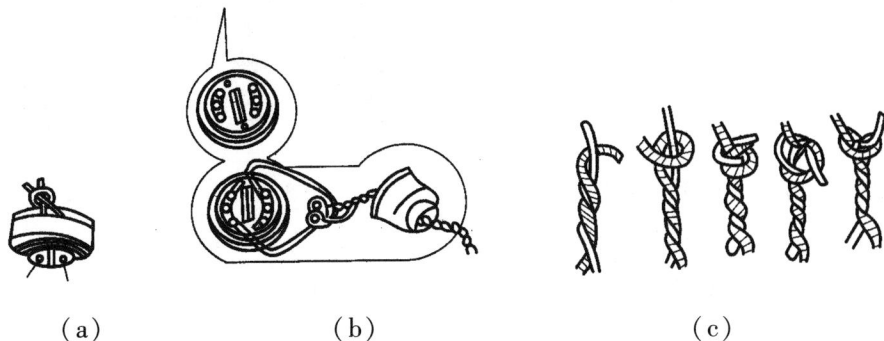

（a）　　　　　　　　　（b）　　　　　　　　　　　　（c）

图3-12　挂线盒的安装

（3）灯座的安装

灯座又称灯头,品种较多。常用的灯座如图3-13所示。灯座可根据使用条件进行选择,灯座的安装包括平灯座的安装和吊灯座的安装。

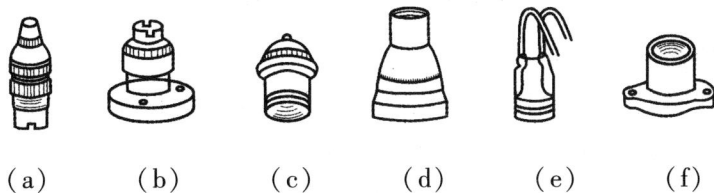

（a）　　　（b）　　　（c）　　　（d）　　　（e）　　　（f）

图3-13　常用灯座

（a）插口吊灯座　（b）插口平灯座　（c）捕口安全灯座　（d）螺口吊灯座　（e）防水吊灯座　（f）螺口平灯座

① 平灯座的安装。将两根电源线端头从两边小孔穿出,中间小孔用木螺钉将圆木固定在木枕上。平灯座上有两个接线柱,一个与电源的中性线连接,另一个与来自开关的相线连接。插口平灯座上的两个接线柱,可任意连接圆木上的两个线头;而螺口平灯座上的两个接线柱,必须将电源的中性线连接在连通螺纹圈的接线柱上,而将来自开关的相线连接在连通中心簧片的接线柱上,而且螺纹部分不得外露,以保证安全,如图3-14所示。

② 吊灯座的安装。吊灯座必须用两根绞合的塑料软线或花线作为与挂线盒的连接。两端均应将线头的绝缘层削去,将上端塑料软线或花线穿入挂线盒盖孔内并打个结,使结正好卡在挂线盒盖的线孔内,使其能承受吊灯的重量。然后将软线上端两个线头分别穿入挂线盒底座正中凸起部分的两个侧孔内,分别接在两个接线柱上,罩上挂线盒盖。然后将下端塑料软线穿入吊灯座盖孔内也打一个结,把两个线头削去绝缘层接到吊灯座的两个接线柱上,罩上吊灯座即可,如图3-15所示。

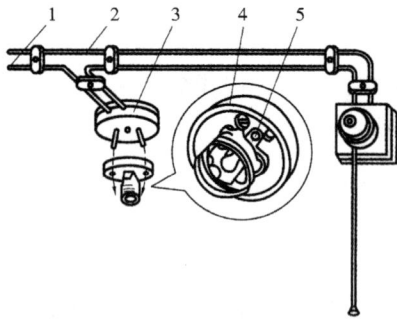

图 3 - 14　螺口平灯座的安装

1－中性线;2－相线;3－木台;4－螺口灯座;

5－连接开关接线柱;

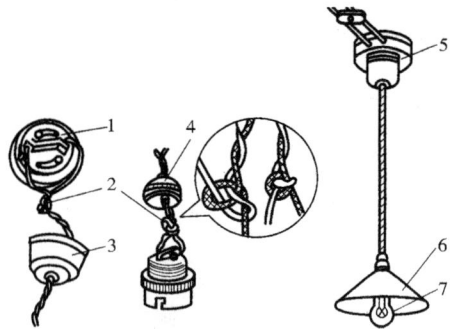

图 3 - 15　吊灯座的安装

1－接线盒底座;2－导线结;3－接线盒罩盖

4－吊灯底座;5－挂线盒;6－灯罩;7－灯泡

(4)开关的安装

开关应串联在通往灯头的火线上。开关的安装步骤与挂线盒基本相同,只是在从圆木中穿出线头时,一根是电源火线,另一根是进入灯头的火线,它们应分别接在开关底座的两个接线柱上,然后旋紧开关盖。安装单联开关只能在一个地方控制一盏灯或同时控制几盏灯。为了使用方便,经常需要在两个地方控制一盏灯。这就必须安装两个双联开关。两个双联开关装在两个地方控制一盏灯的接线如图 3 - 16 所示。

2. 日光灯照明线路的安装

日光灯照明线路安装前,应检查灯管、镇流器、起辉器有无损坏,镇流器和起辉器是否与灯管功率相匹配。日光灯照明线路的安装步骤如下:

(1)根据荧光灯管的长度制作或选择一个木灯架或金属灯架。

(2)将起辉器底座用螺丝固定在灯架一端,其两个接线柱分别与两端灯座的一个接线柱相连。

(3)将镇流器用螺钉固定在灯架的中间位置,两个灯座分别固定在灯架的两端。两个灯座中间距离要按所用灯管长度量好,使灯管的灯脚刚好插进灯座的插孔中。一个灯座余下的一个接线柱与电源的零线连接,另一个灯座中余下的一个接线柱与镇流器的一个线头连接,镇流器另一个线头与开关的一个线头连接,而开关的另一个接线柱与电源的相线连接,如图 3 - 17 所示。

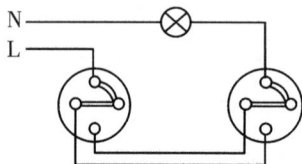

图 3 - 16　两地控制一盏灯的接线方法

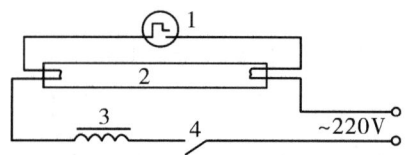

图 3 - 17 日光灯接线方法

1－起辉器;2－灯管;3－镇流器;4－开关

知识链接2 插座的安装

插座是台灯、电风扇、洗衣机、电视机、电冰箱等家用电器和其他用电设备的供电点。插座一般不用开关控制而直接接入电源。插座分双孔、三孔和四孔三种。照明电路常用双孔插座,三孔插座应选用扁孔结构。插座的安装工艺要点与注意事项如下:

(1)双孔插座在双孔水平排列时,插座右孔接相线(火线),左孔接零线(左零右火)。

双孔插座垂直排列时,上孔接相线,下孔接零线(下零上火)。三孔插座下方两个孔是接电源线的,右孔接相线,左孔接零线,上面一孔接保护接地线(或保护零线)。三相四孔插座接线时,上面一孔接保护接地线(或保护零线)。接地(或接零)的目的是为了避免电器设备绝缘损坏漏电而引起触电事故。

(2)插座的安装高度一般应与地面保持1.3m的垂直距离,个别场所允许装低时,距离地面高度不得低于0.15m。托儿所、幼儿园和小学等儿童集中的场所禁止低装。

(3)绝对禁止电源接在插头上。

(4)禁止将电线直接插入插座孔内。

技能训练

(一) 一只单连开关控制一盏白炽灯

1.实训内容

掌握一只单连开关控制一盏白炽灯电路的实际安装和通电试验技术。

2.实训图(图3-18)

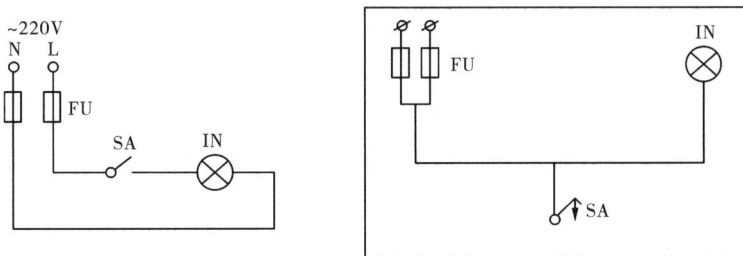

(a) (b)

图3-18 一只单连开关控制一盏白炽灯

(a)原理图 (b)模拟安装图

3.实训器具

(1)线路安装板(900mm×600mm×60mm)1块。

(2)螺口灯泡(220V/40W)1只。

(3)螺口式平灯座1只。

（4）塑料铜芯线（BVl2）若干。

（5）万用表和兆欧表（500V 级）各一支。

（6）熔断器（RCl - 10A）2 副。

（7）电源开关 1 只。

（8）圆木 2 只。

（9）瓷夹线路敷线器材。

4. 操作过程

（1）预习电路原理，熟悉元件的装接方法［图 3 - 18（a）］用万用表检查元件是否良好。

（2）按图 3 - 18b 模拟安装图在安装线路板上用瓷夹线路敷设。

（3）安装电路中的开关和灯座（先进行线头和接线桩的连接，然后再用木螺钉固定），安装熔断器，并装上熔断器上的保险丝（额定电流取 3A）。

（4）线路敷设、安装完毕后，检查电路的安装技术：

① 检查支持点和装置（元件）的安装是否牢固、可靠；

② 装置的接线桩和线头的连接是否完好；

③ 导线的连接和绝缘恢复是否符合要求；

④ 接线是否正确等；

⑤ 电源相线必须进开关，中性线直接接灯座的螺旋口接线桩。

（5）用摇表（兆欧表）校验电路的绝缘性能，线路的绝缘电阻应大于 O. 5MΩ。

（6）经查对无误后，装上灯泡，接通电源，合上开关，观察电路工作是否正常；若发现灯泡不亮或其他故障，应立即切断电源，重复操作过程（4），进行检查，直至故障排除。

（7）试验完毕经教师检查、评分后做好结束工作。

5. 安全注意事项

（1）电试验前必须采取绝缘防护措施，通电试验时应有人监护。

（2）实际施工应符合低压用户电气装置规程中的有关规定。

6. 评分标准

项目	质检内容	占分	评分标准	自检	复检	得分
1	按图装接	15	不按图装接，扣 5 ~ 15 分			
2	敷 线	15	敷线不平直，不为直角，每根扣 3 分			
3	安装方法和步骤	35	不按规定步骤进行，扣 5 ~ 15 分；安装方法错，每处扣 3 分；安装不牢固、不合理，每处扣 2 ~ 4 分			
4	电路的校验	15	漏校或校验方法不正确，扣 5 ~ 15 分			

5	通电一次成功	20	每返工一次,扣10分			
6	安全文明生产					
日期		学生姓名	学号	教师签字		总分

(二)两个双连开关控制一只白炽灯

1. 实训内容

掌握两个双连开关控制一只白炽灯电路的实际安装和通电试验技术。

2. 实训图(图 3 - 19)

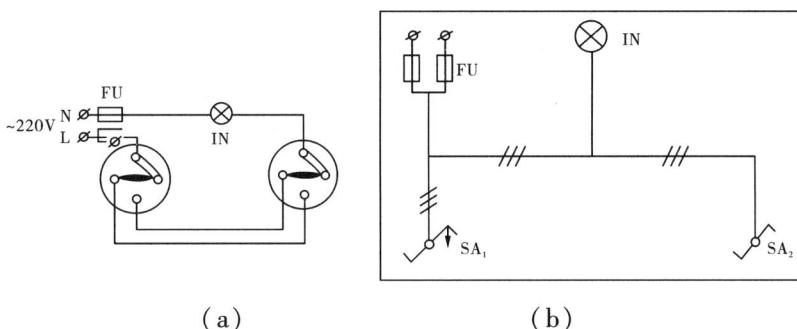

（a）   （b）

图 3 - 19 两个双连开关控制一只白炽灯

（a）电气原理图 （b）模拟安装练习图

3. 实训器具

(1)线路安装板(900mm×600mm×60mm)1 块。

(2)平式双连开关 2 只。

(3)瓷夹线路敷设器材。

(4)插口平灯座 1 只。

(5)插口灯泡(220V/40W)1 只。

(6)塑料铜芯线(BV2.52)若干。

(7)万用表和兆欧表(500V 级)各一块。

(8)圆木 3 只。

(9)熔断器(RC1 - 10A)2 副。

4. 操作过程

(1)预习电路控制原理、熟悉双连开关的内部电气结构和具体连接方法[图 3 - 19(a)],用万用表检查双连开关是否良好(即通断性能)。

(2)按图 3 - 19(b)用瓷夹线路敷设并进行电路安装。

(3)检查已装接好的电路安装技术。

（4）用万用表校验电路的接线是否正确。

（5）用兆欧表校验电路的绝缘性能，经查对无误后通电试验。

（6）对人为设置的电路常见故障进行检修，排故。

（7）安装试验完毕经教师检查、评分后做好各项结束工作。

5. 安全注意事项

（1）双连开关内的接线不要接错，以免发生短路和失控。

（2）电路发生故障，应先切断电源，然后再进行检修。

6. 评分标准

项目	质检内容	占分	评分标准	自检	复检	得分
1	按图装接	15	不按图装接，扣5～15分			
2	方法和步骤	15	不按规定步骤进行，扣5～15分；安装方法错，每处扣3分			
3	元件的安装	20	安装不牢固、不合理，每处扣2～5分			
4	敷线	20	敷线不平直、不成直角，每根扣2分；接线桩露铜过长（>2mm），扣2分			
5	通电一次成功	15	每返工一次，扣5分			
6	检修与排故	15	不按图排故或不能排故，扣5～15分			
7	安全文明生产					
日期		学生姓名	学号	教师签字	总分	

（三）一只单连开关控制一只荧光灯（日光灯）

1. 实训内容

掌握一只单连开关控制一只荧光灯（日光灯）电路的实际安装和通电试验技术。

2. 实训图（图3-20）

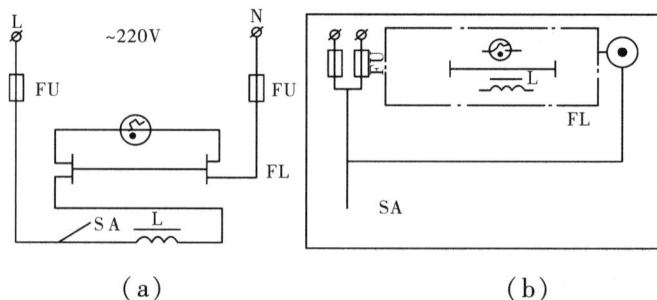

图3-20　一只单连开关控制一只荧光灯（日光灯）

（a）电气原理图　（b）模拟安装练习图

3. 实训器具

(1) 线路安装板(900×600×60)1 块。

(2) 荧光灯管(220 V/15W)1 根。

(3) 镇流器(220V/15W)1 只。

(4) 起辉器(15W)1 只。

(5) 荧光灯架座(220 V/15W)1 副。

(6) 单连平开关 1 只。

(7) 熔断器(RC1 – 10 A)2 副。

(8) 挂线盒 1 只。

(9) 圆木 2 只。

(10) 塑料铜芯线(BV12)若干。

(11) 塑料铜芯线(BV0.52)若干。

(12) 敷线器材。

4. 操作过程

(1) 预习电路原理,熟悉每个组件的作用和装接方法,检查电路元件是否良好。

(2) 按图 3 – 20 敷设线路并进行电路安装。

(3) 检查电路的安装技术。

(4) 校验电路的接线是否正确和绝缘性能。

(5) 经查对无误后,通电试验;若电路发生故障应切断电源并重复操作过程(3)、(4),进行校验。

(6) 对人为设置的电路常见故障,依据电路原理,按一定的检查程序进行排除故障。

(7) 实验完毕经教师检查、评分后,做好各项结束工作。

5. 安全注意事项

(1) 不同的灯管须配用不同的镇流器和起辉器,不可错配。

(2) 镇流器一般应安装在灯架内的中间,以免左右倾斜。

(3) 电源的中性线应直接接灯管,相线避开关。

6. 评分标准

项目	质检内容	占分	评分标准	自检	复检	得分
1	按图装接	15	不按图装接,扣 5 ~ 15 分			
2	元件的安装	20	木槽板安装不符合要求,每处扣 5 分;元件安装不牢固,不合理,每个扣 5 分			

3	敷　线	20	敷线不平直,不成直角,每根扣 3 分;导线、接线桩连接和绝缘恢复不好,每个扣 2 分			
4	检修与排故	20	不按图排故或不能排的,扣 5 ~ 20 分			
5	通电一次成功	25	每返工一次,扣 10 分			
6	安全文明生产					
日期		学生姓名	学号	教师签字		总分

(四) 室内照明线路安装

1. 实训内容

(1)照明附件的安装。

(2)白炽灯与荧光灯的安装。

① 一只开关控制一盏白炽灯;

② 一只开关控制一盏荧光灯。

2. 实训图(图 3 - 21)

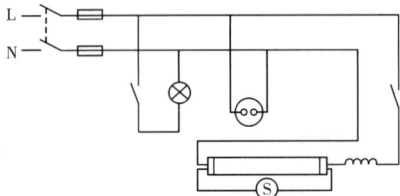
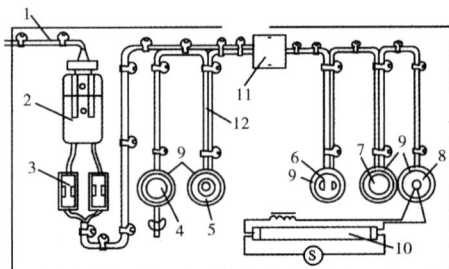

　　　　(a)线路原理图　　　　　　　　　　　　(b)安装图

图 3 - 21　照明线路的安装

1 - 电辣进线;2 - 刀开关;3 - 熔断器;4 - 控制白炽灯的开关;5 - 平灯座;6 - 插座;

7 - 控制荧光灯的开关;8 - 挂线盒;9 - 木台;10 - 荧光灯具一套;11 - 跳线盒;12 - 两芯塑料护套线

3. 实训器具

(1)HK2 - 15/2 闸刀开关,1 只。

(2)RC1Al5/10 熔断器,2 只。

(3)照明附件:φ75mm 木台,5 块;单联开关,2 只;挂线盒、螺口平灯座、双极明插座、明装接线盒,各 1 只。

(4)荧光灯具,1 套。

(5)木制配电板(900mm ×600mm ×60mm),1 块。

（6）导线：BVV1 mm² 二芯塑料护套线、RVS 塑料绝缘软线（荧光灯连接线），若干根。

（7）铝片线卡、小钉子、各种规格小螺钉各 1 包。

（8）黑胶带 1 卷。

（9）电工常用工具。

4．实训要求

（1）安装步骤

① 定位及画线；

② 固定铝片线卡；

③ 敷设塑料护套线；

④ 固定闸刀开关、熔断器、接线盒、木台（木台在固定前须根据敷线的位置锯出线槽及钻二个出线孔）；

⑤ 安装灯座、开关、插座和挂线盒；

⑥ 安装荧光灯：根据荧光灯管长度固定荧光灯座，再固定镇流器和启辉器座，然后用塑料软线连接荧光灯线路，最后插入灯管和启辉器。

（2）一只开关控制白炽灯，另一只开关控制荧光灯，插座不受开关控制。

（3）各照明附件必须安装牢固，布线整齐美观。

安装完毕后，自查安装线路。线路原理和安装图如图 3－21（a）、（b）所示。

（4）注意事项

① 两芯塑料护套线要认准接电源中性线和接相线的塑料绝缘层的颜色。在安装过程中不宜把两种颜色混淆，以便于安装及自查。

② 从挂线盒到荧光灯用软线连接。

③ 导线在接线盒和木盒中的连接及镇流器与导线连接后缠绕两层黑胶带作绝缘处理。

④ 经指导教师安全检查后，才能通电试验，严禁带电安装及检修。

5．成绩评定（见下表）　　　　　　　　　　　**评分表**

序号	项目	评分标准	分值	扣分	得分	备注
1	护套线配线	（1）护套线敷设不平直，每处扣 5 分； （2）护套线转角不圆，每处扣 5 分； （3）铝片线卡安装不符要求，每处扣 5 分； （4）导线剖削损伤，每处扣 5 分	30			

2	灯具插座安装	(1)安装错误造成断路、短路故障,每通电试验一次扣20分; (2)相线未进开关,扣20分; (3)元件安装松动,每处扣5分; (4)开关、插座安装歪斜,每个扣5分	70			
3	安全文明操作	(1)违反操作规程,每次扣5分; (2)工作场地不整洁,扣5分				
	工时:2.5h	评分				

(五) 复合照明电路的安装

1. 实训内容

通过复合照明电路的安装,掌握照明电路的量电技术和实际装修技术。

2. 实训图(图3-22)

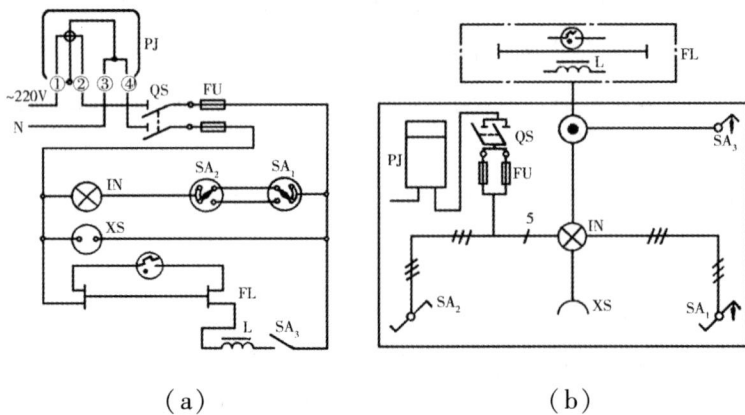

（a）　　　　　　　　　　（b）

图3-22　复合照明电路的安装

(a)电气原理图　(b)模拟安装练习图

3. 实训器具

(1)线路安装板(900mm×600mm×60mm)1块。

(2)单相电度表(DD1 220V/3A)1只。

(3)单相闸刀开关(10A)1只

(4)双联开关2只。

(5)单联开关2只。

(6)荧光灯组件(220V/15W)1套。

(7)插口平灯座1只。

(8)插口灯泡(220V/40W)1 只。

(9)接线盒 1 只。

(10)熔断器(RCl - 10A)两副。

(11)圆木 6 只。

(12)二芯塑料护套线(BV12)若干。

(13)三芯塑料护套线(BV12)若干。

(14)塑料铜芯线(BVR 0.52)若干。

4.操作过程

(1)清点元件数量和规格,检查元件是否良好,熟悉单相电度表以及单相闸刀开关的结构和接线方法。

(2)按图 3 - 22(a)、(b)绘制电路安装接线图。

(3)按接线图〔图 3 - 32(b)〕用护套线敷设安装。

(4)安装、接线完毕,检查电路的安装质量和接线是否正确,校验电路的绝缘性能。

(5)经查对无误后通电试验。

(6)对电路中出现的故障或人为设置的常见故障进行分析和检修练习。

(7)试验、练习完毕经教师检查、评分后,做好各项结束工作。

5.安全注意事项

(1)电度表具体的接线方法要参照电度表接线桩头盖子上的线路图。

(2)实际施工、安装时,应符合低压用户电气装置规程中的有关规定。

6.评分标准

项目	质检内容	占分	评分标准	自检	复检	得分
1	按图装接	10	不按图装接,扣 10 分			
2	接线图绘制	10	接线图绘错或不符要求,扣 10 分			
3	元件的安装	20	安装不牢固,不合理,每个扣 2~5 分			
4	敷 线	20	不平直、不为直角或导线连接不符合要求,每根扣 2 分			
5	检修与排故	15	不按图检修排故或排不出,扣 5~15 分			
6	通电一次成功	25	每返工一次,扣 10 分			
7	安全文明生产					
日期		学生姓名	学号	教师签字		总分

思考与习题

3-1　画出用两只双联开关控制一盏灯的接线原理图。

3-2　灯光暗淡可能原因有哪些?

3-3　灯泡忽亮忽灭或忽明忽暗可能原因有哪些?

3-4　日光灯管不能发光或发光困难可能原因有哪些?

3-5　日光灯亮度降低可能原因有哪些?

3-6　常用电灯开关的品种、规格和适用范围是什么?

项目四　电动机基本控制线路的安装与检修

【项目目标】

掌握三相交流异步电动机的主电路、基本控制电路进行接线、调试及故障排除。

掌握熔断器、断路器、接触器、热继电器、主令电器等器件的安装和检修。

【知识目标】

掌握三相异步电动机基本控制线路工作原理,掌握常用的低压电器的结构、工作原理及作用。

【技能目标】

能对三相交流异步电动机的主电路、基本控制电路进行接线、调试及故障排除。

任务一　常用的低压电器的认识与检修

低压电器是组成电动机基本控制线路的控制电器,而电动机的基本控制线路又是组成各种机床及机械设备的电气控制线路的基本环节。因此,掌握好本课题的内容和要求,对掌握各种机床及机械设备的电气控制线路的安装、调试与维修具有很重要的作用。

生产机械的电气图中,常用来表示电气线路的有电路图(也称原理图)和接线图(也称互连图)两种。

电气系统的原理图是根据生产机械运动形式对电气设备的要求绘制而成,是用来协助理解电气设备的各种功能。它是采用国家规定的图形符号和文字符号并按工作顺序排列,详细表示电路、设备或成套装置的全部基本组成和连接关系,而不考虑其实际位置的一种简图。图中各元件、器件和设备的可动部分通常应表示在非激励或不工作的状态或位置。同时各图形符号表示的方法可以采用集中表示法,也可以采用半集中表示法和分开表示法,但属于同一个电器的各元件应该用相同的文字符号表示。

电气系统的原理图通常由主电路和辅助电路两部分组成。

主电路(也称动力电路)是通过强电流的电路。它包括电源电路、受电的动力装置及其控制、保护电器支路等,是由电源开关、电动机、熔断器、接触器主触点、热继电器热元件等组成。

辅助电路是通过弱电流的电路。对一般生产机械设备的辅助电路,总的包括控制电路、照明电路和信号电路等,是由各类接触器、继电器的线圈、辅助触点、按钮、限位开关的触点及照明、信号灯等组成。

在原理图上,主电路、控制电路、照明电路和信号电路应按功能分开绘出。一般将主电路绘在图纸的左侧,控制电路绘在主电路的右侧,照明、信号电路与主电路和控制电路分开绘出。主电路中的电源电路绘成水平线,相序 L1、L2、L3 自上而下排列,中线 N 和保护地线 PE 依次放在相线下面。每个受电的负载及控制、保护电路支路,应垂直电源电路画出。控制和信号电路应垂直绘在两条或几条水平电源线之间,耗能元件(如线圈、电磁离合器、信号灯等)应直接连接在下方的水平电源线上。而控制触点、信号灯等应连接在上方水平电源线与耗能元件之间,并应尽可能减少线条和避免线条交叉。为了看图方便,一般应从左至右或从上至下表示操作顺序。

电气原理图能充分表达电气设备和电器的用途、作用及工作原理,给电气线路的安装、调试和检修提供了依据。

电气接线图是根据电气设备和电器元件的实际位置和安装情况绘制的,以表示电气设备各个单元之间的接线关系,主要用于安装接线、线路检查、线路维修和故障处理。在实际应用中,接线图通常需要与原理图和位置图一起使用。

接线图中一般示出:项目的相对位置、项目代号、端子号、导线号、导线类型、导线截面积、屏蔽和导线绞合等内容。图中各个项目(如元件、器件、部件、组件、成套设备等)的表示方法,应采用简化外形(如正方形、矩形、圆形)表示,必要时也可用图形符号表示,符号旁应标注项目代号并应与原理图中的标注一致。

接线图中的导线可用连续线和中断线来表示,也可用线束来表示。在用线束来表示导线组、电缆等时可用加粗的线条表示,在不引起误解的情况下也可采用部分加粗。

生产机械的电气图,除电路图(原理图)和接线图以外,一般还应有安装图,在必要时还需绘出系统图或框图、位置图、逻辑图等。

安装图是为用户提供安装电气设备所需的资料和参数。当未提供接线图时,安装图上还必需表明电源线走线的详细情况和控制柜外面分散安装的其他控制电器的位置等。

对于简单的电气设备,不一定要求绘出上面所提及的各种电气图,但通常应有电气原理图、接线图(互连图)和安装图。

低压电器广泛应用于电力输配系统、电力拖动系统和自动控制设备中,它对电能的产生、输送、分配与应用起着开关、控制、保护与调节等作用。

知识链接 1 常用低压电器的识别

正确识别常用低压电器,是维修电工在日常维修工作中,进行选用、更换、购置和领用低压电器时的基本要求。

1. 低压电器的型号

低压电器的种类繁多,我国编制的低压电器产品型号适用于下列 12 大类产品:刀开关和转换开关、熔断器、断路器(又称自动开关)、控制器、接触器、启动器、控制继电器、主令电器、电阻器、变阻器、调整器,电磁铁。

2. 低压电器的分类与选用

(1)低压电器的分类

低压电器的分类方法有多种,按动作方式分自动切换电器、手动切换电器;按用途分配电电器、控制电器;按工作原理分电磁式电器、非电量控制电器;按输出触点的工作形式分有触点电器、无触点电器。另外,低压电器按灭弧介质分空气、真空、油等低压电器;按工作条件分一般工业用电器、船用电器、化工用电器、矿用电器、牵引用电器、航空用电器等。也有按外壳防护等级、安装类别等来分类的。表 4-1 列出了常用低压电器的分类和用途。

(2)低压电器产品标准

低压电器产品标准的内容通常包括产品的用途、适用条件、环境条件、技术性能要求、试验项目和方法、包装运输的要求等,它是厂家和用户制造和验收的依据。

低压电器标准按内容性质可分为基础标准、专业标准和产品标准三大类。按批准标准的级别则分国家标准(GB)、专业(部)标准(JB)和局批企业标准(JB\DQ)三级。

(3)低压电器选用的一般原则

目前,我国生产的低压电器大约有 130 多个系列,品种近千种,规格上万类,用途多样。如何正确地选用低压电器(选用合理、使用正确、技术和经济相互兼顾)非常重要。由于品种繁多,低压电器的选用方法有其特殊性,选用时应遵循的基本原则如下:

① 安全原则。使用安全可靠是对任何电路的基本要求,保证电路和用电设备的可靠运行是正常生活与生产的前提。

② 经济原则。经济性包括电器本身的经济价值和使用该种电器产生的价值。前者要求合理适用,后者必须保证运行可靠,不致因故障而引起各类经济损失。

3. 低压电器选用的注意事项

(1)控制对象(如电动机或其他用电设备)的分类和使用环境。

(2)(确认有关的技术数据,如控制对象的额定电压、额定功率、操作特性、起动电流倍数、操作频度和工作制等。

(3)了解电器的正常工作条件,如环境空气温度、相对湿度、海拔高度、允许安装方位、抗震动和有害气体等方面的能力。

（4）了解电器的主要技术性能,如用途、种类、额定电压、控制能力、接通能力、分断能力、工作制和使用寿命等。

表 4 - 1　常用低压电器的分类和用途

类别	电路名称	主要品种	用途
配电电器	刀开关	负荷开关 熔断器式开关 板形刀开关	主要用于电路的隔离,也能接通和分断额定电流
	转换开关	组合开关 换向开关	主要用于两种及以上电源或负载的转换、接通和分断
	低压断路器	塑壳式低压断路器 框架式低压断路器 限流式低压断路器 漏电保护断路器 灭磁断路器 直流快速断路器	用于线路过载、短路或欠压保护,也可用作不频繁接通和分断的电路
	熔断器	无填料熔断器 有填料熔断器 半封闭插入式熔断器 快速熔断器 自复熔断器	用于线路或电器设备的短路和过载保护
控制电器	接触器	交流接触器 直流接触器 真空接触器 半导体式接触器	主要用于远距离频繁起动或控制电动机,以及接通和分断正常工作的主电路和控制电路
	继电器	热继电器 中间继电器 时间继电器 电流继电器 电压继电器 温度继电器 速度继电器	主要用于控制系统中,控制其他电器或作主电路的保护之用
	起动器	直接(全压)起动器 星三角减压起动器 自耦减压起动器 变阻式转子起动器 半导体式起动器 真空起动器	主要用于电动机的起动和正反转控制
	控制器	凸轮控制器 平面控制器 鼓形控制器	主要用于电气设备中转换主电路或励磁回路的接法,完成电动机起动、换向和调速

控制电器	主令电器	按钮 限位开关 万能转换开关 微动开关 脚踏开关 接近开关 程序开关	主要用于接通和分断控制电路,以发布命令或用程序控制
	电阻器	铁基合金电阻	用于改变电路参数或变电能为热能
	变阻器	励磁变阻器 起动变阻器 频敏变阻器	主要用于发电机调压及电动机平滑起动和调速
	电磁铁	起重电磁铁 牵引电磁铁 制动电磁铁	用于起重、操纵或牵引机械装置

知识链接 2　**低压开关**

低压开关在电路中主要起隔离、转换、接通和分断电路的作用。常用的类型有刀开关、组合开关、低压断路器等。

1. 刀开关

刀开关用来非频繁地接通和分断容量不太大的配电线路。另外,也可以用于小容量笼型异步电动机的启停和正反转控制。常用的产品有:HDl1～HDl4(单投)和 HSl1～HSl3(双投)系列刀开关,HK1、HK2 系列开启式负荷开关,HH3、HH4 系列封闭式负荷开关,HR3 系列熔断器式刀开关等。

HKl-30/3 开启式负荷开关的外形和内部结构,如图 4-1 所示。

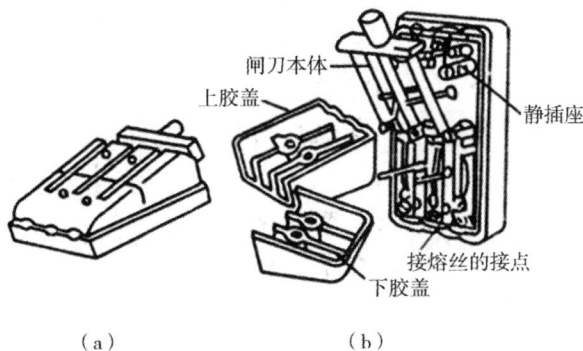

图 4-1　HK1-30/3 开启式负荷开关

(a)外形图　(b)结构图

(1)用途

这种开关适用于额定电压为交流 380 伏或直流 440V、额定电流不超过 60A 的电气装置、电热、照明等各种配电设备中,供不频繁地接通和切断负载电路及短路或过载保护。三极闸刀开关由于没有灭弧装置,因此在适当降低容量使时,也可用作小容量异步电动机不频繁直接启动和停止的控制开关。

(2)刀开关的选用

选择刀开关时,刀开关的额定电压应大于或等于线路的额定电压,额定电流应大于或等于线路的额定电流。如果回路中有电动机,则应按电动机的起动电流来计算。此外,还要考虑电路中可能出现的最大短路峰值电流是否在该额定电流等级所对应的峰值电流以下。如果超过,就应当选用额定电流更大一级的刀开关。

(3)刀开关安装使用安全注意事项如下

① 刀开关应垂直安装在开关板上,并要使静触点在上方。

② 刀开关用于隔离电源时,合闸J顷序是先合上刀开关,再合上其他用于控制负载的开关;分闸顺序则相反。

③ 刀开关在合闸时,应保证三相触点同时合闸,而且要接触良好。

④ 严格按照产品说明书规定的分断能力来分断负载,无灭弧罩的刀开关,一般不允许分断和合上功率大的负载,否则会烧坏刀开关,严重的还会造成电源短路,甚至发生火灾。

⑤ 当刀开关没有安装在封闭的箱内,应经常检查,防止因尘土过多而发生相间闪络现象。刀开关的电气图形符号及文字符号如图4-2所示。

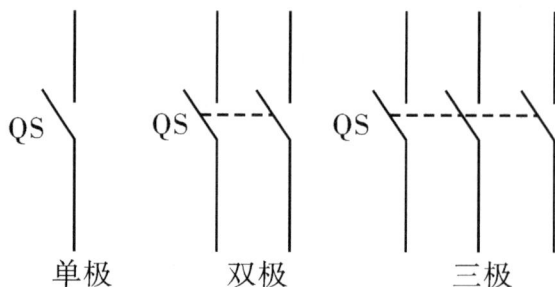

图4-2 刀开关的电气图形符号及文字符号

2.组合开关

组合开关又称转换开关,是通过操作手柄向右或向左转动来控制电路通断的。常用的组合开 HZ5、HZl0、HZW 系列。主要用于交流 50Hz、额定电压 380V、额定电流 60A 及以下的电路中,作电源引入开关,控制电动机起动、停止、变速、换向的开关。HZl0-10/3 型组合开关的外形和内部结构,如图4-3所示。

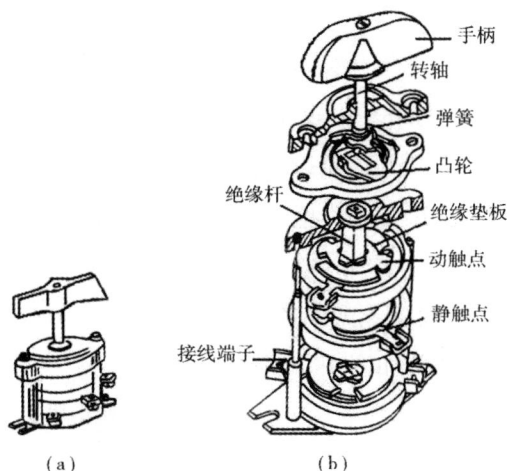

图 4 - 3　HZlO - 10/3 型组合开关

（a）外形图　（b）结构图

（1）用途

HZ3 系列组合开关适用于工频交流电压至 500V 的电路中作为电源引入开关或作为控制小型三相异步电动机的直接启动、停止、换向和变速。

HZlO 系列组合开关适用于工频交流电压 380V 及以下或直流 220V 及以下的电路中，作为电源引入开关，或作为控制 5.5kW 以下小容量电动机的直接启动、换向之用；也可作为机床照明电路的控制开关。本系列开关为不频繁操作的手动开关。

（2）组合开关的选用

控制一般电热、照明电路时，开关额定电流应等于或大于被控电路中各个负载额定电流的总和；控制电动机时，开关额定电流可选用电动机额定电流的 1.5～2.5 倍。

组合开关的电气图形符号及文字符号如图 4 - 4 所示。

（3）组合开关安装使用安全注意事项

① 组合开关安装时，应使手柄保持在水平旋转位置。

② 由于组合开关通断能力较低，故不能用来分断故障电流。用作电动机正反转控制时，必须在电动机完全停止转动后，才能反向接通电源。

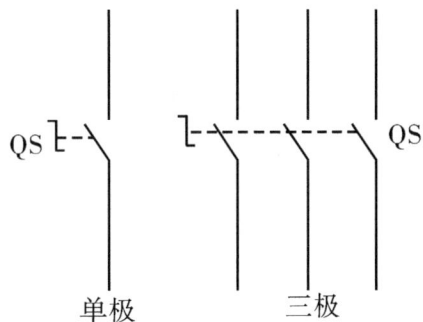

图 4 - 4　组合开关的电气图形符号及文字符号

③ 当负载的功率因数为 0.8～0.5 时，组合开关应降低容量使用，否则会影响开关的寿命；当负载的功率因数小于 0.5 时，由于熄弧困难，不宜采用 HZ 图 4 - 4 组合开关的电气图形符号及文字符号系列组合开关。

④ 使用组合开关时，应保持开关清洁，面板和触点不能有油污。

3. 低压断路器

低压断路器又称自动开关、空气开关,是低压配电网络和电力拖动系统中一种可以自动切断故障电路的配电电器。当电路发生短路、过载、失压、等故障时,能自动切断电路,在正常情况下,可用作不频繁接通和断开电路以及控制电动机。

低压断路器的主要参数有:额定工作电压、壳架额定电流等级、极数、脱扣器类型及额定电流、短路分断能力、分断时间等。

常用的型号有 DW15 等系列万能式断路器,DZ10、DZX10、DZX19、DZ20 等系列塑壳式断路器,DZ5－20 型低压断路器结构如图 4－5 所示。

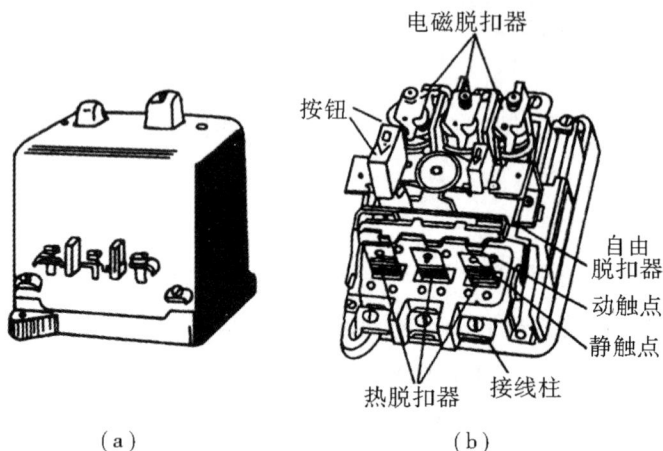

图 4－5　DZ5－20 型低压断路器
(a)外形　　　　　(b)结构

(1)作用

低压断路器是一种既有手动开关作用,又能自动进行欠电压、失电压、过载和短路保护的开关电器。在正常情况下,可用作不频繁接通和断开电路以及控制电动机。

(2)低压断路器的选用

选用低压断路器的原则是保证低压断路器脱扣器的动作电流整定值要小于单相短路电流的 2/3,以确保动作可靠。

① 能满足正常工作需要,能躲过正常电流峰值,能承受短时电流的冲击而不损坏并切除故障。

② 使用时除要求额定电压大于或等于线路电压外,用于控制时,还要求电磁脱扣器的瞬时动作电流为负荷电流的 6 倍;用于电动机保护时,要求塑壳式低压断路器脱扣器整定为起动电流的 1.7 倍,万能式整定为 1.35 倍;用于通断电路时,其额定电流和脱扣器动作电流均应大于或等于电路中电流之和。

③ 选用低压断路器作多台电机短路保护时,脱扣器动作电流应为容量最大的一台电机起动电流的 1.3 倍加上其余电动机额定电流之和。

除上述电流、电压要求外,还要考虑类型、等级、规格以及上下级保护匹配等问题。

（3）低压断路器安装使用安全注意事项

① 低压断路器安装前先检查其脱扣器的额定电流是否与被控线路、电动机等的额定电流相符，核实有关参数，满足要求方可安装。

② 低压断路器不能安装在振动的地方，以免造成开关内部零件松动。低压断路器一般应垂直安装在配电板上，灭弧室应位于上部。

③ 操作手柄或传动杠杆的开合位置应正确，操作力不应大于产品规定允许的值。

④ 触点在闭合、断开过程中，可动部分与灭弧室的零件不应有卡阻现象。

⑤ 触点开关应紧密可靠，接触电阻小。

⑥ 定期检查脱扣器及时限机构的整定值，对长期未用而重新投入使用的，应认真检查接线是否良好，是否正确可靠，并进行绝缘测量等质检工作，有延时的还要检查其延时。

⑦ 过电流脱扣器的整定值一旦调好后就不允许随意变动，而且使用时间长了要检查其弹簧是否生锈卡住，以免影响其动作。

⑧ 在低压断路器分断短路电流以后，应在切除上一级电源的情况下，及时检查其触点状况并清除灭弧室内壁、栅片上的烟尘与金属颗粒。低压断路器的电气图形符号及文字符号如图4-6所示。

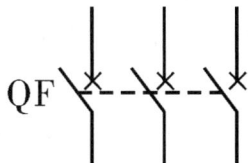

图4-6　低压断路器的电气图形符号及文字符号

熔断器是低压配电网络和电力拖动系统中最简单、最常用的一种安全保护电器，广泛应用于电网及用电设备的短路保护或过载保护。

知识链接3　熔断器

熔断器的主要技术参数有额定电压、额定电流、极限分断能力等。额定电压是指熔断器长期正常工作时能够承受的电压，其额定电压值一般等于或大于电气设备的额定电压；额定电流是指熔断器长期正常工作时，各部件温升不超过规定值时所能承受的电流；极限分断能力通常是指熔断器在额定电压及一定功率因素条件下，能分断的最大短路电流值。RC1A、RL1外形和结构如图4-7所示。

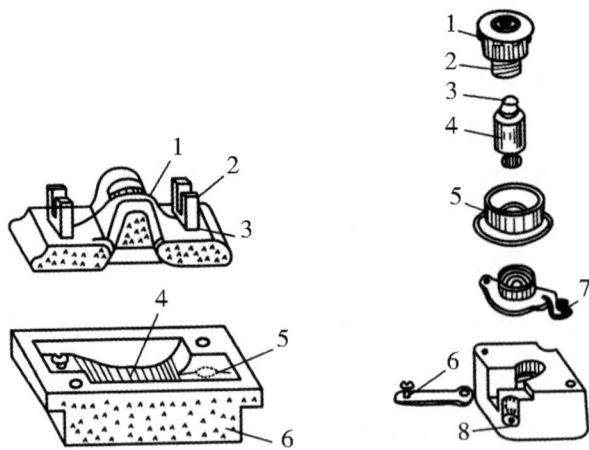

RClA 系列瓷插式熔断器　　　RL1 螺旋式熔断器

1－熔丝　2－动触头　3－瓷盖　4－石棉带　　1－瓷帽　2－金属管　3－指示器　4－熔管
5－静触头　6－瓷座　　　　　　5－瓷套　6－下接线端　7－上接线端　8－瓷座

图 4-7　熔断器

1. 用途

熔断器应串联在被保护电路中,当电路短路时,由于电流急剧增大,使熔体过热而瞬间熔断,以保护线路和线路上的设备,所以它主要用于短路保护。

2. 熔断器的选用

熔断器选用主要包括熔断器的类型、额定电压、额定电流和熔体额定电流等。熔断器的类型主要在设计电气控制系统时整体确定,熔断器的额定电压应大于或等于实际电路的工作电压,因此确定熔体的额定电流和熔断器额定电流是选用熔断器的主要任务。

3. 熔断器的安装使用安全注意事项

(1)熔断器及熔体的容量应符合设计要求。

(2)安装时除保证足够电气距离外,还应保证足够间距,以保证拆卸、更换熔体方便。

(3)安装熔体时不能有机械损伤,否则使截面积变小,电阻增大,发热增加,保护特性变坏,动作不准确;同时必须保证接触可靠,否则将造成接触电阻过大而发热或断相,引起负载缺相运行烧毁电动机。

(4)安装引线要有足够的截面积,而且必须拧紧接线螺钉,避免接触不良,引起接触电阻过大而使熔丝提前熔断,造成误动作。

(5)有熔体指示的熔芯,其指示器应安装在便于观察侧。

(6)螺旋式熔断器进线应接在底座的中心端上,出线应接在螺纹壳上,以防调换熔体时发生触电事故。

(7)瓷插式熔断器应垂直安装,不允许用多根较小熔体代替一根较大的熔体,否则会影响熔体的熔断时间。瓷质熔断器底座安装在金属板上时应垫软绝缘衬垫。

（8）检查熔体发现氧化腐蚀或损伤后应及时更换。更换时,必须注意新熔体的规格尺寸、形状与原熔体相同,不应随意替换;快速熔断器的熔体不能用普通熔断器的熔体代替。

（9）拆换熔断器通常应不带电进行切换,有些熔断器允许带电情况下更换,但也要注意切断负荷,以免发生危险。熔断器的电气图形符号及文字符号如图4-8所示。

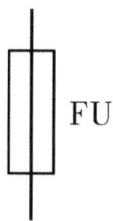

FU

图4-8　熔断器的电气图形符号及文字符号

知识链接4　接触器

接触器是电力系统和自动控制系统中应用广泛的一种自动切换电器。接触器按触点通过电流的种类不同,可分为交流接触器和直流接触器,它们的结构基本相同,主要有电磁系统、触点系统与灭弧装置三部分组成,如图4-9所示。

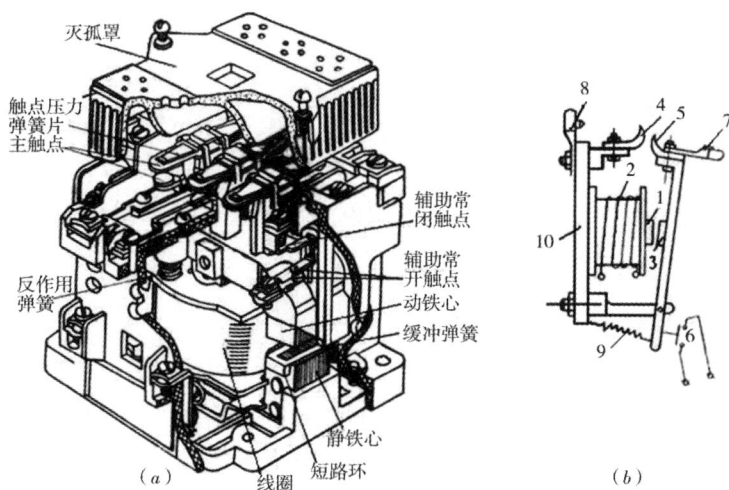

图4-9　接触器的结构

（a）CJ10-20交流接触器　（b）CZO系列直流接触器

1. 用途

接触器是一种自动的电磁式开关,它是利用电磁力作用下的吸合和反向弹簧力作用下的释放,使触点闭合和分断,导致电路的接通和断开。它还能实现远距离操作和自动控制,且具有失电压和欠电压的释放功能,适宜频繁地启动及控制电动机。

2. 接触器的选用

（1）依据接触器所控制负载的使用类别、工作性质、负载轻重、电流类别来选择。

（2）依据被控对象的功率和操作情况,确定接触器的容量等级。

（3）根据控制回路要求选择线圈的参数,同时要注意下列参数的确定。

① 接触器主触点额定电压。要求其大于或等于主电路额定电压。

② 接触器吸引线圈的额定电压及工作频率。要求两者必须与接入此线圈的控制电路的额定电压及频率相等。

③ 额定电流等级确定。按技术条件规定的使用类别使用时,接触器的额定电流应大于或等于负载的额定电流。还要注意的是接触器主触点的额定电流是在规定条件下(额定电压、使用类别、操作频率等)能够正常工作的电流值,主触点的额定电流应大于或等于负载的电流。当实际使用条件不同时,这个电流值也将随之改变。按轻任务使用类别设计的接触器用于重任务时,应降低容量使用,如降一个等级使用。对反复短时工作的接触器,其额定电流应大于负载的等效热稳定电流,对于电动机负载,接触器主触点的额定电流常按经验公式(4-1)来计算:

$$I_N = \frac{P_N \times 10^3}{KU_N} \qquad (4-1)$$

式中,K——经验系数,$K=1\sim1.4$;

I_N——主触点额定电流,单位为 A;

P_N——电动机的额定功率,单位为 W;

U_N——电动机的额定电压,单位为 V。

④ 吸引线圈的额定电压。其应与控制电路电压相一致,接触器在线圈额定电压 85%~105% 时应能可靠地吸合。

⑤ 选择接触器时,根据负载、主电路、控制电路的要求来确定型号与触点数量。主触点和辅助触点的数量应能满足控制系统的需要。

3. 接触器的安装使用安全注意事项

(1)接触器安装前应先检查线圈的电压是否与电源的电压相符。然后检查各个触点接触是否良好,有无卡阻现象。最后将铁心极面上的防锈油擦净,以免油垢粘滞造成断电不能释放的故障。

(2)接触器安装时,其底面应与地面垂直,倾斜角应小于5。

(3)安装时切勿使用螺钉、垫圈等,以免零件落入接触器内,造成机械卡阻和短路故障。

(4)接触器触点表面应经常保持清洁,不允许涂油,当触点表面因电弧作用而形成金属小珠时,应及时铲除。但银及银合金触点表面产生的氧化膜,由于接触电阻很小,不必锉修,否则将缩短触点的寿命。

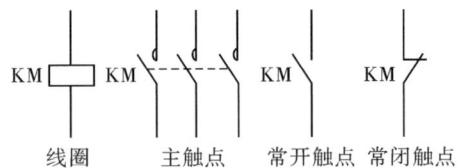

图 4-10 接触器的电气图形符号及文字符号

(5)不允许将交流接触器接到直流电源上,否则会烧毁线圈。

(6)直流接触器在结构上无短路环,其灭弧装置在耐压性能等方面与交流接触器不同,要加以注意。接触器的电气图形符号及文字符号见图4-10所示。

知识链接5　电磁式继电器

电磁式继电器的结构和工作原理与电磁式接触器相似,如图4-11所示。

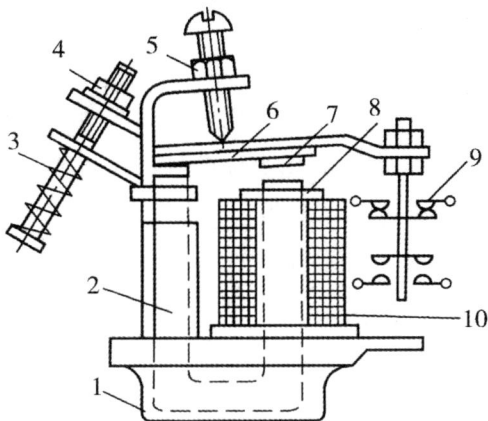

图4-11　电磁式继电器的典型结构

1-底座;2-铁心;3-释放弹簧;4、5-调节螺母;6-衔铁;7-非磁性垫片;8-极靴

9-触头系统;10-电磁线圈

1. 中间继电器

中间继电器实质上是一种电压继电器,由电磁机构和触点系统组成。其工作原理为:当线圈外加额定控制电压为(85%~110%)US时,电磁机构衔铁吸合,带动触点动作;线圈电压为(20%~75%)US时衔铁释放,触点复位。常用的中间继电器有JZ7、JZl4等系列,

(1)作用　由于中间触点继电器的数量较多,所以用来控制多个元件或回路。

(2)选用　选择中间继电器主要考虑被控电路的电压等级、所需触点的类型、容量和数量。中间继电器的电气图形符号及文字符号如图4-12所示。

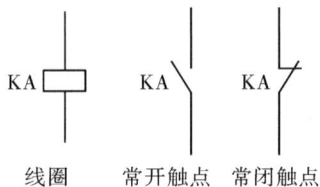

图4-12　中间继电器电气图形符号及文字符号

2. 电流、电压继电器

电流继电器是根据输入(线圈)电流值的大小变化来控制输出触点动作的继电器。电流继电器分为过电流继电器和欠电流继电器。过电流继电器是当被测电路发生短路及过流(超过整定电流)时,输出触点动作;欠电流继电器是当被测电路电流过低时,输出触点复位。

电压继电器是根据输入电压大小而动作的继电器。电压继电器分为过电压继电器、欠

电压继电器和零电压继电器。过电压继电器是当电路电压大于其整定值时动作的电压继电器,主要用于对电路或设备作过电压保护。欠电压继电器和零电压继电器在线路正常工作时,铁心与衔铁是吸合的,当电压降至低于整定值时,触点动作,对电路实现欠电压和零电压保护。

常用的型号有 JT4 系列交流通用继电器和 JLl4 系列交直流通用继电器。

(1)作用

电磁式电流继电器串接在电路中,在电力拖动自动控制系统中起电流保护和控制作用。

电磁式电压继电器并接在电路中,在电力拖动自动控制系统中起电压保护作用。

(2)过电流继电器、欠电流继电器的选用

① 过电流继电器线圈的额定电流应大于或等于电动机的额定电流。

② 过电流继电器触点种类、数量、额定电流应满足控制电路的要求。

③ 过电流继电器的动作电流为一般电动机额定电流的 1.7～2 倍;频繁起动时,为电动机额定电流的 2.25～2.5 倍。

④ 欠电流继电器线圈的额定电流应大于或等于直流电动机励磁绕组的额定电流。

⑤ 欠电流继电器的吸合动作电流应小于或等于直流电动机励磁绕组额定电流的 80%。

⑥ 欠电流继电器的释放动作电流应小于直流电动机最小励磁电流的 80%。

(3)欠电压继电器的选用

① 欠电压继电器线圈的额定电压应等于电源电压。

② 欠电压继电器的触点种类、数量应满足控制电路的要求。

电流、电压继电器的电气图形符号及文字符号如图 4－13 所示。

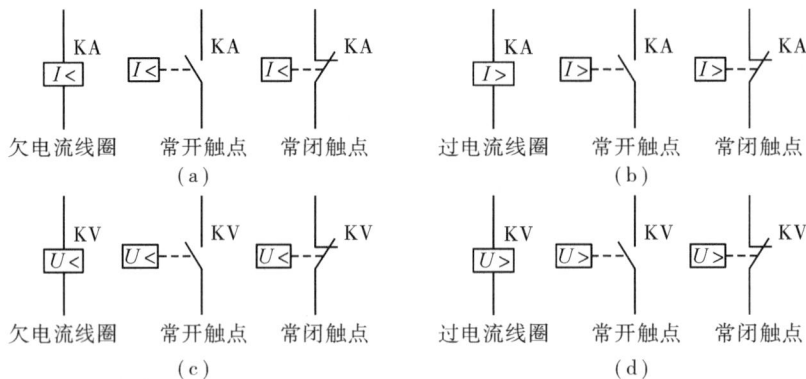

图 4－13 电流、电压继电器的电气图形符号及文字符号

(a)欠电流继电器;(b)过电流继电器;(c)欠电压继电器;(d)过电压继电器

3. 时间继电器

时间继电器是一种按照时间原则工作的继电器,根据预定时间来接通或分断电路。时间继电器的延时类型有通电延时型和断电延时型两种形式;按结构分为空气式、电动式、电

磁式、电子式(晶体管、数字式)等类型。常用空气式时间继电器 JS7 – A 系列有通电延时和断电延时两种类型;电动式有 JSl0、JSl 系列和 7PR 系列;常用的晶体管式时间继电器有 JSl4、JS20、ST3P 等系列;常用的数字式时间继电器有 JSSl4、JSl4S 等系列。

空气阻尼式时间继电器又称气囊式时间继电器,它由电磁系统、工作触点、气室及传动机构等四部分组成,如图 4 – 14 所示。

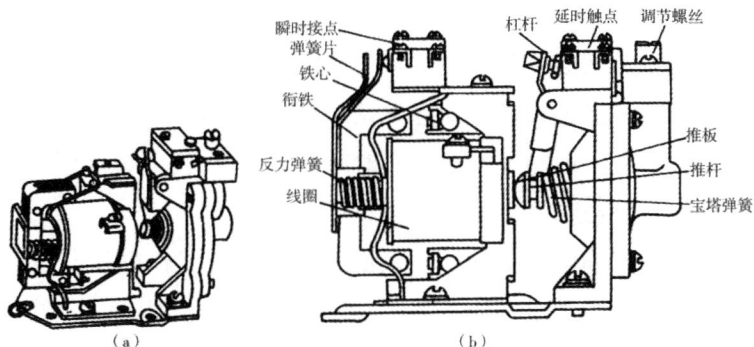

图 4 – 14　JS7 – 4A 型时间继电器

(a)外形　(b)结构

(1)作用

用于接收电信号至触点动作需要延时的场合。在机床电气自动控制系统中,作为实现按时间原则控制的元件或机床机构动作的控制元件。时间继电器的电气图形符号及文字符号如图 4 – 15 所示。

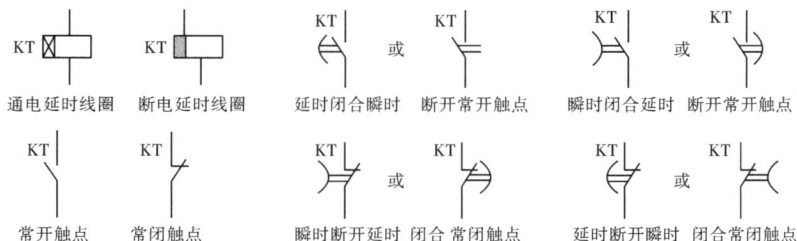

图 4 – 15　时间继电器的电气图形符号及文字符号

(2)时间继电器的选用

时间继电器的选用主要是延时方式和参数配合问题,选用时要考虑以下几个方面。

① 延时方式的选择:时间继电器有通电延时或断电延时两种,应根据控制电路的要求来选用。动作后复位时间要比固有动作时间长,以免产生误动作,甚至不延时,这在反复延时电路和操作频繁的场合,尤其重要。

② 类型选择:对延时精度要求不高的场合,一般采用价格较低的电磁式或空气阻尼式时间继电器;反之,对延时精度要求较高的场合,可采用电子式时间继电器。

③ 线圈电压选择:根据控制电路电压来选择时间继电器吸引线圈的电压。

④ 电源参数变化的选择:在电源电压波动大的场合,采用空气阻尼式或电动式时间继

电器比采用晶体管式好;而在电源频率波动大的场合,不宜采用电动式时间继电器;在温度变化较大处,则不宜采用空气阻尼式时间继电器。

(3)时间继电器调整和使用注意事项

① JS7 - A 系列时间继电器通电延时和断电延时可在规定时间范围内自行调整,但由于此时间继电器无刻度,要准确调整延时时间就比较困难。平时应经常清除灰尘和油污,以免增大延时的误差。

② JS11 系列时间继电器通电延时范围调节后,如需精确延时,应首先接通同步电动机电源,以减少电动机起动引起的误差。对通电延时时间继电器,调节整定延时时间必须在断开离合电磁铁线圈电源后才能进行;对断电延时时间继电器,调节整定延时时间必须在接通离合电磁铁线圈电源后才能进行。

③ JS20 系列晶体管时间继电器在使用前必须核对额定工作电压与将接入的电源电压是否相符,直流型的不要将电源的正负极性接错;接线时必须按接线端子图正确接线,触点电流不允许超过额定电流;继电器与底座间有扣攀锁紧,在拔出继电器本体前要先扳开扣攀,然后缓慢地拔出继电器。

4. 热继电器

热继电器是用来对连续运行的电动机进行过载保护的一种电器,以防止电动机过热而烧毁。另外,热继电器还具有断相保护、温度补偿、自动与手动复位等功能。

热继电器主要技术参数有:热继电器额定电流、相数、热元件额定电流、整定电流及调节范围等。热元件的额定电流是指热元件的最大整定电流值;热继电器的额定电流是指热继电器可以安装热元件的最大额定电流值;热继电器(热元件)的整定电流是指热元件能够长期通过而不致引起热继电器动作的最大电流值,通常热继电器的整定电流是按电动机的额定或净电流整定的。常用的有 JRl6 等系列热保护继电器,NRE6、NRE8 系列电子式过载继电器,其结构如图 4 - 16 所示。

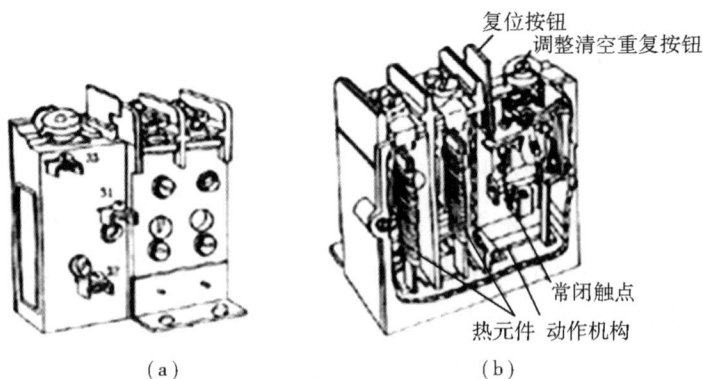

图 4 - 16　热继电器

(a)外形　　(b)结构

（1）用途

热继电器是一种应用比较广泛的保护继电器，主要用来对三相异步电动机进行过载保护。由于热继电器的工作原理是过载电流通过热元件后，使双金属片加热弯曲去推动动作机构来带动触点动作，从而将电动机电动机控制电路断开，实现电动机断电停车，起到过载保护的作用。鉴于双金属片受热弯曲过程中，热量的传递需要较长的时间，因此，热继电器不能用作短路保护，而只能用作过载保护。

（2）热继电器的选用

① 根据电动机额定电压和额定电流计算出热元件的电流范围，然后选型号及电流等级。

② 根据热继电器与电动机的安装条件不同，环境不同，对热元件电流要作适当调整。如高温场合热元件的电流应放大 1.05 ~ 1.20 倍。一般情况下，热元件的整定电流为电动机额定电流的 0.95 ~ 1.05 倍。

如果电动机过载能力较差，热元件的整定电流可取电动机额定电流的 0.6 ~ 0.8 倍。另外，整定电流应留有一定的上下限调整范围。

③ 设计成套电气装置时，热继电器尽量远离发热电器。

④ 通过热继电器的电流与整定电流之比称为整定电流倍数。其值越大发热越快，动作时间越短。

⑤ 对于点动（断续控制）、重载起动、频繁正反转及带反接制动等运行的电动机，一般不用热继电器作过载保护。

（3）热继电器安装使用注意事项

①热继电器安装时，应清除触点表面尘污，以免因接触电阻太大或电路不通影响热继电器的动作性能。

②热继电器必须按照产品说明书中规定的方法安装。当它与其他电器装在一起时，应注意将它装在其他电器的下方，以免其动作特性受到其他电器发热的影响。

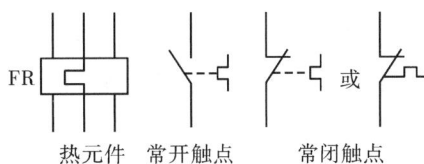

图 4 - 17　热继电器电气符号及文字符号

热继电器的电气图形符号及文字符号如图 4 - 17 所示。

5. 速度继电器

速度继电器是当转速达到规定值时动作的继电器，它是根据电磁感应原理制成，多用于三相交流异步电动机的制动控制。机床控制线路中，常用的速度继电器有 JYl 和 JFZ0 系列。

JYl 型速度继电器的外型及结构如图 4 - 18 所示。

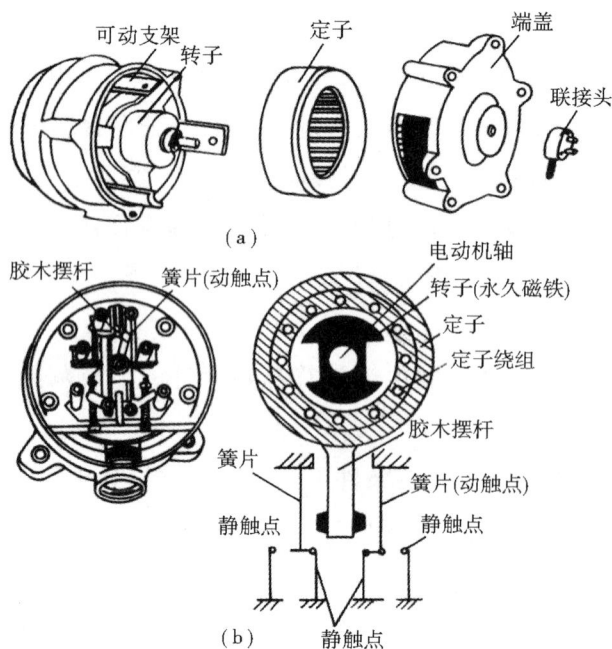

图 4 – 18　JYl 型速度继电器

(a)外形结构图　(b)原理示意图

（1）作用

在机床电气控制中,速度继电器用于电动机的反接制动控制。速度继电器的动作转速一般不低于 100~300 转/分,复位转速约在 100 转/分以下。使用速度继电器时,应将其转子装在被控制电动机的同一根轴上,而将其常开触点串联在控制电路中。制动时,控制信号通过速度继电器与接触器的配合,使电动机接通反相序电源而产生制动转矩,使其迅速减速;当转速下降至 100 转/分以下时,速度继电器的常开触点恢复断开,接触器断电释放,其主触点断开而迅速切断电源,电动机便停转而不致反转。

（2）选用

速度继电器主要根据所需控制的转速大小、触点数量和触点的电压、电流来选用。如 JY1 型在 3000 转/分以下时,能可靠工作;ZF20 – 1 型适用于 300~1000 转/分;ZF20 – 2 型适用于 1000~3600 转/分。

（3）速度继电器安装使用注意事项

速度继电器可以先安装好,不属定额时间内。安装时,采用速度继电器的连接头与电动机转轴直接联接方法,使两轴中心线重合;若采用带轮联接方法,应使两轴中心线保持平行。

速度继电器的电气图形符号及文字符号如图 4 – 19 所示。

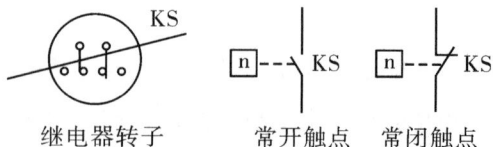

图 4 – 19　速度继电器电气
图形符号及文字符号

知识链接6 **主令电器**

主令电器是用于自动控制系统中发出控制指令或信号的电器。其信号指令通过接触器、继电器或其他电器,使电路接通或分断来实现生产机械的自动控制。常用的主令电器有按钮、行程开关、万能转换开关、主令控制器、脚踏开关等。

1. 按钮

按钮是一种手动且可以自动复位的主令电器。在控制电路中用作短时间接通和断开小电流(5A 及以下)控制电路。常用按钮有 LA2、LA20、LAY3、LAY9 等系列,其主要参数有额定电压(380VAC/220VDC)、额定电流(5A)。

按钮是短时间接通或断开小电流电路的电器。机床常用的复合按钮,有一组常开和一组常闭的桥式双断点触点,安装在一个塑料基座上。按按钮时,桥式动触点先和上面的静触点分离,然后和下面的静触点接触,手松开后,靠弹簧返回原位。其外形结构如图4-20所示。

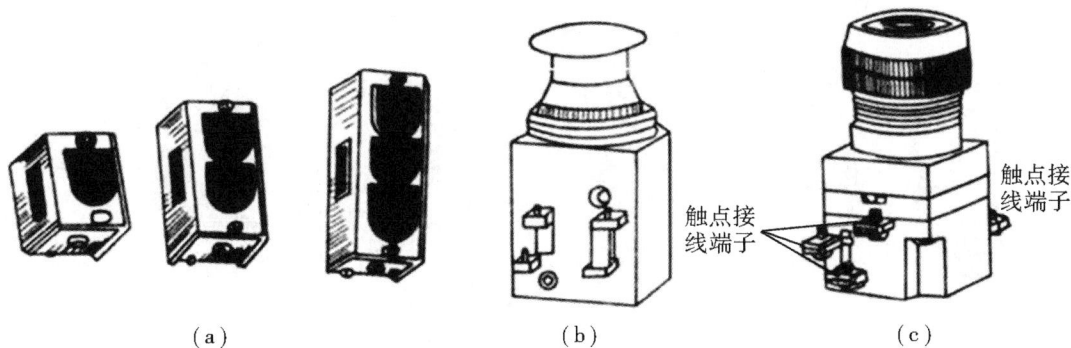

图 4-20 按钮外形结构

(a)LA10 系列 (b)LA18 系列 (c)LA19 系列

(1)用途

在电气控制线路中,按钮主要用于操纵接触器、继电器或电气联锁线路,再由它们去控制主电路,来实现各种运动的控制。按钮的电气图形符号及文字符号见图4-21。

(2)按钮的选择

选择按钮时主要考虑按钮的结构形式、操作方式、触点对数、按钮颜色以及是否需要指示灯等要求。

(3)按钮开关安装时的注意事项

①按钮安装在面板上,应布置整齐,排列合理。如根据电动机起动的先后顺序,从上到下或从左到右排列布置。相邻按钮间距为 50~100mm。

图 4-21 按钮电气图形符号及文字符号

②同一机床部件的几种不同的工作状态(如上、下,前、后,左、右等),应使每一对相反状态的安装按钮安装在一起,以操作方便,不易误操作。

为了应付紧急情况,当面板上按钮较多时,总停车按钮应安装在显眼且容易操作的地方,并有鲜明的标记。

③按钮安装应牢固,接线正确,接线螺丝应拧紧,减少接触电阻。按钮操作时应灵活,可靠,无卡阻。

⑤ 触点应保持清洁,防止接线时触碰。

2. 位置开关

用于机械运动部件位置检测的开关主要有行程开关、接近开关和光电开关等器件,在机床电路中应用最普遍的是行程开关。行程开关又称限位开关,是利用生产机械某些运动部件上的挡铁碰撞行程开关,使其触点动作,来分断或接通控制电路。各种位置开关其基本结构相同,区别在于使位置开关动作的传动装置和动作速度不同,为适应各种情况下使用。常用的行程开关有 JLXKl 系列和 LX19 系列,JLXKl 系列位置开关的外形、结构见图 4 – 22。

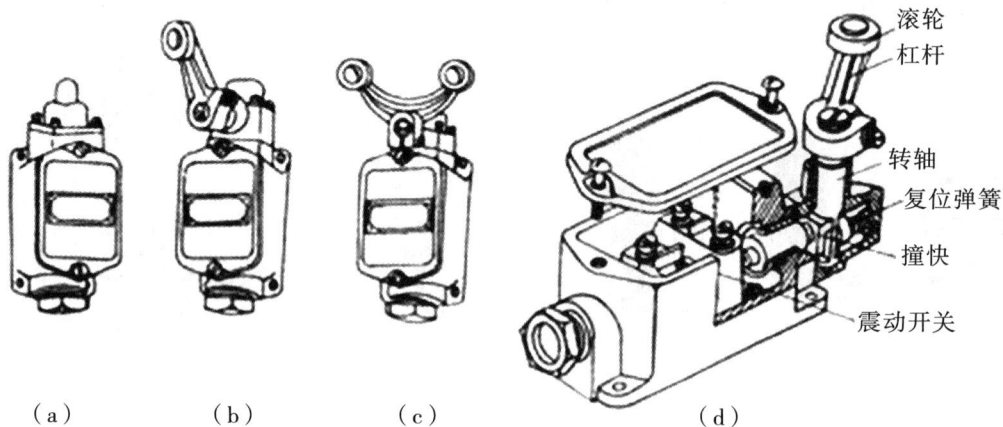

图 4 – 22　JLXKl 系列位置开关

(a)JLXKl—311 按钮式外形　(b)JLXKl—111 单轮旋转式外形

(f)JLXKl—211 双轮旋转式外形　(d)JLXKl—111 单轮旋转式结构

(1)用途

位置开关(即行程开关)是用以反映工作机械的行程位置,发出命令以控制其运动方向或行程大小的主令电器。

(2)选用

可根据使用场合和控制电路的要求进行选用。当机械运动速度很慢,且被控制电路中电流又较大时,可选用快速动作的位置开关;如果被控制的回路很多,又不易安装时,可选用带有凸轮的转动式位置开关;再如要求开关工作频率很高,可靠性也较高的场合,可选用晶体管式的无触点位置开关。常用的 LXl9 和 JLXKl 系列位置开关的技术数据见表 4 – 2 所列。

表4-2 LX19和JLxKl系列位置开关技术数据

型号	额定电压额定电流	结构特点	触点对数		工作行程	超行程	触点转换时间(秒)
			常开	常闭			
LXl9		元件	1	1	3mm	~20度	
LX19-111		单轮,滚轮装在传动杆内侧,能自动复位	1	1	~30度	~20度	
LX19-121		单轮,滚轮装在传动杆外侧,能自动复位	1	1	~30度	~20度	
LX19-131	380V 5A	单轮,滚轮装在传动杆凹槽内,能自动复位	1	1	~30度	~15度	≤0.04
LX19-212		双轮,滚轮装在U形传动杆内侧,不能自动复位	1	1	~30	~15度	
LX19-222		双轮,滚轮装在U形传动杆外侧,不能自动复位	1	1	~30度	~15度	
LX19-232		双轮,滚轮装在U形传动杆内外侧各一,不能自动复位	1	1	~30度	~15度	
LX19-001		无滚轮,仅径向传动杆,能自动复位	1	1	<4mm	3mm	
JLXK-111		单轮防护式	1	1	12~15度	≤30度	
JLXK-211	500V 5A	双轮防护式	1	1	~45度	≤45度	0.04
JLXK-311		直动防护式	1	1	l~3mm	2~4mm	
JLXK-411		直动滚轮防护式	1	1	1~3mm	2~4mm	

（3）安装注意事项

行程开关应根据动作要求及触点数量和安装位置来选用。安装时应注意滚轮的方向不能装反,与挡铁碰撞的位置应符合控制电路的要求,并确保能可靠地与挡铁碰撞。行程开关的图形符号及文字符号如图4-23所示。

图4-23 行程开关的图形符号及文字符号

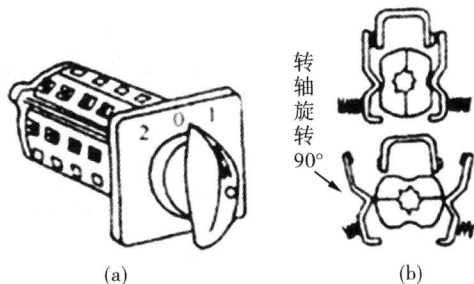

图4-24 LW5系列万能转换开关

（a）外形 （b）凸轮通断触点示意图

3.万能转换开关

万能转换开关是一种多挡位、多段式、控制多回路的主令电器,当操作手柄转动时,带动开关内部的凸轮机构转动,从而使触点按规定顺序闭合或断开。常用的万能转换开关有 LW5、LW6 等系列。其外形、结构如图 4-24 所示。

(1)用途

万能转换开关一般用于交流 500V、直流 440V、约定发热电流 20A 以下的电路,作为电气控制电路的转换和配电设备的远距离控制、电气测量仪表转换,也可用于小容量异步电动机、伺服电动机、微电动机的直接控制。

(2)选用

万能转换开关根据用途、接线方式、所需触点挡数和额定电流来选用。

(3)安装时的注意事项

万能转换开关的安装位置应与其他电器元件或机床的金属部分有一定的间隔,以免在通断过程中可能因电弧喷出发生对地短路故障。

安装时一般应水平安装在屏板上,但也可倾斜或垂直安装。应尽量使手柄保持水平旋转位置。

万能转换开关符号及触点通断表如图 4-25 所示。

4. 主令控制器

主令控制器是一种多挡位、多控制回路的控制电器,其触点的约定发热电流为 10A,用在交流 380V、直流 220V 的电力传动装置中转换控制电路,实现对控制站的控制。LK1 系列主令控制器外形和结构如图 4-26 所示。

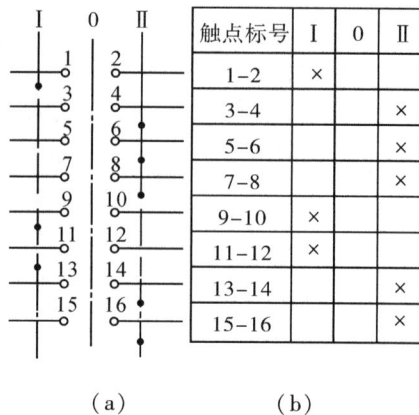

触点标号	I	0	II
1-2	×		
3-4			×
5-6			×
7-8			×
9-10	×		
11-12	×		
13-14			×
15-16			×

(a)　　　　(b)

图 4-25　万能转换开关符号及触点通断表

(a)符号　(b)触点通断表

有"×"表示两个触点接通

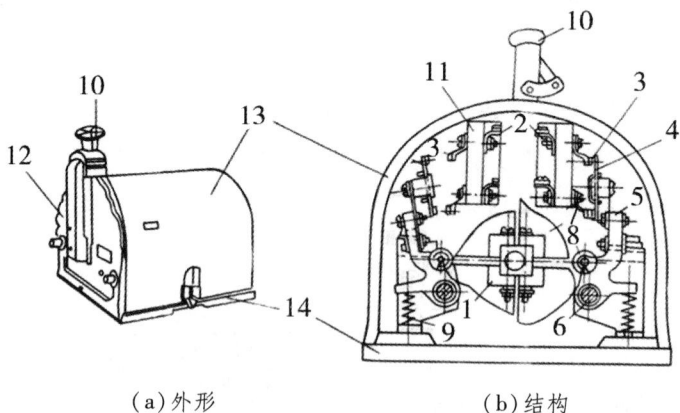

(a)外形　　　　(b)结构

图 4-26　主令控制器

1-方形转轴;2-固定触头接线柱;3-静触头;4-动触头;5-动触头杠杆架;6-侧轴;7-凸轮块
8-小轮;9-复位弹簧;10-操作手柄;11-绝缘板;12-面板;13-外护罩;14-底座

（1）作用

主令控制器是用来按顺序操纵多个控制回路的主令电器。主要用于电力拖动系统中，按一定操作分合触头，向控制系统发出指令，通过接触器以达到控制电动机的启动、制动、调速及反转的目的，也可实现控制线路的联锁作用。主要用于起重机、轧钢机等的操作控制。

（2）主令控制器的选用

主令控制器应根据所需控制的电路数、触点闭合顺序、长期接通容许电流和分断容许电流等进行选择。

（3）主令控制器安装使用注意事项

① 安装前应检查控制器的动触点和静触点接触是否良好，有无松动现象，转动后触点是否符合动作顺序。

② 主令控制器常用螺栓安装在支架或操作台上，并将外壳接地螺栓与接地网可靠地连接。

③ 主令控制器在投入运行前，应用 500～1000V 摇表测量其绝缘电阻，绝缘电阻一般应大于 0.5MΩ，同时根据接线图检查接线是否正确。

LK1 – 19/20 型主令控制器的图形符号如图 4 – 27 所示。

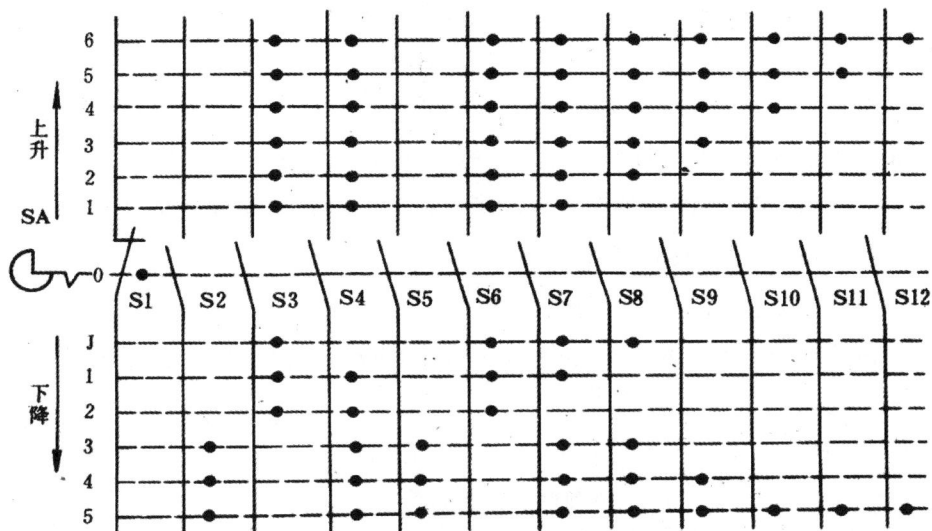

图 4 – 27　LK1 – 19/20 型主令控制器的图形符号

5. 凸轮控制器

凸轮控制器是一种大型的手动控制电器，它是由静触点、动触点、灭弧罩、凸轮、转轴及手轮等组成，其外形结构如图 4 – 28 所示。

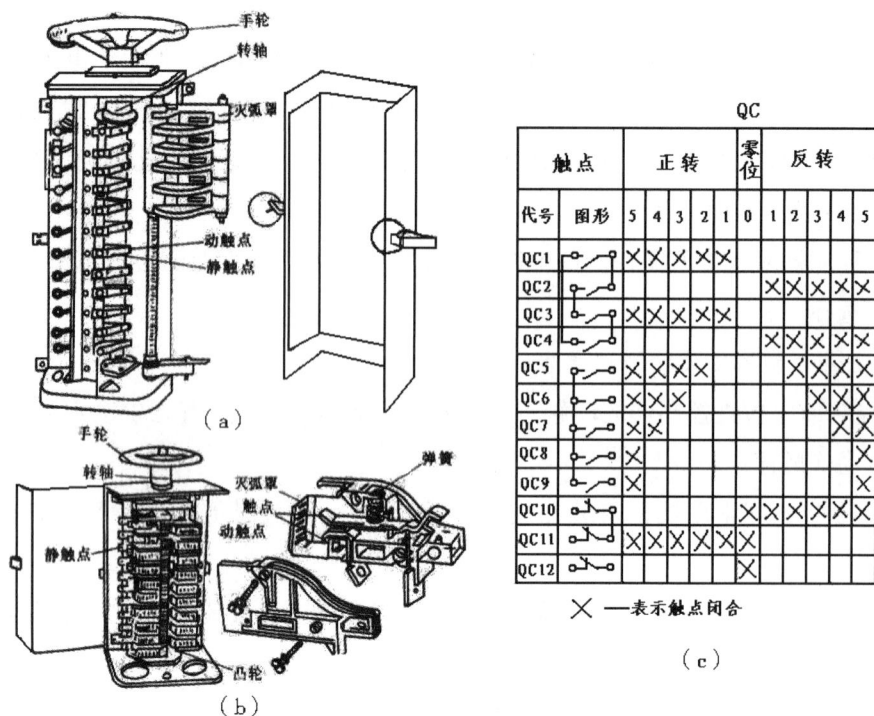

图 4 – 28　凸轮控制器

(a)KTJ – 50/1 型　(b)　KT12 – 25J 型　(c)触点分合展开图

（1）用途

主要用于起重设备中直接控制中小型绕线转子异步电动机的启动、停止、调速、反转和制动，也适用于有相同要求的其他电力拖动场合。它已取代控制容量小、体积大、操作频率低、切换位置和电路较少的鼓形控制器。

（2）凸轮控制器的选用

凸轮控制器根据所控起重设备上的交流（直流）电动机的起动、调速、换向的技术要求和额定电流来选用。

（3）凸轮控制器安装使用注意事项

① 凸轮控制器安装前应清除控制器内的灰尘。

② 按使用说明书中的规定数据检查触点参数，并转动凸轮控制器的手轮（或手柄），检查其运动系统是否灵活，触点分合顺序是否与接线图相符，有无缺件等。

③ 凸轮控制器安装时可根据控制室的情况，牢靠地固定在墙壁或支架上，引入的导线经控制器下基座的出线孔穿入。躯壳上有专用接地螺钉，其手轮通过凸轮环接地。

④ 按接线图把凸轮控制器与电动机、电阻器和保护屏上的电器进行连接，然后将金属部分均可靠接地。所有螺栓连接处须紧固，特别要注意触点和连接导线部分不要因螺钉松动而产生过热。

⑤ 控制器安装结束后，应进行空载试验，起动时若控制器转到第 2 位置后，仍未使电动

机转动,则应停止起动,检查线路。

⑥ 起动操作时,手轮转动不能太快,应逐级起动,防止电动机的冲击电流超过过电流继电器的整定值。

⑦ 控制器停止使用时,应将手轮准确地停在零位。

⑧ 控制器要保持清洁,经常清除金属导电粉尘,转动部分应定期加以润滑。

技能训练

(一) 常用继电器的拆装与检测

1. 实训目的

熟悉常用继电器(热继电器、速度继电器、时间继电器)的基本结构、拆装及检测。

2. 实训器材

大螺钉旋具、大螺钉旋具、钢丝钳、尖嘴钳、活动扳手、万用表、热继电器、速度继电器和时间继电器等。

3. 实训步骤

(1)在教师的指导下进行继电器的拆装。

(2)在教师的指导下认识继电器的主要部件。

(3)在教师的指导下对继电器的各部分进行检测。

4. 实训报告

根据所做实训内容,填写表 4 – 3

表 4 – 3　继电器的拆装与检测

名称	型号	规格	功能	拆卸步骤	主要部件	检测
热继电器						
速度继电器						
时间继电器						

（二）交流接触器的拆装与检测

1. 实训目的

熟悉交流接触器的基本结构、拆装及检测。

2. 实训器材

大螺钉旋具、大螺钉旋具、钢丝钳、尖嘴钳、活动扳手、万用表、交流接触器等。

3. 实训步骤

（1）在教师的指导下进行交流接触器的拆装。

（2）在教师的指导下认识交流接触器的主要部件。

（3）在教师的指导下对交流接触器的各部分进行检测。

4. 实训报告

根据所做实训内容，填写表4-4。

表4-4　交流接触器的拆装与检测

型号	规格	容量（A）	生产厂家	拆卸步骤	主要部件	检测
触点对数						
主	辅	动合	动断			
触点电阻						
动作前	动作后	动作前	动作后			
电磁线圈						
线径	匝数	工作电压	直流电阻			

任务二　电动机基本控制电路安装与调试

电动机控制电路是用导线将电动机、电器、仪表等电气元件连接起来，并实现某种要求的电气控制电路。根据不同的生产机械运动，对电动机运转提出的要求，包括起动、正反转、制动、调速及联锁等。为了实现这些要求，需用各种电器组成一个电气控制系统。

目前广泛采用的接触器、继电器控制系统具有结构简单、价格低廉、维修方便等优点,其安装方法和步骤如下。

知识链接 1　绘制和精读电气原理图

电动机的控制电路是由一些电气元件按一定的控制关系连接而成的,这种控制关系反映在电气原理图上。为了顺利地安装接线、检查调试和排除线路故障,必须认真阅读原理图。要看懂线路中各电器元件之间的控制关系及连接顺序,分析线路控制动作,以便确定检查线路的步骤与方法。明确电器元件的数目、种类和规格,对于比较复杂的线路,还应看懂是由哪些基本环节组成的,分析这些环节之间的逻辑关系。

1. 电气原理图

电气原理图又称电路图,是根据生产机械运动形式对电气控制系统的要求,采用国家统一规定的电气图形符号和文字符号,按照电气设备和电器的工作顺序,详细表示电路、设备或成套装置的全部基本组成和连接关系,而不考虑其实际位置的一种简图。电气原理图能充分表达电气设备和电器的用途、作用和工作原理,是电气线路安装、调试和维修的理论依据。

绘制和精读电气原理图时应遵循以下原则:

(1)电气原理图一般分电源电路、主电路和辅助电路三部分来绘制。

① 电源电路画成水平线,三相交流电源相序 L1、L2、L3 自上而下依次画出,中线 N 和保护地线 PE 依次向在相线之下。直流电源的"＋"端画在上边,"一"端画在下边。电源开关要水平画出。

② 主电路是从电源向用电设备供电的路径,由主熔断器、接触器的主触点、热继电器的热元件以及电动机等组成。主电路通过的电流较大,一般要画在电气原理图的左侧并垂直电源电路,用粗实线来表示。

③ 辅助电路一般包括控制电路、信号电路、照明电路及保护电路等。辅助电路由继电器和接触器的线圈、继电器的触点、接触器的辅助触点、主令电器的触点、信号灯和照明灯等电器元件组成。辅助电路通过的电流都较小,一般不超过 5A。画辅助电路图时,辅助电路要跨接在两根电源线之间,一般按照控制电路、信号电路和照明电路的顺序依次垂直画在主电路图的右侧,且电路中与下边电源线相连的耗能元件(如接触器和继电器的线圈、信号灯、照明灯等)要画在电路图的下方,而电器的触点要画在耗能元件与上边电源线之间。为读图方便,一般应按照自左至右、自上而下的排列来表示操作顺序。

(2)原理网中各电器元件不画实际的外形图,而是采用国家统一规定的电气图形符号和文字符号来表示。

(3)原理图中所有电器的触点位置都按电路未通电或电器未受外力作用时的常态位置

面出。分析原理时,应从触点的常态位置出发。

(4)原理图中各个电气元件及其部件(如接触器的触点和线圈)在图上的位置是根据便于阅读的原则安排的,同一电气元件的各个部件可以不画在一起,即采用分开表示法。但它们的动作却是相互关联的,因此,必须标注相同的文字符号。若图中相同的电器较多时,需要在电器文字符号后面加注不同的数字,以示区别,如 SB1、SB2 或 KM1、KM2、KM3 等。

(5)画原理图时,电路用平行线绘制,尽量减少线条和避免线条交叉并尽可能按照动作顺序排列,便于阅读。对交叉而不连接的导线在交叉处不加黑圆点;对" + "形连接点(有直接电联系的交叉导线连接点),必须要用小黑圆点表示;对"T"形连接点处则可不加。

(6)为安装检修方便,在电气原理图中各元件的连接导线往往予以编号,即对电路中的各个接点用字母或数字编号。

2. 安装接线图

安装接线图是根据电气设备和电器元件的实际位置和安装情况绘制的,只用来表示电气设备和电器元件的位置、配线方式和接线方式,而不明显表示电气动作原理。为了具体安装接线、检查线路和排除故障,必须根据原理图查阅安装接线图。安装接线图中各电器元件的图形符号及文字符号必须与原理图核对。

绘制和精读安装接线图应遵循以下原则:

(1)接线图中一般显示出如下内容:电气设备和电器元件的相对位置、文字符号、端子号、导线号、导线类型、导线截面积、屏蔽和导线绞合等。

(2)在接线图中,所有的电气设备和电器元件都按其所在的实际位置绘制在图纸上。元件所占图面按实际尺寸以统一比例绘出。

(3)同一电器的各元件根据其实际结构,使用与原理图相同的图形符号画在一起,并用点划线框上,即采用集中表示法。

(4)接线图中各电器元件的图形符号和文字符号必须与原理图一致,并符合国家标准,以便对照检查接线。

(5)各电器元件上凡是需要接线的部件端子都应绘出并予以编号,各接线端子的编号必须与原理图上的导线编号相一致。

(6)接线图中的导线有单根导线、导线组(或线扎)、电缆等之分,可用连续线和中断线来表示。凡导线走向相同的可以合并,用线束来表示,到达接线端子板或电器元件的连接点时再分别画出。在用线束来表示导线组、电缆等时可用加粗的线条表示,在不引起误解的情况下也可采用部分加粗。另外,导线及管子的型号、根数和规格应标注清楚。

(7)安装配电板内外的电气元器件之间的连线,应通过端子进行连接。

3. 位置图

位置图是根据电器元件在控制板上的实际安装位置,采用简化的外形符号(如正方形、矩形、圆形等)而绘制的一种简图。它不表达各电器的具体结构、作用、接线情况以及工作原理,主要用于电器元件的布置和安装。图中各电器的文字符号必须与原理图和接线图的标注相一致。

在实际中,原理图、接线图和位置图要结合起来使用。

知识链接2　电气元器件的检查

安装接线前应对所使用的电气元器件逐个进行检查,以保证电气元器件质量。对电气元器件的检查主要有以下几方面:

(1)根据电器元件明细表,检查各电气元器件是否有短缺,核对它们的规格是否符合设计要求。

(2)电气元器件外观是否整洁,外壳有无破裂,零部件是否齐全,各接线端子及紧固件有无缺损、锈蚀等现象。

(3)电气元器件的触点是否光滑,接触面是否良好,有无熔焊粘连变形、严重氧化锈蚀等现象;触点闭合分断动作是否灵活;触点开距、超程是否符合标准;接触压力弹簧是否正常。核对各电器元件的电压等级、电流容量、触点数目等。

(4)电器的电磁机构和传动部件的运动是否灵活,衔铁有无卡住、吸合位置是否正常等,使用前应清除铁心端面的防锈油。

(5)用兆欧表检查电气元器件的绝缘电阻是否符合要求;用万用表检查所有电磁线圈的通断情况。

(6)检查有延时作用的电气元器件功能,如时间继电器的延时动作、延时范围及整定机构的作用;检查热继电器的热元件和触点的动作情况。

知识链接3　电气元器件的安装

按照接线图规定的位置将电气元器件安装在配电板上,元器件之间的距离要适当,既要节省板面,又要方便走线和维修。安装时应按以下步骤进行:

1. 定位

根据电器产品说明书上的安装尺寸(或将电器元件摆放在确定好的位置),用划针在安装孔中心做好记号,元器件应排列整齐,以保证在连接导线时做得横平竖直,整齐美观,同时尽可能减少弯折和交叉。若采用导轨安装电气元件,只需确定其导轨固定孔的中心点。对线槽配线,还要确定线槽安装孔的位置。

2. 打孔

确定电器元件等的安装位置后,在钻床上(或用手电钻)在做好记号处打孔。打孔时,应选择合适的钻头(钻头直径略大于固定螺栓的直径),并用钻头先对准中心样冲眼,进行试打;试打出来的浅坑应保持在中心位置,否则应予校正。

3. 固定

用固定螺栓把电器元件按确定的位置逐个固定在底板上。紧固螺栓时,应在螺栓上加装平垫圈和弹簧垫圈,不要用力过大,以免将电器元件的塑料底座压裂而损坏。对导轨式安装的电器元件,只需按要求把电器元件插入导轨即可。

知识链接4 电动机控制线路安装步募和方法

安装电动机控制线路时,必须按照有关技术文件执行,并应适应安装环境的需要。

1. 按元件明细表配齐电器元件,并进行检验。

所有电气控制器件,至少应具有制造厂的名称或商标、型号或索引号、工作电压性质和数值等标志。若工作电压标志在操作线圈上,则应使装在器件上线圈的标志是显而易见的。

2. 安装控制箱(柜或板)

控制板的尺寸应根据电器的安排情况决定。

(1)电器的安排 尽可能组装在一起,使其成为一台或几台控制装置。只有那些必须安装在特定位置上的器件,如按钮、手动控制开关、位置传感器、离合器、电动机等,才允许分散安装在指定的位置上。

安放发热元件时,必须使箱内所有元件的温升保持在它们的容许极限内。对发热很大的元件,如电动机的启动、制动电阻等,必须隔开安装,必要时可采用风冷。

(2)可接近性 所有电器必须安装在便于更换、检测方便的地方。

为了便于维修或调整,箱内电气元件的部位,必须位于离地 $0.4 \sim 2m$ 之间。所有接线端子,必须位于离地至少 $0.2m$ 处,以便于装拆导线。

(3)间隔和爬电距离 安排器件必须符合规定的间隔和爬电距离,并应考虑有关的维修条件。

控制箱中的裸露、无电弧的带电零件与控制箱导体壁板间的间隙为:对于 250V 以下的电压,间隙应不小于 15mm;对于 $250 \sim 500V$ 的电压,间隙应不小于 25mm。

(4)控制箱内电器的安排 除必须符合上述有关要求外,还应做到:

①除了手动控制开关、信号灯和测量器件外,门上不要安装任何器件。

②由电源电压直接供电的电器最好装在一起,使其与只由控制电压供电的电器分开。

③电源开关最好装在箱内右上方,其操作手柄应装在控制箱前面或侧面。电源开关的上方最好不安装其他电器,否则,应把电源开关用绝缘材料盖住,以防电击。

④箱内电器(如接触器、继电器等)应按原理图上的编号顺序,牢固安装在控制箱(板)上,并在醒目处贴上各元件相应的文字符号。

⑤控制箱内电器安装板的大小必须能自由通过控制箱或壁龛的门,以便于装卸。

3．布线

（1）选用导线　导线的选用要求如下：

① 导线的类型硬线只能用在固定安装于不动部件之间，且导线的截面积应小于 $0.5\ mm^2$。若在有可能出现振动的场合或导线的截面积在大于等于 $0.5\ mm^2$ 时，必须采用软线。

电源开关的负载侧可采用裸导线，但必须是直径大于 3mm 的圆导线或者是厚度大于 2mm 的扁导线，并应有预防直接接触的保护措施（如绝缘、间距、屏蔽等）。

② 导线的绝缘导线必须绝缘良好，并应具有抗化学腐蚀能力。在特殊条件下工作的导线，必须同时满足使用条件的要求。

③ 导线的截面积在必须能承受正常条件下流过的最大稳定电流的同时，还应考虑到线路允许的电压降、导线的机械强度和与熔断器相配合。

（2）敷线方法　所有导线从一个端子到另一个端子的走线必须是连续的，中间不得有接头。有接头的地方应加装接线盒。接线盒的位置应便于安装与检修，而且必须加盖，盒内导线必须留有足够的长度，以便于拆线和接线。

敷线时，对明露导线必须做到平直、整齐、走线合理等要求。

（3）接线方法　所有导线的连接必须牢固，不得松动。在任何情况下，连接器件必须与连接的导线截面积和材料性质相适应。

导线与端子的接线，一般一个端子只连接一根导线。有些端子不适合连接软导线时，可在导线端头上采用针形、叉形等冷压接线头。如果采用专门设计的端子，可以连接两根或多根导线，但导线的连接方式，必须是工艺上成熟的各种方式。如：夹紧、压接、焊接、绕接等。这些连接工艺应严格按照工序要求进行。

导线的接头除必须采用焊接方法外，所有导线应当采用冷压接线头。如果电气设备在正常运行期间承受很大振动，则不许采用焊接的接头。

（4）导线的标志

① 导线的颜色标志。保护导线（PE）必须采用黄绿双色；动力电路的中线（N）和中间线（M）必须是浅蓝色；交流或直流动力电路应采用黑色；交流控制电路采用红色；直流控制电路采用蓝色；用作控制电路联锁的导线，如果是与外边控制电路连接，而且当电源开关断开仍带电时，应采用桔黄色或黄色；与保护导线连接的电路采用白色。

② 导线的线号标志。导线线号的标志应与原理图和接线图相符合。在每一根连接导线的线头上必须套上标有线号的套管，位置应接近端子处。线号的编制方法如下：

a. 主电路　三相电源按相序自上而下编号为 L1、L2、L3；经过电源开关后，在出线端子上按相序依次编号为 U11、V11、W11。主电路中各支路的编号，应从上至下、从左至右，每经过一个电器元件的线桩后，编号要递增，如 U11、V11、W11，U12、V12、W12……。单台三相交流电动机(或设备)的三根引出线按相序依次编号为 U、V、W(或用 U1、V1、W1 表示),多台电动机引出线的编号,为了不致引起误解和混淆,可在字母前冠以数字来区别,如 1U、1V、1W,2U、2V、2W……。在不产生矛盾的情况下,字母后应尽可能避免采用双数字,如单台电动机的引出线采用 U、V、W 的线号标志时,三相电源开关后的出线端编号可为 U1、V1、W1。当电路编号与电动机线端标志相同时,应三相同时跳过一个编号来避免重复。

b. 控制电路与照明、指示电路 应从上至下、从左至右,逐行用数字依次编号,每经过一个电器元件的接线端子,编号要依次递增。编号的起始数字,除控制电路必须从阿拉伯数字 1 开始外,其他辅助电路依次递增 100 作起始数字,如照明电路编号从 101 开始;信号电路编号从 201 开始等。

(5)控制箱(板)内部配线方法 一般采用能从正面修改配线的方法,如板前线槽配线或板前明线配线,较少采用板后配线的方法。

采用线槽配线时,线槽装线不要超过容积的 70%,以便安装和维修。线槽外部的配线,对装在可拆卸门上的电器接线必须采用互连端子板或连接器,它们必须牢固固定在框架、控制箱或门上。从外部控制、信号电路进入控制箱内的导线超过 10 根,必须接到端子板或连接器件过渡,但动力电路和测量电路的导线可以直接接到电器的端子上。

(6)控制箱(板)外部配线方法 除有适当保护的电缆外,全部配线必须一律装在导线通道内,使导线有适当的机械保护:防止液体、铁屑和灰尘的侵入。

① 对导线通道的要求 导线通道应留有余量,允许以后增加导线。导线通道必须固定可靠,内部不得有锐边和远离设备的运动部件。

导线通道采用钢管,壁厚应不小于1mm,如用其他材料,壁厚必须有等效于壁厚为1mm钢管的强度。若用金属软管时,必须有适当的保护。当利用设备底座作导线通道时,无需再加预防措施,但必须能防止液体、铁屑和灰尘的侵入。

② 通道内导线的要求 移动部件或可调整部件上的导线必须用软线。运动的导线必须支承牢固,使得在接线点上不致产生机械拉力.又不出现急剧的弯曲。

不同电路的导线可以穿在同一线管内,或处于同一个电缆之中。如果它们的工作电压不同,则所用导线的绝缘等级必须满足其中最高一级电压的要求。

为了便于修改和维修,凡安装在同一机械防护通道内的导线束,需要提供备用导线的根数为:当同一管中相同截面积导线的根数在 3~10 根时,应有 1 根备用导线,以后每递增 1~10 根增加 1 根。

4. 连接保护电路

电气设备的所有裸露导体零件(包括电动机、机座等),必须接到保护接地专用端子上。

(1)连续性。保护电路的连续性必须用保护导线或机床结构上的导体可靠结合来保证。

为了确保保护电路的连续性,保护导线的连接件不得作任何别的机械紧固用,不得因任何原因将保护电路拆断,不得利用金属软管作保护导线。

(2)可靠性。保护电路中严禁用开关和熔断器。除采用特低安全电压电路外,在接上电源电路前必须先接通保护电路;在断开电源电路后才断开保护电路。

(3)明显性。保护电路连接处应采用焊接或压接等可靠方法,连接处要便于检查。

5. 通电前检查

控制线路安装好后,在接电前应进行如下项目的检查:

(1)各个元部件的代号、标记是否与原理图上的一致和齐全。

(2)各种安全保护措施是否可靠。

(3)控制电路是否满足原理图所要求的各种功能。

(4)各个电气元件安装是否正确和牢靠。

(5)各个按线端子是否连接牢固。

(6)布线是否符合要求、整齐。

(7)各个按钮、信号灯罩、光标按钮和各种电路绝缘导线的颜色是否符合要求。

(8)电动机的安装是否符合要求。

(9)保护电路导线连接是否正确、牢固可靠。测试外部保护导线端子与电气设备任何裸露导体零件和外壳之间的电阻应不大于0.1欧。

(10)检查电气线路的绝缘电阻是否符合要求。其方法是:短接主电路、控制电路和信号电路,用500伏兆欧表测量与保护电路导线之间的绝缘电阻不得小于1兆欧。当控制电路或信号电路不与主电路连接的,应分别测量主电路与保护电路、主电路与控制和信号电路、控制和信号电路与保护电路之间的绝缘电阻。

6. 空载例行试验

通电前应检查所接电源是否符合要求。通电后应先点动,然后验证电气设备的各个部分的工作是否正确和操作顺序是否正常。特别要注意验证急停器件的动作是否正确。验证时,如有异常情况,必须立即切断电源查明原因。

7. 负载型式试验

在正常负载下连续运行,验证电气设备所有部分运行的正确性,特别要验证电源中断和恢复时是否会危及人身安全、损坏设备。同时要验证全部器件的温升不得超过规定的允许温升和在有载情况下验证急停器件是否仍然安全有效。

知识链接 5 电动机控制线路故障检修步骤和方法

电动机控制线路的故障一般可分自然故障和人为故障两类。自然故障是由于电气设备在运行时过载、振动、金属屑和油污侵入等原因引起,造成电气绝缘下降、触点熔焊和接触不良、电路接点接触不良、散热条件恶化,甚至发生接地或短路。人为故障常由于在维修电气故障时没有找到真正原因,基本概念不清,或者修理操作不当,不合理地更换元件或改动线路,或者在安装控制线路时布线错误等原因引起。

电气控制线路发生故障后,轻者使电气设备不能工作,影响生产,重者会造成事故。维修电工应加强日常的维护检修,消除隐患,防止故障发生。还要在故障发生后,必须及时查明原因排除故障。

电气控制线路形式很多,复杂程度不一,它的故障又常常和机械、液压等系统交错在一起,难以分辩。这就要求我们:首先要弄懂原理,并应掌握正确的维修方法。我们知道:每一个电气控制线路,往往是由若干电气基本控制环节组成,每个基本控制环节是由若干电器元件组成,而每个电器元件又有若干零件组成。但故障往往只是由于某个或某几个电器元件、部件或接线有问题而产生的。因此,只要我们善于学习,善于总结经验,找出规律,掌握正确的维修方法,就一定能迅速准确地排除故障。下面介绍电动机控制线路发生自然故障后的一般检修步骤和方法。

1. 电气控制线路故障的检修步骤

(1)找出故障现象。

(2)根据故障现象依据原理图找到故障发生的部位或故障发生的回路,并尽可能地缩小故障范围。

(3)根据故障部位或回路找出故障点。

(4)根据故障点的不同情况,采用正确的检修方法排除故障。

(5)通电空载校验或局部空载校验。

(6)正常运行。

在以上检修步骤中,找出故障点是检修工作的难点和重点。在寻找故障点时,首先应该分清发生故障的原因是属于电气故障还是机械故障;同时还要分清故障原因是属于电气线路故障还是电器元件的机械结构故障等。

2. 电气控制线路故障的检查和分析方法

常用的电气控制线路故障的检查和分析方法有:调查研究法、试验法、逻辑分析法和测量法等几种。在一般情况下,调查研究法能帮助我们找出故障现象;试验法不仅能找出故障现象,而且还能找到故障部位或故障回路;逻辑分析法是缩小故障范围的有效方法;测量法是找出故障点的基本、可靠和有效的方法。

在检查和分析故障时,并不是仅采用一种方法就能找出故障点的,而是往往需要用几种方法同时进行才能迅速找出故障点。现将几种故障的检查和分析方法分述如下:

(1)调查研究法 调查研究法主要是通过询问设备操作工人,看有无由于故障引起明显的外观征兆,听设备各电气元件在运行时的声音与正常运行时有无明显差异,摸电气发热元件及线路的温度是否正常等。

为确保人员和设备的安全,在听电气设备运行声音是否正常而需要通电时,应以不损坏设备和扩大故障范围为前提。在摸靠近传动装置的电器元件和容易发生触电事故的故障部位时,必须在切断电源后进行。

（2）试验法　是在不损伤电气和机械设备的条件下,可通电进行试验法。通电试验一般可先进行点动试验各控制环节的动作程序,若发现某一电器动作不符合要求,即说明故障范围在与此电器有关的电路中。然后在这部分故障电路中进一步检查,便可找出故障点

在采用试验法检查时,可以采用暂时切除部分电路(如主电路)的试验方法,来检查各控制环节的动作是否正常。但必须注意不要随意用外力使接触器或继电器动作,以防引起事故。

（3）逻辑分析法　逻辑分析法是根据电气控制线路工作原理、控制环节的动作程序以及它们之间的联系,结合故障现象作具体的分析,迅速地缩小检查范围,然后判断故障所在。

逻辑分析法是一种以准为前提、以快为目的的检查方法。因此,它更适用于对复杂线路的故障检查。因为复杂线路往往有上百个电器元件和上千条连线,如果采用逐一检查的方法,不仅需耗费大量时间,而且也容易遗漏,甚至会漏查故障点。采用逻辑分析法检查时,应根据原理图,对故障现象作具体分析,在划出可疑范围后,再借鉴试验法,对与故障回路有关的其他控制环节进行控制,就可排除公共支路部分的故障。使貌似复杂的问题,变得条理清晰,从而提高维修的针对性,可以收到准而快的效果。

（4）测量法　测量法是利用校验灯、试电笔、万用表、蜂鸣器、示波器等对线路进行带电或断电测量,是找出故障点的有效方法。在利用万用表欧姆档和蜂鸣器检测电器元件及线路是否断路或短路时必须切断电源。同时,在测量时要特别注意是否有并联支路或其他回路对被测量线路的影响,以防止产生误判断。在采用可控整流供电的电动机调速控制线路中,利用示波器来观察触发电路的脉冲波形和可控整流的输出波形,就能很快地判断线路的故障所在。

总之,电动机控制线路的故障不是千篇一律的,就是同一种故障现象,发生的部位也并不一定相同,所以在采用故障检修的一般步骤和方法时,不要生搬硬套,而应按不同的故障情况灵活处理,力求迅速准确地找出故障点,判明故障原因,及时正确排除故障。

在实际检修工作中,应做到每次排除故障后,及时总结经验,并作好检修记录,作为档案以备日后维修时参考。并要通过对历次故障的分析和检修,采取积极有效的措施.防止再次发生类似的故障。

技能训练

（一）单向连续运行控制线路安装与维修

1. 电气图。

主图如图4-29所示。

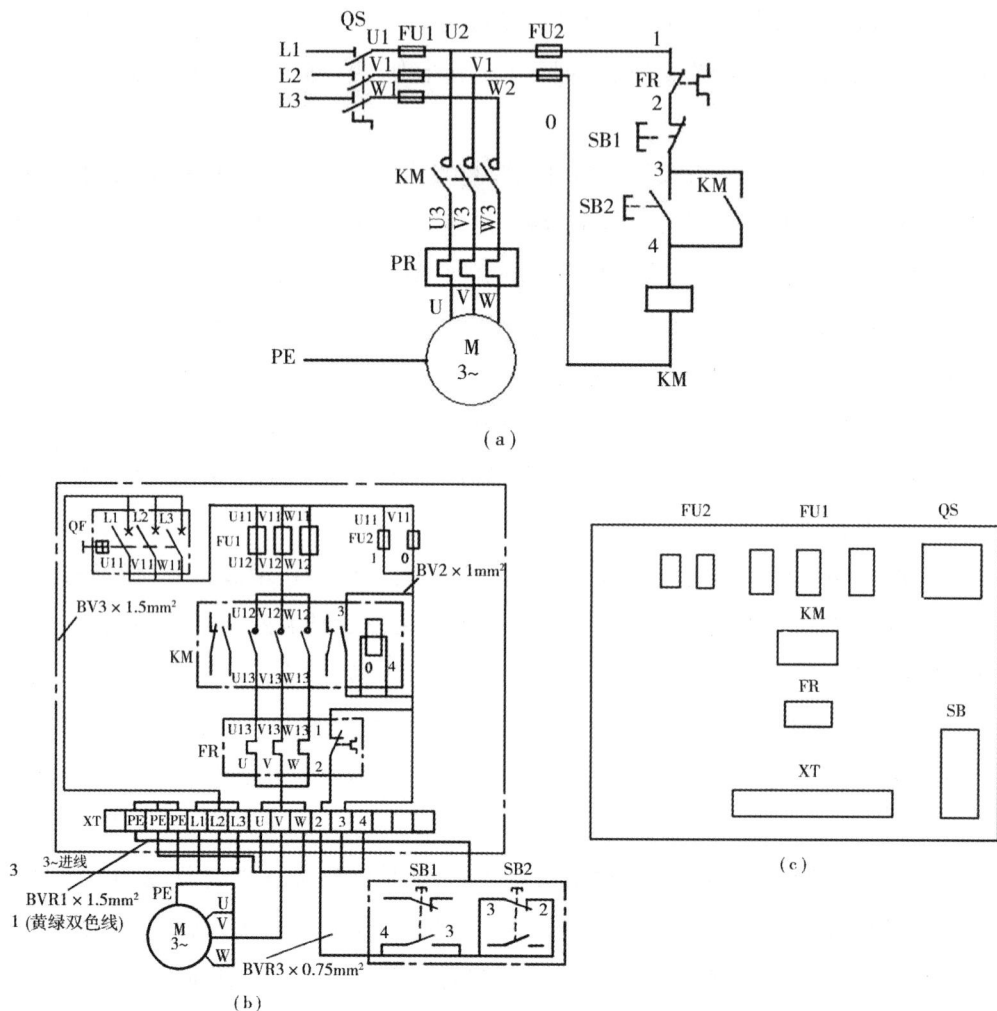

图4-29　单向连续运行控制电气图

（a）电气原理图　（b）电气接线图　（c）电器布置图

2. 工作原理

合上电源开关QS,接通控制电路电源,按下起动按钮SB2,其常开触头闭合.接触器KM线圈通电吸合,KM常开主触头与常开辅助触头同时闭合,前者使电动机接入三相交流电源起动旋转;后者并接在起动按钮SB2两端,从而使KM线圈经SB2常开触头与KM自身的常开辅助触头两路供电。要使电动机停止运转,可按下停止按钮SB1,KM线圈断电释放,主电路及自锁电路均断开,电动机断电停止。

3．电工工具、仪表及器材

(1)电工常用工具　如试电笔、电工钳(剥线钳等)、螺钉旋具、电工刀、校验灯等。

(2)万用表。

(3)自制木台(控制板)一块(650mm×500mm×50mm)。

(4)导线规格根据 GB 5226—1985 机床电气设备通用技术条件标准,导线截面积在 0.5mm² 以下可以采用硬线;但在不小于 0.5mm² 时必须采用软线的规定。根据学院实训条件和从基本训练角度考虑,在控制线路布线时,初级阶段仍采用硬线进行板前明线敷设训练。因此,本控制线路中主电路采用 BV1.5mm²(黑色),控制电路采用 BVlmm²(红色);按钮线采用 BVR0.75mm²(红色),接地线采用 BVRl.5mm²(绿/黄双色线),数量可按实际情况由教师确定。导线颜色在训练阶段除接地线外,可不必强求,但应使主电路与控制电路有明显区别。

5．紧固体及编线号套管按需发给(但简单线路可不用编码套管)。

6．电器元件。元件明细见表 4－3。

表 4－3　元件明细表

代号	名称	型号	规格	数量
M	三相异步电动机	Y－112M－4	4kW、380V、△接法、8.8A、1440L/min	1
QS	组合开关	HZlO－25/3	三极额定电流 25A	1
FUl	螺旋式熔断器	RL1－60/25	500V、60A 配熔体额定电流 25A	3
FU2	螺旋式熔断器	RL1－15/2	500V、15A 配熔体额定电流 2A	2
KM	交流接触器	CJ10－20	20A、线圈电压 380V	1
SB	按　钮	LAl0－3H	保护式按钮数3(代用)	1
XT	端子板	JX2－1015	10A 15 节	1

4．实训

1)实训内容

(1)按图 4－29 装接单向连续控制线路;

(2)通电空运转校验。

2)实训步骤

(1)按元件明细表将所需器材配齐并检验元件质量。

(2)在控制板上按图 4－29(c)安装除电动机以外的所有电器元件。

(3)按图 4－29(a)及参考图 4－29(b)走线方法进行板前明线布线和套编码套管。

(4)按图 4－29(a)检验控制板布线正确性。

（5）接电源、电动机等控制板外部的导线。

（6）经教师检查后，通电试车。

（7）拆去外接线，评分。

3）工艺要求

（1）检验元件质量 应在不通电的情况下，用万用表、蜂鸣器等检查各触点的分、合情况是否良好。检验接触器时，应拆卸灭弧罩，用手同时按下三副主触点并用力均匀；若不拆卸灭弧罩检验时，切忌将旋具用力过猛，以防触点变形。同时应检查接触器线圈电压与电源电压是否相符。

（2）安装电器元件 必须按图4-29（c）安装，同时应做到：

① 组合开关、熔断器的受电端子应安装在控制板的外侧，并使熔断器的受电端为底座的中心端。

② 各元件的安装位置应整齐、均称、间距合理和便于更换元件。

③ 紧固各元件时应用力均匀，紧固程度适当。在紧固熔断器、接触器等易碎裂元件时，应用手按住元件一边轻轻摇动，一边用旋具轮流旋紧对角线的螺钉，直至手感摇不动后再适当旋紧一些。

（3）板前明线布线 布线时，应符合平直、整齐、紧贴敷设面、走线合理及接点不得松动等要求。其原则是：

① 走线通道应尽可能少，同一通道中的沉底导线，按主、控电路分类集中，单层平行密排，并紧贴敷设面。

② 同一平面的导线应高低一致或前后一致，不能交叉。当必须交叉时，该根导线应在接线端子引出时，水平架空跨越，但必须属于走线合理。

③ 布线应横平竖直，变换走向应垂直。

④ 导线与接线端子或线桩连接时，应不压绝缘层、不反圈及不露铜过长。并做到同一元件、同一回路的不同接点的导线间距离保持一致。

⑤ 一个电器元件接线端子上的连接导线不得超过二根，每节接线端子板上的连接导线一般只允许连接一根。

⑥ 布线时，严禁损伤线芯和导线绝缘。

⑦ 如果线路简单可不套编码套管。

（4）自检 用万用表进行检查时，应选用电阻档的适当倍率，并进行校零，以防错漏短路故障。

① 检查控制电路，可将表棒分别搭在U1、V1线端上，读数应为"∞"，按下SB2时读数应为接触器线圈的直流电阻阻值。

② 检查主电路时，可以手动来代替接触器受电线圈励磁吸合时的情况进行检查。

（5）通电试车 接电前必须征得教师同意，并由教师接通电源 L1、L2、L3，和现场监护。

① 学生合上电源开关 QS 后，允许用万用表或试电笔等检查主、控电路的熔体是否完好，但不得对线路接线是否正确进行带电检查。

② 第一次按下按钮时，应短时点动，以观察线路和电动机运行有无异常现象。

③ 试车成功率以通电后第一次按下按钮时计算。

④ 出现故障后，学生应独立进行检修，若需带电检查时，必须有教师在场监护。检修完毕再次试车，也应有教师监护，并做好本分课题的实训时间记录。

⑤ 实训课题应在规定定额时间内完成。

试车时，若发现接触器振动，且有噪声，主触点燃弧严重，电动机嗡嗡响转不起来，应立即停车检查，重新检查电源、线路、各连接点有无虚接，电动机绕组有无断线，必要时拆开接触器检查电磁机构，排除故障后重新试车。

4）注意事项

（1）电动机及接钮的金属外壳必须可靠接地。接至电动机的导线必须穿在导线通道内加以保护，或采用坚韧的四芯橡皮线或塑料护套线进行临时通电校验。

（2）电源进线应接在螺旋式熔断器底座的中心端上，出线应接在螺纹外壳上。

（3）按钮内接线时，用力不能过猛，以防止螺钉打滑。

5）评分标准（表4-4）

表4-4 评分标准

项目内容	配分	评分标准		扣分
安装元件	15	（1）不按电器布置图安装	扣15分	
		（2）元件安装不紧固每只	扣4分	
		（3）元件安装不整齐、不均称、不合理每只	扣3分	
		（4）损坏元件	扣15分	
布线	35	（1）不按电气原理图接线	扣25分	
		（2）布线不符合要求		
		主电路每根	扣4分	
		控制电路每根	扣2分	
		（3）接点不符合要求，每个接点	扣1分	
		（4）损伤导线绝缘或线芯每根	扣5分	
通电试车	50	（1）第一次试车不成功	扣20分	
		第二次试车不成功	扣35分	
		第三次试车不成功	扣50分	
		（2）违反安全、文明生产	扣5~50分	

定额时间	2.5 小时	每超时 5 分钟以内以扣 5 分计算		
备 注	除定额时间外,各项目的最高扣分不应超过配分数		成绩	
开始时间		结束时间	实际时间	

(二)单向点动与连续运行控制线路安装与维修

1. 电气图

如图 4 - 30 所示。

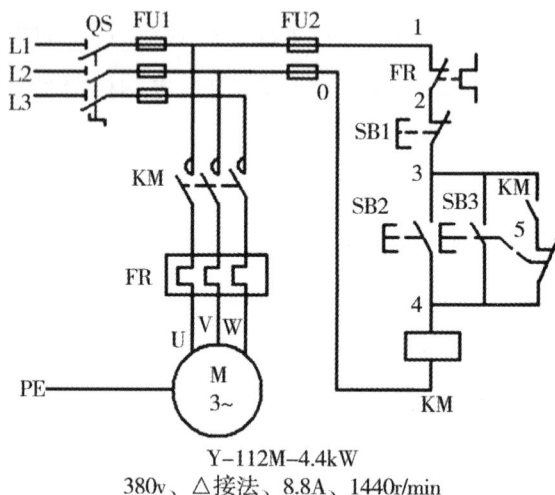

图 4 - 30　点动与连续运行控制电路原理图

2. 工作原理

机床电器设备正常工作时,电动机一般处于连续运行状态,但在试车或调整刀具与加工件位置时,则需要电动机能实现点动运行。所谓点动,就是按下按钮时,电动机得电运转;松开按钮时。电动机失电停转。点动与连续运行的主要区别是接触器是否能实现自锁。

用按钮、接触器控制电动机点动与连续运行的控制电路如图 4 - 30 所示。在接触器自锁控制电路中,增加一个复合按钮 SB3 来实现点动控制,即将 SB3 常闭触点与 KM 自锁触点串接来实现。其电路工作原理如下:

合上电源开关 QS,按下电动机 M 的起动按钮 SB2,接触器 KM 线圈通过以下路径得电:FU2→1 号线→热继电器 FR 常闭触点→2 号线→按钮 SB1 常闭触点→3 号线→按钮 SB2 常开触点→4 号线→接触器 KM 线圈→0 号线→FU2。接触器 KM 吸合,其主触点闭合接通电动机 M 的电源,电动机 M 起动运行,同时串接在 3 号线至 5 号线之间 KM 的辅助常开触点闭合实现自锁。这种依靠接触器自身辅助常开触点而使其线圈继续保持通电的现象称为自锁,起自锁作用的触点称为自锁触点。当松开按钮 SB2 时接触器 KM 通过以下途径得电:FU2→1 号线→热继电器 FR 常闭触点→2 号线→按钮 SB2 常闭触点→3 号线→接触器 KM

辅助常开触点→5 号线→按钮 SB3 常闭触点→4 号线→接触器 KM 线圈→0 号线→FU2,使得在松开按钮 SB2 时接触器 KM 仍然保持吸合,电动机 M 连续单向运转。按下停车按钮 SB1,接触器 KM 失电,电动机 M 停转。

当需要电动机 M 点动时,按下点动按钮 SB3,其在 4 号线至 5 号线间的常闭触点首先断开,然后在 3 号线至 4 号线间的常开触点接通,使接触器 KM 通过以下途径得电:L21 点→FU2→1 号线→热继电器 FR 常闭触点→2 号线→按钮 SB1 常闭触点→3 号线→按钮 SB3 常开触点→4 号线→接触器 KM 线圈→0 号线→FU2→L22 点。接触器 KM 吸合,电动机 M 点动运转,同时串在 4 号线至 5 号线间接触器 KM 的辅助常开触点闭合。松开按钮 SB3 时,按钮 SB3 在 3 号线至 4 号线间的常开触点先断开,接触器 KM 断电释放,所有触点复位,然后 SB3 在 3 号线至 5 号线间的常闭触点闭合,使电动机 M 只能实现点动控制。

3. 电工工具、仪表及器材

(1)电工常用工具。如试电笔、电工钳(剥线钳等)、螺钉旋具、电工刀、校验灯等。

(2)万用表。

(3)自制木台(控制板)一块(650mm×500mm×50mm)。

(4)导线规格根据 GB 5226 - 1985 机床电气设备通用技术条件标准,导线截面积在 0.5mm^2 以下可以采用硬线;但在不小于 0.5mm^2 时必须采用软线的规定。根据实训条件和从基本训练角度考虑,在控制线路布线时,初级阶段仍采用硬线进行板前明线敷设训练。因此,本控制线路中主电路采用 BVl.5mm^2(黑色),控制电路采用 BVlmm^2(红色);按钮线采用 BVR0.75mm^2(红色),接地线采用 BVRl.5mm^2(绿/黄双色线)。数量可按实际情况由教师确定。导线颜色在训练阶段除接地线外,可不必强求,但应使主电路与控制电路有明显区别。

(5)紧固体及编线号套管按需发给(但简单线路可不用编码套管)。

(6)电器元件。元件明细见表 4-3。

4. 实训

1)单向点动与连续运行控制线路安装

(1)实训内容

① 根据电动机 Y - 160M - 4、11kW、380V、22.6A、△接法、1460r/min 及图 4-30 选用电器元器件及部分电工器材。

② 按图 4-30 接线(元件不重新安装)。

③ 通电空运转校验。

(2)实训步骤

① 按电动机规格正确选用各电器元件及部分电工器材,并将选用的结果填写在表 4-4 的空格内。

表 4 - 4 元件明细表

代号	名称	型号	规格	数量
M	三项异步电动机	Y - 160M - 4	11kW、380V、22.6A、△接法、1460r/min	
QS	电源开关			
FU1	熔断器			
FU2	熔断器			
KM	交流接触器			
FR	热继电器			
SB1、SB2、SB3	按钮			
XT	端子板			
	主电路导线			
	控制电路导线			
	电动机引线			
	按钮线			

②可参考4.1课题、4.1.4、2。

（3）工艺要求

可参考4.1课题、4.1.4、3。

（4）注意事项

① 电动机及接钮的金属外壳应可靠接地。

② 控制板外部的走线，必须穿在导线的保护通道内，或采用四芯橡皮线进行临时通电校验。

③ 热继电器的整定电流应按图4-30中的电动机规格进行调整。

④ 点动采用复合按钮，其常闭触点必须串联在电动机的自锁控制电路中。

⑤ 填写所选用的电器元件、器材规格时，要做到字迹清楚。

⑥ 通电试车时，应先合上 QS，再按按钮 SB2 或 SB3，并确保用电安全。

（5）评分标准

表 4 - 5 评分标准

项目内容	配分	评分标准		扣分
选用元件	20	（1）选错型号和规格，每个	扣10分	
		（2）选错元件数量，每个	扣4分	
		（3）规格没有写全，每个	扣5分	
		（4）型号没有写全，每个	扣3分	

布线	30	(1)不按原理图接线　　　　　　　　　　扣 20 分 (2)布线不符合要求 主电路每根　　　　　　　　　　　　扣 4 分 控制电路每根　　　　　　　　　　　扣 2 分 (3)接点松动、露铜过长、反圈等,每个接点。　扣 1 分 (4)损伤导线绝缘或线芯,每根　　　　扣 4 分 (5)漏接接地线　　　　　　　　　　　扣 l0 分	
通电试车	50	(1)热继电器未整定或整定错扣 10 分 (2)熔体规格配错,主、控电路各扣 5 分 (3)第一次试车不成功扣 20 分 　　第二次试车不成功扣 35 分 　　第三次试车不成功扣 50 分 (4)违反安全、文明生产扣 5 ~ 50 分	
定额时间	2.5 小时	每超时 5 分钟以内以扣 5 分计算	
备　注	除定额时间外,各项目的最高扣分不得超过配分数		成绩	
开始时间		结束时间	实际时间	

2)单向点动与连续运行控制线路故障排除

（1）实训内容

按图 4 - 30 排除主电路或控制电路中人为设置的两个电气自然故障。

（2）实训步骤及工艺要求

① 用试验法来发现故障现象。在用试验法来发现故障现象时,要注意观察电动机运行情况、接触器的动作情况和线路工作情况等,如发现有异常情况,应断电检查。

② 用逻辑分析法缩小故障范围。根据故障现象,在熟悉电气原理图的基础上,采用分组淘汰方法,将故障范围缩小。

③ 用测量法正确、迅速地找出故障点。

④ 根据故障点的不同情况,采用正确方法排除故障。

（4）注意事项

① 检修前先要掌握点动与连续运行控制电路中各个控制环节的作用与原理。

② 在排除故障的过程中,故障分析、排除故障的思路和方法要正确。

③ 在检修过程中严禁扩大和产生新的故障。

④ 用测电笔检测故障时,必须检查测电笔是否符合使用要求。

⑤ 不能随意更改线路和带电触摸电器元件。

⑥ 仪表使用要正确,以防止引起错误判断。

⑦ 带电检修故障时,必须有指导教师在现场监护,并确保用电安全。

(三）两地控制点动与连续运行控制线路安装与调试

1. 电气原理图

如图 4－31 所示。

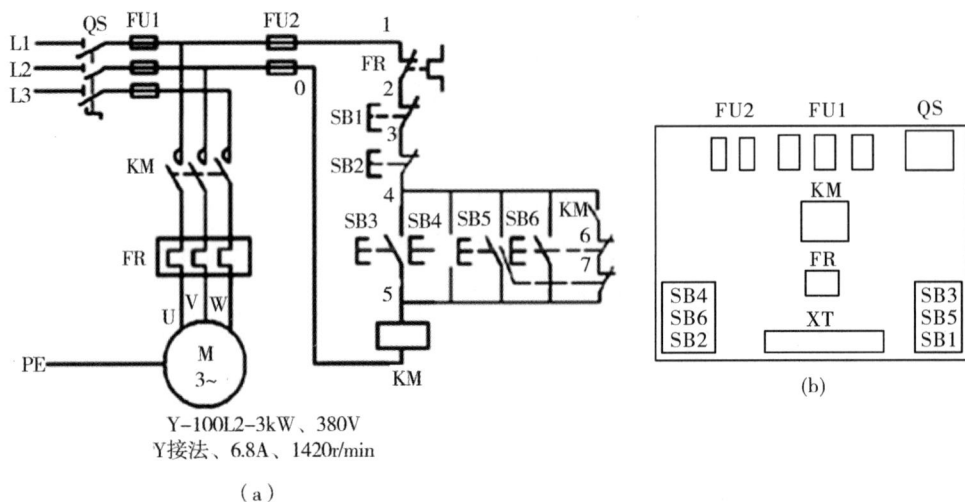

图 4－31　二地控制点动与与连续运行控制电气图

(a) 电气原理图　(b) 电器布置图

工作原理：

工作原理分析同 4.1.2. 类似。

2. 电工工具、仪表及器材

(1) 电工常用工具　如试电笔、尖嘴钳、斜口钳、剥线钳、一字形和十字形螺钉旋具、电工刀、校验灯等。

(2) 仪表　万用表等。

(3) 器材　控制板、导线、紧固件、编线号套管等。

(4) 电器元件见元件明细表（表 4－4）。

3. 实训

1) 实训内容

(1) 按图 4－31 装接控制线路。

(2) 通电空运转校验。

2) 实习步骤

(1) 按元件明细表将所需器材配齐并检验元件质量。

(2) 在控制板上按图 4－31(b) 安装所有电器元件。

(3) 按图 4－31(a) 进行板前明线布线和套编码套管。

（4）检验控制板布线的正确性。

（5）接控制板外部的导线,如电动机等。

（6）经教师检查后,通电校验。

（7）拆去控制板外部接线和评分。

3）工艺要求

（1）检验元件要在不通电的情况下进行。若有损坏应立即向指导教师报告。

（2）安装控制板上的电器元件时,必须按电器布置图安装,并做到元件安装牢固,元件排列整齐、均称、合理和便于更换元件

（3）紧固电器元件要受力均匀、紧固程度适当,以防止损坏元件。

（4）控制板内部布线应平直、整齐、紧贴敷设面,走线合理及接点不得松动,不露铜过长、不反圈、不压绝缘层等,并要符合工艺要求。

（5）控制板外部走线要敷设在导线通道内,或采用绝缘良好的橡皮线进行通电校验。

（6）布线完工后,必须对控制线路的正确性进行全面地自检,以确保通电一次成功。

（7）通电时,必须得到指导老师同意,以初检后,由指导老师接通电源,并在现场进行监护。

（8）出现故障后,学生应独立进行检修,若需带电检查时,也必须有指导老师在现场监护。

（9）实训课题应在规定的定额时间内完成。

4）注意事项

（1）电动机及按钮盒等不带电的金属外壳应可靠接地。

（2）进入按钮盒的导线必须从接线端子板上引出,两只按钮间的连接导线,也必须经过端子板过渡连接。

（3）两地控制的停止按钮必须互相串联连接,而它们的点动、连续启动按钮必须互相并联连接。

（4）通电校验时,应先合上 QS,再分别逐个校验各点动、连续运行、及停止按钮的控制是否正常,做到安全操作。

5）评分标准

表 4 - 6　评分标准

项目内容	配分	评分标准		扣分
安装元件	15	（1）不按电器布置图安装	扣 15 分	
		（2）元件安装不牢固,每只	扣 4 分	
		（3）安装元件时漏装木螺钉,每只	扣 2 分	
		（4）元件安装不整齐、不均称、不台理,每只	扣 3 分	
		（5）损坏元件	扣 15 分	

		(1)不接电气原理图接线	扣25分	
布线	35	(2)布线不符合要求： 主电路每根 控制电路每根扣2分 (3)接点松动、露铜过长、压绝缘层、 反圈等,每个接点 (4)损伤导线绝缘或线芯,每根 (5)漏接接地线	扣4分 扣1分 扣4分 扣10分	
通电试车	50	(1)热继电器未整定或整定错 (2)熔体规格配错主、控电路,各 (3)第一次试车不成功 第二次试车不应功 第三次试车不成功 (4)违反安全、文明生产	扣10分 扣5分 扣20分 扣35分 扣50分 扣5~50分	
定额时间	2.5小时	每超时5分钟以内以扣5分计算		
备注	除定额时间外,各项目的最高扣分不得超过配分数		成绩	
开始时间		结束时间	实际时间	

（四）接触器联锁正、反转控制线路安装与调试

1. 电气原理图

如图4－32所示。

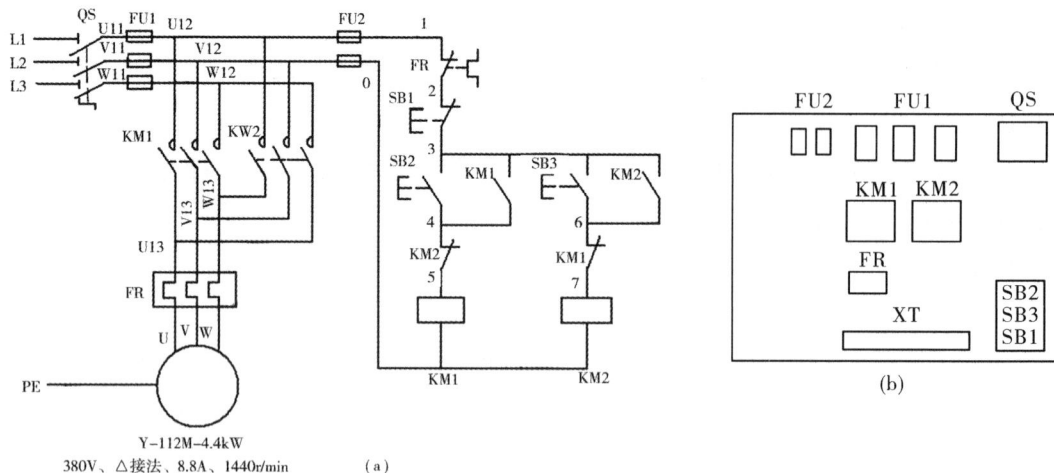

图4－32　接触器联锁正反转控制电气图

（a）电气原理图　（b）电器布置图

2. 工作原理

合上电源开关 QS。当需要电动机正转时,按下正转起动按钮 SB2,接触器 KM1 线圈通过以下途径得电:U12 号线→FU2→1 号线→FR 常闭触点→2 号线→SB1 常闭触点→3 号线→SB2 常开触点→4 号线→接触器 KM2 常闭触点→5 号线→接触器 KM1 线圈→0 号线→FU2→V12 号线。接触器 KM1 得电吸合,其主触点闭合接通电动机 M 的正转电源,电动机 M 起动正转。同时,接触器 KM1 并接在 3 号线至 4 号线间的辅助常开触点闭合自锁,使得松开按钮 SB2 时,接触器 KM1 线圈仍然能够保持通电吸合。而串接在接触器 KM2 线圈回路 6 号线至 7 号线之间的接触器 KM1 辅助常闭触点断开,切断接触器 KM2 线圈回路的电源,使得在接触器 KM1 得电吸合,电动机 M 正转时,接触器 KM2 不能得电,电动机 M 不能接通反转电源。这种利用接触器常闭触点互相控制的方法叫接触器连锁(或互锁触点)。当电动机 M 需要停车时,按下停车按钮 SB1,接触器 KM1 线圈失电释放,所有常开、常闭触点复位,达到 M 停车。

3. 电工工具、仪表及器材

(1)电工常用工具如试电笔、尖嘴钳、斜口钳、剥线钳、一字形和十字形螺钉旋具、电工刀、校验灯等。

(2)仪表　万用表等。

(3)器材控制板、导线、紧固件、编线号套管等 。

(4)电器元件见表 4 - 7 元件明细。

表 4 - 7　元件明细表

代号	名称	型号	规格	数量
M	三相异步电动机	Y - 112M - 4	4kW、380V、△ 接 法、8 8A、1440r/min	1
QS	组 合 开 关	HZ10 - 25/3	三极、25A	1
FU1	熔断器	RL1 - 60/25	500V、60A、配熔体 25A	3X
FU2	熔断器	RL1 - 15/2	500V、15A、配熔体 2A	2X
KM1、KM2	交流接触器	CJ10 - 20	20A、线圈电压 380V	2X
FR	热 继 电 器	JR16 - 20/3	三极、20A、整定电流 8. 8A	1
SB1、SB2、SB3	按钮	LA4 - 3H	保护式、500V、5A、按钮数 3	1
XT	端子板	JX2 - 1015	500V、10A、1 5 节	1

4. 实训

1. 实训内容

(1)按图 4 - 32 装接控制线路。

(2)通电空运转校验。

2. 实习步骤

(1)按元件明细表将所需器材配齐并检验元件质量。

(2)在控制板上按图4-32(b)安装所有电器元件。

(3)按图4-32(a)进行板前明线布线和套编码套管。

(4)自检控制板布线的正确性。

(5)进行控制板外部布线。

(6)经指导老师初检后,通电校验。

(7)拆去控制板外部接线和评分。

3. 工艺要求

(1)检验元件要在不通电的情况下进行。若有损坏应立即向指导教师报告。

(2)安装控制板上的电器元件时,必须按电器布置图安装,并做到元件安装牢固,元件排列整齐、均称、合理和便于更换元件。

(3)紧固电器元件要受力均匀、紧固程度适当,以防止损坏元件。

(4))控制板内部布线应平直、整齐、紧贴敷设面,走线合理及接点不得松动,不露铜过长、不反圈、不压绝缘层等,并要符合工艺要求。

(5)控制板外部走线要敷设在导线通道内,或采用绝缘良好的橡皮线进行通电校验。

(6)布线完工后,必须对控制线路的正确性进行全面地自检,以确保通电一次成功。

(7)通电时,必须得到指导老师同意,以初检后,由指导老师接通电源,并在现场进行监护。

(8)出现故障后,学生应独立进行检修,若需带电检查时,也必须有指导老师在现场监护。

(9)实习课题应在规定的定额时间内完成。

4. 注意事项

(1)电动机必须安放平稳,以防止在可逆运转时产生滚动而引起事故。并将其金属外壳可靠接地。

(2)要注意主电路必须进行换相,否则,电动机只能进行单向运转。

(3)要特别注意接触器的联锁触点不能接错,否则,将会造成主电路中二相电源短路事故。

(4)接线时,不能将正、反转接触器的自锁触点进行互换,否则,只能进行点动控制。

(5)通电校验时,应先合上 QS,再检验 SB2(或 SB3)及 SBl 按钮的控制是否正常,并在按SB2 后再按 SB3,观察有无联锁作用。

(6)应做到安全操作。

5. 评分标准

表 4 - 8 评分标准

项目内容	配分	评分标准	扣分
安装元件	15	(1)不按电器布置图安装　　　　　　　扣 15 分 (2)元件安装不牢固,每只　　　　　　扣 4 分 (3)安装元件时漏装木螺钉,每只　　　扣 2 分 (4)元件安装不整齐、不匀称、不合理,每只　扣 3 分 (5)损坏元件　　　　　　　　　　　扣 15 分	
布线	35	(1)不按电气原理图接线　　　　　　　扣 25 分 　(2)布线不符合要求: 主电路,每根　　　　　　　　　　　扣 4 分 控制电路,每根　　　　　　　　　　扣 2 分 (3)接点松动、露铜过长、压绝缘层、反圈等,每个接点扣 1 分 (4)损伤导线绝缘或线芯每根　　　　　扣 4 分 (5)漏接接地线　　　　　　　　　　　扣 10 分	
通电试车	50	(1)热继电器未整定或整定错　　　　　扣 5 分 　(2)熔体规格配错主、控电路各　　　扣 5 分 (3)第一次试车不成功　　　　　　　　扣 25 分 第二次试车不成功　　　　　　　　　扣 35 分 第三次试车不成功　　　　　　　　　扣 50 分 (4)违反安全、文明生产　　　　　　　扣 5~50 分	
定额时间	2.5 小时	每超时 5 分钟以内以扣 5 分计算	
备　注	除定额时间外,各项目的最高扣分不得超过配分数	成绩	
开始时间		结束时间　　　　　　实际时间	

(五)双重联锁正、反转控制线路安装、调试与检修

1. 电气原理图

如图 4 - 33 所示。

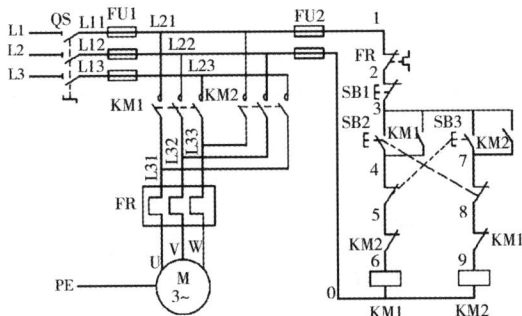

图 4 - 33　接触器按钮双重联锁正反转控制电路

2. 工作原理

接触器按钮双重联锁正反转控制电路结合了接触器联锁和按钮联锁正反转控制电路的优点,操作方便,工作安全可靠,其电路原理如图 4-33 所示。

电路工作原理如下:合上电源开关 QS。当需要电动机正转时,按下正转起动按钮 SB2,按钮 SB2 串接在接触器 KM2 线圈回路 7 号线至 8 号线之间的常闭触点立即断开。

接触器 KM1 线圈通过以下途径得电:L21 号线→FU2→1 号线→FR 常闭触点→2 号线→SB1 常闭触点→3 号线→SB2 常开触点→4 号线→SB3 常闭触点→5 号线→接触器 KM2 常闭触点→6 号线→接触器 KM1 线圈→0 号线→FU2→L22 号线。接触器 KM1 得电自锁,其主触点闭合接通电动机 M 的正转电源,电动机 M 起动正转。同时串接在接触器 KM2 线圈回路 8 号线至 9 号线之间的接触器 KM1 辅助常闭触点断开,对接触器 KM2 线圈实现联锁。

同理,当需要电动机 M 反转时,按下反转起动按钮 SB3,按钮 SB3 串接在接触器 KM1 线圈回路 4 号线至 5 号线之间的常闭触点立即断开。接触器 KM2 线圈通过以下途径得电:L21 号线→FU2→1 号线→FR 常闭触点→2 号线→SB1 常闭触点→3 号线→SB3 常开触点→7 号线→SB2 常闭触点→8 号线→接触器 KM1 常闭触点→9 号线→接触器 KM2 线圈→0 号线→FU2→L22 号线。接触器 KM2 得电自锁,其主触点闭合接通电动机 M 的反转电源,电动机 M 起动反转。同时串接在接触器 KM1 线圈回路 5 号线至 6 号线之间的接触器 KM2 辅助常闭触点断开,对接触器 KM1 线圈实现联锁。

当需要停车时,按下停车按钮 SB1,接触器 KM1 或 KM2 线圈失电释放,所有常开、常闭触点复位,电动机 M 断电停车。

3. 电工工具、仪表及器材

(1)电工常用工具如试电笔、尖嘴钳、斜口钳、剥线钳、一字形和十字形螺钉旋具、电工刀、校验灯等。

(2)仪表万用表等。

(3)器材控制板、导线、紧固件、编线号套管等。

电器元件明细见表 4-9。

表 4-9 元件明细表

代号	名称	型号	规格	数量
M	三相异步电动机	Y-112M-4	4kW、380V、△接法、88A、1440r/min	1
QS	组合开关	HZ10-25/3	三极、25A	1
FU1	熔断器	RL1-60/25	500V、60A、配熔体 25A	3
FU2	熔断器	RL1-15/2	500V、15A、配熔体 2A	2
KM1、KM2	交流接触器	CJ10-20	20A、线圈电压 380V	2

FR	热继电器	JR16 – 20/3	三极、20A、整定电流 8.8A	1
SB1、SB3、SB5	按钮	LA10 – 3H	保护式、500V、5A、按钮数 3	1
SB2、SB4、SB6	按钮	LA4 – 3H	保护式、500V、5A、按钮数 3	1
XT	端子板	JX2 – 1015	500V、10A、15 节	1

4. 实训

1. 双重联锁正、反转控制线路安装

（1）实训内容

①按图 4 – 33 装接控制线路。

②通电空运转校验。

（2）实习步骤

①根据元件明细表将所需器材配齐并检验元件质量。

②在控制板上按图 4 – 33（b）安装所有电器元件。

③按图 4 – 33（a）进行板前明线布线和套编码套管。

④自检控制板布线的正确性。

⑤进行控制板外部布线。

⑥经指导老师初检后，通电校验。

⑦拆去控制板外部接线和评分。

（3）工艺要求

①检验元件质量应在不通电情况下进行，若有损坏的元件要立即向指导老师报告。

② 安装控制板上的走线槽及电器元件时，必须根据电器元件布置图划线后进行安装，并做到安装牢固、排列整齐、均称、合理和便于走线及更换元件。

③ 紧固各元件时，要受力均匀，紧固程度适当，以防止损坏元件。

④ 控制板内部布线采用控制板正面线槽内配线方法。布线时：在线槽外的导线也应做到横平竖直、整齐、走线合理；进入线槽的导线要完全置于走线槽内，并能方便盖上线槽盖；各接点应不能松动。具体工艺要求是：

a. 走线槽内的导线要尽可能避免交叉，装线不要超过其容量的 70%。以便装配和维修。

b. 各电器元件与走线槽之间的外露导线，要尽可能做到横平竖直，变换走向要垂直。同一元件位置一致的端子和相同型号电器元件中位置一致的端子上引出或引入的导线，要敷设在同一平面上，并应做到高低一致或前后一致，不得交叉。

c. 各电器元件接线端子上引出或引入的导线，除间距很小和元件机械强度很差，如时间继电器 JS7 – A 型同一只微动开关的同一侧常开与常闭触点的连接导线，允许直接架空敷设外，其他导线必须经过走线槽进行连接。

d. 各电器元件接线端子引出导线的走向，以元件的水平中心线为界限，水平中心线以上接线端子引出的导线，必须进入元件上面的走线槽;水平中心线以下接线端子引出的导线，必须进入元件下面的走线槽。任何导线都不允许从水平方向进入走线槽内。

e. 所有导线与接线端子的连接，必须牢靠，不得松动。在任何情况下，接线端子必须与导线截面积和材料性质相适应，并在所有接线端子、导线线头上套有与原理图上相应接点一致线号的编码套管。

f. 所有导线的截面积在等于或大于 $0.5mm^2$ 时，必须采用软线。考虑机械强度的原因，所用导线的最小截面积，在控制箱外为 $1mm^2$，在控制箱内为 $0.75mm^2$。但对控制箱内很小电流的电路连线，如电子逻辑电路，和类似低电平(信号)电路，可用 $0.2mm^2$，并且可以采用硬线，但是必须使用在不能移动又无振动的场合。

g. 当接线端子不适合连接软线或较小截面积的软线时，可以在导线端头穿上针形或叉形轧头并压紧。

h. 一般一个接线端子只能连接一根导线，如果采用专门设计的端子，可以连接两根或多根导线，但导线的连接方式，必须是公认的、工艺上成熟的各种方式，如夹紧、压接、焊接、绕接等，并连接工艺应严格按照工序要求进行。

i. 布线时，严禁损伤线芯和导线绝缘。

⑤ 检验控制板内部布线的正确性，一般应在不通电的情况下进行，必要时，也可进行通电校验，但鉴于目前的实训条件和考虑安全等因素，不允许进行通电情况下检验。

⑥ 控制板外部配线时，全部配线必须一律装在导线通道内，使导线有适当的机械保护，能防止液体、铁屑和灰尘的侵入，在实习时可适当降低要求，但必需以能确保安全为条件。如对电动机、启动电阻器等负载或移动、可调整部件上电气设备的配线，可以采用多芯橡皮线或塑料护套软线来保证。

⑦ 通电校验必须有指导老师在场监护，学生应根据电气原理图的控制要求独立进行校验，若出现故障也应自行排除。同时，要作好考核记录。

⑧ 实训课题应在规定的定额时间内完成，做到安全、文明生产。

(4)注意事项

① 电动机必须安放平稳，以防止在可逆运转时产生滚动而引起事故。并将其金属外壳可靠接地。

② 要注意主电路必须进行换相，否则，电动机只能进行单向运转。

③ 要特别注意接触器的联锁触点不能接错，否则，将会造成主电路中二相电源短路事故。

④ 接线时，不能将正、反转接触器的自锁触点进行互换，否则，只能进行点动控制。

⑤ 要特别注意按钮联锁的按钮内部连线不能接错，否则，在误按按钮时，将会造成主电

路中二相电源短路事故。

⑥ 除三相电源的进线可直接接到电源开关 QS 外,其他控制板的外接导线、两按钮盒间的连线必须经过接线端子板或通过端子板进行过渡连接。

⑦ 通电校验时,应先合 QS,再检验联锁功能及停止控制是否有效。

(5)评分标准

表 4 – 10 评分标准

项目内容	配 分	评分标准		扣分
安装元件	15	(1)不按电器布置图安装 (2)元件安装不牢固,每只 (3)安装元件时漏装木螺钉,每只 (4)元件安装不整齐、不匀称、不合理,每只 (5)损坏元件	扣 15 分 扣 4 分 扣 2 分 扣 3 分 扣 15 分	
布线	35	(1)不按电气原理图接线 (2)布线不符合要求: 　主电路,每根 　控制电路,每根 (3)接点松动、露铜过长、压绝缘层、反圈等, 　每个接点 (4)损伤导线绝缘或线芯每根 (5)漏接接地线	扣 25 分 扣 4 分 扣 2 分 扣 1 分 扣 4 分 扣 10 分	
通电试车	50	(1)热继电器未整定或整定错 (2)熔体规格配错主、控电路各 (3)第一次试车不成功 　第二次试车不成功 　第三次试车不成功 (4)违反安全、文明生产	扣 5 分 扣 5 分 扣 25 分 扣 35 分 扣 50 分 扣 5 ~ 50 分	
定额时间	2.5 小时	每超时 5 分钟以内以扣 5 分计算		
备　注	除定额时间外,各项目的最高扣分,不得超过配分数		成绩	
开始时间		结束时间	实际时间	

2. 双重联锁正、反转控制线路故障排除

(1)实训内容

① 根据故障现象,在图 4 – 33 上标出故障电路的最短线路。

② 按图 4 – 33 排除双重联锁正、反转控制线路故障,主电路或控制电路中人为设置 2 ~ 3 个电气自然故障。

(2)实习步骤及工艺要求

① 通电试车(即试验法)。

② 用观察法来发现故障现象。如电动机不能启动,电动机缺相等。

③ 用逻辑分析法来缩小故障范围。例如电动机不能启动的故障现象分析:

按下按钮 SB1 时,接触器不吸合,则故障范围在电源及控制电路部分。

按下按钮 SB1 时,接触器吸合,而电动机不转,则故障范围就缩小在主电路部分。

④ 用测量法检查故障点时,应采用分组淘汰的方法来尽快找出故障点。

⑤ 排除故障时,应掌握正确的维修方法,才能迅速准确地排除故障,防止故障扩大化。

（3）注意事项

电气故障不是千篇一律的,有的简单,有的复杂,有的故障又往往和其他系统交错在一起,就是相同故障现象,发生的部位也会不同,所以在维修时,不可生搬硬套,要在首先熟悉和掌握电气线路原理的基础上,掌握正确的维修方法,采用理论与实践相结合的灵活处理方法,迅速、准确地判断和排除故障。

① 采用通电试车的试验法,应在不损坏电气线路、电动机和机械设备的条件下进行。试车时,应先短时点动。如发现电动机缺相运行,可将电动机暂时切除。试验过程中,不要随意用外力使接触器或继电器动作,以防引起事故。

② 逻辑检查法是一种以准为前提、快为目的的一种检查方法。在复杂线路中,当故障的可疑范围较大时,可在故障范围内的中间环节进行,来判断故障发生在哪部分,这样便缩小了检修范围,加快了检修速度。

③ 采用测量法查明故障点,是有效的检查方法。利用测电笔、校验灯、万用表等检查时,应根据不同的电气线路,正确使用上述工具仪表,防止引起错误判断。

④ 带电检查和检修故障时,必须有指导老师在现场监护,并应确保安全。

（六）异步电动机串电阻降压起动的安装、调试与检修

1. 电气原理图

如图 4－34 所示。

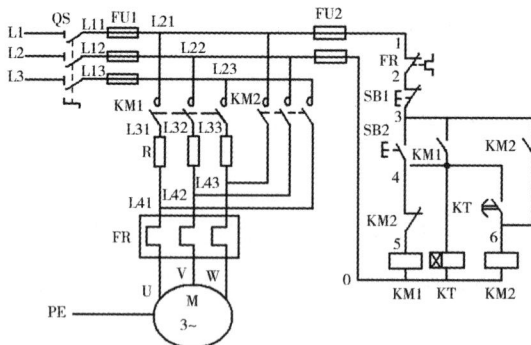

图 4－34 定子绕组串接电阻降压起动控制电路

2. 工作原理

电路工作原理如下:合上电源总开关 QS,按下起动按钮 SB2,接触器 KM1 线圈通电自锁,电动机 M 串电阻降压起动。同时时间继电器 KT 线圈得电吸合并开始计时,当电动机 M

的转速上升到一定值时,KT 延时时间到,接在 4 号线至 6 号线间的 KT 延时闭合常开触点闭合,接通 KM2 线圈的电源,接触器 KM2 线圈通电自锁,其主触点将限流电阻 R 短接,电动机 M 全压运转。同时,串接在 KM1 线圈回路 4 号线至 5 号线间的 KM2 常闭触点断开,使接触器 KM1 和时间继电器 KT 断电,从而延长了接触器 KM1 和时间继电器 KT 的使用寿命,节省了电能,提高了电路的可靠性。停车时,按下停车按钮 SB1,线圈 KM2 断电释放,电动机 M 停转。

3. 电工工具、仪表及器材

1. 电工常用工具 如试电笔、尖嘴钳、斜口钳、剥线钳、一字形和十字形螺钉旋具、电工刀、校验灯等。

2. 仪表万用表等。

3. 器材控制板、导线、紧固件、编线号套管等。

4. 电器元件见表 4-11 元件明细。

表 4-11　电器元件见元件明细表

代号	名称	型号	规格	数量
M	三相异步电动机	Y-132S-4	5.5kW、380V、△接法、11.6A、$I_N/I_N=7$、1440r/min	1
QS	组合开关	HZ10-25/3	三极、25A	1
FU1	熔断器	RL1-60/25	60A、配熔体25A	3
FU2	熔断器	RL1-15/2	15A、配熔体2A	2
KM1、KM2	接触器	CJ10-20	20A、线圈电压380V	2
KT	时间继电器	JS7-2A	线圈电压380V	1
FR	热继电器	JR16-20/3	三极、20A、整定电流11.6A	1
RS	电阻器	ZX2-2/0.7	22.3A,7Ω,每片电阻0.7Ω	3
SB1、SB2	按钮	LA4-3H	保护式、按钮数3,(代用)	1
XT	端子板	JX2-1015	10A、15节	1

4. 实训

1. 异步电动机串电阻降压起动的安装

（1）实训内容

① 按图 4-34 装接控制线路。

② 通电空运转校验。

（2）实训步骤

① 按元件明细表将所需器材配齐并检验元件质量。

② 在控制板上安装除电动机、电阻器以外的电器元件。

③ 按图4-34进行板前明线布线和套编码套管。

④ 自检控制板布线的正确性。

⑤ 进行控制板的外部布线。

⑥ 经指导老师初验后,通电校验。

⑦ 评分。

（3）工艺要求

① 在进行本课题实习时,指导老师也要由浅入深合理地安排好实训内容,一般应先进行采用开关及按钮控制线路的装接练习,然后再进行自动控制线路安装。

② 在安装图4-35控制线路前,教师可为实现控制目的,先画出最简单的控制线路,然后从可靠性、合理性方面引导,不断改变主电路的接线方式和添加控制电路的触点数量,使本控制线路被学生所接受。

③ 检验元件要在不通电的情况下进行,若有损坏应立即向指导教师报告。

④ 安装控制板上的电器元件时,必须按电器布置图安装,并做到元件安装牢固,元件排列整齐、均称、合理和便于更换元件

⑤ 紧固电器元件要受力均匀、紧固程度适当,以防止损坏元件。

⑥ 控制板内部布线应平直、整齐、紧贴敷设面,走线合理及接点不得松动,不露铜过长、不反圈、不压绝缘层等,并要符合工艺要求。

⑦ 控制板外部走线要敷设在导线通道内,或采用绝缘良好的橡皮线进行通电校验。

⑧ 布线完工后,必须对控制线路的正确性进行全面地自检,以确保通电一次成功。

⑨ 通电时,必须得到指导老师同意,以初检后,由指导老师接通电源,并在现场进行监护。

⑩ 出现故障后,学生应独立进行检修,若需带电检查时,也必须有指导老师在现场监护。

（4）注意事项

① 电动机、电阻器及时间继电器的不带电金属外壳必须可靠接地,并应将接地线接在它们指定的专用接地螺钉上。

② 电阻器要安装在箱体内,并且要考虑它产生的热量对其他电器影响;若将电阻器置于箱外时,必须采取遮护或隔离措施,以防止发生误触电事故。

③ 布线时,要注意短接电阻器的接触器KM2在主电路中的接线不能接错,否则,会由于相序接反造成工作时反转,将产生很大的制动电流。

④ 对无起动电阻器的学校,也可参考课题十三中用灯箱的方法来进行模拟试验,但三相灯泡的规格也必须相同,或用电阻丝自绕电阻器,但要满足线路对电阻器的功率要求。

（5）评分标准

表 4 - 12 评分标准

项目内容	配分	评分标准		扣分
安装元件	15	（1）元件布置不整齐、不匀称、不合理,每只 （2）元件安装不牢固,每只 （3）安装元件时漏装木螺钉,每只 （4）损坏元件	扣3分 扣4分 扣2分 扣5~15分	
布线	35	（1）不按电气原理图接线 （2）布线不符合要求: 　主电路,每根 　控制电路,每根 （3）接点松动、露铜过长、压绝缘层,每个接点 （4）损伤导线绝缘或线芯每根 （5）漏接接地线	扣25分 扣4分 扣2分 扣1分 扣4分 扣10分	
通电试车	50	（1）时间继电器和热继电器整定值错误 （2）配错熔体,主、控电路,每个 （3）第一次试车不成功 　第二次试车不成功 　第三次试车不成功 （4）违反安全、文明生产	扣5分 扣4分 扣20分 扣35分 扣50分 扣5~50分	
定额时间	2.5 小时	每超时5分钟以内以扣5分计算		
备 注	除定额时间外,各项目的最高扣分不得超过配分数		成绩	
开始时间		结束时间	实际时间	

2. JS7 -2A 型触点整修及改装成 JS7 -4A 型

（1）实训内容

① JS7 -2A 型时间继电器的触点整修及改装成 JS7 -4A 型。

② 通电校验。

（2）实训步骤

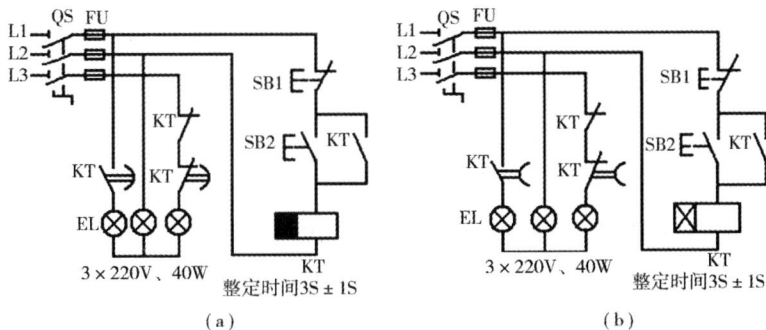

（a）　　　　　　　　　　　（b）

图 4 -35　JS7 -A 系列时间继电器校验电气原理图

（a）JS7 – 2A 改装成 JS7 – 4A　　（b）JS7 – 4A 改装成 JS7 – 2A

① 触点整修。

a）松下延时或瞬时微动开关的紧固螺钉，并取下微动开关。要注意紧固延时用微动开关的螺母不要丢失。

b）用力均匀慢慢撬开微动开关盖板并取下。

c）小心取下动触点及附件，要防止由于用力过猛而弹失小弹簧和薄膜垫片。

d）进行触点整修，若无法修复需调换新触点。

e）装配时，按拆卸的逆顺序进行。

f）手动检查微动开关的分合是否瞬间动作，触点接触是否良好。

② JS7 – 2A 型触点整修及改装成 JS7 – 4A。

a）松下线圈支架紧固螺钉，取下线圈和铁心总成部件。

b）将总成部件沿水平方向旋转 180°，然后重新旋上紧固螺钉。

③ 观察各延时和瞬时触点动作情况，使其调整在最佳位置上。

④ 旋紧各安装紧固螺钉后，进行手动复验，若未达到要求须重新调整。

⑤ 通电校验。

（3）工艺要求

① 触点整修后应做到接触良好。清洁触点时，可用四氯化碳或汽油清洗。

② 修理触点时，不得用砂纸或其它研磨材料，而应使用锋利的刀刃或细锉修平，然后用净布擦净，不得用手指直接接触触点或用油类润滑，以免沾污触点。

③ 时间继电器改装后，对各延时和瞬时动作的触点必须重新进行调整。

④ 调整延时触点时：粗调可旋松线圈和铁心总成部件的安装螺钉，向上或向下移动位置后再旋紧；细调可调节螺栓的螺母。

⑤ 调整瞬时触点时，可松开安装瞬时微动开关底板上的螺钉，向上或向下移动后再旋紧。

⑥整修和改装结束后，应按图 4 – 35 进行通电校验，要做到一次通电校验合格。

⑦ 通电校验合格的标准为：在 1 分钟内通电频率不少于 10 次，做到各触点工作良好，吸合时无噪声，铁心释放无延缓，并且每次动作的延时时间一致。

（4）注意事项

① 拆卸时，应备有盛放零件的容器，以免失落零件。

② 整修和改装过程中，不允许硬撬，以防止损坏电器。

③ 在进行校验接线时，要注意各接线端子上线头的间距，防止产生相间短路。

④ 通电校验时，必须将时间继电器紧固在校验板（台）上和可靠接地，并有指导老师监护。

（5）评分标准。

表4-13 评分标准

项目内容	配分	评分标准		扣分
整修和改装	50	(1)丢失或损坏零件： 紧固件,每件 其他零件,每件 (2)改装错误或扩大故障 扩大故障后能自行修复 (3)整修和改装步骤或方法不正确,每次 (4)整修和改装不熟练 (5)整修和改装后不会装配,不能通电	扣10分 扣25分 扣50分 扣20分 扣5分 扣15分 扣50分	
通电校验	50	(1)不能进行通电校验 (2)校验线路接错,每次 (3)10次通电校验不符合要求 　吸合时有噪声 　铁心释放缓慢 　延时时间误差每超过1秒 　其他原因造成不成功,每次 (4)安装不牢固或漏接接地线 (5)违反安全、文明生产	扣50分 扣20分 扣20分 扣15分 扣10分 扣10分 扣15分 扣5~50分	
定额时间	2.5小时	每超时5分钟以内以扣10分计算		
备 注	除定额时间外,各项目的最高扣分不得超过配分数		成绩	
开始时间		结束时间	实际时间	

（七）异步电动机星三角降压起动控制线路的安装、调试与检修

1. 电气原理图

如图4-36所示。

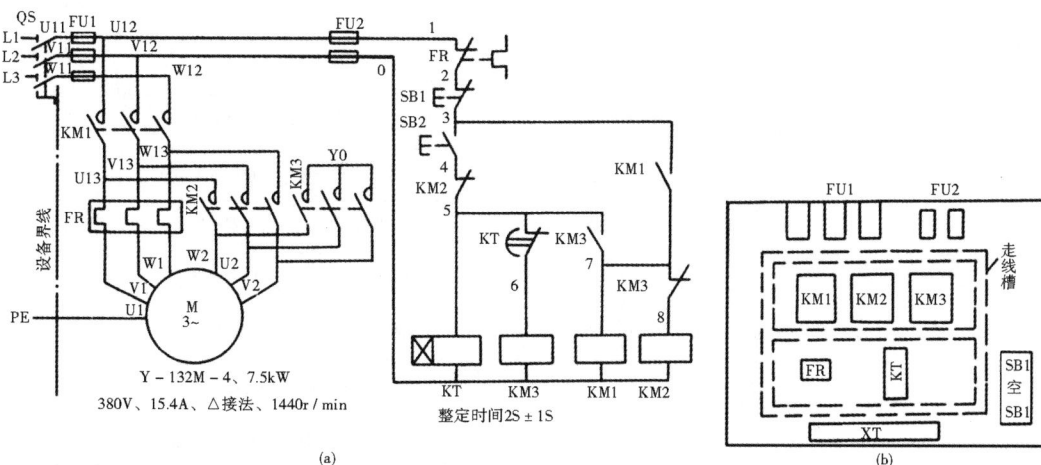

图4-36

2．工作原理

合上电源开关 QS，按下启动接钮 SB2，接触器 KM3 和时间继电器 KT 线圈同时得电，KM3 的常开主触点闭合，把定子绕组联成星形；其常开辅助触点闭合，使接触器 KM1 线圈得电。

接触器 KM1 的常开主触点闭合，将定子绕组接入电源，使电动机在星形接法下启动。KM1 的常开辅助触点闭合自锁。时间继电器的常闭触点经一定延时后断开，接触器 KM3 线圈失电，其全部主、辅触点复位，使接触器 KM2 线圈得电。接触器 KM2 的常开主触点闭合，将定子绕组联成三角形，使电动机在全电压下正常运行。与 SB2 串联的 KM2 常闭触点的作用是：电动机正常运行时，这个常闭触点断开，切断了 KT 和 KM3 的通路，即使误动作按下SB2，KT 和 KM3 也不会通电，以免影响电路正常运行。

按下停止按钮 SB1，接触器 KM1 和 KM3 同时失电，电动机停止转动。

3．电工工具、仪表及器材

(1)电工常用工具如试电笔、尖嘴钳、扁嘴钳、剥线钳、一字形和十字形螺钉旋具、电工刀、校验灯等。

(2)仪表 万用表、兆欧表等。

(3)器材(控制板、走线槽)各种规格的软线和紧固件、针形、叉形轧头、金属软管、编线号套管等。

(4)电器元件见元件明细表(表4－14)。

表 4－14　元件明细表

代号	名称	型号	规格	数量
M	三相异步电动机	Y－132M－4	7.5kW、380V、△接法、15.4A、1440r/min	1
FU1	熔断器	RL1－60/35	60A、配熔体 35A	3
FU2	熔断器	RL1－15/2	15A、配熔体 2A	2
KM1、KM2、KM3	交流接触器	CJ10－20	20A、线圈电压 380V	3
FR	热继器	JR16－20/3	三极、20A、整定电流 15.4A	1
KT	时间继电器	JS7－2A	线圈电压 380V（代用）	1
SB1、SB2	按钮	LA4－3H	保护式、按钮数3,（代用）	1
XT	端子板	JD0－1020	380V、10A、20 节（代用）	1
	走线槽		18mm×25mm	若干
	控制板	自制	50mm×650mm×500mm	1

4．实训

1)异步电动机星三角降压起动控制线路的安装

（1）实训内容

①按图 4 - 36 装接控制线路。

②通电空运转校验。

（2）实训步骤

①按元件明细表将所需器材配齐并检验元件质量，选用合适规格的导线。

②在控制板上按图 4 - 36(b)进行划线并安装走线槽和所有电器元件。

③按图 4 - 36（a）进行控制板正面的线槽内配线，并在线头上套编码套管和冷压接线头。

④检验控制板内部布线的正确性。

⑤进行控制板外部配线。

⑥经教师检查后，通电校验。

⑦拆去控制板外部接线和评分。

（3）工艺要求。

① 检验元件质量应在不通电情况下进行，若有损坏的元件要立即向指导老师报告。

② 安装控制板上的走线槽及电器元件时，必须根据电器元件布置图划线后进行安装，并做到安装牢固、排列整齐、均称、合理和便于走线及更换元件。

③ 紧固各元件时，要受力均匀，紧固程度适当，以防止损坏元件。

④ 控制板内部布线采用控制板正面线槽内配线方法。布线时：在线槽外的导线也应做到横平竖直、整齐、走线合理；进入线槽的导线要完全置于走线槽内，并能方便盖上线槽盖；各接点应不能松动。具体工艺要求是：

a）走线槽内的导线要尽可能避免交叉，装线不要超过其容量的70%，以便装配和维修。

b）各电器元件与走线槽之间的外露导线，要尽可能做到横平竖直，变换走向要垂直。同一元件位置一致的端子和相同型号电器元件中位置一致的端子上引出或引入的导线，要敷设在同一平面上，并应做到高低一致或前后一致，不得交叉。

c）各电器元件接线端子上引出或引入的导线，除间距很小和元件机械强度很差，如时间继电器 JS7 - A 型同一只微动开关的同一侧常开与常闭触点的连接导线，允许直接架空敷设外，其他导线必须经过走线槽进行连接。

d）各电器元件接线端子引出导线的走向，以元件的水平中心线为界限，水平中心线以上接线端子引出的导线，必须进入元件上面的走线槽；水平中心线以下接线端子引出的导线，必须进入元件下面的走线槽。任何导线都不允许从水平方向进入走线槽内。

e）所有导线与接线端子的连接，必须牢靠，不得松动。在任何情况下，接线端子必须与导线截面积和材料性质相适应，并在所有接线端子、导线线头上套有与原理图上相应接点一致线号的编码套管。

f）所有导线的截面积在等于或大于 0.5mm² 时,必须采用软线。考虑机械强度的原因,所用导线的最小截面积在控制箱外为 1mm²,在控制箱内为 0.75mm²;但对控制箱内很小电流的电路连线,如电子逻辑电路,和类似低电平(信号)电路,可用 0.2mm²,并且可以采用硬线,但是必须使用在不能移动又无振动的场合。

g）当接线端子不适合连接软线或较小截面积的软线时,可以在导线端头穿上针形或叉形轧头并压紧。

h）一般一个接线端子只能连接一根导线,如果采用专门设计的端子,可以连接两根或多根导线,但导线的连接方式,必须是公认的、工艺上成熟的各种方式,如夹紧、压接、焊接、绕接等,并连接工艺应严格按照工序要求进行。

i）布线时,严禁损伤线芯和导线绝缘。

⑤ 检验控制板内部布线的正确性,一般应在不通电的情况下进行,必要时,也可进行通电校验,但鉴于目前的实训条件和考虑安全等因素,不允许进行通电情况下检验。

⑥ 控制板外部配线时,全部配线必须一律装在导线通道内,使导线有适当的机械保护,能防止液体、铁屑和灰尘的侵入,在实习时可适当降低要求,但必需以能确保安全为条件,如对电动机、启动电阻器等负载或移动、可调整部件上电气设备的配线,可以采用多芯橡皮线或塑料护套软线来保证。

⑦ 通电校验必须有指导老师在场监护,学生应根据电气原理图的控制要求独立进行校验,若出现故障也应自行排除。同时,要作好考核记录。

⑧ 实训课题应在规定的定额时间内完成,做到安全、文明生产。

(4)注意事项

① 进行 Y - △ 启动控制的电动机,必须是有 6 个出线端子且定子绕组在△接法时的额定电压等于三相电源线电压的电动机。

② 实训时,可以优先选用 Y 系列电动机,其最小容量:6 极为 0.75KW,2、4、8 极为 4KW。若采用灯箱替代电动机,在通电校验后,必须复验主电路的接线是否正确。

③ 接线时要注意电动机的△接法不能接错,应将电动机定子绕组的 U1、V1、W1 通过 KM2 接触器分别与 W2、U2、V2 连接,否则,会使电动机在△接法时造成三相绕组各接同一相电源或其中一相绕组接入同一相电源而无法工作等故障。

④ KM3 接触器的进线必须从三相绕组的末端引入,若误将首端引入,则在 KM3 接触器吸合时,会产生三相电源短路事故。

⑤ 在实训中,若没有条件在导线端头采用针形或叉形轧头时,也要做到线头与接线端子的连接紧密、不得松动。

⑥ 通电校验前要再检查一下熔体规格及各整定值是否符合原理图的要求。

⑦ 电动机、时间继电器、接线端子板的不带电金属外壳或底板应可靠接地。

⑧ 走线槽安装后可不必拆卸,供后面实习线路使用,安装走线槽不计入定额时间内。

(5)评分标准

表 4 - 15　评分标准

项目内容	配分	评分标准		扣分
安装元件	15	(1)元件安装不整齐、不匀称、不合理,每只 (2)元件安装不牢固,每只 (3)安装元件时漏装木螺钉,每只 (4)损坏元件	扣3分 扣4分 扣2分 扣5-15分	
布线	35	(1)不按电气原理图接线 (2)布线不符合要求: 　主电路,每根 　控制电路,每根 (3)接点松动、露铜过长、压绝缘层、反圈等,每个 (4)损伤导线绝缘或线芯每根 (5)漏接接地线	扣25分 扣2分 扣1分 扣1分 扣4分 扣10分	
通电试车	50	(1)整定值整定错误,每只 (2) 配错熔体,主、电路每个 (3)第一次试车不成功 　第二次试车不成功 　第三次试车不成功 (4)违反安全、文明生产 (5)乱线敷线,加扣不安全分	扣5分 扣4分 扣20分 扣35分 扣50分 扣5~50分 扣10分	
定额时间	2.5 小时	每超时 5 分钟以内以扣 5 分计算		
备　注	除定额时间外,各项目的最高扣分不得超过配分数		成绩	
开始时间		结束时间	实际时间	

2)异步电动机星三角降压起动控制线路的检修

(1)实习内容。

① 找出故障现象,并在图 4 -36(a)上标出故障电路的最短线段。

② 按图 4 -36(a)排除主电路或控制电路中人为设置的两个电气自然故障。

(2)实训步骤及工艺要求

① 学生应先用通电试验法来发现故障现象。

② 根据故障现象进行分析,并在原理图上用虚线标出故障电路的最小范围。

③ 用逻辑分析及测量等检查方法迅速缩小故障范围,准确地找出故障点。

④ 采用正确方法迅速排除故障。

⑤ 通电校验。

(3)注意事项

① 要掌握电气原理图中各个控制环节的作用和原理,并熟悉电动机的接线方法。

② 在检修过程中严禁扩大和产生新的故障,否则,要立即停止检修。

③ 检修必须在定额时间内完成。

④ 在带电检查、检修故障时,必须有指导老师在现场监护,并要确保安全。

(4)评分标准

表 4 - 16　评分标准

项目内容	配分	评分标准		扣分
故障分析	30	(1)标错故障电路,每个 (2)不能标出最小的故障范围,每个故障 (3)在实际排除故障中无思路,每个故障	扣 15 分 扣 10 分 扣 5 ~ 10 分	
排除故障	70	(1)不能查出故障。每个 (2)查出故障点,但不能排除,每个故障 (3)产生新的故障: 　　不能排除,每个 　　已经排除,每个 (4)损坏电动机 (5)损坏电器元件或排故方法不正确,每只(次) (6)违反安全、文明生产	扣 35 分 扣 25 分 扣 35 分 扣 15 分 扣 70 分 扣 5 - 20 分 扣 10 - 70 分	
定额时间	30 分钟	不允许超时检查,若在修复故障中才允许超时,但以每超 1 分钟扣 5 分计算		
备　注		除定额时间外,各项目的最高扣分不得超过配分数	成绩	
开始时间		结束时间	实际时间	

(八)异步电动机自动往返控制线路的安装、调试与检修

1. 电气原理图

如图 4 - 37 所示。

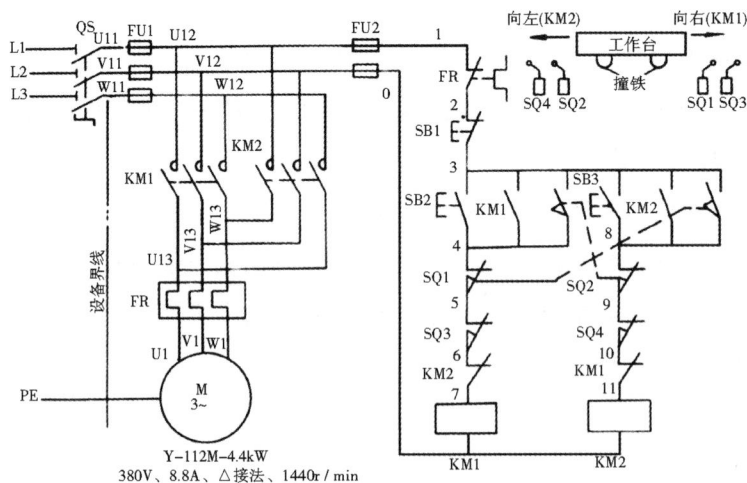

图 4 - 37　工作台自动往返控制电气原理图

2. 工作原理

合上电源开关,按下正转起动按钮 SB2,接触器 KM1 线圈通电并自锁,电动机正转起动旋转,拖动工作台向右前进运动,当移动到位,撞块压下 SQ1,使其常闭触头断开,常开触头闭合,前者使 KM1 线圈断电释放,后者使 KM2 线圈通电并自锁,电动机由正转变为反转,拖动工作台由前进变为后退,即向左移动。当后退到位时,撞块压下 SQ2,使其常闭触头断开,常开触头闭合,使 KM2 线圈断电、KM1 线圈通电并自锁,电动机由反转变为正转,拖动工作台由后退变为前进。如此周而复始,实现工作台自动往返工作。当按下停止按钮 SB1 时,电动机停止,工作台停止运动。当行程开关 SQ1、SQ2 失灵时,电动机换相无法实现,工作台继续沿原方向移动,撞块将压下 SQ3 或 SQ4 行程开关,使相应接触器线圈断电释放,电动机停止,工作台停止移动,从而避免运动部件超出极限位置而发生事故,实现限位保护。此时可按下反方向起动按钮,电动机反向运转,拖动工作台退回后再按停止按钮,工作台停下,检修行程开关后再自动循环运行。

3. 电工工具、仪表及器材

1. 电工常用工具如试电笔、尖嘴钳、扁嘴钳、剥线钳、一字形和十字形螺钉旋具、电工刀、校验灯等。

2. 仪表　万用表、兆欧表等。

3. 器材(控制板、走线槽)各种规格的软线和紧固件、针形、叉形轧头、金属软管、编线号套管等。

4. 电器元件　见元件明细表(表4-17)。

表4-17　元件明细表

代号	名称	型号	规格	数量
M	三相异步电动机	Y-112M-4	4kW、380V、8.8A、△接法、1440r/min	1
FU1	熔断器	RL1-60/25	60A、配熔体 25A	3
FU2	熔断器	RL1-15/2	15A、配熔体 2A	2
KM1、KM2	接触器	CJ10-20	线圈电压 380V、20A	2
FR	热继电器	JR16-20/3	三极、20A、整定电流8.8A	1
KT	时间继电器	JS7-2A	线圈电压 380V(代用)	1
SQ1~SQ4	位置开关	JLXK1-111	单轮旋转式	4
SB1~SB3	按钮	LA4-3H	保护式、按钮数 3	1
	端子板	JD0-1020	380V、10A、20 节	1
	主电路导线	BVR-1.5	1.5mm²(7×0.52mm)	若干
	控制电路导线	BVR-1.0	1mm²(7×0.43mm)	若干

4. 实 训

1. 异步电动机自动往返控制线路的安装

（1）实训内容

① 按图 4 – 37 装接控制线路。

② 通电空运转校验。

（2）实训步骤

① 位置开关可以先安装好,不属定额时间内。安装位置开关必须牢固并装在合适的位置上。安装后,必须用手动工作台或受控机械进行试验合格后才能使用。

其他步骤与分课题 4.5.4 中的（1）、（2）（3）相同

（4）注意事项

① 电动机及按钮盒等不带电的金属外壳应可靠接地。

② 实训中若无条件进行实际机械安装试验时,可将位置开关安装在控制板下方两侧进行手控模拟试验。

③ 通电校验时,必须先手动位置开关试验各行程控制和终端保护动作是否正常及可靠,若在电动机正转时扳动位置开关 SQ1,电动机不反转,且继续正转,再扳 SQ3 电动机也不能停转,则可能是由于三相电源的相序接反引起,进行纠正后再试,以防止发生设备事故。

（5）评分标准

表 4 – 15   评分标准

项目内容	配分	评分标准		扣分
安装元件	15	（1）元件安装不整齐、不匀称、不合理,每只	扣 2 分	
		（2）元件安装不牢固,每只	扣 3 分	
		（3）安装元件时漏装木螺钉,每只	扣 1 分	
		（4）损坏元件	扣 5 ~ 15 分	
布线	35	（1）不按电气原理图接线	扣 20 分	
		（2）布线不符合要求:		
		主电路,每根	扣 2 分	
		控制电路,每根	扣 1 分	
		（3）接点松动、露铜过长、压绝缘层、反圈等,每个		
			扣 1 分	
		（4）损伤导线绝缘或线芯每根	扣 4 分	
		（5）漏接接地线	扣 10 分	
通电试车	50	（1）整定值整定错误,每只	扣 5 分	
		（2）配错熔体,主、控电路每个	扣 4 分	
		（3）第一次试车不成功	扣 20 分	
		第二次试车不成功	扣 35 分	
		第三次试车不成功	扣 50 分	
		（4）违反安全、文明生产	扣 5 ~ 50 分	
		（5）乱线敷线,加扣不安全分	扣 10 分	

定额时间	2.5 小时	每超时 5 分钟以内以扣 5 分计算		
备 注	除定额时间外,各项目的最高扣分不得超过配分数		成绩	
开始时间		结束时间	实际时间	

2. 异步电动机自动往返控制线路的检修

（1）实训内容

① 找出故障现象,并在图 4 – 37 上标出故障电路中的最短线路。

② 按图 4 – 37 排除主电路或控制电路中人为设置的 2 ~ 3 个电气自然故障。

（2）实训步骤

① 学生应先用通电实验法来发现故障现象。

② 根据故障现象进行分析,并在原理图上用虚线标出故障电路的最小范围。

③ 用逻辑分析及测量等检查方法迅速缩小故障范围,准确地找出故障点。

④ 采取正确方法迅速排除故障。

⑤ 通电校验。

（3）注意事项

① 在位置开关中设置短路故障时,应特别注意现场的监护,以免工作台冲出台面造成事故。

② 寻找故障现象时,不要漏检两端的终端位置开关 SQ3、SQ4。

③ 检修必须在规定的定额时间内完成。

（4）评分标准

表 4 – 5 评分标准

项目内容	配分	评分标准		扣分
故障分析	30	（1）标错故障电路,每个	扣 15 分	
		（2）不能标出最小的故障范围,每个故障	扣 10 分	
		（3）在实际排除故障中无思路,每个故障	扣 10 分	
排除故障	70	（1）查不出故障,每个	扣 35 分	
		（2）查出故障点,但不能排除,每个故障	扣 25 分	
		（3）产生新的故障:		
		不能排除,每个	扣 35 分	
		已经排除,每个	扣 15 分	
		（4）损坏电器元件,每只	扣 10 ~ 20 分	
		（5）排故方法不正确,每次	扣 5 分	
		（6）违反安全、文明生产	扣 10 ~ 70 分	
定额时间	2.5 小时	不允许超时检查,若在修复故障中才允许超时,但以每超 1 分钟扣 5 分计算		
备 注	除定额时间外,各项目的最高扣分不得超过配分数		成绩	
开始时间		结束时间	实际时间	

(九)能耗制动电动机基本控制线路的安装、调试与检修

1.电气原理图

如图4-38所示。

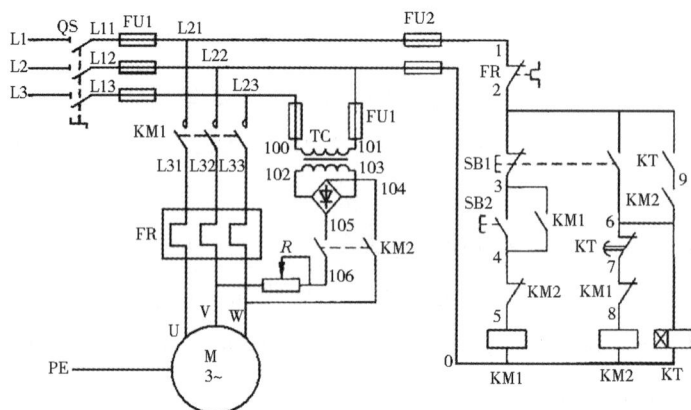

图4-38 能耗制动控制电路

2.工作原理

当电动机 M 需要转动时,按下起动按钮 SB2,接触器 KM1 线圈得电吸合并自锁,电动机 M 单向运行。而接触器 KM1 在 7 号线至 8 号线间的常闭触点断开,使得在接触器 KM1 得电时,接触器 KM2 和时间继电器 KT 线圈不能吸合。当需要电动机 M 停车时,按下停车按钮 SB1 时,SB1 在 2 号线至 3 号线间的常闭触点首先断开,切断接触器 KM1 线圈的电源,KM1 失电释放,主触点断开,电动机 M 脱离三相交流电源。然后按钮 SB1 在 2 号线至 6 号线间的常开触点闭合,使接触器 KM2 与时间继电器 KT 线圈相继得电吸合,在 2 号线至 9 号线间的 KT 瞬动常开触点闭合,在 9 号线至 6 号线间的 KM2 常开触点闭合自锁,接触器 KM2 主触点闭合,将两相电源通过变压器 TC 降压,整流器 VC 桥式整流及电阻 R 限流后的直流电压接至电动机 M 的两相定子绕组上,对电动机 M 进行能耗制动,电动机 M 转速迅速下降。而接触器 KM2 在 4 号线至 5 号线间的常闭触点断开,对接触器 KM1 实现联锁。当电动机转速接近零时,时间继电器 KT 在 6 号线至 7 号线间的延时断开常闭触点断开,接触器 KM2 线圈失电释放,切断通入电动机 M 的两相直流电源,完成电动机 M 能耗制动过程。同时,接触器 KM2 在 9 号线至 6 号线间的常开触点复位,使时间继电器 KT 失电释放,所有触点复位。

从能量角度看,能耗制动是把电动机转子运行所储存的动能转变为电能,且又消耗在电动机转子的制动上,与反接制动相比,能量损耗少,制动停车准确。所以,能耗制动适用于电动机容量大、要求制动平稳和起动频繁的场合。但制动速度较反接制动慢一些,另外能耗制动需整流电路。

3.电工工具、仪表及器材

1.电工常用工具如试电笔、尖嘴钳、扁嘴钳、剥线钳、一字形和十字形螺钉旋具、电工

刀、校验灯等。

2．仪表万用表、兆欧表等。

3．器材(控制板、走线槽)各种规格的软线和紧固件、针形、叉形轧头、金属软管、编线号套管等。

4．电器元件元件明细表见表4–19。

表4–19　电器元件及部分电工仪表、器材明细表

序号	名　称	型号与规格	数量
1	三相异步电动机	Y112M–2,4kW,380V,8.2A,△接法,2890r/min	1
2	组合开关	HZl0–25/3	1
3	熔断器及熔芯配套	RT1 8–32/25	3
4	熔断器及熔芯配套	RTl8–32/4	2
5	接触器	U10–20,线圈电压380V	1
6	热继电器	JR16–20/3,整定电流8.2A	l
7	速度继电器	JYl 或 JFZ0	l
8	三联按钮	LA10–3H 或 LA4–3H	1
9	端子排	JX2–1 015,380V,1 0A,15 节	1
10	主电路导线	BVR–1.5mm²	若干
11	控制电路导线	BVR–1.0mm²	若干
12	按钮线	BVR–0.75mm²	若干
13	接地线	BVR–1.5mm²	若干
14	走线槽	18mm×25mm	若干
15	控制板	500 mm×450mm×20mm	1
16	异型编码套管	φ3.5 mm	若干
17	电工通用工具	验电笔,钢丝钳,螺丝刀,电工刀,尖嘴钳,剥线钳,手电钻,活动扳手,压接钳等	1
18	万用表	自定	1
19	兆欧表	自定	1
20	钳形电流表	自定	1
21	劳保用品	绝缘鞋,工作服等	1

4．实训

1．能耗制动电动机基本控制线路的安装

(1)实训内容

① 按图4–38装接控制线路。

② 通电空运转校验。

（2）实训步骤及工艺要求

能耗制动电动机基本控制线路的安装与分课题 4.7.4、1、（2）～（3）相同

（3）注意事项

① 时间继电器的整定时间要在实际工作时根据制动过程的时间来调整。

② 制动直流电流不能太大，一般取 3～5 倍电动机的空载电流，可通过调节制动电阻 R 来实现。

③ 进行制动时，要将按钮 SBl 按到底才能实现。

④ 实训前要事先自制安装全桥整流和制动电阻的支架，二极管应有散热器，实训时可将制动电阻安装在控制板外面。

⑤ 要掌握线路的控制过程和制动原理。

⑥ 带电检修必须有指导老师在现场监护。

（4）评分标准

表 4－20　评分标准

项目内容	配分	评分标准		扣分
安装元件	15	（1）元件安装不整齐、不匀称、不合理，每只 （2）元件安装不牢固，每只 （3）安装元件时漏装木螺钉，每只 （4）损坏元件	扣 2 分 扣 3 分 扣 1 分 扣 5－15 分	
布线	35	（1）不按电气原理图接线 （2）布线不符合要求： 主电路，每根 控制电路，每根 （3）接点松动、露铜过长、压绝缘层、反圈等，每个接点 （4）损伤导线绝缘或线芯每根 （5）漏接接地线	扣 20 分 扣 2 分 扣 1 分 扣 1 分 扣 4 分 扣 10 分	
通电试车	50	（1）整定值整定错，每只 （2）配错熔体，主控电路，每个 （3）第一次试车不成功 第二次试车不成功 第三次试车不成功 （4）违反安全、文明生产 （5）乱线敷设，加扣不安全分	扣 5 分 扣 4 分 扣 20 分 扣 35 分 扣 50 分 扣 5～50 分 扣 10 分	
定额时间	3 小时	每超时 5 分钟以内以扣 5 分计算		
备　注	除定额时间外，各项目的最高扣分不得超过配分数		成绩	
开始时间		结束时间	实际时间	

2. 能耗制动电动机基本控制线路的检修

（1）实训内容

① 找出故障现象，并在图 4 - 38 上标出故障电路中的最短线路。

② 按图 4 - 38 排除主电路或控制电路中人为设置的 2 - 3 个电气自然故障。

（2）实训步骤及工艺要求

故障排除步骤及工艺要求与分课题 4.7.4、2（2）相同

（3）注意事项

① 掌握线路的控制过程和制动原理。

② 带电检修必须有指导老师在现场监护。

（4）评分标准

表 4 - 21   评分标准

项目内容	配分	评分标准		扣分
故障分析	30	（1）标错故障电路，每个 （2）不能标出最小的故障范围，每个故障 （3）在实际排除故障中无思路，每个故障	扣 15 分 扣 10 分 扣 10 分	
排除故障	70	（1）查不出故障，每个 （2）查出故障点，但不能排除，每个故障 （3）产生新的故障： 不能排除，每个 已经排除，每个 （4）损坏电器元件，每只 （5）排故方法不正确，每次 （6）违反安全、文明生产	扣 35 分 扣 25 分 扣 35 分 扣 15 分 扣 10 ~ 20 分 扣 5 分 扣 10 ~ 70 分	
定额时间	30 分钟	不允许超时检查，若在修复故障中才允许超时，但以每超 1 分钟扣 5 分计算		
备 注	除定额时间外，各项目的最高扣分不得超过配分数		成绩	
开始时间		结束时间	实际时间	

（十）双速异步电动机控制线路的安装、调试与检修

1. 电气原理图

电气原理图如 4 - 39 所示。

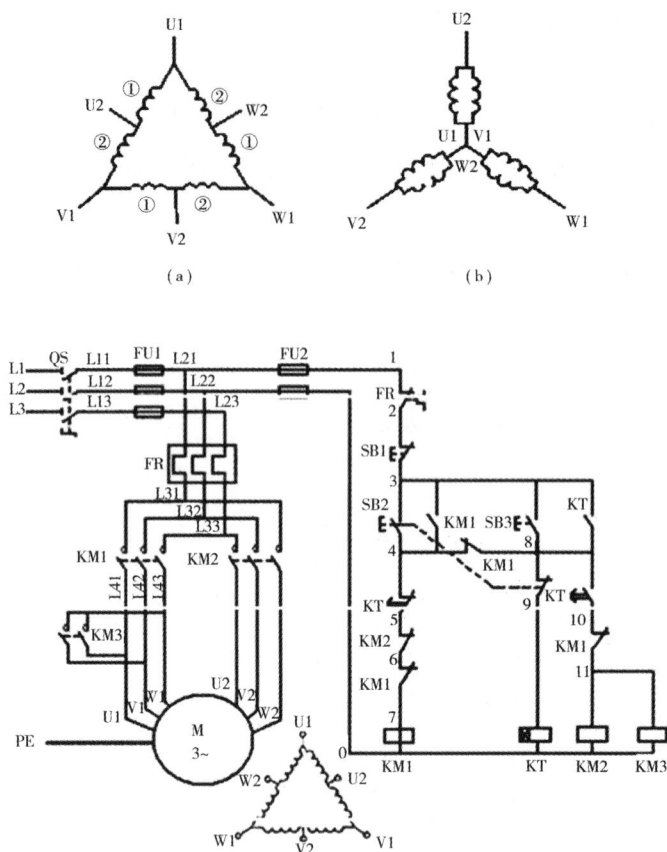

图 4-39　时间继电器接触器控制双速电动机电路

2. 工作原理

合上电源开关 QS,当需要双速电动机 M 低速运行时,按下低速起动按钮 SB2,接触器

KM1 通电吸合自锁,三相电源经接触器 KM1 主触点到接线端 U1、V1、W1 进入双速电动
机 M 的绕组中,双速电动机 M 绕组接成三角形接法低速起动运行。而在 4 号线至 8 号线和
10 号线至 11 号线间的 KM1 的常闭触点断开,与接触器 KM2、KM3 实现联锁。若需要双速
电动机高速运行时,按下高速运行起动按钮 SB3,时间继电器 KT 线圈通电吸合并开始计时。
同时 KT 在 3 号线至 8 号线间的瞬动常开触点闭合自锁,当时间继电器 KT 整定时间到后,
KT 在 4 号线至 5 号线间的延时断开常闭触点断开,接触器 KM1 线圈失电,所有触点复位,在
8 号线至 10 号线间的 KT 延时闭合常开触点闭合,接通接触器 KM2、KM3 线圈的电源,接触
器 KM2、KM3 通电吸合,三相电源经接触器 KM2 主触点到接线端 U2、V2、W2 进入双速电动
机 M 绕组中,同时 U1、V1、W1 通过 KM3 的主触点并接,双速电动机 M 绕组接成 YY 形高速
运行。在 5 号线、6 号线、7 号线间的 KM2、KM3 常闭触点断开,与接触器 KM1 实现联锁。当
需要双速电动机 M 停车时,按下停车按钮 SB1 即可。当双速电动机 M 只需要高速运行时,
可直接按下起动按钮 SB3,接触器 KM1 通电吸合自锁,则双速电动机 M 绕组接成三角形低

速起动,经过一定时间,时间继电器切断接触器 KM1 线圈电源,自动切换到高速运行。

3．电工工具、仪表及器材

1．电工常用工具如试电笔、尖嘴钳、扁嘴钳、剥线钳、一字形和十字形螺钉旋具、电工刀、校验灯等。

2．仪表 万用表、兆欧表等。

3．器材(控制板、走线槽)各种规格的软线和紧固件、针形、叉形轧头、金属软管、编线号套管等。

4．电器元件 见表 4 - 22 元件明细表。

表 4 - 22　元件明细表

序号	名称	代号	规格或型号	单位	数量
1	三相闸刀	QS	HK2 - 15/3	把	1
2	熔断器	FU1	RC1A - 15	个	3
3	熔断器	FU2	RC1A - 5	个	2
4	交流接触器	KM	CJ10 - 10	个	2
5	中间继电器	KA	JZ7 - 44	个	1
6	时间继电器	KT	JS7 - 2A	个	1
7	热继电器	FR	JR16 - 20/3 (FR1:整定电流 7.4A) (FR2:整定电流 8.6A)	个	2
8	按钮开关	SB	LA4 - 3H	个	1
9	端子板	XT	JX2 - 1015	个	1
10	控制板		自制	块	1
11	三相交流双速电机	M	YD112M—4/2(3.3 或 4KW、△/2Y)	台	1

4．实训

1)双速异步电动机控制线路的安装

(1)实训内容

① 按图 4 - 39 装接控制线路。

② 通电空运转校验。

(2)实训步骤

① 根据电动机容量及图 4 - 39 的控制方式,正确选用各元器件并检验其质量。

② 按元件明细表将所需器材配齐并检验元件质量,选用合适规格的导线。

③ 在控制板上按图 4 - 36(b)进行划线并安装走线槽和所有电器元件。

④ 按图 4 - 36(a)进行控制板正面的线槽内配线,并在线头上套编码套管和冷压接

线头。

⑤ 检验控制板内部布线的正确性。

⑥ 进行控制板外部配线。

⑦ 经教师检查后,通电校验。

⑧ 拆去控制板外部接线和评分。

(3)工艺要求。

① 检验元件质量应在不通电情况下进行,若有损坏的元件要立即向指导老师报告。

② 安装控制板上的走线槽及电器元件时,必须根据电器元件布置图划线后进行安装,并做到安装牢固、排列整齐、均称、合理和便于走线及更换元件。

③ 紧固各元件时,要受力均匀,紧固程度适当,以防止损坏元件。

④ 控制板内部布线采用控制板正面线槽内配线方法。布线时:在线槽外的导线也应做到横平竖直、整齐、走线合理;进入线槽的导线要完全置于走线槽内,并能方便盖上线槽盖;各接点应不能松动。具体工艺要求是:

a)走线槽内的导线要尽可能避免交叉,装线不要超过其容量的70%,以便装配和维修。

b)各电器元件与走线槽之间的外露导线,要尽可能做到横平竖直,变换走向要垂直。同一元件位置一致的端子和相同型号电器元件中位置一致的端子上引出或引入的导线,要敷设在同一平面上,并应做到高低一致或前后一致,不得交叉。

c)各电器元件接线端子上引出或引入的导线,除间距很小和元件机械强度很差,如时间继电器 JS7 - A 型同一只微动开关的同一侧常开与常闭触点的连接导线,允许直接架空敷设外,其他导线必须经过走线槽进行连接。

d)各电器元件接线端子引出导线的走向,以元件的水平中心线为界限,水平中心线以上接线端子引出的导线,必须进入元件上面的走线槽;水平中心线以下接线端子引出的导线,必须进入元件下面的走线槽。任何导线都不允许从水平方向进入走线槽内。

e)所有导线与接线端子的连接,必须牢靠,不得松动。在任何情况下,接线端子必须与导线截面积和材料性质相适应,并在所有接线端子、导线线头上套有与原理图上相应接点一致线号的编码套管。

f)所有导线的截面积在等于或大于 0.5mm^2 时,必须采用软线。考虑机械强度的原因,所用导线的最小截面积;在控制箱外为 1mm^2;在控制箱内为 0.75mm^2;但对控制箱内很小电流的电路连线,如电子逻辑电路,和类似低电平(信号)电路,可用 0.2mm^2,并且可以采用硬线,但是必须使用在不能移动又无振动的场合。

g)当接线端子不适合连接软线或较小截面积的软线时,可以在导线端头穿上针形或叉形轧头并压紧。

h)一般一个接线端子只能连接一根导线,如果采用专门设计的端子,可以连接两根或多根导线,但导线的连接方式,必须是公认的、工艺上成熟的各种方式,如夹紧、压接、焊接、绕接等,并连接工艺应严格按照工序要求进行。

i) 布线时,严禁损伤线芯和导线绝缘。

⑤ 检验控制板内部布线的正确性,一般应在不通电的情况下进行。必要时,也可进行通电校验,但鉴于目前的实训条件和考虑安全等因素,不允许进行通电情况下检验。

⑥ 控制板外部配线时,全部配线必须一律装在导线通道内,使导线有适当的机械保护,能防止液体、铁屑和灰尘的侵入,在实习时可适当降低要求,但必需以能确保安全为条件。如对电动机、启动电阻器等负载或移动、可调整部件上电气设备的配线,可以采用多芯橡皮线或塑料护套软线来保证。

⑦ 通电校验必须有指导老师在场监护,学生应根据电气原理图的控制要求独立进行校验,若出现故障也应自行排除。同时,要作好考核记录。

⑧ 实训课题应在规定的定额时间内完成,做到安全、文明生产。

(4) 注意事项

① 要熟练地掌握电气原理图中各个环节的作用。

② 接线时要注意电动机定子绕组的联接,低速时通过 KM1 接触器分别与电动机定子绕组的 1U1、1V1、1W1 连接;高速时通过 KM2 接触器分别与 1U2、1V2、1W2 连接,且通过 KM2 将 1U1、1V1、1W 连接在一起,使定子绕组接成 YY 形。注意相序不能接错,否则会造成电动机高速时反转,这样,不但出现很大的冲击电流,而且改变了电动机的工作性质。

③ 通电前要再检查整定值是否符合要求。

(5) 评分标准

表 4 - 23　评分标准

项目内容	配分	评分标准		扣分
安装元件	15	(1)不按电气布置图安装	扣 15 分	
		(2)元件安装不牢固,每只	扣 4 分	
		(3)元件安装时排列不整齐、不匀称、不合理,每只	扣 4 分	
		(4)损坏元件	扣 5~15 分	
布线	35	(1)不按电气原理图接线	扣 25 分	
		(2)布线不符合要求:　主电路,每根	扣 4 分	
		控制电路,每根	扣 2 分	
		(3)接点松动、露线芯过长、压绝缘层、反圈等,每个接点	扣 1 分	
		(4)损伤导线绝缘或线芯,每根	扣 4 分	

通电试车	50	(1)第一次试车不成功　　　　　　　扣20分 第二次试车不成功　　　　　　　　扣35分 第三次试车不成功　　　　　　　　扣50分 (2)违反安全、文明生产　　　　　　扣5~50分 (3)乱线敷设 加扣不安全分　　　　扣20分		
定额时间	7课时	每超时5分钟以内以扣5分计算		
备　注	各项的最高扣分,不得超过配分数		成绩	

2)双速异步电动机控制线路的检修

(1)实训内容

① 找出故障现象,并在图4-39上标出故障电路中的最短线路。

② 按图4-39排除主电路或控制电路中人为设置的2~3个电气自然故障。

(2)实训步骤及工艺要求

故障排除步骤及工艺要求与分课题4.7.4、2(2)相同。

(3)注意事项

① 检查前要认真阅读电路图,掌握电路的组成、工作原理及接线方式。

② 在检修故障的过程中,故障分析、排除故障的思路和方法要正确。

③ 仪表使用要正确,以防止引起错误判断。

④ 检修时不能随意更改线路和带电触摸元件。

⑤ 带电检修故障时,必须由指导教师在现场监护,确保安全操作。

测试题 1

(1)原理图

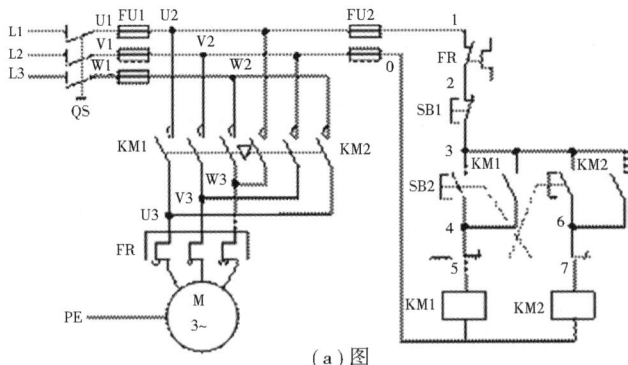

图4-1　装接按钮联锁正反转控制线路

(2)考核要求

① 根据考核图进行接线,接到电动机及按钮盒的导线必须通过接线端子板引出,并应有保护接地或接零。

② 控制板板面的导线规格为：主电路用 BV2.5mm² 塑铜线,控制电路用 BV1mm² 塑铜线。控制板外部布线必须采用软线,接到按钮盒的导线用 BVR0.5mm² 塑铜线;电源引线和接到电动机的导线用 YHZ4×1.5mm² 橡皮绝缘线。

③ 控制板内部布线采用板前明线敷设,要求做到横平竖直、整齐、紧贴敷设面及走线合理。各接点必须不松动,并符合工艺要求。

④ 安装各电器元件必须紧固,并做到元件布置整齐、匀称、合理,不损坏电器元件。

⑤热继电器的整定值由学生根据电动机的额定电流要求在通电前自行调整。

⑥ 安装完毕后,学生应主动向指导老师提出接电要求,经同意后才能通电试车。

⑦ 第一次通电试车前,学生可以检查主电路及控制电路的熔体是否完好,但不得对布线是否正确进行带电检查。

⑧ 出现故障后,学生应独立进行检修,但带电检修必须由指导老师在场监护,检修完毕须再次通电校验。也必须有教师在场,并进行考核记录,否则以作弊论处。

⑨ 学生必须在规定的定额时间内完成全部试题内容,不得超时进行布线,若在通电试车时超时,允许延长 10 分钟,但以每延长 1 分钟扣 5 分计算。

（3）评分标准

表 4-24　评分标准

项目内容	配分	评分标准		扣分
安装元件	15	(1)不按电气布置图安装 (2)元件安装不牢固,每只 (3)元件安装时排列不整齐、不匀称、不合理,每只扣 4 分 (4)损坏元件	扣 15 分 扣 4 分 扣 5~15 分	
布线	35	(1)不按电气原理图接线 (2)布线不符合要求: 　主电路,每根 　控制电路,每根 (3)接点松动、露线芯过长、压绝缘层、反圈等,每个接点 (4)损伤导线绝缘或线芯,每根	扣 25 分 扣 4 分 扣 2 分 扣 1 分 扣 4 分	
通电试车	50	(1)第一次试车不成功 　第二次试车不成功 　第三次试车不成功 (2)违反安全、文明生产 (3)乱线敷设加扣不安全分	扣 20 分 扣 35 分 扣 50 分 扣 5~50 分 扣 20 分	
定额时间	7 课时	每超时 5 分钟以内以扣 5 分计算		
备注		各项的最高扣分,不得超过配分数	成绩	

（1）原理图：

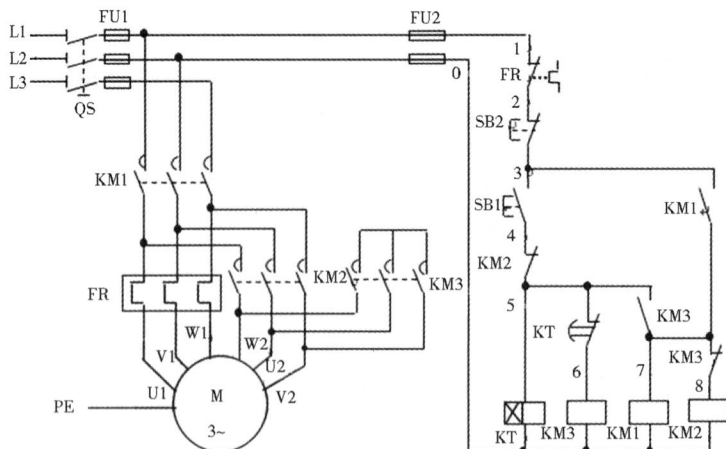

图 4 - 2　装接星形 - 三角形自动降压启动控制线路

（2）考核要求

① 根据考核图进行接线,接到电动机及按钮盒的导线必须通过接线端子板引出,并应有保护接地或接零。

② 控制板板面的导线规格为:主电路用 BV2.5mm² 塑铜线;控制电路用 BV1mm² 塑铜线。控制板外部布线必须采用软线,接到按钮盒的导线用 BVR0.5 mm² 塑铜线;电源引线和接到电动机的导线用 YHZ4×1.5mm² 橡皮绝缘线。

③ 控制板内部布线采用板前明线敷设,要求做到横平竖直、整齐、紧贴敷设面及走线合理。各接点必须不松动,并符合工艺要求。

④ 安装各电器元件必须紧固,并做到元件布置整齐、匀称、合理,不损坏电器元件。

⑤ 热继电器的整定值由学生根据电动机的额定电流要求在通电前自行调整。

⑥ 安装完毕后,学生应主动向指导老师提出接电要求,经同意后才能通电试车。

⑦ 第一次通电试车前,学生可以检查主电路及控制电路的熔体是否完好,但不得对布线是否正确进行带电检查。

⑧ 出现故障后,学生应独立进行检修,但带电检修必须由指导老师在场监护,检修完毕须再次通电校验。也必须有教师在场,并进行考核记录,否则以作弊论处。

⑨ 学生必须在规定的定额时间内完成全部试题内容,不得超时进行布线,若在通电试车时超时,允许延长 10 分钟,但以每延长 1 分钟扣 5 分计算。

（3）评分标准

表 4 - 25　评分标准

项目内容	配分	评分标准		扣分
安装元件	15	（1）不按电气布置图安装 （2）元件安装不牢固，每只 （3）元件安装时排列不整齐、不匀称、不合理，每只 （4）损坏元件	扣 15 分 扣 4 分 扣 4 分 扣 5～15 分	
布线	35	（1）不按电气原理图接线 （2）布线不符合要求： 　主电路，每根 　控制电路，每根 （3）接点松动、露线芯过长、压绝缘层、反圈等，每个接点 （4）损伤导线绝缘或线芯，每根	扣 25 分 扣 4 分 扣 2 分 扣 1 分 扣 4 分	
通电试车	50	（1）时间继电器整定错误 （2）第一次试车不成功 　第二次试车不成功 　第三次试车不成功 （3）违反安全、文明生产 （4）乱线敷设，加扣不安全分	扣 5 分 扣 20 分 扣 35 分 扣 50 分 扣 5～50 分 扣 10 分	
定额时间	7 课时	每超时 5 分钟以内以扣 5 分计算		
备 注		各项的最高扣分，不得超过配分数		成绩

测试题 2

（1）原理图

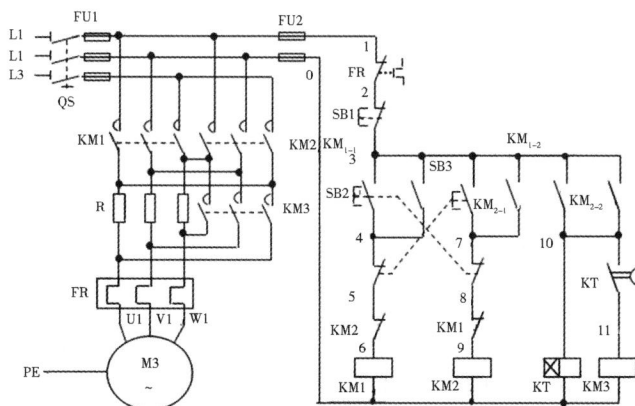

4 - 3　装接正反转串电阻降压启动控制线路

（2）考核要求

① 根据考核图进行接线，接到电动机及按钮盒的导线必须通过接线端子板引出，并应

有保护接地或接零。

② 控制板板面的导线规格为:主电路用 BV2.5mm^2 塑铜线;控制电路用 BV1mm^2 塑铜线。控制板外部布线必须采用软线,接到按钮盒的导线用 BVR0.5 mm^2 塑铜线;电源引线和接到电动机的导线用 YHZ4 × 1.5 mm^2 橡皮绝缘线。

③ 控制板内部布线采用板前明线敷设,要求做到横平竖直、整齐、紧贴敷设面及走线合理。各接点必须不松动,并符合工艺要求。

④ 安装各电器元件必须紧固,并做到元件布置整齐、匀称、合理,不损坏电器元件。

⑤ 时间继电器和热继电器的整定值由学生根据电动机的额定电流要求在通电前自行调整。

⑥ 安装完毕后,学生应主动向指导老师提出接电要求,经同意后才能通电试车。

⑦ 第一次通电试车前,学生可以检查主电路及控制电路的熔体是否完好,但不得对布线是否正确进行带电检查。

⑧ 出现故障后,学生应独立进行检修,但带电检修必须由指导老师在场监护,检修完毕须再次通电校验。也必须有教师在场,并进行考核记录,否则以作弊论处。

⑨ 学生必须在规定的定额时间内完成全部试题内容,不得超时进行布线,若在通电试车时超时,允许延长 10 分钟,但以每延长 1 分钟扣 5 分计算。

(3)评分标准

表 4 - 26　评分标准

项目内容	配分	评分标准		扣分
安装元件	15	(1)不按电气布置图安装 (2)元件安装不牢固,每只 (3)元件安装时排列不整齐、不匀称、不合理,每只 (4)损坏元件 扣 5 ~ 15 分	扣 15 分 扣 4 分 扣 4 分	
布　线	35	(1)不按电气原理图接线 (2)布线不符合要求: 　主电路,每根 　控制电路,每根 (3)接点松动、露线芯过长、压绝缘层、反圈等,每个接点 (4)损伤导线绝缘或线芯,每根	扣 25 分 扣 4 分 扣 2 分 扣 1 分 扣 4 分	
通电试车	50	(1)时间继电器整定错误 (2)第一次试车不成功 　第二次试车不成功 　第三次试车不成功 (3)违反安全、文明生产 (4)乱线敷设,加扣不安全分	扣 5 分 扣 20 分 扣 35 分 扣 50 分 扣 5 ~ 50 分 扣 10 分	
定额时间	7 课时	每超时 5 分钟以内以扣 5 分计算		
备注		各项的最高扣分,不得超过配分数		成　绩

（1）电气原理图

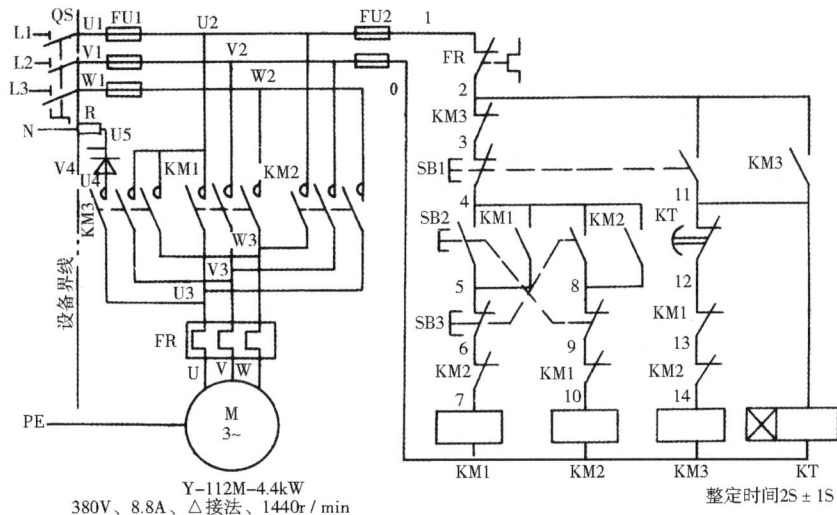

4－4　装接双重连锁正反转起动能耗制动控制线路与检修

（2）考核要求

① 根据考核图进行接线，接到电动机及按钮盒的导线必须通过接线端子板引出，并应有保护接地或接零。

② 控制板板面的导线规格为：主电路用 BV2.5mm^2 塑铜线；控制电路用 BV1mm^2 塑铜线。控制板外部布线必须采用软线，接到按钮盒的导线用 BVR0.5mm^2 塑铜线；电源引线和接到电动机的导线用 YHZ4×1.5mm^2 橡皮绝缘线。

③ 控制板内部布线采用板前明线敷设，要求做到横平竖直、整齐、紧贴敷设面及走线合理。各接点必须不松动，并符合工艺要求。

④ 安装各电器元件必须紧固，并做到元件布置整齐、匀称、合理，不损坏电器元件。

⑤ 时间继电器和热继电器的整定值由学生根据电动机的额定电流要求在通电前自行调整。

⑥ 安装完毕后，学生应主动向指导老师提出接电要求，经同意后才能通电试车。

⑦ 第一次通电试车前，学生可以检查主电路及控制电路的熔体是否完好，但不得对布线是否正确进行带电检查。

⑧ 出现故障后，学生应独立进行检修，但带电检修必须由指导老师在场监护，检修完毕须再次通电校验。也必须有教师在场，并进行考核记录，否则以作弊论处。

⑨ 学生必须在规定的定额时间内完成全部试题内容，不得超时进行布线，若在通电试车时超时，允许延长 10 分钟，但以每延长 1 分钟扣 5 分计算。

（3）评分标准

表 4 - 27　评分标准

项目内容	配分	评分标准		扣分
安装元件	15	（1）不按电气布置图安装	扣 15 分	
		（2）元件安装不牢固，每只	扣 4 分	
		（3）元件安装时排列不整齐、不匀称、不合理，每只 扣 4 分		
		（4）损坏元件	扣 5～15 分	
布线	35	（1）不按电气原理图接线	扣 25 分	
		（2）布线不符合要求： 　主电路，每根 　控制电路，每根	扣 4 分 扣 2 分	
		（3）接点松动、露线芯过长、压绝缘层、反圈等，每个接点 扣 1 分		
		（4）损伤导线绝缘或线芯，每根	扣 4 分	
通电试车	50	（1）时间继电器整定错误	扣 5 分	
		（2）第一次试车不成功 第二次试车不成功 第三次试车不成功	扣 20 分 扣 35 分 扣 50 分	
		（3）违反安全、文明生产	扣 5～50 分	
		（4）乱线敷设，加扣不安全分	扣 10 分	
定额时间	7 课时	每超时 5 分钟以内以扣 5 分计算		
备注		各项的最高扣分，不得超过配分数		成绩

项目五　三相异步电动机的拆装、调试与故障处理

【项目目标】

掌握交流异步电动机的拆装。

掌握交流异步电动机的调试与检修。

【知识目标】

掌握交流异步电动机基本结构和工作原理。

掌握三相异步电动机的拆装。

掌握三相异步电机定子绕组检修。

掌握小型变压器的常见故障与检修。

【技能目标】

电动机及开关设备的安装训练,定子绕组接地故障及断路检查与修理,定子绕组的首尾判别,小型变压器的绕制。

任务一　三相异步电动机基本结构及工作原理

知识链接1　三相异步电动机类型及应用

电动机的种类很多,型式各异,按电源性能分有直流电动机和交流电动机。

直流电动机主要用于需要调整转速和要求有较大起动转矩的机械上,例如电车、轧钢机等。

交流电动机主要有同步电动机和异步电动机两类。同步电动机只是在大功率负载或者要求转速必须恒定的条件下才应用,例如用以驱动大型气体压缩机、球磨机等;异步电动机应用很广泛,是现代工农业生产中的主要动力机械。

异步电动机按所用电源的相数,有三相异步电动机和单相异步电动机之分。单相异步电动机的容量大多数在 1kW 以下,一般常用于电风扇、吹风机和洗衣机等。绝大多数作为生

产动力的,主要是三相异步电动机。如果不做特殊说明,一般讲的异步电动机都是指三相异步电动机。

三相异步电动机主要是指感应电动机,它的结构比较简单,使用维护方便,价格低廉,而且工作可靠,坚固耐用,是使用面最广,使用量最大的一种电动机。掌握有关三相异步电动机的使用与维护、修理知识,对电气类专业学生具有重要的现实意义。

知识链接2 三相异步电动机基本结构与原理

1. 相异步电动机的铭牌

任何新的电动机,在机座上都装有铭牌,它说明了电动机的类型、主要性能和主要指标,为用户提供了使用和维修这台电动机的简要技术资料。用户在使用时要保护好铭牌,下面以图5-1所示某三相鼠笼式异步电动机的铭牌来说明电动机的技术指标。

三相异步电动机					
型号	Y160L-4	功率	15kW	频率	50Hz
电压	380V	电流	29.7A	接法	△
转速	1450r/min	定额	连续	绝缘等级	E
温升	65℃	功率因数	0.8	重量	××kg
标准编号	××				
	××电动机厂		年	月	日

图5-1 三相异步电动机的铭牌

(1)电动机型号

电动机型号表示如下:

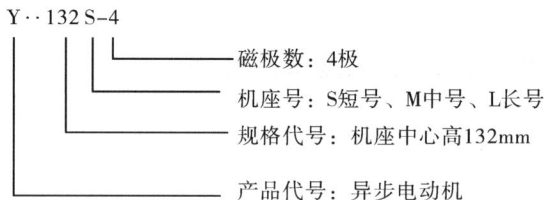

$$Y\cdot\cdot132S\text{-}4$$

磁极数:4极
机座号:S短号、M中号、L长号
规格代号:机座中心高132mm
产品代号:异步电动机

(2)电动机的额定值

额定值是指电动机的电量规定,主要有:

① 额定功率:在规定的电压、电流下,电动机所输出的机械功率,单位是 W 或 kW。

② 额定电压:加在电动机绕组上正常运行的线电压,单位是 V 或 kV。

③ 额定电流:加在电动机绕组上正常运行的线电流,单位是 A 或 kA。

④ 额定频率:电动机在额定运行时的电流频率,单位是 Hz。

⑤ 额定转速:电动机在额定运行时的转速,单位是 r/min。

(3)电动机的连接

这里是指电动机三相绕组 6 个端子的 连接方法。将三相绕组的首端(规定为 U₁、V₁、W₁)分别接电源、尾端(规定为 U₂、V₂、W₂)连接在一起的接法在一起的接法,称为星形(Y)连接,如图 5-2(a)所示。若将电动机的 3 个首尾端串接,如 W₁接 V₂,U₂接 V₂,W₂接 U₁,再在串接点上接电源的接法,称为三角形(△)连接,如图 5-2(b)所示。

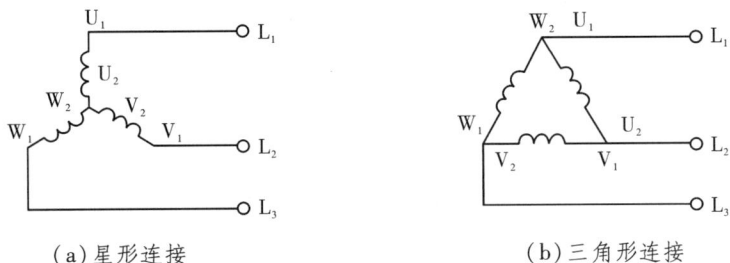

(a)星形连接　　　　　　(b)三角形连接

图 5-2　三相异步电动机三相绕组联结方式

(4)异步电动机其他指标

① 温升　电动机运行后会发热,电动机允许的最高温度与环境温度之差称为温升,如果环境温度为 20℃,温升为 65℃,则电动机的最高温度不能超过 85℃,否则应停机。

②定额　电动机的工作方式有 3 种,即连续、短时和断续。连续:是指电动机连续不断地输出额定功率而温升不超过铭牌允许值。短时:表示电动机不能连续使用,只能在规定的较短时间内输出额定功率。断续:表示电动机只能短时输出额定功率,但可以多次断续重复启动和运行。

③绝缘等级　指电动机绕组所用绝缘材料按其允许耐热程度规定的等级,这些级别为:A 级,105℃;E 级,120℃;B 级,130℃;F 级,155℃。

④功率因数　指电动机从电网所吸收的有功功率与视在功率的比值。视在功率一定时,功率因数越高,电动机对电源的利用率越高。

2. 三相异步电动机基本结构

三相异步电动机主要由定子和转子两大部分组成,定子和转子彼此由空气隙隔开,为了增强磁场,空气隙尽可能小,一般为 0.25~1.5mm。电动机容量越大,气隙就越大。三相笼型异步电动机的组成如图 5-3 所示。

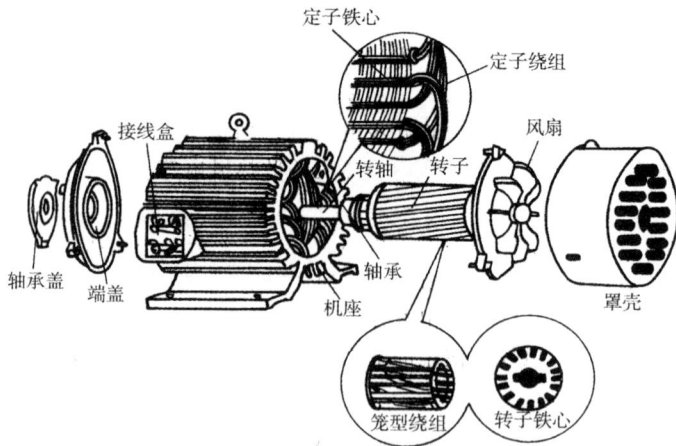

图 5 - 3　三相笼型异步电动机的组成

（1）定子

电动机的静止部分称为定子,主要有定子铁心、定子绕组和机座等部件。

定子铁心是电动机磁路的一部分,并放置定子绕组。

定子绕组的作用是通入三相对称交流电,产生旋转磁场。

机座的作用是固定定子铁心,并以两个端盖支撑转子,同时保护整台电动机的电磁部分和散发电动机运行中产生的热量。

（2）转子

转子是电动机的旋转部分,由转子铁心、转子绕组、转轴和风叶等组成。

转子铁心也是电动机磁路一部分,一般用 0.5mm 厚、相互绝缘的硅钢片冲制叠压而成,转子铁心固定在转轴或转子支架上。转子绕组的作用是产生感应电动势和电流,并在旋转磁场的作用下产生电磁力矩而使转子转动。转子绕组根据结构不同分为笼型和绕线型两种。其他附件包括端盖、轴承和轴承盖、风扇和风罩等。

3. 三相异步电动机的基本原理

三相定子绕组中通入三相正弦交流电,产生了旋转磁场,旋转磁场切割转子,便在转子中产生了感应电动势和感应电流;感应电流一旦产生,便受到旋转磁场的作用,形成电磁转矩,转子便沿着旋转磁场的转动方向转动起来,并且转子的转速小于旋转磁场的转速。电动机的转向是由接入三相绕组的电流相序决定的,只要调换电动机任意两相绕组所接的电源接线（相序）,旋转磁场即反向旋转,电动机也随之反转。

技能训练

三相异步电动机接线和空载电流的测量实训

1. 实训内容

（1）按电动机铭牌接线,检查无误后通电试运行。

（2）测量电动机启动电流和空载电流。

（3）判断电动机三相电流是否平衡。

2. 实训器材

常用电工工具,三相异步电动机、兆欧表、钳形电流表、万用表各一块。

3. 实训步骤

事先将一台异步电动机接线盒打开,拆下三相绕组之间的连接片,使三相绕组相互独立。

（1）用万用表分别测量出三相绕组。

（2）按电动机铭牌接线,检查无误后可通电试运行。

（3）用钳形电流表测量电动机的启动电流和空载电流,并填入表5-1中。

（4）根据测量结果进行计算,判断电动机三相电流是否平衡。

三相平均电流计算公式为:

$$I_N = \frac{I_U + I_V + I_W}{3}(\text{A})$$

若任意一相电流与三相平均电流偏差小于10%,则三相电流平衡。

表 5-1　电动机启动电流和空载电流测量记录表

钳形电流表		启动电流(A)		空载电流(A)		导线在钳口绕两匝后的空载电流(A)	
型号	规格	相序	读数	相序	读数	相序	读数
		U 相		U 相		U 相	
		V 相		V 相		V 相	
		W 相		W 相		W 相	

4. 注意事项

（1）电动机接线必须与铭牌相符。

（2）通电前必须做好各项检查。

（3）根据被测电动机的额定电流和电压值正确选用仪表。

（4）正确使用仪表。

（5）测量过程中不准切换量程。

5. 成绩评定

考核及评分标准见表5-2。

表 5 - 2　评分标准表

项目内容	配分	评分标准	扣分	得分
正确选用仪表及挡位	10 分	未能根据电动机的额定电流和额定电压来选择仪表或选表错误,每次　　　　　　　　　扣 5 分		
判别绕组	10 分	三相绕组判别错误　　　　　　　　　扣 10 分		
电动机接线及通电前检查	40 分	测量前未检查仪表　　　　　　　　　扣 10 分 接线错误,每处　　　　　　　　　　扣 5 分 测量方法不对,每次　　　　　　　　扣 5 分 读数方法不对或不会读数,每次　　　扣 5 分		
测量空载电流值	30 分	被测导线位置摆放不正确,每次　　　扣 5 分 带电切换量程,每次　　　　　　　　扣 5 分 测量步骤或方法不对,每次　　　　　扣 5 分 不会读数或不会计算三相平衡电流值　扣 10 分		
安全、文明生产	10 分	每违规一次　　　　　　　　　　　　扣 5 分		
工时		30 分钟,每超过 5 分钟　　　　　　　扣 10 分		
合计	100 分			
备　注		各项扣分最高不超过该项配分		

任务二　三相异步电动机的拆装

知识链接 1　电动机拆装的专用工具

由于长时间使用或锈蚀,拆卸带轮及轴承比较困难。在实践中,发明了一种简易的手扳拉具,它是一种拆卸皮带轮、联轴器或轴承等的专用工具。

用拉具拆卸皮带轮或联轴器时,拉脚应钩住其外缘如图 5 - 4 所示;在拆卸轴承时拉脚应钩在轴承的内环上如图 5 - 5 所示。将拉具的丝杠顶尖对准轴中心的顶尖孔,缓慢地旋转丝杠并且应始终保持丝杠与被拉物在同一轴线上,即可把带轮和轴承卸下,而且能保证轴颈部不受损伤。

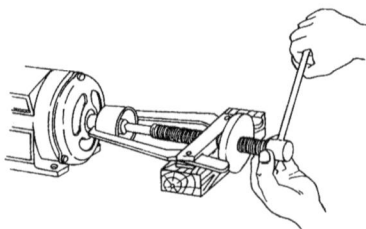

图 5 - 4 用拉具拆卸皮带轮　　　　　图 5 - 5　用拉具拆卸轴承

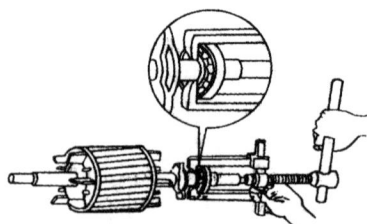

此外,在拆卸过程中还要经常用到活扳手、木锤、紫铜棒、旋具等。

知识链接2　三相异步电动机的拆卸

三相异步电动机应用广泛,受各种因素的影响,难免发生故障,需要及时进行维修保养。为了确保维修质量,在拆卸前应在电动机接线头、端盖等处作好标记和记录,以便装配后使电动机能恢复到原状态。不正确的拆卸,很可能损坏零件或绕组甚至扩大故障,增加修理的难度,造成不必要的损失。

1. 三相异步电动机的拆卸顺序

(1)切断电源,拆下电动机与电源的连接线,并将电源连接线线头作好绝缘处理。

(2)脱开带轮或联轴器与负载的联接,松开地脚螺栓和接地螺栓。

(3)拆卸带轮或联轴器。

(4)拆卸风罩风扇。

(5)拆卸轴承盖和端盖。

(6)抽出或吊出转子。

2. 主要零部件的拆卸方法

(1)联轴器或皮带轮的拆卸

首先要在联轴器或带轮的轴伸端做好尺寸标记,再将连轴器或带轮上的定位螺钉或销子取出,装上拉具,用图5-4的方法将联轴器或带轮卸下。如果由于锈蚀而难以拉动,可在定位孔内注入煤油,几小时后再拉。若还是拉不出,可用局部加热的办法,用喷灯等急火在带轮轴套四周加热,使其膨胀就可拉出。但加热温度不能太高,以防止变形。在拆卸过程中,不能用手锤或坚硬的东西直接敲击联轴器或皮带轮,防止碎裂和变形,必要时应垫上木板或用紫铜棒。

(2)拆卸风罩和风扇

拆卸风罩螺钉后,即可取下风罩,然后松开风扇的锁紧螺钉或定位销子,用木锤或紫铜棒在风扇四周均匀的轻轻敲击,风扇就可以松脱下来。风扇一般用铝或塑料制成,比较脆弱,因此在拆卸时切忌用手锤直接敲打。

(3)轴承盖和端盖的拆卸

把轴承外盖的螺栓卸下,拆开轴承外盖。为了便于装配时复位,应在端盖与机座接缝处做好标记,松开端盖紧固螺栓,然后用铜棒或用手锤垫上木板均匀敲打端盖四周,使端盖松动取下,再松开另一端的端盖螺栓,用木锤或紫铜棒轻轻敲打轴伸端,就可以把转子和后端盖一起取下,往外抽转子时要注意不能碰定子绕组。

(4)拆卸轴承的几种方法

①用拉具拆卸轴承　这是最方便的,而且不易损坏轴承和转轴,使用时应根据轴承的

大小选择适宜的拉具,按图 5-5 的方法夹住轴承,拉具的脚爪应紧扣在轴承内圈上,拉具丝杠的顶尖要对准转子轴的中心孔,慢慢扳转丝杠,用力要均匀,丝杠与转子应保持在同一轴线上。

② 用细铜棒拆卸　用直径 18mm 左右的黄铜棒,一端顶住轴承内圈,用手锤敲打另一端,敲打时要在轴承内圈四周对称轮流均匀地敲打,用力不要过猛,可慢慢向外拆下轴承,应注意不要碰伤转轴。

③端盖内轴承的拆卸　拆卸电动机端盖内的轴承,可将端盖止门面向上,平放在两块铁板或一个孔径稍大于轴承外圈的铁板上,上面用一段直径略小于轴承外圈的金属棒对准轴承,用手锤轻轻敲打金属棒,将轴承敲出。

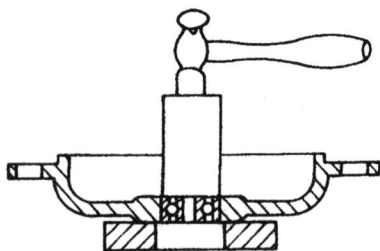

图 5-6　拆卸端盖内孔轴承方法

知识链接3　三相异步电动机的装配

三相异步电动机修理后的装配顺序,大致与拆卸时相反。装配时要注意拆卸时的一些标记,尽量按原记号复位。装配的顺序如下:

1. 滚动轴承的安装

轴承安装的质量将直接影响电动机的寿命,装配前应用煤油把轴承、转轴和轴承室等处清洗干净,用手转动轴承外圈,检查是否灵活、均匀和有无卡住现象。如果轴承不需更换,则需再用汽油洗净,用干净的布擦干待装。

如果是更换新轴承,应将轴承放入 70~80℃ 的变压器油中加热 5min 左右,待防锈油全部熔化后,再用汽油洗净,用干净的布擦干待装。

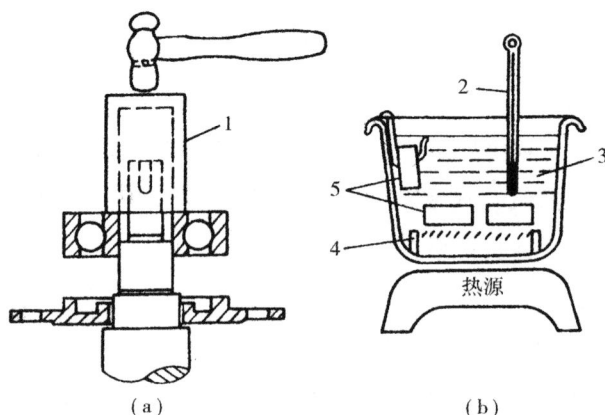

图 5-7　轴承的安装方法

1-套管;2-温度计;3-变压器油;4-钢丝网;5-轴承

轴承往轴颈上装配的方法有两种:冷套和热套,套装零件及工具都要清洗干净保持清洁,把清洗干净的轴承内盖加好润滑脂套在轴颈上。

（1）冷套法　把轴承套在轴颈上，用一段内径略大于轴径，外径小于轴承内圈直径的铁管．铁管的一端顶在轴承的内圈上，用手锤敲打铁管的另一端，把轴承敲进去。如果有条件最好是用油压机缓慢压入，如图 5 - 7(a)所示。

（2）热套法　将轴承放在 80～100℃ 的变压器油中，加热 30～40min，趁热快速把轴承推到轴颈根部，加热时轴承要放在网架上，不要与油箱底部或侧壁接触，油面要浸过轴承，温度不宜过高，加热时间也不宜过长，以免轴承退火，如图 5 - 7b 所示。

（3）装润滑脂　轴承的内外环之间和轴承盖内，要塞装润滑脂，润滑脂的塞装要均匀和适量，装的太满在受热后容易溢出，装的太少润滑期短，一般二极电动机应装容腔的 1/3～1/2；四极以上的电动机应装空腔容积的 2/3，轴承内外盖的润滑脂一般为盖内容积的 1/3～1/2。

2. 后端盖的安装

将电动机的后端盖套在转轴的后轴承上，并保持轴与端盖相互垂直，用清洁的木锤或紫铜棒轻轻敲打，使轴承进入端盖的轴承室内，拧紧轴承内、外盖的螺栓，螺栓要对称逐步拧紧。

3. 转子的安装

把安装好后端盖的转子对准定子铁心的中心，小心地往里放送，注意不要碰伤绕组线圈，当后端盖已对准机座的标记时，用木锤将后端盖敲入机壳止口，拧上后端盖的螺栓，暂时不要拧的太紧。

4. 前端盖的安装

将前端盖对准机座的标记，用木锤均匀敲击端盖四周，使端盖进入止口，然后拧上端盖的紧固螺栓。最后按对角线上下、左右均匀地拧紧前、后端盖的螺栓，在拧紧螺栓的过程中，应边拧边转动转子，避免转子不同心或卡住。接下来是装前轴承内、外盖，先在轴承外盖孔插入一根螺栓，一手顶住螺栓，另一只手缓慢转动转子，轴承内盖也随之转动。用手感来对齐轴承内外盖的螺孔，将螺栓拧入轴承内盖的螺孔，再将另两根螺栓逐步拧紧。

5. 安装风扇和皮带轮

在后轴端安装上风扇，再装好风扇的外罩．注意风扇安装要牢固，不要与外罩有碰撞和摩擦。装皮带轮时要修好键槽，磨损的键应重新配制，以保证连接可靠。

知识链接4　**装配后的检验**

（1）一般检查　检查所有紧固件是否拧紧；转子转动是否灵活．轴伸端有无径向偏摆。

（2）测量绝缘电阻　测量电动机定子绕组每相之间的绝缘电阻和绕组对机壳的绝缘电阻，其绝缘电阻值不能小于 0.5MΩ。

（3）测量电流　经上述检查合格后，根据名牌规定的电流电压，正确接通电源，安装好接地线,用钳形电流表分别测量三相电流,检查电流是否在规定电流的范围(空载电流约为额定电流的1/3)之内;三相电流是否平衡。

(4)通电观察　上述检查合格后可通电观察,用转速表测量转速是否均匀并符合规定要求;检查机壳是否过热;轴承有无异常声音。

技能训练

(一) 电动机及开关设备的安装实训

1. 实训内容
(1)电动机安装;
(2)电线管敷设;
(3)配电板安装。

2. 实训器材
小型三相异步电动机一台(要与已浇注好的座墩配套),铁壳开关一只(另备组合开关、开启式负荷开关、启动补偿器或手动星形—三角形启动器各一只),BV1.5mm²塑料铜芯线若干米,φ16mm电线管及管卡、弯管器一只,兆欧表一块,配电板一块,木螺钉 φmm×60mm四只。

3. 实训步骤
(1)按电动机规格选配好器材,准备好所需的工具。
(2)画出线路的走向、配电板、钢管的支持点位置。
(3)敷设电线管并穿线。
(4)用管卡固定电线管。
(5)将电动机安装在座墩上,矫正水平。
(6)装接配电板。
(7)接好控制开关至电动机的导线。
(8)接好接地线。

4. 注意事项
(1)电线管的敷设必须符合工艺要求,管内不许有接头。
(2)配电板必须用木楔固定在墙上。
(3)电动机转轴必须水平,地脚螺栓紧固方法要正确,紧固程度要相同。
(4)铁壳开关必须垂直安装,离地距离为1.3~1.5m,电源的引入线须接铁壳开关的下端头,引至电动机的线必须接铁壳开关的上端头。
(5)按电动机的铭牌接线,且外壳接地螺钉必须可靠接地。

（6）检查熔丝规格是否与电动机的额定电流匹配。

5. 成绩评定

考核及评分标准见表5-3。

表5-3 评分标准

项目内容	配分	评分标准		扣分	得分
安装步骤与方法	10分	步骤混乱，每次 方法不对，每次	扣3分 扣3分		
电动机安装	30分	地脚螺钉紧固方法不对，每次 电动机水平未矫正 接线错误 接点不紧固，每处	扣3分 扣5~10分 扣20分 扣3分		
电线管敷没	20分	弯管角度不对，每处 安装不牢固，每处	扣3分 扣3分		
配电板安装	30分	铁壳开关安装不垂直 接线错误，每处 接点不牢固，每处	扣5分 扣15分 扣3分		
安全、文明生产	10分	每违反一次	扣5分		
工时		6小时，每超过30分钟	扣10分		
合计	100分				
备 注		各项扣分最高不超过该项配分			

（二）电动机开关的安装及操作训练

1. 实训内容

（1）安装配电板。

（2）负荷开关操作。

（3）低压断路器操作。

（4）组合开关操作。

（5）电磁启动器操作。

2. 实训器材

铁壳开关一个，低压断路器一个，开启式负荷开关一个，组合开关一个，电磁启动器一套，熔断器若干个，配电板若干块。

3. 实训步骤

（1）将上述电器分别装在几块配电板上，并安装在电动机的控制回路中，经检查无误后通电试运行。

（2）开启式负荷开关合闸时向上推到位，分闸时向下拉到位，动作应快捷、准确、到位。

（3）低压断路器应垂直安装，掌握合闸、断闸时扳钮或按钮的正确位置，且动作不宜过快，用力不要过猛。

（4）铁壳开关的外壳要接好接地线。操作手柄合闸或断闸时动作要利索、到位，不允许开盖进行分、合闸，以防电弧灼伤人体。

（5）组合开关每转动一次，手柄位置就变化了90°，在360°内分、合闸各两次。

4．注意事项

（1）启动操作开关后应观察电动机转动情况，发现异常，立即拉闸停车，切勿合闸后马上离开操作位置。

（2）严格按各开关的使用说明操作，分清挡次，注意旋向，该快则快，该缓则缓，力度适中。

（3）刀开关等电器在更换熔丝时，必须断电分闸，且只能换上同规格的熔丝，刀开关严禁横装和倒装；

（4）组合开关手柄必须按顺时针方向旋转。反之，手柄会被拧出轴柄。手柄每次变位使触头到位时，会发出"喀"声，当手柄停住而没有发出任何声音时，应注意触头是否停位妥当，以防止停位不当而产生误合闸；

（5）对电磁启动器，按钮操作动作要迅速，一按到底，不能做断续的点按，以免电磁启动器误动作。

5．成绩评定

考核及评分标准见表5－4。

表5－4　评分标准

项目内容	配分	评分标准	扣分	得分
操作前检查	20分	未对各种操作开关进行使用前检查，每次　　　　扣10分 操作开关安装位置不规范未进行调整，仍照旧使用，每次　　　　扣10分		
操作开关接线	40分	操作开关未按说明正确接线　　　　扣20分		
开关分、合闸动作规范	30分	严格按各开关的使用说明正确操作各类开关，未按操作程序或操作方法不对，每次　　　　扣20分 操作速度或力度掌握不准，每次　　　　扣5分		
安全、文明生产	10分	每违规一次　　　　扣5分		
工时	7小时，每超过30分钟　　　　扣10分			
合计	100分			
备注	各项扣分最高不超过该项配分			

（三）小型三相异步电动机的拆装训练

1. 实训内容

（1）电动机拆卸。

（2）电动机内部清理。

（3）电动机装配。

2. 实训器材

三相异步电动机一台,电动机拆装教学挂图一幅,拉具一套,活动扳手、呆扳手和套筒扳手若干把,紫铜棒、小盒(或纸盒)、手锤、油盒、刷子各一把,煤油、钠基润滑脂等。

3. 实训步骤

（1）用拉具将电动机轴上的带轮拉下。

（2）按教学挂图所示步骤进行拆卸。

（3）用压缩空气吹扫电动机内部的灰尘,清洗轴承及端盖,更换润滑脂。

（4）按拆卸的逆顺序装配电动机,并通电试运转。

4. 注意事项

（1）拆卸带轮或轴承时,要正确使用拉具。

（2）电动机解体前,要打好记号,以便组装。

（3）端盖螺钉的松动与紧固必须按对角线上、下、左、右依次旋动。

（4）不能用手锤直接敲打电动机的任何部位,只能用紫铜棒在垫好木块后再敲击。

（5）抽出转子或安装转子时动作要小心,一边送一边接,不可擦伤定子绕组。

（6）清洗轴承时,一定要将陈旧的润滑脂排出洗净,再适量加入牌号合适的新润滑脂。

（7）电动机装配后,要检查转子转动是否灵活,有无卡阻现象。

（8）电动机试车前,应做绝缘检查。

5. 成绩评定

考核及评分标准见表 5 – 5。

表 5 – 5　评分标准

项目内容	配分	评分标准		扣分	得分
电动机解体	30 分	拆卸步骤不正确,每次 拆卸方法不正确,每次 工具使用不正确,每次	扣 5 分 扣 5 分 扣 5 分		
电动机组装	40 分	装配步骤不正确,每次 装配方法不正确,每次 一次装配后电动机不合要求,需重装	扣 5 分 扣 5 分 扣 20 分		

电动机的清洗与检查	20 分	轴承清洗不干净 扣 5 分 润滑脂油量过多或过少 扣 5 分 定子内腔和端盖处未做除尘处理或清洗 扣 10 分		
安全文明生产	10 分	每违规一次 扣 5 分		
工 时		4 小时,每超过 30 分钟 扣 10 分		
合 计	100 分			
备 注		各项扣分最高不超过该项配分,各校可视电动机功率大小、新旧程度酌情调整时间		

任务三 三相异步电动机定子绕组的检修

三相异步电动机定子绕组是产生旋转磁场的部分。受到腐蚀性气体的侵入,机械力和电磁力的冲击,以及绝缘的老化、受潮等原因,都会影响异步电动机的正常运行。另外,异步电动机在运行中长期过载、过压、欠压、断相等,也会引起定子绕组故障。定子绕组的故障是多种多样的,其产生的原因也各不相同。常见的故障有以下几种,应针对不同故障采取不同的检修方法。

知识链接 1 绝缘电阻偏低故障的检修

三相异步电动机在存放或者工作环境中,若湿度很高,使电动机表面吸附了一层导电物质,造成绝缘电阻偏低。此外,使用时间较长的电动机,受电磁机械力及温度的影响,也会使绝缘出现龟裂、分层、酥脆等轻度老化现象。若选用的绝缘材料质量不好、厚度不够,在嵌线时被损伤等,或原来绝缘处理不良,经使用后绝缘状况变得更差,以致整机或某一相绝缘电阻偏低。

绝缘电阻偏低是指绕组对地或相间电阻大于零而低于合格值。如若不进行处理而投入运行,就有被击穿烧坏的可能。额定电压在 1000V 以下的电动机绝缘电阻不低于 0.5MΩ,1000V 以上的电动机绝缘电阻不低于 $1M\Omega/kV$(热态)。绝缘电阻偏低的电动机,一般要进行干燥处理。对于绝缘轻度老化或存在薄弱环节的定子绕组,干燥后还要进行一次浸漆和烘干,以增加绝缘强度。

知识链接 2 定子绕组接地故摩的检修

三相异步电动机的绝缘电阻较低,虽经加热烘干处理,绝缘电阻仍很低,经检测发现定子绕组已与定子铁心短接,即绕组接地,绕组接地后会使电动机的机壳带电,绕组过热,从而导致短路,造成电动机不能正常工作。

1.定子绕组接地的原因

(1)绕组受潮。长期备用的电动机,经常由于受潮而使绝缘电阻值降低,甚至失去绝缘作用。

(2)绝缘老化。电动机长期过载运行,导致绕组及引线的绝缘热老化,降低或丧失绝缘强度而引起电击穿,导致绕组接地。绝缘老化现象为绝缘发黑、枯焦、酥脆、开裂、剥落。

(3)绕组制造工艺不良,以致绕组绝缘性能下降。

(4)绕组线圈重绕后,在嵌放绕组时操作不当而损伤绝缘,线圈在槽内松动,端部绑扎不牢,冷却介质中尘粒过多,使电动机在运行中线圈发生振动、摩擦及局部位移而损坏主绝缘,或槽绝缘移位,造成导线与铁心相碰。

(5)铁心硅钢片凸出,或有尖刺等损坏了绕组绝缘。或定子铁心与转子相擦,使铁心过热,烧毁槽楔或槽绝缘。

(6)绕组端部过长,与端盖相碰。

(7)引线绝缘损坏,与机壳相碰。

(8)电动机受雷击或电力系统过电压而使绕组绝缘击穿损坏等。

(9)槽内或线圈上附有铁磁物质,在交变磁通作用下产生振动,将绝缘磨穿。若铁磁物质较大,则易产生涡流,引起绝缘的局部热损坏。

2.定子绕组接地故障的检查

检查定子绕组接地故障的方法很多,无论使用哪种方法,在具体检查时首先应将各相绕组接线端的连接片拆开,然后再分别逐相检查是否有接地故障。找出有接地故障的绕组后,再拆开该相绕组的极相组连线的接头,确定接地的极相组。最后拆开该极相组中各线圈的连接头,最终确定存在接地故障的线圈。常用的检查绕组接地的方法有以下几种:

(1)观察法　绕组接地故障经常发生在绕组端部或铁心槽口部分,而且绝缘常有破裂和烧焦发黑的痕迹。

(2)兆欧表检查法　用兆欧表检查时,应根据被测电动机的额定电压来选择兆欧表的等级。500V以下的低压电动机选用500V的兆欧表,3kV的电动机采用1000V的兆欧表,6kV以上的电动机应选用2500V的兆欧表。

测量时,兆欧表的一端接电动机绕组,另一端接电动机机壳。按120r/min的速度摇动摇柄,若指针指向零,表示绕组接地;若指针摇摆不定,说明绝缘已被击穿;如果绝缘电阻在0.5MΩ以上,则说明电动机绝缘正常。

(3)万用表检查法　检测时,先将三相绕组之间的连接线拆开,然后将万用表的量程旋到R×10kΩ挡位上,将一只表笔碰触在机壳上,另一只表笔分别碰触三相绕组的接线端。若测得的电阻较大,则表明没有接地故障;如测得的电阻很小或为零,则表明该相绕组有接地故障。

（4）校验灯检查法　将绕组的各相接头拆开,用一只40～100W 的灯泡串接于220V 火线与绕组之间,如图 5 - 8 所示,一端接机壳,另一端依次接三相绕组的接头。若校验灯亮,表示绕组接地;若校验灯微亮,说明绕组绝缘性能变差或漏电。

（5）分段淘汰法　如果接地点位置不易发现时,可采用此法进行检查。首先应确定有接地故障的相绕组,然后在极相组的连接线中间位置剪断或拆开,使该相绕组分成两半,然后用万用表、兆欧表或效验灯等进行检查。电阻为零或校验灯亮的一半有接地故障存在。接着再把接地故障这部分的绕组分成两部分,以此类推分段淘汰,逐步缩小检查范围,最后就可找到接地的线圈。

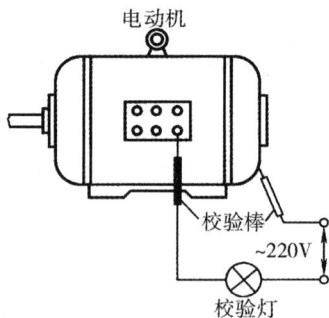

图 5 - 8　用校验灯检查绕组接地

例如,如图 5 - 9 所示是一台三相 4 极 36 槽异步电动机双叠绕组的 V(B)相绕组。由图可知,每极有 9 槽,每一相在每一极中占有 3 槽,由于是双叠绕组,每一极相组中有 3 只线圈。采用分段淘汰法时,先拆开接头 1 与 2,将串有校验灯的电源接在 V_1(B)与地之间,校验灯不亮,表明这一部分线圈没有接地;再将电源接在 V_2(Y)与地之间,校验灯亮,表明接地点在 2 与 V_2(Y)之间。然后拆开接头 3 与 4,把电源接在 V_2(Y)与 4 之间,校验灯不亮,表明接地点在 2 与 3 之间;再检查接头 5 与 6 及 7 与 8,即可确定第三极相组的第二只线圈接地。

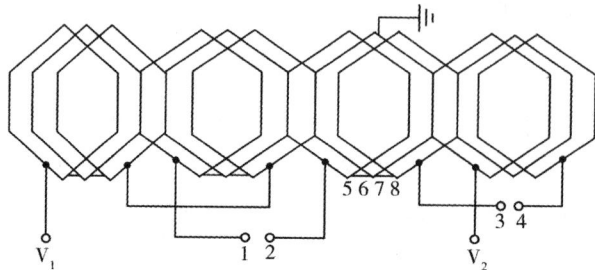

图 5 - 9　分段淘汰法检查接地绕组

3. 定子绕组接地故障的检修

只要绕组接地的故障程度较轻,又便于查找和修理时,都可以进行局部修理。

（1）接地点在槽口

当接地点在端部槽口附近且又没有严重损伤时,则可按下述步骤进行修理:

① 在接地的绕组中,通入低压电流加热,在绝缘软化后打出槽楔。

② 用划线板把槽口的接地点撬开,使导线与铁心之间产生间隙,再将与电动机绝缘等级相同的绝缘材料剪成适当的尺寸,插入接地点的导线与铁心之间,再用小木锤将其轻轻打入。

③ 在接地位置垫放绝缘以后,再将绝缘纸对折起来,最后打入槽楔。

（2）槽内线圈上层边接地

可按下述步骤检修:

① 在接地的线圈中通入低压电流加热,待绝缘软化后,再打出槽楔。

② 用划线板将槽机绝缘分开,在接地的一侧,按线圈排列的顺序,从槽内翻出一半线圈。

③ 使用与电动机绝缘等级相同的绝缘材料,垫放在槽内接地的位置。

④ 按线圈排列顺序,把翻出槽外的线圈再嵌入槽内。

⑤ 滴入绝缘漆,并通入低压电流加热、烘干。

⑥ 将槽绝缘对折起来,放上对折的绝缘纸,再打入槽楔。

（3）槽内线圈下层边接地

可按下述步骤检修:

① 在线圈内通入低压电流加热。待绝缘软化后,即撬动接地点,使导线与铁心之间产生间隙,然后清理接地点,并垫进绝缘。

② 用校验灯或兆欧表等检查故障是否消除。如果接地故障已消除,则按线圈排列顺序将下层边的线圈整理好,再垫放层间绝缘,然后嵌进上层线圈。

③ 滴入绝缘漆,并通入低压电流加热、烘干。

④ 将槽绝缘对折起来,放上对折的绝缘纸,再打入槽楔。

（4）绕组端部接地

可按下述步骤检修:

① 先把损坏的绝缘刮掉并清理干净。

② 将电动机定子放人烘房进行加热,使其绝缘软化。

③ 用硬木做成的打板对绕组端部进行整形处理。整形时,用力要适当,以免损坏绕组的绝缘。

④ 对于损坏的绕组绝缘,应重新包扎同等级的绝缘材料,并涂刷绝缘漆,然后进行烘干处理。

知识链接3　定子绕组矩路故障的检修

定子绕组短路是异步电动机中经常发生的故障。绕组短路可分为匝间短路和相间短路,其中相间短路包括相邻线圈短路、极相组短路和两相绕组之间的短路。

匝间短路是指线圈中串联的两个线匝因绝缘层破裂而短路。

相间短路是由于相邻线圈之间绝缘层损坏而短路,一个极相组的两根引线被短接,以及三相绕组的两相之间因绝缘损坏而造成的短路。

绕组短路严重时,负载情况下电动机根本不能启动。短路匝数少,电动机虽能启动,但电流较大且三相不平衡,导致电磁转矩不平衡,使电动机产生振动,发出"嗡嗡"响声。短路匝中流过很大电流,使绕组迅速发热、冒烟并发出焦臭味甚至烧坏。

1. 定子绕组短路的原因

(1)修理时嵌线操作不熟练,造成绝缘损伤,或在焊接引线时烙铁温度过高、焊接时间过长而烫坏线圈的绝缘,相间绝缘未垫好。

(2)绕组因年久失修而使绝缘老化,或绕组受潮,未经烘干便直接运行,导致绝缘击穿。

(3)电动机长期过载,绕组中电流过大,使绝缘老化变脆,绝缘性能降低而失去绝缘作用。

(4)定子绕组线圈之间的连接线或引线绝缘不良。

(5)绕组重绕时,绕组端部或双层绕组槽内的相间绝缘没有垫好或击穿损坏。

(6)由于轴承磨损严重,使定子和转子铁心相擦产生高热,而使定子绕组绝缘烧坏。

(7)雷击、连续启动次数过多或过电压击穿绝缘。

2. 定子绕组短路故障的检查

定子绕组短路故障的检查方法有以下几种。

(1)**观察法** 观察定子绕组有无烧焦绝缘或有无浓厚的焦味,可判断绕组有无短路故障。也可让电动机运转几分钟后,切断电源停车之后,立即将电动机端盖打开,取出转子,用手触摸绕组的端部,感觉温度较高的部位即是短路线匝的位置。

(2)**万用表(兆欧表)法** 将三相绕组的头尾全部拆开,用万用表或兆欧表测量两相绕组间的绝缘电阻,其阻值为零或很低,即表明两相绕组有短路。

(3)**直流电阻法** 当绕组短路情况比较严重时,可用电桥测量各相绕组的直流电阻,电阻较小的绕组即为短路绕组(一般阻值偏差不超过5%可视为正常)。为了测量方便与准确,通常是测量两相串联后的电阻,如图5-10(a)所示,再按下式计算各相电阻。

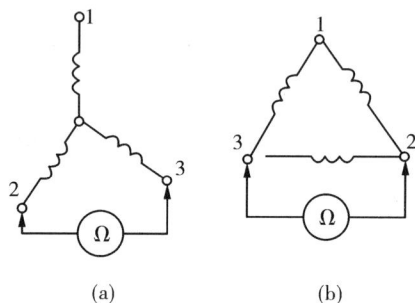

(a)　　　(b)

图5-10　直流电阻法检查短路绕组

$$R_3 = \frac{R_{13} + R_{23} - R_{12}}{2}$$

$$R_1 = R_{13} - R_3$$

$$\cdots\cdots$$

$$R_2 = R_{12} - R_1$$

若电动机绕组为三角形接法,应拆开一个连接点再进行测量,如图5-9(b)所示。

(4)**短路侦察器法** 短路侦察器是一个开口变压器,它与定子铁心接触的部分做成与定子铁心相同的弧形,宽度也做成与定子齿距相同,如图5-11所示。其检查方法如下:

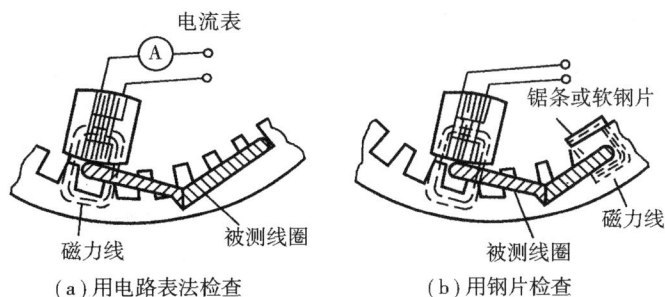

图 5 - 11 短路侦察器法检查短路绕组

取出电动机的转子,将短路侦察器的开口部分放在定子铁心中所要检查的线圈边的槽口上,给短路侦查器通入交流电。这时短路侦查器的铁心与被测定子铁心构成磁回路,而组成一个变压器,短路侦察器的线圈相当于变压器的一次线圈,定子铁心槽内的线圈相当于变压器的二次线圈。如果短路侦察器是处在短路绕组,则形成类似一个短路的变压器,这时串接在短路侦察器线圈中的电流表将显示出较大的电流值。用这种方法沿着被测电动机的定子铁心内圆逐槽检查,找出电流最大的那个线圈就是短路的线圈。

如果没有电流表,也可用约 0.6mm 厚的钢锯条片放在被测线圈的另一个槽口,若有短路,则这片钢锯条就会产生振动,说明这个线圈就是故障线圈。对于多路并联的绕组,必须将各个并联支路打开,才能采用短路侦察器进行测量。

3. 定子绕组短路故障的检修

在查明定子绕组的短路故障后,可根据具体情况进行相应的修理。根据维修经验,最容易发生短路故障的位置是同极同相、相邻的两只线圈,上、下两层线圈及线圈的槽外部分。

(1)端部修理法 如果短路点在线圈端部,是因接线错误而导致的短路,可拆开接头,重新连接。当连接线绝缘管破裂时,可将绕组适当加热,撬开引线处,重新套好绝缘套管或用绝缘材料垫好。当端部短路时,可在两绕组端部交叠处插入绝缘物,将绝缘损坏的导线包上绝缘布。

(2)拆修重嵌法 在故障线圈所在槽的槽楔上,刷涂适当溶剂(丙酮40%,甲苯35%,酒精25%)。约半小时后,抽出槽楔并逐匝取出导线,用聚酯胶带将绝缘损坏处包扎好,重新嵌回槽中。如果故障在底层导线中,则必须将妨碍修理操作的邻近上层线圈边的导线取出槽外,待有故障的线匝修理完毕后,再依次嵌回槽中。

(3)局部调换线圈法 如果同心绕组的上层线圈损坏,可将绕组适当加热软化,完整地取出损坏的线圈,仿制相同规格的新线圈,嵌到原来的线槽中。对于同心式绕组的底层线圈和双层叠绕组线圈短路故障,可采用"穿绕法"修理。穿绕法较为省工省料,还可以避免损坏其他好线圈。

穿绕修理时,先将绕组加热至80℃左右使绝缘软化,然后将短路线圈的槽楔打出,剪断短路线圈两端,将短路线圈的导线一根一根抽出。接着清理线槽,用一层聚酯薄膜复合青壳纸卷成圆筒,插入槽内形成一个绝缘套。穿线前,在绝缘套内插入钢丝或竹签(打蜡)后作为假导线,假导线的线径比导线略粗,根数等于线匝数。导线按短路线圈总长剪断,从中点开始穿线,如图5-12所示。

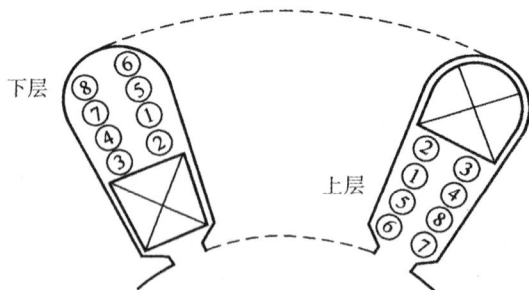

图5-12 穿绕法修理短路绕组

导线的一端(左端)从下层边穿起,按下1、上2、下3、上4的次序穿绕,另一端(右端)从上层边穿起,按上5、下6、上7、下8的次序穿绕。穿绕时,抽出一根假导线,随即穿入一根新导线,以免导线或假导线在槽内发生移动。穿绕完毕,整理好端部,然后进行接线,并检查绝缘和进行必要的试验,经检测确定绝缘良好并经空载试车正常后,才能浸漆、烘干。

对于单层链式或交叉式绕组,在拆除故障线圈之后,把上面的线圈端部压下来填充空隙,另制一组导线直径和匝数相同的新线圈,从绕组表层嵌入原来的线槽内。

知识链接4 定子绕组断路故障的检修

当电动机定子绕组中有一相发生断路,电动机星形接法时,通电后发出较强的"嗡嗡"声,启动困难,甚至不能启动,断路相电流为零。当电动机带一定负载运行时,若突然发生一相断路,电动机可能还会继续运转,但其他两相电流将增大许多,并发出较强的"嗡嗡"声。对三角形接法的电动机,虽能自行启动,但三相电流极不平衡,其中一相电流比另外两相约大70%,且转速低于额定值。采用多根并绕或多支路并联绕组的电动机,其中一根导线断线或一条支路断路并不造成一相断路,这时用电桥可测得断股或断支路相的电阻值比另外两相大。

1.定子绕组断路的原因

(1)绕组端部伸在铁心外面,导线易被碰断,或由于接线头焊接不良,长期运行后脱焊,以致造成绕组断路。

(2)导线质量低劣,导线截面有局部缩小处,原设计或修理时导线截面积选择偏小,以及嵌线时刮削或弯折致伤导线,运行中通过电流时局部发热产生高温而烧断。

(3)接头脱焊或虚焊,多根并绕或多支路并联绕组断股未及时发现,经一段时间运行后发展为一相断路,或受机械力影响断裂及机械碰撞使线圈断路。

(4)没有发现绕组内部短路或接地故障,长期过热而烧断导线。

2. 定子绕组断路故障的检查

断路故障大多数发生在绕组端部、线圈的接头以及绕组与引线的接头处。因此,发生断路故障后,首先应检查绕组端部,找出断路点,重新进行连接、焊牢,包上相应等级的绝缘材料,再经局部绝缘处理,涂上绝缘漆晾干,即可继续使用。

定子绕组断路故障的检查方法有以下几种:

(1)观察法 仔细观察绕组端部是否有碰断现象,找出碰断处。

(2)万用表法 将电动机出线盒内的连接片取下,用万用表或兆欧表测各相绕组的电阻,当电阻大到几乎等于绕组的绝缘电阻时,表明该相绕组存在断路故障,测量方法如图 5 - 13 所示。

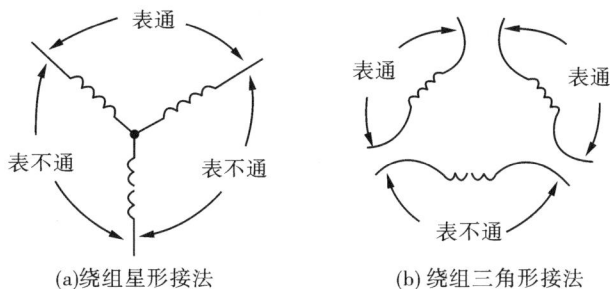

(a)绕组星形接法　　　　(b)绕组三角形接法

图 5 - 13　万用表法检查绕组断路

(3)检验灯法 小灯泡与电池串联,两根引线分别与一相绕组的头尾相连,若有并联支路,拆开并联支路端头的连接线;有并绕的,则拆开端头,使之互不接通。如果灯不亮,则表明绕组有断路故障。测量方法如图 5 - 14 所示。

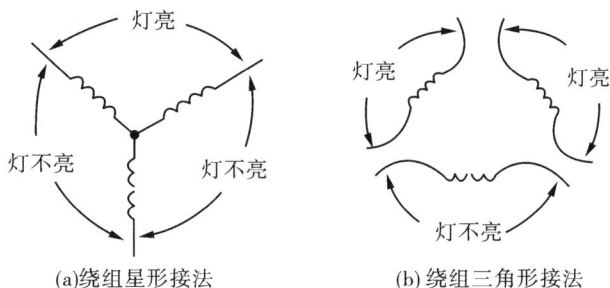

(a)绕组星形接法　　　　(b)绕组三角形接法

图 5 - 14　检验灯法检查绕组断路

3. 定子绕组断路故障的检修

查明定子绕组断路部位后,即可根据具体情况进行相应的修理,检修方法如下:

(1)当绕组导线接头焊接不良时,应先拆下导线接头处包扎的绝缘,断开接头,仔细清理,除去接头上的油污、焊渣及其他杂物。如果原来是锡焊焊接的,则先进行搪锡,再用烙铁重新焊接牢固并包扎绝缘,若采用电弧焊焊接,则既不会损坏绝缘,接头也比较牢靠。

(2)引线断路时应更换同规格的引线。若引线长度较长,可缩短引线,重新焊接接头。

(3)槽内线圈断线的处理。出现该故障现象时,应先将绕组加热,翻起断路的线圈,然后用合适的导线接好焊牢,爆炸绝缘后再嵌回原线槽,封好槽口并刷上绝缘漆。但注意接头处不能在槽内,必须放在槽外两端。另外,也可以调换新线圈。有时遇到电动机急需使用,一时来不及修理,也可以采取跳接法,直接短接断路的线圈,但此时应降低负载运行。这对于小功率电动机以及轻载、低速电动机是比较适用的。这是一种应急修理办法,事后应采取适当的补救措施。如果绕组断路严重,则必须拆除绕组重绕。

(4)当绕组端部断路时,可采用电吹风机对断线处加热,软化后把断头端挑起来,刮掉断头端的绝缘层,随后将两个线端插入玻璃丝漆套管内,并顶接在套管的中间位置进行焊接。焊好后包扎相应等级的绝缘,然后再涂上绝缘漆晾干。修理时还应注意检查邻近的导线,如果有损伤也要进行接线或绝缘处理。对于绕组有多根断线的,必须仔细查出哪两根线对应相接,否则接错将造成自行断路。多根断线的每两个线端的连接方法与上述单根断线的连接方法相同。

知识链接5 定子绕组搂线错误的检修

在嵌线或接线过程中,有时因工作疏忽或业务不熟,造成绕组嵌反或接错,使电动机的磁动势和电抗发生不平衡,引起电动机剧烈振动,产生噪声。同时,使绕组过热,甚至会使电动机烧毁。

极相组接错,在分数槽电动机中最易发生。因此,在绕制线圈时,将首末端套上不同颜色的套管,可避免接错,或一旦接错亦易于查找。

1.定子绕组首末端接反的检查

如果在三相定子绕组中,有一相绕组头尾互换,叫作一相反接。一相反接的电路如图5–15所示。

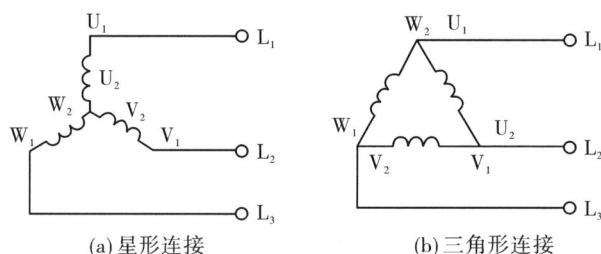

(a) 星形连接　　　　　(b) 三角形连接

图 5 – 15　一相绕组反接

一相反接的主要表现有以下几种情况。电动机的启动转矩严重下降,只要稍带负载或电压偏低,电动机就不能启动至正常转速。三相空载电流明显不等,而且都比正常值大得多。机身严重振动并伴有明显的电磁噪声。即便空载运行,电动机也要严重发热,如不及时断电,电动机很容易烧毁。因此,一旦发现一相绕组反接,必须立即检查,及时改正,检查方法如下。

(1)用万用表和转动转子检查　检查电路如图5–16所示。将三相定子绕组并联后接万用表,万用表的量程转换开关置于直流毫安挡。检查时用手转动电动机的转子,此时如果万用表的指针不动,说明该电动机定子绕组首末端连接是正确的。因为这时由转子铁心中的剩磁在定子三相绕组中产生的感应电动势的矢量和等于0,因此 $i = 0$,指针不动。若万用表指针偏转,则表明一相绕组的首末端连接反了。此时,只需将某相绕组的两端对调后重试,最终就能确定三相绕组的首末端。

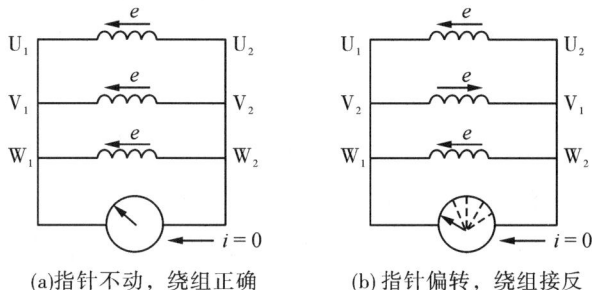

(a)指针不动,绕组正确　　　　(b)指针偏转,绕组接反

图5-16　用万用表检查绕组的首末端

(2)用万用表和干电池判定法电路　如图5-17所示。在电源开关接通的瞬间,若万用表的指针摆向大于零的一边,则电池正极所接的一端与万用表负端所接的一端为同名端;若万用表指针反向摆Vl 三相绕组的首末端动,则电池正极所接的一端与万用表正端所接的一端为同名端。同理,再将万用表接到另一相绕组中,即可确定三相绕组的同名端,找出接反的一相定子绕组。)

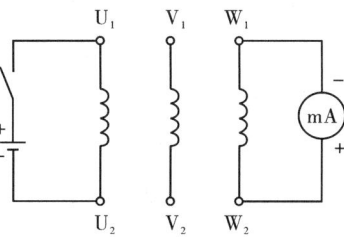

图5-17　用万用表检查三相绕组的末端

(3)灯泡检查法　三相绕组首末端接反可采用绕组串联法检查,如图5-18所示。将一相绕组接通36V低压交流电,另外两相串联起来接白炽灯泡或交流电压表。如灯泡亮或电压表有指示,说明两绕组感应电势方向相同,即第一相的末端与第二相的首端相连接,表明三相绕组首末端连接是正确的。如灯泡不量或电压表无指示,说明两绕组感应电动势方向相反,相互抵消,即两相末端或首端连在一起。同理,可确定第三相的首末端。

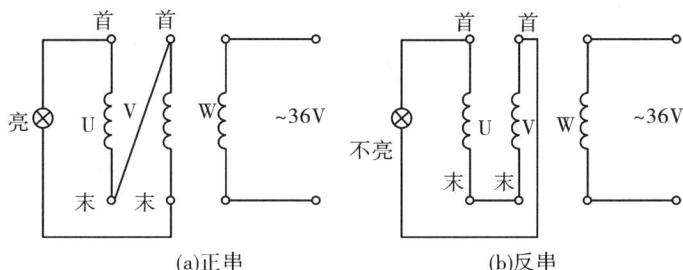

(a)正串　　　　　　　(b)反串

图5-18　用灯泡检查三相定子绕组的首末端

2. 星形与三角形接法错误的检查

在连接出线盒接线板上的6根出线端时,若将星形接法的三相绕组错接成三角形接法,

则每相电压将增至额定值的$\sqrt{3}$倍,会导致铁心严重过热,定子电流过大而烧毁电动机。相反,如果将三角形接法的电动机错接成星形接法,则每相绕组所加的电压只有额定电压的$1/\sqrt{3}$,将使启动转矩严重下降,当满载或重载运行时,定子与转子电流剧增,导致三相绕组过热而烧毁。

因此,一旦发生绕组接线错误,轻者会使电动机工作不正常,严重时则可烧毁电动机。所以在使用、维修时,必须确保接线正确。

3.定子绕组内部接线错误的检查

三相电动机定子绕组内部接线错误,分绕组内部个别线圈接反或个别极相组接错、一相绕组接反或多路并联支路接错以及星形、三角形接法错误等。

(1)线圈反接 对于线圈的嵌反或反接,可用指南针和低压直流电源(如蓄电池或低压整流器等)来检查。调节电压,使送入绕组内电流约为额定电流的$1/4 \sim 1/6$,此时的直流电源应加在一相绕组首末端。如果是星形连接的三相定子绕组,电源应加在一相绕组的始端和中性点之间;如果是三角形连接的三相定子绕组,必须把各相绕组的接头拆开,分别检查各相绕组。

在定子内圆放一枚自由转动的指南针,慢慢地在定子铁心内圆移动,如果绕组的接法是正确的,指南针从一极相组移向次一极相组时,将依次调换一次方向。若有一只线圈接反,则反接的线圈将生成与其余线圈相反的磁场。这一极相组内发生抵消的作用,指南针的指针对于这个极相组就不会肯定地指出方向。假如一极相组里只有两只线圈,如有一线圈嵌反或反接,由于这一极相组的磁性完全被抵消,指南针不会有指示。

(2)极相组反接 当一组极相组全部反接时,这一组内电流的方向都是反的。检查这种故障的方法应和检查线圈反接的方法相同。用直流电通入绕组,当指南针经过各线圈时,各极相组会交替地指出 N、S、N、S 等极性。若有一组反接,便有三个连续的极相组指示相同的极性,如图 5 - 19 所示。改正反接线圈或反接极相组的方法,就是先校核绕组的连接处,找出其错误并更正过来。

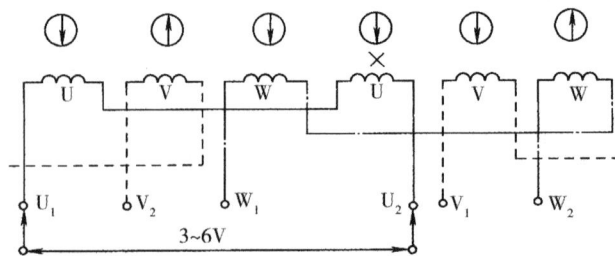

图 5 - 19 用指南针检查定子绕组接线

技能训练

（一）三相异步电动机定子绕组直流电阻值的测量实训

1. 实训内容

（1）用万用表测量。

（2）用电桥测量。

2. 实训器材

三相异步电动机一台，单臂电桥或双臂电桥一块，万用表一块，常用电工工具一套。

3. 实训步骤

（1）拆开电动机接线盒内的连接片和电源线。

（2）用万用表粗测三相绕组阻值。

（3）用粗而短的导线将电桥电位端钮 P_1、P_2 分别与电动机接线柱 U_1、U_2 连接，电桥电流端 C_1、C_2 也分别与电动机接线柱 U_1、U_2 连接，且各点接触要良好。

（4）将电源选择开关拨到接通的位置。

（5）调节检流计旋钮，使指针指向零位。

（6）估算倍率，将倍率旋钮旋至相应的位置。

（7）调节电流平衡。用左手的食指按下按钮"B"，接通电源，再用中指按下按钮"G"，接通检流计，如果检流计的指针指向"－"的方向，应旋动刻度盘，减小数字，若刻度盘已是在最小数字上。无法减小时，应重新选择倍率。如果检流计指向"＋"的方向，这时将刻度盘向增加方向旋动。每次测量完毕，要先松开按钮"G"，再松开按钮"B"，测量动作应迅速。

（8）按测量 U 相绕组电阻值的步骤，测量 V 相、W 相绕组的电阻值。

（9）测量结束，将倍率开关旋在短路位置，电源开关旋在关的位置。计算三相平均电阻值 R_e，且平均电阻值与各相电阻值的偏差≤5%。

$$R_e = \frac{R_U + R_V + R_W}{3} \quad （\Omega）$$

如电阻值相差过大，则表明绕组中有短路、断路、绕组匝数有误或接触不良等故障。

4. 注意事项

（1）使用电桥时，被测物不能带电。

（2）电桥属精密仪表，须轻拿轻放，使用时须水平放置，以免影响测量精度。

（3）测量动作应迅速，以免被测元件发热影响测量的准确性。

（4）电桥停止使用时，其电池应从电池盒中取出，以延长电池的使用寿命。

5. 成绩评定

考核及评分标准见表 5－6。

表5-6 评分标准

项目内容	配分	评分标准		扣分	得分
电桥接线	20分	未按要求接线,每处	扣5分		
倍率选择	20分	不会选择倍率,每次	扣10分		
测量方法	30分	测量方法错误,每次	扣10分		
测量读数	10分	不会读数	扣10分		
测量结果判断	10分	不能根据被测结果判断电动机好坏	扣10分		
安全、文明生产	10分	每违规一次	扣5分		
工 时		20分钟,每超过5分钟	扣10分		
合 计	100分				
备 注		各项扣分最高不超过该项配分			

(二)定子绕组接地故障的检查和修理实训

1. 实训内容

(1)分析故障原因,查找故障部位。

(2)排除故障。

(3)安全、文明操作。

2. 实训器材

常用电工工具、兆欧表、36V校验灯、220V/36V变压器、绝缘纸、绝缘漆和烘焙加热设备等。

3. 实训步骤

(1)拆开电动机接线盒内绕组连接片,用兆欧表测量各相对地(机壳)的绝缘电阻,若某相绕组对地绝缘电阻为零,则该相绕组存在接地故障。

(2)拆开电动机端盖,将定子绕组烘焙至绝缘软化。将接地相绕组分成两半,用校验灯找出接地部分,再将接地部分分成两半,用校验灯找出接地部分。依次类推,直至找出故障线圈。

(3)在线圈端部垫木板,用小木棒轻击该线圈铁心两端槽口端面的齿片,当敲到某一处时,校验灯闪动,说明该处是接地点。

(4)打出槽楔,用划线板在接地处撬动线圈,待灯不亮后垫入绝缘纸。

(5)用兆欧表复验,其绝缘电阻应在0.5MΩ以上,修整槽外多余的绝缘纸,打入木楔,恢复绕组接线,做端部整形,浇刷绝缘漆后烘干。

(6)装配电机端盖后再做电动机的绝缘测试,绝缘要符合要求。最后完成电动机接地故障的检修。

4. 注意事项

在检修过程中要细心操作,不要损伤邻近绕组的绝缘,以免造成故障的扩大。

5. 成绩评定

考核及评分标准见表5-7。

表5-7 评分标准

项目内容	配分	评分标准		扣分	得分
查找定子绕组故障	40分	使用仪表、工具不正确 查找故障方法、步骤有错	扣5~10分 扣10~30分		
排除定子绕组 接地故障	60分	每一次排除故障不成功 端部整形不良	扣15分 扣5~15分		
安全、文明操作, 不扩大故障		扩大故障 违反安全文明操作每次	扣40分 扣5分		
工 时		标准工时为8小时,每超过30分钟	扣10分		
合 计	100分				
备 注		各项扣分最高不超过该项配分			

(三)定子绕组端部断路检修训练

1. 实训内容

(1)电动机拆装。

(2)查找故障。

(3)故障处理。

2. 实训器材

故障电动机一台、常用电工工具、万用表、36V校验灯、220V/36V变压器、绝缘纸、绝缘漆和电烙铁等。

3. 实训步骤

(1)拆开电动机,将接线盒的连接片拆下(△形接法)。

(2)用万用表或校验灯查出断路的一相绕组。

(3)逐步缩小断路故障范围,找出故障所在的线圈。

(4)将定子绕组放在烘箱内加热,使线圈的绝缘软化,再设法找出故障点,断路一般发生在线圈之间的连接处或铁心槽口处。

(5)视故障情况进行处理。若断路点发生在端部,可将断路处恢复加焊后再进行绝缘处理;若断路点发生在槽口处或槽内,则一般可拆除故障线圈,用穿绕修补法进行修理或重新绕制。

(6)将绕组及电动机复原。

4．注意事项

(1)找到故障点后,应首先观察故障现象,分析故障原因,然后再进行修复;

(2)进行锡焊时,焊点处不得有毛刺,焊锡不能掉入绕组内。

5．成绩评定

考核及评分标准见表5－8。

表5－8　评分标准

项目内容	配分	评分标准		扣分	得分
拆开电动机,查找故障	50分	拆电动机步骤不对 查找故障方法不对 断路点判断不正确	扣10分 扣20分 扣20分		
故障处理	40分	连接或焊接不良 端部恢复不良 绝缘处理不良 装配不良扣	扣10~20分 扣10分 扣10~20分 10分		
安全、文明操作	10分	违反安全文明操作每次	扣5分		
工时		标准工时为7小时,每超过30分钟	扣10分		
合计	100分				
备注		各项扣分最高不超过该项配分			

(四)三相异步电动机定子绕组首尾端判别

1．实训内容

(1)会用万用表判别三相异步电动机的首尾端;

(2)会用36V交流电源和灯泡法判别三相异步电动机的首尾端。

2．实训器材

仪表、器材:万用表、接线夹、按钮、干电池、12V灯泡、220/36V变压器、三相异步电动机(从接线盒内引出六根无编号的导线)等。

3．实训步骤

(1)用万用电表电阻档找出三相绕组各相的两个线头,作好标记。

(2)用36伏交流电源和灯泡判别三相定子绕组的首尾端。

(3)用万用表法进行复验。

(4)自认为正确后,将原作标记去掉;给三个首端作 U_1、V_1、W_1 的标记,相应的尾端作 U_2、V_2、W_2 的标记。

4. 注意事项

上述所有判别方法,都是根据电磁感原理设计的,重温这个原理及电感线圈的串并联,就能熟练掌握这些方法。

5. 成绩评定

表5-9　评分标准

项目内容	配分	评分标准		扣分	得分
仪表使用	20分	仪表使用方法有错	扣5~20分		
判别方法	30分	方法不正确	扣10~30分		
判别结果	30分	首尾判别错	扣30分		
复验方法	10分	方法不正确	扣5~10分		
复验结果	10分	复验结果不对	扣10分		
安全文明生产		每违反一次	扣10分		
工　时	4小时	评　分			

任务四　变压器

知识链接 1 **变压器的工作原理和基本结构**

1. 工作原理

变压器是一种常见的静止电气设备,它利用电磁感应原理,将某一数值的交变电压变换为同频率的另一数值的交变电压。变压器不仅对电力系统中电能的传输、分配和安全使用上有重要意义,而且广泛用于电气控制领域、电子技术领域、测试技术领域、焊接技术领域,等等。

变压器是利用电磁感应原理工作的,如图5-20为其工作原理示意图。变压器的主要部件是铁心和绕组。两个互相绝缘且匝数不同的绕组分别套装在铁心上,两绕组间只有磁的耦合而没有电的联系,其中接电源 u_1 的绕组称为一次绕组(曾称为原绕组、初级绕组)用于接负载的绕组称为二次绕组(曾称为副绕组、次级绕组)。

一次绕组加上交流电压 u_1 后,绕组中便有电流 i_1 通过,在铁心中产生与 u_1 同频率的交变磁通 Φ,根据电磁感应原理,将分别在两个绕组中感应出电动势 e_1 和 e_2。

$$e_1 = -N_1 \frac{\mathrm{d}\Phi}{\mathrm{d}t}$$

$$e_2 = - N_2 \frac{\mathrm{d}\Phi}{\mathrm{d}t}$$

式中,"−"号表示感应电动势总是阻碍磁通的变化。若把负载接在二次绕组上,则在电动势 e_2 的作用下,有电流 i_2 流过负载,实现了电能的传递。由上式可知,一、二次绕组感应电动势的大小(近似于各自的电压 u_1 及 u_2)与绕组匝数成正比,故只要改变一、二次绕组的匝数,就可达到改变电压的目的。

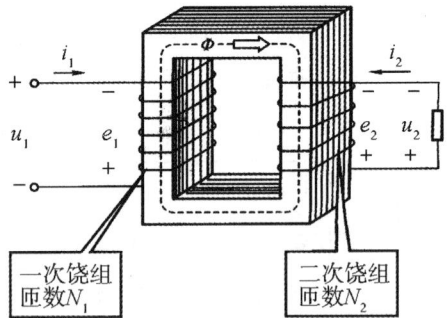

图 5−20 单相变压器原理图

2. 基本结构

单相变压器的基本结构主要包括铁心和绕组两部分,铁心是变压器的磁路部分。为了提高导磁性能、减少磁滞损耗和涡流损耗,变压器铁心常采用 0.35mm 厚的硅钢片叠装而成,片间彼此绝缘。

三相变压器是由铁心、线圈、油箱及其他附件组成。铁心构成变压器的磁路,线圈构成变压器的电路。附件包括油箱、绝缘套管、储油柜、冷却装置、压力释放阀、安全气道、温度计和气体继电器等,储油箱的作用是使油箱内部与外界空气隔绝;油箱中的油用来绝缘、防潮和散热;安全气道用来保护油箱防止爆裂;分接开关是用来调节输出电压的。

3. 变压器铭牌

变压器的铭牌表明了变压器的型号和各种额定数据及变压器的使用条件等,使用户可以安全、经济、合理地使用变压器。

目前国产的中、小型电力变压器的主要型号有 S7、SL7、S9、SC8、SCL2 等。如图 5−21 所示的是一台三相电力变压器的铭牌。

电力变压器					
型式 S9−1000/10			联接组 Yyn0		
相数 3相			总重 3700kg		
频率 50Hz			出厂　年　月　日		
容量	高压侧		低压侧		阻抗电压
kVA	V	A	V	A	%
1000	10500 10000 9500	58	400	1445	4.5
□　□　变压器厂					

图 5−21 三相电力变压器的铭牌

变压器的主要技术数据的含义如下：

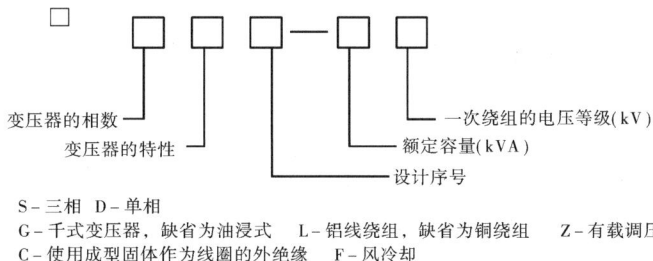

变压器的相数
变压器的特性
设计序号
额定容量(kVA)
一次绕组的电压等级(kV)

S-三相 D-单相
G-干式变压器，缺省为油浸式 L-铝线绕组，缺省为铜绕组 Z-有载调压
C-使用成型固体作为线圈的外绝缘 F-风冷却

变压器铭牌数据的含义如下：

(1)型号 表示变压器的结构特点、额定容量和高压侧电压等级。如：S9—1000/10,其中 S 表示三相,9 表示设计序号,1000 表示额定容量(kVA),10 表示高压侧额定电压(kV)。

(2)额定电压 一次绕组的额定电压是指一次绕组上的正常工作线电压;二次绕组的额定电压是指当一次绕组接额定电压,分接开关在额定分接头上,空载时二次绕组的线电压,单位 V。

(3)额定电流 指根据允许发热条件而规定的满载线电流,单位 A。

(4)额定容量 反映变压器传递最大功率的能力,单位 kVA。

(5)阻抗电压 标志在额定电流时变压器阻抗压降的大小。

(6)温升 指变压器在额定运行状态时允许超过周围环境温度的值,它取决于变压器所用绝缘材料的等级。

另外,还有冷却方式、绝缘水平及其他数据等参数

知识链接2 变压寨器运行前和运行中的检查

1.变压器投入运行前的检查

(1)变压器的铭牌数据是否符合要求,其电压等级、联结组别、容量和运行方式是否与实际要求相符。

(2)变压器各部位是否完好无损。

(3)变压器外壳接地是否牢固可靠。

(4)变压器一次侧、二次侧及线路的连接是否完好,三相的颜色标志是否准确无误。

(5)采用熔断器和其他保护装置,要检查其规格是否符合要求,接触是否良好。

(6)检查夹件和垫块有无松动,各紧固螺栓应有防松措施。

2.变压器运行中的检查

(1)变压器声音是否正常。

(2)变压器温度是否正常。

(3)变压器一次侧、二次侧的熔体是否完好。

(4)接地装置是否完整无损。

若发现异常现象,应立即停电进行检查。

知识链接3 小型变压器的检修和维护

1. 小型变压器的绕制

小型变压器早已被广泛应用于人们的生活和生产领域。在部分家用电器中用它提供电源,匹配放大器的级间阻抗,分配功率和传输信号;在生产上为安全照明和低压安全装置提供电源和控制电压。小型变压器的故障,可能导致整台电气设备不能工作。小型变压器的制作与维修,也是电气维修人员的一项基本专业技能。

(1)木芯和线圈骨架的制作

绕制变压器线圈时,必须将漆包线绕在预先做好的线圈骨架上。但骨架本身不能直接套在绕线机转轴上绕线,它需要一个塞在骨架内腔中的木质芯子,如图5-22所示。木芯中间沿轴线方向钻有供绕线机转轴穿过的孔,直径略大于10mm,孔要钻在正中心,不能倾斜,否则会因为绕线不平稳而影响线包质量。木芯宽度要比硅钢片E型叠片的中心舌宽略大一点(约大0.2mm),长度比硅钢片叠片厚略长一点。高度比硅钢片窗口约高2mm。木芯尽量做得光滑平直,每两个相对面要对称,中心孔打在端面对角线的交点上。木芯的边角用砂纸磨成圆角,以便套进或抽出骨架。骨架的制作,一种是无挡板的简易骨架。骨架的制作,一种是无挡板的简易骨架。业余制作方法是用青壳纸在木芯上卷上两圈,层间和接头处用胶水粘牢,骨架的高度略小于铁心窗口高。骨架干燥以后,木芯能插得进、抽得出。最后用硅钢片插入试试,以硅钢片刚好能插人为准。这种骨架制作简单,省工省料,但因两端没有挡板,绕线时要特别小心,否则线圈会绕到两端,当层数绕得较多时,容易散塌。

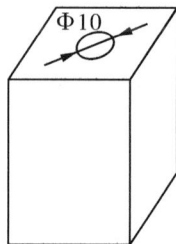

图5-22 木芯

要求较高的变压器都采用另一种有框骨架(活络框架),框架可用钢纸或玻璃纤维板等材料制成,活络框架的结构如图5-23所示。

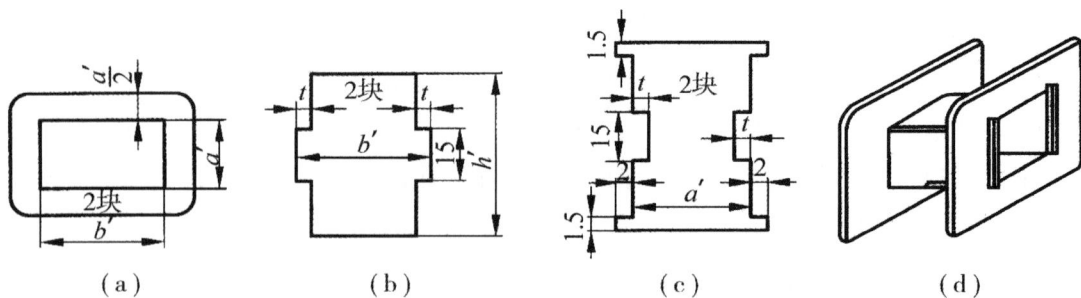

图5-23 活络框架的结构

(a)上下边框架 (b)、(c)夹板 (d)活络框架

（2）导线及绝缘材料的选择

依据计算结果选用相应规格的漆包线。绝缘材料的选择应从两个方面考虑：一方面是绝缘强度，另一方面是允许厚度。对于层间绝缘应按 2 倍层间电压的绝缘强度选用；对于 1000V 以下要求不高的变压器也可用电压的峰值作为选用标准；对铁心绝缘及绕组间的绝缘，按对地电压的 2 倍来选用。

（3）绕线

①裁剪好各种绝缘纸，绝缘纸的宽度应稍长于骨架或绕线芯子的长度，而长度应稍大于骨架或绕线芯子的周长。还应考虑到绕组绕大后所需的裕量。

②绕线前先在套好木芯的骨架或绕线芯子上垫好对铁心的绝缘，然后将木芯中心孔穿入绕线机轴紧固。若采用的是绕线芯子，起绕时在导线引线头压入一条绝缘带的折条，以便抽紧起始线头，如图 5-24（a）所示。导线起绕点不可过于靠近绕线芯子的边缘，以免在绕线时漆包线滑出，防止在插硅钢片时碰伤导线的绝缘。若采用有框骨架，导线要紧靠边框板，不必留出空间。

③当一组绕组绕制将结束时，要垫上一条绝缘带的折条，继续绕线到结束，将线尾插入绝缘带的折缝中，抽紧绝缘带，线尾便固定，如图 5-24（b）所示。

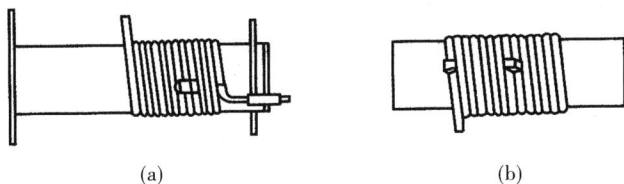

(a)　　　　　　　　　　(b)

图 5-24　绕组的紧固方法

（a）绕组线头的紧固　　　（b）绕组线尾的紧固

④ 导线要求绕得紧密、整齐，不允许有叠线现象。绕线时将导线稍微拉向绕线前进的相反方向约 5°，如图 5-25 所示。拉线的手顺绕线前进方向移动，拉力大小应根据导线粗细掌握，导线就容易排列整齐，每绕完一层要垫层间绝缘。绕线的顺序按一次侧绕组、静电屏蔽、二次侧高压绕组、低压绕组依次叠绕。二次侧绕组数较多时，每绕好一组后用万用表检查是否通路。

⑤设备中的电源变压器，需在一、二次侧绕组间放置静电屏蔽层。屏蔽层可用厚约 0.1mm 的铜箔或其他金属箔制成。其

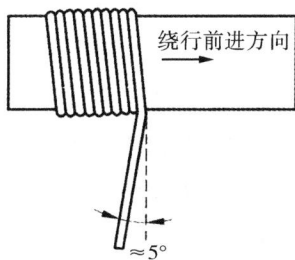

图 5-25　绕线时的持线方法

宽度比骨架长度稍短 1~3mm，长度比一次侧绕组的周长短 5mm 左右，夹在一、二次侧绕组的绝缘衬垫之间，但不能碰到导线或自行短路，铜箔上焊接一根多股软线作为引出接地线。引出线线径大于 0.2mm 时，绕组的引出线可利用原线绞合后引出即可。线径小于 0.2mm 时，应采用多股软线焊接后引出，焊剂应采用松香焊剂。引出线的套管应按耐压等级选用。

⑥线包绕制好后,外层绝缘用铆好焊片的青壳纸缠绕 2 ~ 3 层,用胶水粘牢,将各绕组的引出线焊在焊片上。然后作绝缘处理,以防潮和增加绝缘强度,方法是:将线包在烘箱内加温到 70 ~ 80℃ ,预热 3 ~ 5h 取出,立即浸入 1260 漆等绝缘清漆中约 0.5h,取出后在通风处滴干,最后在 80℃烘箱内烘 8h 左右即可。

(4)铁心镶片

铁心镶片要求紧密、整齐,不能损伤线包,否则会使铁心截面积达不到计算要求,造成磁通密度过大而发热,变压器在运行时硅钢片也会产生振动噪声。镶片应从线包两边一片一片地交叉对镶,镶到中部时则要两片两片地对镶,当余下最后几片硅钢片时,比较难镶,俗称紧片。紧片需用螺丝刀撬开两片硅钢片的夹缝才能插入,同时用木锤轻轻敲入,切不可硬性将硅钢片插入,以免损伤框架或线包。

知识链接4 测试

1.短路测试

用万用表或电桥检测线圈电阻,看是否有短路故障。如果没有电桥或万用表,可用灯泡法简单进行判断。方法是:在变压器的原边绕组中串联一只灯泡,其电压和功率可根据电源电压和变压器的容量决定,副边开路,原边接通电源。若灯丝微红或不亮,说明变压器没有短路;如果灯很亮,则原边线圈有短路,应拆开线包进行检查。

2.绝缘电阻的测试

用兆欧表测量各绕组间和各绕组对铁心的绝缘电阻。400V 以下的变压器其绝缘电阻值应不低于 90MΩ。

3.空载电压的测试

当一次侧电压加到额定值时,二次侧各绕组的空载电压允许误差为 ±5% ,中心抽头电压误差为 ±2% 。

4.空载电流的测试

当一次侧电压加到额定值时,其空载电流约为额定电流值的 5% ~ 8% 。如空载电流大于额定电流 10% 时,变压器损耗较大;当空载电流超过额定电流的 20% 时,它的温升将超过允许值,不能使用。

知识链接5 变压器同名端的判别

变压器同名端的判别方法有以下三种。

1.观察法

观察变压器一次侧、二次侧绕组的实际绕向,应用楞次定律、安培定则来进行判别。

2.直流法

在无法辨清绕组方向时,可以用直流法来判别变压器同名端。用3V 的直流电源,按图 5 –

26 所示连接,直流电源接入高压绕组,直流毫安表接入低压绕组。当合上开关的一瞬间,如果毫伏表指针向正方向摆动,则接直流电源正极的端子与接直流毫安表正极的端子是同名端。

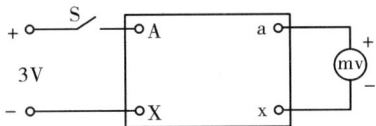

图 5-26　直流法判断变压器同名端　　　　图 5-27　交流法判断变压器同名端

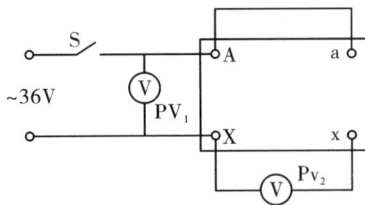

3. 交流法

将高压绕组一端用导线与低压绕组一端相连接,同时将高压绕组及低压绕组的另一端接交流电压表,如图 5-27 所示。在高压绕组两端接入低压交流电源,测量 U_1、U_2 的值,若 $U_1 > U_2$,则 A 与 a 为同名端,反之为异名端。

知识链接6　小型变压器常见故障及检修方法

1. 运行中响声异常

故障原因:

(1)电源电压过高。

(2)过负荷或外部短路故障引起振动。

(3)铁心松动。

检修方法:

(1)电源电压过高会使铁心振动发出响声,这时需检测电源电压进行判断。若电源电压过高,将电源经降压处理后再送入变压器原边进行试验,响声即可消除。

(2)过负荷或外部短路故障引起振动,首先应断开被怀疑的副边输出电路,再给变压器其他副绕组加额定负载。若响声消除,则需检修被断开的外电路,若响声依然存在,再换另一副绕组检测。如果所有副边绕组故障的可能性都排除了,响声仍不消除,就应检查铁心是否镶紧了。

(3)若是铁心松动了,应将铁心轭部夹在台虎钳中,夹紧钳口,能直接观察出铁心的松紧程度。这时用同规格的硅钢片插入,直到完全插紧。重新接在电源上,加上额定负载进行试验,直到完全无响声为止。

2. 温度异常甚至冒烟有异味

变压器在运行过程中,铁心和绕组的功率损耗可转化为热能,使各部位的温度升高。热量以辐射、传导等方式向周围扩散,当产生的热量与散发的热量达到平衡状态时,各部分的温度趋于稳定,一般温度应不超过 40~50℃。若发现在同样的条件下,变压器的温度过高,或温度正在不断上升,甚至冒烟且有异味时,可以考虑下述原因:

（1）层间、匝间短路或原、副边绕组之间短路。

（2）过负荷或输出电路局部短路。

（3）铁心叠厚不足或绕组匝数偏少。

（4）硅钢片间的绝缘损坏,使涡流增大。

检修方法：

（1）原、副边绕组短路,可直接用万用表或兆欧表检测。将两表笔一支接原边绕组的一引出线端,另一支表笔接副边绕组的任一引出线端。若绝缘电阻远低于正常值甚至趋近零,说明原、副边绕组之间短路。匝间短路和层间短路可用万用表测各副边空载电压来判定。原边接电源,若某副边绕组输出电压明显降低,说明该绕组有短路。若变压器发热但各绕组输出电压基本正常,可能是静电屏蔽层自身短路。无论是匝间、层间、原边副边间及静电屏蔽层自身的短路,均应卸下铁心,拆开线包修理。如果短路不严重,可以局部处理好短路部位绝缘,再将线包与铁心还原。若短路较严重,漆包线的绝缘损伤太大,则应重换绕组。

（2）由过负荷或外部电路局部短路引起温度过高时,减轻负载或排除输出电路上的短路故障即可。

（3）若是硅钢片绝缘损坏,应拆下铁心,检查硅钢片表面绝缘是否剥落,若剥落严重,则应重新上绝缘漆。

（4）由铁心叠厚不足或绕组匝数偏少造成温度过高时,可适当增加硅钢片的数量,也可通过计算,适当增加原、副边绕组匝数。如果都不行,只有增加铁心叠片数量,并重新制作尺寸较大的骨架,再绕新线包。

3. 副边无电压输出

故障原因：

（1）电源插头脱焊或电源线开路。

（2）原边绕组开路或引线脱焊。

（3）副边绕组开路或引线脱焊。

检修方法：

（1）插上电源,用万用表交流电压挡测原边绕组两引线端之间的电压。若电压正常,则说明插头与电源线均无开路故障;若没有电压,则应该用万用表电阻挡检查电源插头是否脱焊或某一股电源线是否开路。

（2）如果电源插头和电源线都没有问题,就应该用万用表相应的电阻挡测原绕组两引线间的直流电阻,来判断原边绕组或引线是否开路。如果是原边绕组开路,必须将变压器拆开修理。

（3）原边绕组是否开路还可以通过测试输出电压进行判断,如果副边有两个或两个以上的绕组,将原边接通电源,如果几个副绕组均无电压输出,则是原边回路开路;若只有一个副边绕组无电压输出,而其他绕组输出电压正常,则原边回路完好,开路点在无电压输出这个副边绕组中。

(4)副边绕组是否开路,除用上面所述测输出电压来判断外,直接用万用表或电桥测各副边的直流电阻更简单。只要测到某个副边绕组电路不通,则该绕组必定开路。

(5)如果开路点在线包最里层,必须拆除铁心,小心撬开靠近引线一面的骨架挡板,用针挑出线头,焊好引出线,用万用表检测无误后处理好绝缘,修补好骨架,再插入铁心。

4.铁心和外壳带电

故障原因:

(1)线包受潮使绕组局部绝缘电阻降低,易发生漏电。

(2)绕组对地短路,或对静电屏蔽短路。

(3)引出线裸露部分碰触铁心或外壳。

检修方法:

(1)先检查引线裸露部分是否与铁心或外壳碰上,如果碰上了,应在裸露部分用套管套上或包好绝缘材料,即可排除故障。

(2)如果引线完好,就应该用兆欧表测量出原、副边绕组对地(即铁心或静电屏蔽层)之间的绝缘电阻,若绝缘电阻值明显降低或趋于零,可将变压器进行烘烤。干燥后绝缘电阻恢复,说明外壳带电是绝缘受潮引起的,只要在预烘后重新浸漆烘干,即可修复。

(3)若干燥后绝缘电阻没有明显提高,说明是原边或副边绕组碰触铁心或静电屏蔽层造成短路,这时只有卸下铁心,拆除线包找出故障点进行修理。若漆包线绝缘老化,只好重绕漆线包。如果是层间绝缘老化,只需重绕,换层间绝缘,不必换新的漆包线。

5.线包击穿打火

故障原因:高压绕组与低压绕组间绝缘被击穿或同一绕组中电位差大的两根导线靠得过近,绝缘被击穿。

检修方法:

(1)如果是线包端头高、低压导线间出现打火,可以先将变压器烘烤干燥,在打火处涂以绝缘漆,或塞入绝缘纸再涂绝缘漆,再次烘烤干燥后,故障即可消除。

(2)如果在线包内部出现击穿打火声,仍把变压器预烘干燥后,重新浸漆干燥,有可能排除故障。如果仍有打火声,只好拆开线包修理。

技能训练

小型变压器的绕制实训

1. 实训内容

(1)按小型变压器绕制工艺绕制绕组。

(2)铁心镶片,紧固铁心。

(3)焊接引线。

(4)烘干、浸漆。

2. 实训器材

硅钢片、漆包线、玻璃纤维板、绕线机等。

3. 成绩评定

考核配分及评分标准见表 5 - 10。

表 5 - 10　考核配分及评分标准

考核项目	配分	评分标准		扣分	得分
绕组绕制	40	(1)正确选择漆包线规格,选择不正确 (2)绕组匝间短路 (3)绕组与铁心短路	扣 10 分; 扣 10 分; 扣 20 分		
外形	30	(1)线包不紧实 (2)镶片不整齐 (3)引出线端未作电压值标记 (4)焊片与框架铆接不牢	扣 5 分; 扣 5 分; 扣 10 分; 扣 10 分		
引线	10	(1)有虚焊假焊,每处 (2)引出线未套绝缘套管,每处	扣 5 分; 扣 5 分		
通电试验	20	(1)一次试验不成功 (2)二次侧电压误差 ±3%,每超过 ±1%	扣 10 分; 扣 10 分		
安全与文明生产按国家和企业有关规定执行		违反有关法规,酌情扣分(不超过 10 分),对发生严重事故者,取消考试资格			
考试时间 6 小时		最多超时 15 分钟,并酌情扣分			

思考题与习题

5 - 1　简述三相异步电动机的主要结构。

5 - 2　通过三相异步电动机上的铭牌,可以了解哪些技术指标?

5 - 3　电动机的拆卸顺序和注意事项。

5 - 4　拆卸电动机时,拉具有什么作用?简述拉具的使用方法。

5 – 5　简述滚动轴承安装方法及注意事项。

5 – 6　电动机使用前应作哪些检查？各参数的合格标准是怎样规定的？

5 – 7　三相异步电动机常见故障有哪些？机械故障和电气故障的区别,举例说明。

5 – 8　三相异步电动机绕组烧毁的主要原因有哪些？

5 – 9　电动机定子绕组短路有几种形式？

5 – 10　简述电动机绕组故障的检查方法。

5 – 11　电动机绕组断路可出现哪些现象,如何判断和检查？

5 – 12　三相异步电动机定子绕组的首末端怎样判定？

5 – 13　简述三相异步电动机定子绕组绝缘的名称及各自的作用。

5 – 14　画出三相异步电动机绕组展开图。

　　　　①$Z = 24$ 槽,$2p = 2$,$m = 3$,同心式绕组

　　　　②$Z = 18$ 槽,$2p = 2$,$m = 3$,交叉式绕组

5 – 15　在每极每相槽数分别是 $q = 2$,$q = 3$ 或 $q = 4$ 时,要使用单层绕组,应分别选哪种绕组型式？

5 – 16　电动机定子绕组重绕,嵌完线圈,在浸漆前还应该做哪些必要的检查？

5 – 17　简述三相异步电动机单层绕组嵌线工艺、注意事项和接线方法。

5 – 18　小型单相变压器有哪些用途？

5 – 19　小型变压器一次和二次绕组每伏匝数是否一样？在设计时如何考虑二次绕组匝数的计算？

5 – 20　简述小型变压器绕组的制作方法。

5 – 21　简述小型变压器铁心的镶嵌方法及注意事项。

5 – 22　小型变压器绕制完成后,要进行哪些试验？合格标准是什么？

项目六　电子技术应用基本技能操作

【项目目标】

掌握晶体管电路及应用知识。

熟练掌握晶闸管基础知识及其应用。

熟练按图焊接电子线路,并通过仪器、仪表进行测试调整。

【知识目标】

掌握常用电子元器件基本知识、识别方法及其应用,晶闸管基础知识及其应用。

【技能目标】

常用电子元器件的识别与检测,单相桥式整流可控调压电路的安装与调试,串联稳压电源的装接及调试,焊接一般难度的电子线路并能熟练调试。

任务一　常用电子元器件的识别方法

知识链接 1　**常用电子元器件基本知识**

电子元器件是构成电路的基本单元。了解、熟悉常用元器件的型号规格、识别方法、性能和组成分类,如何检测判断元器件好坏,如何选择、使用元器件,是维修电工必须具备的基本技能。下面分别介绍电阻、电容、电感、晶体管、集成电路等常用电子元器件的基本知识。

1. 电阻

(1)作用:电阻是电子电路中使用最多的基本元器件之一,在电路中能起到分压、限流、负载等作用。

(2)分类:电阻按结构可分为:固定电阻、可变电阻(电位器)和敏感电阻。按组成材料可分为:炭膜电阻、金属膜电阻、线绕电阻、水泥电阻、热敏电阻、压敏电阻、光敏电阻等。

(3)电阻器的型号命名方法见表 6-1 所列。

表 6-1　电阻器型号命名方法

第一部分:主称		第二部分:材料		第三部分:特征分类			第四部分:序号
符号	意义	符号	意义	符号	意义		
					电阻器	电位器	
R	电阻器	T	碳膜	1	普通	普通	
W	电位器	H	合成膜	2	普通	普通	
		S	有机实芯	3	超高频	——	
		N	无机实芯	4	高阻	——	
		J	金属膜	5	高温	——	对主称、材料相同,
		Y	氧化膜	6	——	——	仅性能指标、尺寸
		C	沉积膜	7	精密	精密	大小有差别,但基
		I	玻璃釉膜	8	高压	特殊函数	本不影响互换使用
		P	硼碳膜	9	特殊	特殊	的产品,给予同一
		U	硅碳膜	G	高功率	——	序号;若性能指标、
		X	线绕	T	可调	——	尺寸大小明显影响
		M	压敏	W	——	微调	互换时,则在序号
		G	光敏	D	——	多圈	后面用大写字母作
		R	热敏	B	温度补偿用	——	为区别代号
				C	温度测量用	——	
				P	旁热式	——	
				W	稳压式	——	
				Z	正温度系数		

(4)电阻器的主要技术指标

① 额定功率

电阻器在电路中长时间连续工作不损坏,或不显著改变其性能所允许消耗的最大功率称为电阻器的额定功率。不同类型的电阻具有不同系列的额定功率,见表 6-2 所列。

表 6-2　电阻器的功率等级

名称	额定功率(W)					
实芯电阻器	0.25	0.5	1	2	5	-
线绕电阻器	0.5 25	1 35	2 50	6 75	10 100	15 150
薄膜电阻器	0.025 2	0.05 5	0.125 10	0.25 25	0.5 50	1 100

② 标称阻值

阻值是电阻的主要参数之一,不同类型的电阻,阻值范围不同,不同精度的电阻其阻值系列亦不同。根据国家标准,常用的标称电阻值系列见表6-3所列。E24、E12 和 E6 系列也适用于电位器和电容器。

表6-3 标称值系列

标称值系列	精度	标称阻值/Ω							
E24	±5%	1.0	1.1	1.2	1.3	1.5	1.6	1.8	2.0
		2.2	2.4	2.7	3.0	3.3	3.6	3.9	4.3
		4.7	5.1	5.6	6.2	6.8	7.5	8.2	9.1
E12	±10%	1.0	1.2	1.5	1.8	2.2	2.7		
		3.3	3.9	4.7	5.6	6.8	8.2		
E6	±20%	1.0	1.5	2.2	3.3	4.7	6.8	8.2	

在选用电阻时,要尽量选择与本身电路精度相匹配的标称系列,既满足电路的要求,又要降低成本。

③允许误差等级,见表6-4所列。

表6-4 电阻的精度等级

允许误差(%)	±0.001	±0.002	±0.005	±0.01	±0.02	±0.05	±0.1
等级符号	E	X	Y	H	U	W	B
允许误差(%)	±0.2	±0.5	±1	±2	±5	±10	±20
等级符号	C	D	F	G	J(I)	K(II)	M(III)

(5)电阻器标志内容及方法

① 文字符号直标法:用阿拉伯数字和文字符号两者有规律的组合来表示标称阻值,额定功率、允许误差等级等。其文字符号所表示的单位见表6-5所列。

表6-5 文字符号所表示的单位

文字符号	R	K	M	G	T
表示单位	欧姆(Ω)	千欧(10³Ω)	兆欧姆(10⁶Ω)	千兆欧姆(10⁹Ω)	兆兆欧姆(10¹²Ω)

②色标法:色标法是将电阻器的类别及主要技术参数的数值用颜色(色环或色点)标注在它的外表面上。色标电阻(色环电阻)器可分为三环、四环、五环三种标法。其含义如图6-1、表6-6、图6-2、表6-7所示。

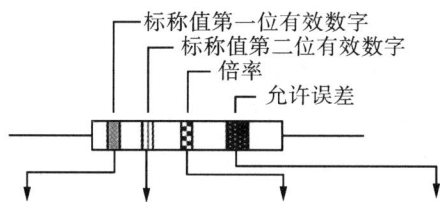

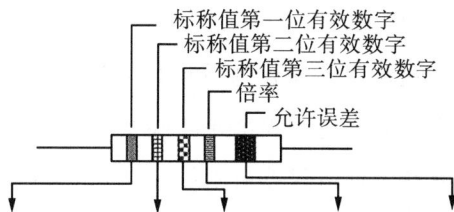

图 6 - 1　两位有效数字阻值的色环的色环含义　图 6 - 2　三位有效数字阻值的色环含义

表 6 - 6　两位有效数字阻值的色环表示法

颜　　色	第一位有效值	第二位有效值	倍　　率	允许误差
黑	0	0	10^0	
棕	1	1	10^1	
红	2	2	10^2	
橙	3	3	10^3	
黄	4	4	10^4	
绿	5	5	10^5	
蓝	6	6	10^6	
紫	7	7	10^7	
灰	8	8	10^8	
白	9	9	10^9	$-20\% \sim +50\%$
金			10^{-1}	$\pm 5\%$
银			10^{-2}	$\pm 10\%$
无色				$\pm 20\%$

　　三色环电阻器的色环表示标称电阻值(允许误差均为±20%)。例如,色环为棕黑红,表示 $10 \times 10^2 \pm 20\% = 1.0k\,\Omega \pm 20\%$ 的电阻器。

表 6 - 7　三位有效数字阻值的色环表示法

颜色	第一位有效值	第二位有效值	第三位有效值	倍　　率	允许误差
黑	0	0	0	10^0	
棕	1	1	1	10^1	$\pm 1\%$
红	2	2	2	10^2	$\pm 2\%$
橙	3	3	3	10^3	
黄	4	4	4	10^4	
绿	5	5	5	10^5	$\pm 0.5\%$
蓝	6	6	6	10^6	± 0.25
紫	7	7	7	10^7	$\pm 0.1\%$
灰	8	8	8	10^8	
白	9	9	9	10^9	
金				10^{-1}	
银				10^{-2}	

　　四色环电阻器的色环表示标称值(二位有效数字)及精度。例如,色环为棕绿橙金表示 $15 \times 10^3 = 15k\,\Omega \pm 5\%$ 的电阻器。

　　五色环电阻器的色环表示标称值(三位有效数字)及精度。例如,色环为红紫绿黄棕表

示 $275 \times 10^4 \pm 1\% = 2.75M\Omega \pm 1\%$ 的电阻器。

一般四色环和五色环电阻器表示允许误差的色环的特点是该环离其它环的距离较远。较标准的表示应是表示允许误差的色环的宽度是其他色环的(1.5~2)倍。

有些色环电阻器由于厂家生产不规范,无法用上面的特征判断,这时只能借助万用表判断。

2. 电容

(1)作用:电容器也是电子电路中的常用元件之一,是两块导体之间间隔绝缘介质构成的。它具有通交流、阻直流、储能等特性,常用来构成滤波、耦合、调谐、旁路等电子电路。

(2)分类:电容器按照其介质的种类进行分类,可以分为:金属化纸介质电容器、云母电容器、独石电容器、薄膜介质电容器、陶瓷电容器、电解电容器等。其中云母电容器、独石电容器具有较高的耐压值;电解电容器具有较大的容量,有极性,使用时必须按极性连接。按照其容量是否可调分类,可以分为:固定电容器、半可调电容器和可调电容器。

(3)电容器的型号命名方法,见表6-8所列。

表6-8　电容器型号命名法

第一部分:主称		第二部分:材料		第三部分:特征、分类						第四部分:序号
符号	意义	符号	意义	符号	意义					对主称、材料相同,仅尺寸、性能指标略有不同,但基本不影响互使用的产品,给予同一序号;若尺寸性能指标的差别明显;影响互换使用时,则在序号后面用大写字母作为区别代号
					瓷介	云母	玻璃	电解	其他	
电容器		C	瓷介	1	圆片	非密封	–	箔式	非密封	
		Y	云母	2	管形	非密封	–	箔式	非密封	
		I	玻璃釉	3	迭片	密封	–	烧结粉固体	密封	
		O	玻璃膜	4	独石	密封	–	烧结粉固体	密封	
		Z	纸介	5	穿心	–	–	–	穿心	
		J	金属化纸	6	支柱	–	–	–	–	
		B	聚苯乙烯	7	–	–	–	无极性	–	
		L	涤纶	8	高压	高压	–	–	高压	
		Q	漆膜	9	–	–	–	特殊	特殊	
		S	聚碳酸脂	J	金属膜					
		H	复合介质	W	微调					
		D	铝							
		A	钽							
		N	铌							
		G	合金							
		T	钛							
		E	其他							

（4）电容器的主要技术指标

① 电容器的耐压：常用固定式电容的直流工作电压系列为：6.3V，10V，16V，25V，40V，63V，100V，160V，250V，400V。

② 电容器容许误差等级：常见的有七个等级见表6-9所列。

表6-9 电容器容许误差等级

容许误差	±2%	±5%	±10%	±20%	+20% -30%	+50% -20%	+100% -10%
级别	0.2	I	II	III	IV	V	VI

③ 标称电容量见表6-10所列。

表6-10 固定式电容器标称容量系列和容许误差

系列代号	E24	E12	E6
容许误差	±5%（I）或（J）	±10%（II）或（K）	±20%（III）或（m）
标称容量对应值	10,11,12,13,15,16,18,20,22,24,27,30,33,36,39,43,47,51,56,62,68,75,82,90	10,12,15,18,22,27,33,39,47,56,68,82	10,15,22,23,47,68

注：标称电容量为表中数值或表中数值再乘以10^n，其中n为正整数或负整数，单位为pF。

（5）电容器的标志方法

①直标法 容量单位：F（法拉）、μF（微法）、nF（纳法）、pF（皮法或微微法）。

1 法拉 $= 10^6$ 微法 $= 10^{12}$ 微微法， 1 微法 $= 10^3$ 纳法 $= 10^6$ 微微法

1 纳法 $= 10^3$ 微微法

例如：4n7   表示4.7nF或4700pF，0.22   表示0.22 μF，51   表示51pF。

有时用大于1的两位以上的数字表示单位为pF的电容，例如101表示100 pF；用小于1的数字表示单位为μF的电容，例如0.1表示0.1 μF。

②数码表示法 一般用三位数字来表示容量的大小，单位为pF。前两位为有效数字，后一位表示位率。即乘以10^i，i为第三位数字，若第三位数字9，则乘10^{-1}。如223J代表$22 \times 10^3 pF = 22000pF = 0.22$ μF，允许误差为±5%；又如479K代表$47 \times 10^{-1} pF$，允许误差为±5%的电容。这种表示方法最为常见。

③色码表示法 这种表示法与电阻器的色环表示法类似，颜色涂于电容器的一端或从顶端向引线排列。色码一般只有三种颜色，前两环为有效数字，第三环为位率，单位为pF。有时色环较宽，如红红橙，两个红色环涂成一个宽的，表示22000pF。

3. 电感

电感是用漆包线在绝缘骨架上绕制而成，又可以叫做电感线圈。在电路中起到通直流、

阻交流(或通低频、阻高频)的作用。

(1)电感的分类

电感按电感量可以分为固定电感和可变电感;按外形可以分为空心电感(不带铁心电感)和实心电感(带铁心电感);按工作性质可以分为低频电感和高频电感;另外,还有变压器等。

(2)电感的参数

电感的主要参数有电感量、允许偏差、品质因素、分布电容和额定电流等。

(3)电感的标注方法

电感的标注方法主要有:直标法、数码标示法、文字符号法和色标法。

①直标法

直标法就是将电感的标称电感量用数字和文字符号直接标注在电感的表面上,在电感单位后用一个字母表示允许偏差。各字母代表的允许偏差值见表6-11所列。

例如:标注47nHK表示该电感的标称电感量为47nH,允许偏差为±10%。

表6-11　字母与电感量允许偏差对照表

字母	允许偏差(%)	字母	允许偏差(%)	字母	允许偏差(%)
Y	±0.001	W	±0.05	G	±2
X	±0.002	B	±0.1	J	±5
E	±0.005	C	±0.25	K	±10
L	±0.01	D	±0.5	M	±20
P	±0.02	F	±1	N	±30

②数码标示法

数码标示法就是用数字表示电感量的标称值,常用于贴片元件的标注。在三位数字中,前两位为有效数字(自左至右),第三位数字为有效数字后加零的个数(单位H)。如果电感量中有小数则用字母R表示小数点。最后的字母代表允许偏差(与直标法相同),如表6-11所示。

③文字符号法

文字符号法就是将电感量的标称值和允许偏差用数字和文字符号按照一定规则标志在电感表面的方法。通常用于小功率电感,单位是nH或H,分别用字母N和R代表小数点。例如:4N7表示电感量为4.7nH;4R7表示电感量为4.7H;47N表示电感量为47nH。一般在文字符号法后用一个字母表示允许偏差(与直标法相同),如表6-11所示。

④色标法

色标法就是在电感表面涂上不同的颜色的色环来代表电感量,通常为四色环,单位?H。与电感两端距离近的为第一色环,另一端的为第四色环。第一色环表示十位数,第二色环表示个位数,第三色环表示前两位数所要乘的倍数(或前两位数后跟的零的个数),第四色环表示允许偏差。各色环颜色代表的数值和允许偏差值见表 6 - 12 所列。

表 6 - 12 电感色标法中色环颜色所代表的数值和允许偏差值

颜色	第一色环 (第一位数)	第二色环 (第二位数)	第三色环 (倍数)	第四色环 (允许误差)
黑	0	0	10^0	±20%
棕	1	1	10^1	±1%
红	2	2	10^2	±2%
橙	3	3	10^3	±3%
黄	4	4	10^4	±4%
绿	5	5	10^5	
蓝	6	6	10^6	
紫	7	7	10^7	
灰	8	8	10^8	
白	9	9	10^9	
金			10^{-1}	±5%
银			10^{-2}	±10%

例如:色环颜色分别为:棕、黑、黑、金的电感表示电感量为:$10 \times 10^0 {}_{M}H = 10$,允许偏差为 ±5% 。

4. 二极管

二极管又称为半导体二极管或晶体二极管,他是由 P 型和 N 型半导体材料形成的 PN 结构成,利用了 PN 结特殊的单向导电性能制成,半导体材料为四价元素硅(Si)、锗(Ge)、化合物磷化镓(GaP)和砷化镓(GaAs)。

(1)二极管的分类

①按制作材料分类

按制作材料分类,可以分为硅(Si)二极管、锗(Ge)二极管、磷化镓(GaP)二极管和砷化镓(GaAs)二极管等。

②按用途分类

按用途分类,可以分为:整流二极管、稳压二极管、发光二极管、光电二极管、开关二极管、肖特基二极管、磁敏二极管、隧道二极管、恒流二极管、快恢复二极管、检波二极管、变容二极管等。

(2)二极管的主要参数

二极管的主要参数有:正向压降、额定正向工作电流、最高反向工作电压、最高工作频率、反向电流、反向恢复时间、稳定电压、稳定电流、最大功率等。

（3）常见二极管的应用

① 整流二极管

整流二极管的作用是利用二极管的单向导电特性,将交流电信号转换为脉动直流电信号。整流二极管工作电流较大,一般采用面接触结构,其结电容较大,故多为低频器件(工作频率一般低于 3kHz)。

整流二极管常采用桥式全波整流电路,用 4 只二极管构成整流桥。有厂家将这 4 只二极管封装在一起,称为硅堆。

图 6 - 3 稳压二极管的伏安特性关系

② 稳压二极管

根据稳压二极管的伏安特性关系(图 6 - 3)可以发现,稳压二极管是利用二极管反向击穿时电流变化非常大,但是电压值却变化很小的特性。所以稳压二极管是工作在反向击穿区域。一般的稳压管是由硅材料经合金法或扩散法制作而成,主要型号有 2CW、2DW 系列。

③ 发光二极管(LED)

发光二极管是将电能转变为光能的二极管器件,广泛应用于电子电路、仪器仪表、家电设备中。

5. 三极管

三极管是电子电路中应用最广泛的元器件之一,又称为半导体三极管或晶体三极管,由两个 PN 结构成,有 PNP 和 NPN 两种类型,有基极 B、集电极 C、发射极 E 三个电极。

（1）三极管的分类

①按三极管的材料和极性分类

按三极管的材料和极性分类,可以分为:硅 PNP 型三极管、硅 NPN 型三极管、锗 PNP 型三极管、锗 NPN 型三极管。

② 按三极管的功率分类

按三极管的功率分类,可以分为:小功率、中功率和大功率三极管。

③按三极管的工作频率分类

按三极管的工作频率分类,可以分为:低频、高频和超高频三极管。

④按三极管的结构和制造工艺分类

按三极管的结构和制造工艺分类,可以分为:扩散型、合金型和平面型三极管。

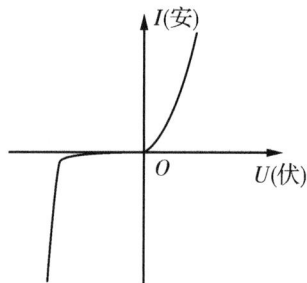

知识链接2　电子元器件质量的检测方法

1.电阻的测试

电阻的好坏和阻值的大小可以使用电子仪器、仪表测量,测试电阻通常采用两种方法:直接测试法和间接测试法。

直接测试法是直接用欧姆表(或万用电表)、电桥等仪器仪表测量出电阻值的大小。通常1MΩ以下的电阻使用电桥或欧姆表(或万用电表)测量,对于1MΩ以上的大电阻则使用兆欧表。在使用万用电表测量电阻时,换挡后都应该重新调零,以保证结果准确。测试时,特别是在测几十kΩ以上阻值的电阻时,手不要触及表笔和电阻的导电部分;被检测的电阻从电路中焊下来,至少要焊开一个头,以免电路中的其他元件对测试产生影响,造成测量误差;色环电阻的阻值虽然能以色环标志来确定,但在使用时最好还是用万用表测试一下其实际阻值。

间接测量法是通过测量待测电阻两端的电压以及流过电阻的电流,用欧姆定律计算得到待测电阻的阻值的方法,常用于带电电阻的测量。

根据电阻误差等级不同。读数与标称阻值之间分别允许有±5%、±10%或±20%的误差。如不相符,超出误差范围,则说明该电阻值变值了;若测得的阻值与标称值相差甚远,表明电阻变值,也不宜再使用。

2.电容器的测试

电容器的常见故障是击穿(短路)、断路、漏电、容量变小、变质失效等。可以通过仪器仪表进行测量,判断其好坏及电容量,一般情况下,人们用万用表来检查电容器。

(1)使用万用电表检测

表6-13　用万用电表检测电容

量程选择	正　常	断路损坏	短路损坏	漏电现象	各　注
×10k(>AμF) ×1k(1~100μF) ×100(>100μF)	先向右偏转,再缓慢向左回归	表针不动	表针不回归	R<500kΩ	重复检测某一电容器时,每次都要将被测电容短路一次

对于1μF以下的电容,因为万用表的电阻档看不出电容的充放电过程,无法检测。

对于电解电容,可以用万用电表的电阻档判别其极性。测试时,先测量一下电解电容的漏电阻,然后将表笔互换,测量互换后的电阻值,比较前后测得的电阻值。在漏电阻值较大的那次测量中,黑表笔接的是正极,红表笔接的是负极。

(2)使用电容表检测

首先根据所测电容的容量选择合适的量程,再将电容的引脚接到电容表两极,直接读出电容器的容量即可。

3. 电感的测试

对于电感好坏的测量,可以采用万用表的欧姆档进行测量。如果测得的电阻值于估计阻值差距不大,则电感元件正常;如果测得的电阻值为无穷大,则电感元件断路,已经损坏;如果测得的电阻值接近于零或远小于估计阻值,则电感元件可能内部短路。

测量准确的电感值,还需要借助万用电桥、数字电感电容表或高频 Q 表进行测量。

4. 二极管的测试

一般情况下,普通二极管表面有一色环会一色点,与色环较近的一端为负极(N 型),与色点较近的一端为正极(P 型)。如果没有标记,可以通过万用电表来判断二极管的极性和好坏。由于二极管具有正向导通电阻值小,反向截止电阻值大的特点,因此可以选用万用电表的欧姆档($R \times 100$ 档或 $R \times 1k$ 档)进行测量。红黑表笔分别接二极管两端测得一个电阻,互换表笔再测得一个电阻,比较两个测量电阻值,阻值较大的那一次黑表笔接的是二极管负极,红表笔接的是正极;如果两次测得电阻值都很大,则二极管可能内部断路;如果两次测得电阻值都很小,则二极管可能内部短路。

对于发光二极管,从外观上判断长引脚为正极。一般情况下发光二极管正向导通的压降要超过 2V,所以在进行测量时选用万用电表欧姆档的 $R \times 10k$ 档(表内电源为 9V)。当发光二极管发光时,黑表笔所接的是正极。

5. 三极管的测试

(1)根据引脚排列和色点判断引脚极性

对于半圆型塑封三极管,将平面向上(球面向下),引脚指向自己,从左到右引脚依次为发射极 E、基极 B 和集电极 C。

对于引脚排列成等腰三角形的三极管有三种情况:①其直角顶点为基极,靠近红色点的为集电极,另一端为发射极;②其直角顶点为基极,靠近管帽边沿的为发射极,另一端为集电极;③靠近红色点的为集电极,靠近白色点的为基极,靠近绿色点的为发射极。

对于引脚排成一条直线的三极管,引脚间的间距不相等,中间的为基极,与基极间距大的为集电极,另一端为发射极。

　　对于有四个引脚的三极管,将引脚指向自己的方向,从管壳边缘上的突起开始,按顺时针方向排列依次为发射极、基极、集电极和地线。

　　(2)因为三极管的外形很多,从外观上有时很难判断三极管的引脚极性,所以常用的方法是使用万用电表进行测量并判断其引脚极性。判断依据:不管是 PNP 还是 NPN 型晶体三极管,都是有两个 PN 结构成,可以先判断出公共端(基极);三极管的 BE 两极正偏、BC 两极反偏时,三极管处于正常放大状态,此时 CE 间的穿透电流较大,由此可以判断出集电极、发射极。

　　在使用万用电表测量时,首先要判断基极和三极管的类型。测试时,选用万用电表欧姆档的 $R \times 100$ 档或 $R \times 1k$ 档,用黑表笔接触其中一个引脚(假定为基极),再用红表笔依次接触另外两个引脚。如果测得的电阻值都很大,则黑表笔所接的引脚为基极,而且该三极管为 PNP 型;如果测得的电阻值都很小,则黑表笔所接的引脚为基极,而且该三极管为 NPN 型;如果测得的电阻值相差很大,则黑表笔所接的引脚不是基极,黑表笔需重新更换引脚重复上述操作。判断出基极和三极管类型后,再进一步判断三极管的集电极和发射极。以 NPN 型三极管为例,先假设其中的一个引脚为集电极 C,另一脚为发射极 E,将基极和假设的集电极捏在手中但不相碰(即用手指电阻替代基极电阻 R_b),用万用电表的黑表笔接假设的集电极、红表笔接假设的发射极,观察指针的偏转角度;然后将红黑表笔对调,比较两次指针的偏转角度大小,偏转角度大的说明三极管处于放大状态,假设的集电极和发射极正确。

知识链接3　晶闸管基础知识及其应用

　　晶闸管是一种能够通过控制信号控制其导通,但不能控制其关断的半控型器件。由于其导通时刻可控,满足了调压要求。它具有体积小、重量轻、效率高、动作迅速、维护简单、操作方便和寿命长等特点,因而在生产实际中获得了广泛的应用。

1. 晶闸管的结构

　　晶闸管是一种大功率的半导体器件,它的内部是 PNPN 的四层结构,形成了三个 PN 结(J_1、J_2、J_3),并对外引出三个电极,其外形结构如图 6-4 所示。

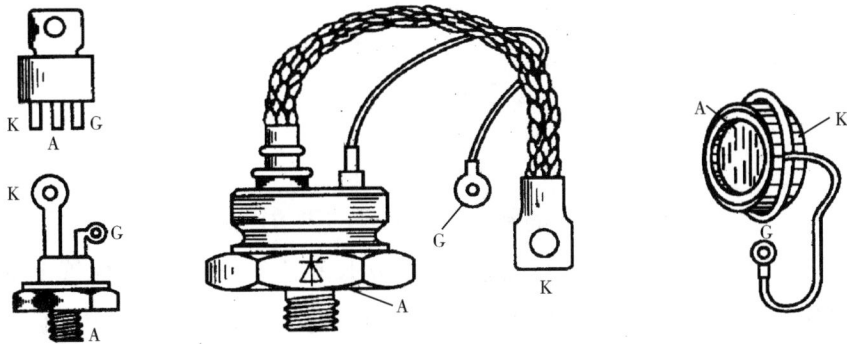

(a)外形

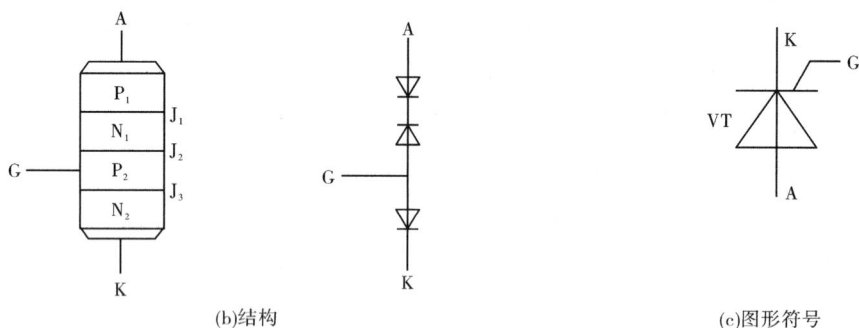

(b)结构   (c)图形符号

图 6 - 4 晶闸管的外形、结构和图形符号

由最外部的 P_1 层和 N_2 层引出的两个电极,分别为阳极 A(Anode)和阴极 K(Cathode),由中间 P_2 层引出的电极是门极 G(Gate),也称控制极。

晶闸管的外形有塑封式、螺栓式、平板式等,如图 6 - 4(a)所示。

2. 晶闸管的工作原理

晶闸管导通必须同时具备两个条件:

(1)晶闸管主电路 A - K 之间加正向电压。

(2)晶闸管控制电路 G - K 之间加合适的正向电压。

晶闸管一旦导通,门极即失去控制作用,故晶闸管为半控型器件。为使晶闸管关断,必须使其阳极电流减小到一定数值以下,这只有通过使其阳极电压减小到零或反向的方法来实现。

为了进一步说明晶闸管的工作原理,下面通过晶闸管的等效电路来分析。

我们将内部是四层 PNPN 结构的晶闸管看成是由一个 PNP 型和一个 NPN 型晶体管连接而成的等效电路,连接形式如图 6 - 5 所示。

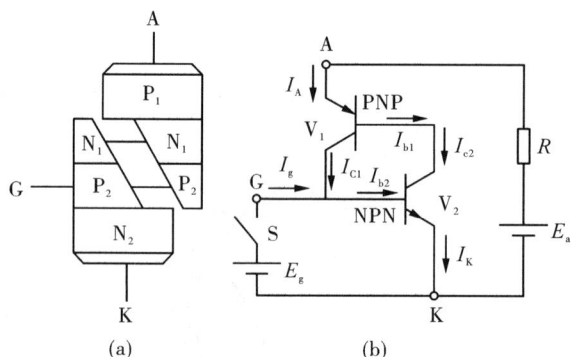

图 6 - 5　晶闸管工作原理的等效电路

阳极 A 相当于 PNP 型晶体管 V_1 的发射极、阴极 K 相当于 NPN 型晶体管 V_2 的发射极。

当晶闸管阳极承受正向电压,控制极也加正向电压时,晶体管 V_2 处于正向偏置,E_g 产生的控制极电流 I_g 就是 V_2 的基极电流 I_{b2},V_2 的集电极电流 $I_{c2} = \beta_2 I_g$。而 I_{c2} 又是晶体管 V_1 的基极电流, V_1 的集电极电流 $I_{c1} = \beta_1 I_{c2} = \beta_1\beta_2 I_g$（$\beta_1$ 和 β_2 分别是 V_1 和 V_{12} 的电流放大系数）。电流 I_{c1} 又流入 V_2 的基极,再一次被放大,这样循环下去,形成了强烈的正反馈,使两个晶体管很快达到饱和导通,这就是晶闸管的导通过程。导通后,晶闸管上的压降很小,电源电压几乎全部加在负载上,晶闸管中流过的电流即负载电流。正反馈过程如下:

$$I_g \uparrow \rightarrow I_{b2} \uparrow \rightarrow I_{c2}(I_{b1}) \uparrow \rightarrow I_{c1} \uparrow \rightarrow I_{b2} \uparrow$$

在晶闸管导通之后,它的导通状态完全依靠管子本身的正反馈作用来维持,此时 $I_{b2} = I_{c1} + I_g$,而 $I_{c1} > > I_g$,即使控制极电流消失 $I_g = 0$,I_{b2} 仍足够大,晶闸管仍将处于导通状态。因此,控制极的作用仅是触发晶闸管使其导通,导通之后,控制极就失去了控制作用。要想关断晶闸管,最根本的方法就是必须将阳极电流减小到使之不能维持正反馈的程度,也就是将晶闸管的阳极电流减小到小于维持电流。可采用的方法有:将阳极电源断开;改变晶闸管的阳极电压的方向,即在阳极和阴极间加反向电压。

综上所述,晶闸管的工作特点是:晶闸管电路有两部分组成,一是阳－阴极主电路,二是门－阴极控制电路;阳一阴极之间具有可控的单向导电特性;门极仅起触发导通作用,不能控制关断;晶闸管的导通与关断两个状态相当于开关的作用,这样的开关又称为无触点开关。

3. 晶闸管的特性

（1）晶闸管的伏安特性

晶闸管的伏安特性是指晶闸管阳极与阴极间电压 U_a 和晶闸管阳极电流 I_a 之间的关系特性。正确使用晶闸管必须要了解其伏安特性。图 6－6 所示即为晶闸管阳极伏安特性曲线,它包括正向特性(第 I 象限)和反向特性(第 III 象限)两部分。

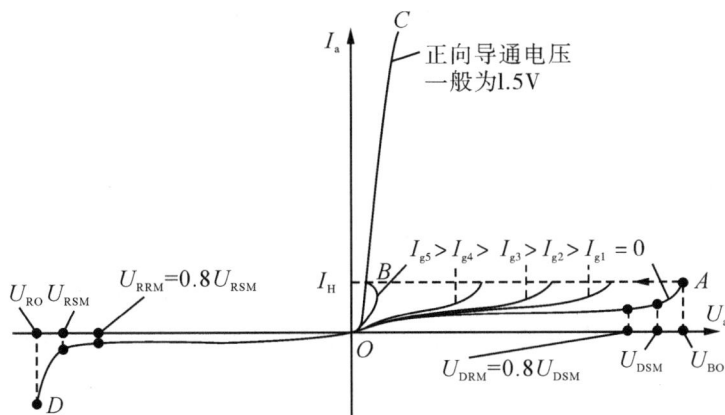

图 6－6 晶闸管阳极伏安特性曲线

图 6-6 中各物理量的含义如下:

U_{DRM}、U_{RRM}——正、反向断态重复峰电压;U_{DSM}、U_{RSM}——正反向断态不重复峰值电压;U_{BO}——正向转折电压;U_{RO}——反向击穿电压。

①正向特性

晶闸管的正向特性又有阻断状态和导通状态之分。在门极电流 $I_g = 0$ 的情况下,逐渐增大晶闸管的正向阳极电压,这时晶闸管处于断态,只有很小的正向漏电流;随着正向阳极电压增加,当达到正向转折电压 U_{BO} 时,漏电流突然剧增,特性从正向阻断状态突变为正向导通状态。导通状态时的晶闸管状态和二极管的正向特性相似,即流过较大的阳极电流,而晶闸管本身的压降却很小。正常工作时,不允许把正向阳极电压加到转折值 U_{BO},而是从门极输入触发电流 I_g,使晶闸管导通。门极电流愈大,阳极电压转折点愈低(图中 $I_{g3} > I_{g2} > I_{g1}$)。晶闸管正向导通后,要使晶闸管恢复阻断,只有逐步减少阳极电流。当 I_g 小到等于维持电流 I_H 时,晶闸管由导通变为阻断。维持电流 I_H 是维持晶闸管导通所需的最小电流。

②反向特性

晶闸管的反向特性是指晶闸管的反向阳极电压(阳极相对阴极为负电位)与阳极漏电流的伏安特性。晶闸管的反向特性与一般二极管的反向特性相似。当晶闸管承受反向阳极电压时,晶闸管总是处于阻断状态。当反向电压增加到一定数值时,反向漏电流增加较快。再继续增大反向阳极电压,会导致晶闸管反向击穿,造成晶闸管的损坏。

(2)晶闸管的开关特性

晶闸管的开关特性如图 6 – 7 所示。

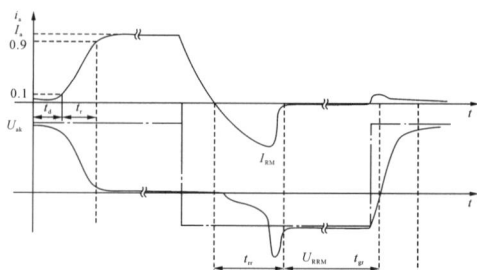

图 6 – 7　晶闸管的开关特性

晶闸管的开通不是瞬间完成的,开通时阳极与阴极两端的电压有一个下降过程,而阳极电流的上升也需要有一个过程。这个过程可分为三段:第一段对应时间为延迟时间 t_d,对应着阳极电流上升到 $10\% I_a$ 所需时间,此时 J_2 结仍为反偏,晶闸管的电流不大。第二段为上升时间 t_r,对应着阳极电流由 $10\% I_a$ 上升到 $90\% I_a$ 所需时间,这时靠近门极的局部区域已经导通,相应的 J_2 结已由反偏转为正偏,电流迅速增加。通常定义器件的开通时间 t_{on} 为延迟时间 t_d 与上升时间 t_r 之和。即

$$t_{on} = t_d + t_r$$

晶闸管的关断过程见图 6 – 7。电源电压反向后,从正向电流降为零起到能重新施加正向电压为止的时间定义为器件的关断时间 t_{off}。通常定义器件的关断时间 t_{off} 等于反向阻断恢复时间 t_{rr} 与正向阻断恢复时间 t_{gr} 之和。即 $t_{off} = t_{rr} + t_{gr}$。

4.晶闸管的其他派生元件

（1）双向晶闸管（TRIAC）

双向晶闸管是把一对反并联的晶闸管集成在同一硅片上，只用一个门极控制触发的组合器件。双向晶闸管具有正、反两个方向都能控制导通的特性，同时还具有触发电路简单、工作稳定可靠的优点，因此可认为是一种控制交流功率的理想器件。

双向晶闸管的外型结构与普通晶闸管类似，也有螺栓型、平板型和塑封型等结构。它的内部是一种 NPNPN 五层结构、三端引线的器件，有两个主电极 T_1、T_2，一个门极 G，其结构、电气符号及等效电路如图 6-8 所示。其中 $P_1N_1P_2N_2$ 称为正向晶闸管，$P_2N_1P_1N_4$ 称为反向晶闸管，且这两个晶闸管的触发导通都由同一个门极 G 来控制。

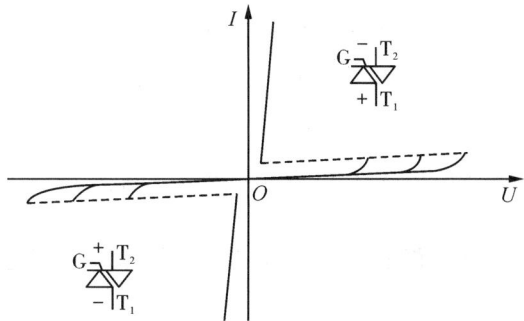

双向晶闸管的伏安特性如图 6-9 所示。在第Ⅰ象限、第Ⅲ象限具有对称的阳极伏安特性，均可由门极触发导通，因此双向晶闸管是一种半控交流开关器件。

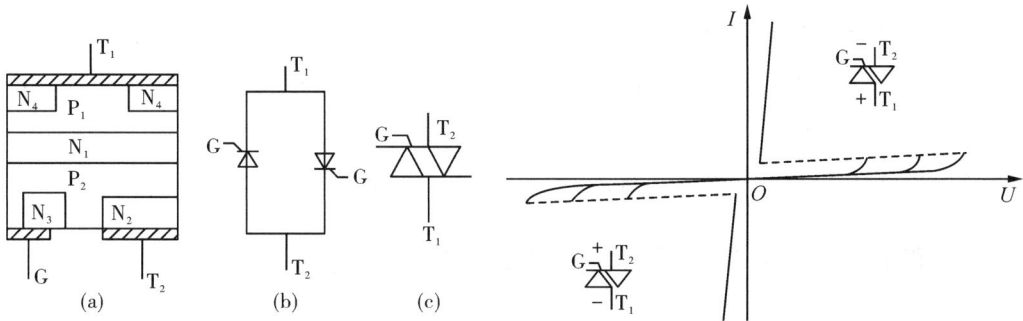

图 6-8 双向晶闸管的结构、电气符号及等效电路　　图 6-9　双向晶闸管的伏安特性

由于门极的特殊结构，双向晶闸管的触发电压极性可正可负，以便开通两个反向并联的晶闸管，根据主电极间电压极性以及门极信号极性的不同组合，双向晶闸管有四种触发方式，即Ⅰ+、Ⅰ-、Ⅲ+、Ⅲ-触发。尽管双向晶闸管有四种触发方式，但在实际应用中只采用（Ⅰ+、Ⅲ-）与（Ⅰ-、Ⅲ-）两组触发方式，其中（Ⅰ-、Ⅲ-）方式适用于直流门极触发信号，（Ⅰ+、Ⅲ-）方式适用于交流门极触发信号。

双向晶闸管常在电阻性负载电路中用作相位控制，也用作固态继电器，有时还用于电动机控制，其供电频率通常被限制在工频附近。就目前的工艺水平而言，双向晶闸管的额定电压和额定电流比普通晶闸管低些。

（3）逆导晶闸管（RCT）

逆导晶闸管是将一个晶闸管和一个二极管反并联集成在同一硅片上而构成的器件，它具有反向导通的能力，等效电路和伏安特性如图 6-10 所示。

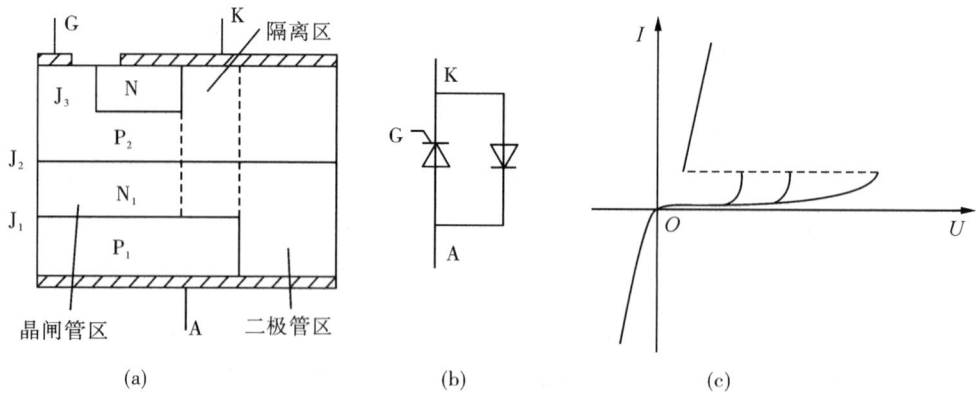

图 6 - 10　逆导晶闸管的基本结构、等效电路及伏安特性

逆导晶闸管的工作原理与普通晶闸管相同,即用正的门极信号来实现器件开通。在逆导晶闸管的电路中,晶闸管与二极管是交替工作的,晶闸管通过正向电流,二极管通过反向电流。逆导晶闸管有两个重要的特性参数额定电流、反向恢复电流下降率 $-\mathrm{d}i/\mathrm{d}t$;使用中需保证不超过元件规定的 $\mathrm{d}i/\mathrm{d}t$ 值。

与普通晶闸管相比较,逆导晶闸管具有正向压降小、关断时间短、高温特性好、额定结温高等优点。

晶闸管的派生元件还有快速晶闸管、光控晶闸管、门极关断晶闸管等。

知识链接4　单结晶体管触发电路的工作原理、调试方法

1. 单结晶体管触发电路的工作原理、调试方法

由单结晶体管组成的触发电路,具有简单、可靠、触发脉冲前沿陡、抗干扰能力强以及温度补偿性能好等优点,它在单相与要求不高的三相晶闸管变流装置中得到了广泛应用。

（1）单结晶体管

单结晶体管(Unijunction Transistor)也称为双基极二极管,它有一个发射极和两个基极,外形和普通三极管相似。

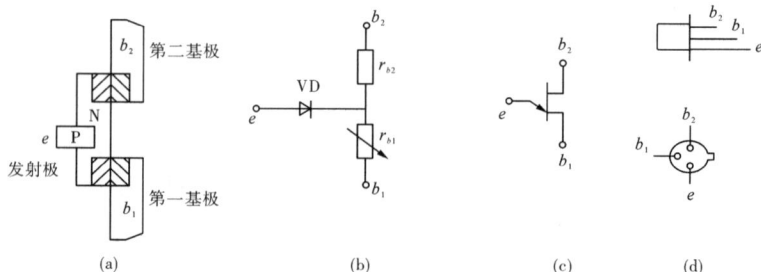

图 6 - 11　单结晶体管的结构及图形符号、等效电路

单结晶体管的结构及图形符号、等效电路如图 6 - 11 所示。单结晶体管是在一块高电

阻率的 N 型硅片两端用欧姆接触方式引出第一基极 b_1，和第二基极 b_2，b_1 和 b_2 之间的电阻为 N 硅片的体电阻，约为 $3 \sim 12k\Omega$，在硅片靠近 b_2 极渗入 P 型杂质时，形成 PN 结，由 P 区引出发射极 e。由以上结构可知，该器件只有一个 PN 结，相当于有两个基极，所以称作"单结晶体管"或"双基极管"。在单结晶体管 b_2 和 b_1 之间应加正向工作电压，再给发射极输入一定的电压使二极管导通，e 和 b_1 之间有电流通过时，电阻 R_{b1} 比二极管未导通时的电阻值变小许多，这种现象称作单结晶体管的负阻效应。

（2）单结晶体管自激振荡电路

利用单结晶体管的负阻效应与 RC 电路的充放电过程，能够组成频率可变的脉冲电路，如图 6 - 12 所示。

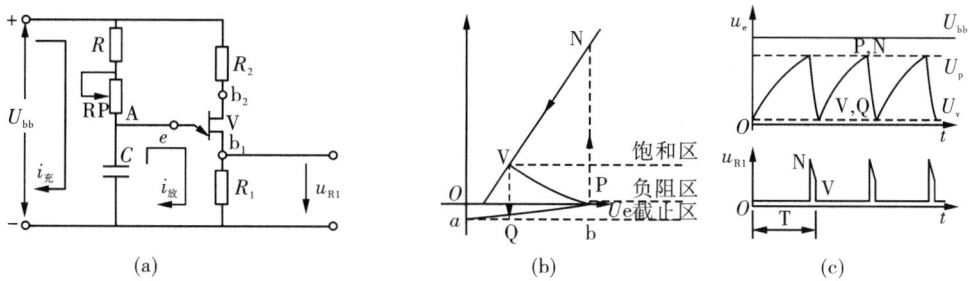

图 6 - 12 单结晶体管自激振荡电路

当接通直流电压 U_{bb} 后，一路经 $R_2 \rightarrow$ 单结晶体管 V—R_1，在单结晶体管 V 的两个基极内部与射极的连接点 A 上形成电压 U_A，其值为

$$U_A = \frac{R_{b1}}{R_{b1} + R_{b2}} U_{bb} = \eta U_{bb}$$

式中，η 表示单结晶体管 b_2 和 b_1 之间的分压比，通常在 0.3 ~ 0.9 之间；由于 R_1、R_2 较小，此处视为近似。

另一路通过 R—RP 对电容 C 进行充电，发射极电压为电容两端电压 $U_e = U_C$，此电压按指数曲线渐渐上升。当 $U_C < U_A$ 时，管子 V 处于截止状态，e 和 b_1 之间仅有一点漏电流，随着 U_C 值的增大，管子工作情况按图 6 - 12(b) 所示的伏安特性沿着曲线上升。到达 b 点后，电容 U_C 充到刚开始大于 U_A，再升约 0.7V 到 U_P，V 受正偏导通，则管子 e 和 b_1 间有电流 I_e 通过，在此电流的影响下，e 和 b_1 间的电阻 R_{b1} 快速变小（负阻现象），电流 I_e 同时再增大。由于电容上电压不能突变，U_A 值随 R_{b1} 减小而降低，电容上的电荷开始通过 $e \rightarrow b_1 \rightarrow R_1$ 迅速放电。由于放电回路电阻很小，放电时间很短，所以在 R_1 得到的电压是很窄的尖脉冲电压 u_{R1}。此脉冲电压可以作为小功率晶闸管的触发电压 u_g。

电容 C 两端的电荷放完后，又处于 $U_C < U_A$，二极管又恢复阻断，同时，电源再次通过 R、RP 对电容 C 充电，重复以上过程，可以周期性地在 R_1 上产生脉冲，其频率为

$$f = \frac{1}{T} = \frac{1}{(R + R_P)C \ln \frac{1}{1 - \eta}}$$

由上式可见调节 RP 即可改变电路的振荡频率 f。

（3）调试方法

实际调试电路时，如果将 RP 过分减小，电路会仅输出一个脉冲，即电路停振。原因是当电容 C 第一次被充到 U_P 值，单结管导通后，由于 RP 值小，流过单结管的电流大于谷点电流 I_V，使单结管无法关断。为了保证 RP 调到最小时仍输出脉冲，可以在充电回路串电阻 R，参照下式算出最小 R 值。

$$\frac{U_{bb} - U_p}{I_p} \geq (R + R_p) \geq \frac{U_{bb} - U_v}{I_v}$$

输出电阻 R_1 的大小将影响输出脉冲的宽度与幅值，如 R_1 太小，放电太快，脉冲太窄，不易触发晶闸管；如 R_1 太大，在单结晶体管未导通时，电流 I_e 在 R_1 上的压降较大，可能造成晶闸管误导通，通常取 $50 \sim 100\Omega$。电阻 R_2 用来补偿温度对 U_A 的影响，通常在 $200 \sim 600\Omega$ 之间。电容 C 的大小影响脉冲宽窄，通常取 $0.1 \sim 1\mu F$。

知识链接5　单相半波可控整流电路

单相半波可控整流电路有电阻性负载、阻感性负载、阻感性负载加续流二极管等不同的电路，本节介绍单相半波可控整流路（阻感性负载加续流二极管）电路结构、工作原理及输出波形和用单结晶体管触发的单相半波可控整流电路。

1. 单相半波可控整流电路（阻感性负载加续流二极管）

（1）电路结构和工作原理

①电路结构

为了解决阻感性负载存在的矛盾，使电路正常工作，必须在负载两端并联续流二极管把输出电压的负向波形去掉。阻感性负载加续流二极管的电路如图 $6 - 13$ 所示。

②工作原理和波形情况

在电源电压正半波（$0 \sim \pi$ 区间），电源电压 $u_2 > 0$，晶闸管承受正向电压 $u_{ak} > 0$。脉冲 u_g 在 $\omega t = \alpha$ 处触发晶闸管，使 VT 导通，形成负载电流 i_d，负载上有输出

电压和电流，在此期间续流二极管

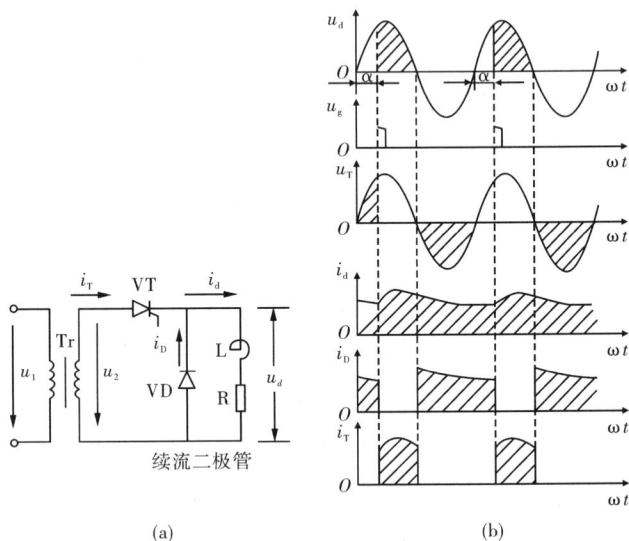

图 $6 - 13$　单相半波可控整流电路
（阻感性负载加续流二极管）

VD 承受反向阳极电压而关断。

在电源电压负半波(π～2π 区间),电感的感应电压使续流二极管 VD 受正向电压导通续流,此时电源电压 $u_2<0$,u_2 通过续流二极管 VD 使晶闸管承受反向电压 $u_{ak}<0$ 而关断,负载两端的输出电压仅为续流二极管的管压降,如果电感足够大,续流二极管一直导通到下一周期晶闸管导通,使 i_d 连续,且 i_d 波形近似为一条直线。

由以上分析可以看出,阻感性负载加续流二极管后,输出电压波形与电阻性负载波形相同,续流二极管的作用是为了提高输出电压。负载电流波形连续且近似为一条直线,如果电感无穷大,则负载电流为一直线。流过晶闸管和续流二极管的电流波形是矩形波。可以看出,对于阻感性负载加续流二极管的单相半波可控整流电路移相范围与单相半波可控整流电路电阻性负载相同,为 0°～180°,且有 $\alpha+\theta=180°$。

单相半波可控整流器的优点是电路简单,调整方便,容易实现。但整流电压脉动大,每周期脉动一次。变压器二次侧流过单方向的电流,存在直流磁化、利用率低的问题,为使变压器不饱和,必须增大铁心截面,这样就导致设备容量增大。

2. 用单结晶体管触发的单相半波可控整流电路

前面讨论的振荡电路具有输出尖脉冲的能力,可以用于晶闸管的触发。依照晶闸管对触发电路的要求,触发电路送出的触发脉冲必须与晶闸管所加阳极电压同步,才能保证在管子阳极电压每个正半周内以相同的控制角触发导通,得到稳定的输出直流电压。

(1)电路结构

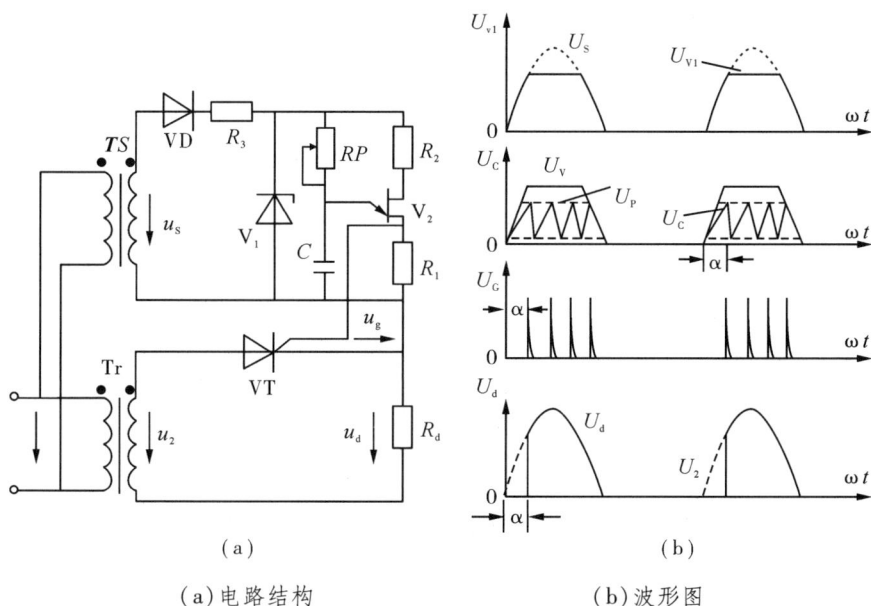

(a)电路结构　　　(b)波形图

图 6-14　单结晶体管触发的单相半波整流电路

图 6-14(a)为采用单结晶体管触发的单相半波整流电路,同步变压器 TS、整流管 VD

及稳压管 VS、单结晶体管自激振荡电路组成同步电路。

(2)工作原理和波形情况

①同步变压器一次侧与晶闸管整流电路的输入接在同一交流电源上,同步变压器二次侧正弦电压 μ_s 经 VD 整流、稳压管 VS 削波,得到的梯形波电压 μ_v。与晶闸管阳极电压过零点一致,将此每半周都是梯形的电压作为单结晶体管触发电路的电源,波形如图 6 - 14(b)所示。因此每当电源波形半周过零时,单结管内部 A 点电压 $U_A = 0$,可使电容上电荷很快放掉,在下一半周开始,基本上从零开始充电,这样就保证了每周期触发电路送出第一只脉冲距离过零点的时刻一致,起到同步作用。

② 当 RP 增大时,单结晶体管 U_e 充到峰点电压的时间就增大,第一个脉冲 μ_g 出现的时刻推迟,即增大了 α,桥路输出直流电压 U_d 下降。所以这个电路既能保证同步,又能在一定范围内移相。为了扩大移相范围,要求同步电压梯形波的两腰边尽量接近垂直,可采用提高同步变压器二次电压 U_s 的方法,如同步电压 U_s 通常大于 60V,稳压管 VS 选用 20V 左右。触发脉冲 μ_g 可直接在电阻 R_1 上取出。这种方式简单、经济,但触发电路与主电路的电源有直接电联系,不安全,因此很多场合采用脉冲变压器输出与晶闸管耦合。

从上面分析可见,单结晶体管触发电路只能产生窄脉冲。对于电感较大的负载,由于晶闸管在触发导通时阳极电流上升较慢,在阳极电流还未达到管子掣住电流时,触发脉冲已经消失,使晶闸管在触发期间导通后又重新关断。所以单结晶体管如不采取脉冲扩宽措施,是不宜触发电感性负载的。

在实用电路中,为了能用电信号来自动控制相位移动,移相用的可变电阻 RP 往往用晶体管来代替,如图 6 - 15 所示。当移相控制电压 U_c 变化时,使晶体管 V_2 的 C - E 极之间的等效电阻变化,也就相当于移相用的可变电阻 RP 的阻值发生变化,改变电容 C 的充电时间,达到了移相的目的。

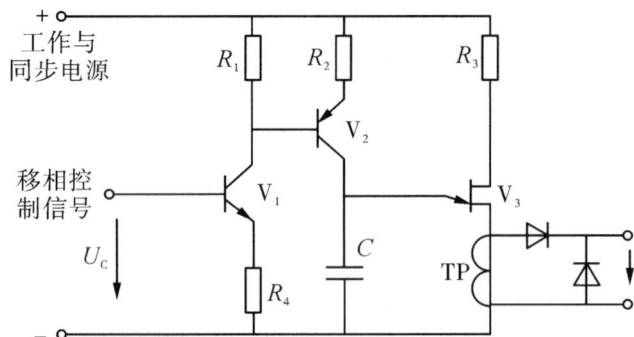

图 6 - 15　用晶体管来代替 RP 的单结晶体管触发电路

技能训练

（一）常用电子元器件的识别与检测技能训练（二）

1. 实验目的

（1）熟知常用电子元器件在电路中的作用；

（2）熟记常用电子元器件的图形符号和代号；

（3）掌握常用电子元器件的识别与检测的方法。

2. 测试原理

（1）电阻色环的识别及电阻与电阻器阻值的测试

具体方法见 6.1.1 与 6.1.2。

（2）电容的识别与简易测试

通常采用万用表的欧姆档测量电容器性能的好坏。

欧姆档量程选择如下：5000pF～1μF　选用 $R \times 10$k 档；1～20μF　选用 $R \times 1$k 档；20μF 以上选用 $R \times 10\Omega$ 或 $R \times 100\Omega$ 档。

测量方法：将万用表表笔接触电容器的两极。有四种情况：

①表头指针先顺时针方向偏摆，然后逐渐向反方向复原（即 $R = \infty$），则性能良好。

②表头指针不能复原即稳定后指针所指读数表示电容器的漏电阻，则性能较差。若漏电阻偏小表示漏电严重，则不能使用。

③测试过程中表针不摆动，则说明电容器内部断路，不能使用。

④表针顺时针偏转后，不返回且阻值很小甚至为零，则说明电容器内部短路，不能使用。

（3）晶体二极管的简易测试

利用晶体二极管的正向电阻小、反向电阻大的特点来识别其极性和性能。对于小功率二极管常用万用表 $R \times 1$k 或 $R \times 100$ 电阻档。其测试方法是：

①性能判别：

a. 当测得晶体二极管正、反向电阻相差很大时，表明二极管的单向导电性能良好。（差值越大，单向导电性越好）

b. 当测得二极管的正、反向电阻值很接近时，表明管子性能变坏或失效。

c. 当测得正、反向电阻值都很小或为零时，则表明管子已被击穿。（两电极已短路）

d. 若正、反向电阻值都很大，则说明管子内部已断路，不能使用。

②极性判别

用万用表测试二极管的正、反向电阻值。若测得阻值较小时,表明为正向电阻值,此时黑表笔所接触的一端是二极管的阳极,红表笔所接触的一端二极管的阴极。发光二极管用 $R \times 10k$ 电阻档,测量方法同上。

说明:

a. 锗管和硅管的区别是:锗管正向电阻一般为 $100 \sim 1000\Omega$ 之间,硅管正向电阻一般为几百~几千欧姆之间。

b. 对于中、大功率二极管一般选用 $R \times 1$ 或 $R \times 10$ 档,因为其正、反向电阻都很小,会产生误判。

(4)晶体三极管的简易测试

① 管型和电极的判别方法

a. 根据形状来判别基极、集电极和发射极,见6.1.2。

b. 用万用表判别

基极的判别:用万用表电阻量程 $R \times 100$ 或 $R \times 1k$ 档,将红表棒接某一管脚,黑表棒分别接另外两个管脚,这样将有三组(每组二次)读数,当测得两个电阻值均较小时,红表棒所接的管脚为 PNP 管的基极。若用黑表棒接某一管脚,红表棒接另外两个管脚,当测得两个电阻值均较小时,则黑表棒所接的管脚为 NPN 管的基极。

集电极和发射极的判别

以 NPN 型管子为例,先用潮湿的手指把假定的集电极和已测出的基极捏起来(但不要相碰),再将黑表棒接在假定的集电极,红表棒接到假定的发射极上,看表针指示,并记下阻值的读数。然后再作相反假设,记下阻值的读数。比较两次读数的大小,阻值较小的那一次黑表棒所接为集电极,剩下的一脚为发射极。

②性能的判别

a. 三极管极间电阻的测量

在测量三极管极间电阻时,要注意量程的选择,否则将产生误判或损坏三极管。测小功率管时,可用 $R \times 100$ 或 $R \times 1k$ 档,不能用 $R \times 1$ 或 $R \times 10k$ 档,因为前者电流较大,后者电压较高,都可能造成三极管损坏。但在测量大功率锗管时,则要用 $R \times 10$ 档。因为其正、反向电阻较小,用其他档容易发生误判。对于质量好的三极管,$b - c$、$b - e$ 间的正向电阻一般为几百欧到几千欧,而 $c - e$ 间的电阻都很高,约为几百千欧。当测得的正向电阻近似于无穷大时,表明管子内部断路。若测得反向电阻很小或为零时,说明管子已击穿或短路。

b. 穿透电流的测量

对于 PNP 管红表棒接集电极,黑表棒接发射极,NPN 管将红,黑表笔对调,用 $R \times 1k$ 档测得阻值越大,说明管子穿透电流越小,管子的性能越好。

c.电流放大系数 β 值的估测

测量方法与判别集电极相同,当测得阻值越小,即表针的摆动越大时,说明管子的放大能力越好。

(5)单向晶闸管的判别

① 电极的判断

单向晶闸管有三个电极分别是阳极 A,阴极 K,门极(或控制极)G,如图 6-16 所示。测量时,将万用表置于 $R\times 1$ 或 $R\times 10$ 档,测得 A-K,A-G 间的正反向电阻都很大(几百千欧以上),而测出 G-K 间的正向电阻略小于反向电阻。

② 检查小功率晶闸管(KP1~KP5)触发能力用万用表选择 $R\times 1$ 或 $R\times 10$ 档,测量分二步进行:

第一步　将黑表棒接晶闸管阳极 A 端,红表棒接阴极 K 端,表针应在几百千欧以上,然后用导线将门极与阳极接通,使门极电位升高(即相当于加正触发信号)晶闸管导通,电阻读数为几欧~几十欧。

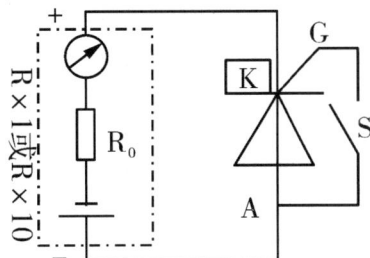

图 6-16　单向晶闸管

第二步　断开门极与阳极间导线,若读数不变,晶闸管维持导通状态,证明质量良好。

(6)双向晶闸管的判别

双向晶闸管的三个电极分别是:T_1 极、T_2 极、G 极。万用表选择 $R\times 1$ 或 $R\times 10$ 档,分两步进行:

① 确定 T_2 极

用万用表分别测量 T_1、T_2、G 极间的电阻,当测得有一组为几十欧,另两组为无穷大时,阻值为几十欧的两脚为 T_1 极和 G 极,另一脚则是 T_2 极。

② 区分 G 极和 T_1 极

a.找出 T_2 极之后,首先假定剩下两脚中某一脚为 T_1 极,另一脚为 G 极。

b.把黑表笔接 T_1 极,红表笔接 T_2 极,[图 6-17(a)]电阻为无穷大。接着用红表笔尖把 T_2 与 G 极短路,给 G 加上负触发信号,电阻值为几十欧,证明管子已经导通,导通方向为 $T_1\to T_2$。再将红表笔与 G 极脱开(但仍接 T_2),如果临时性阻值保持不变,这表明管子在触发之后能维持导通状态。

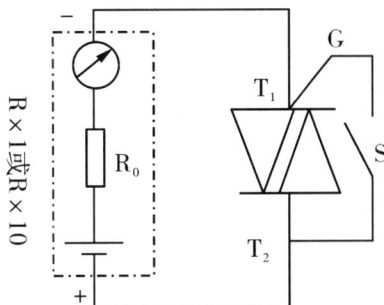

(a)

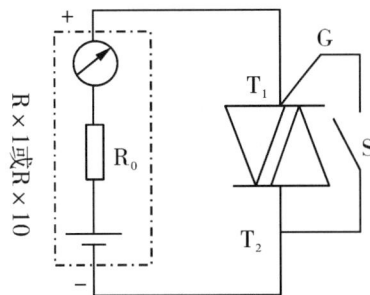

(b)

图 6-17　双向晶闸管

c.把红表笔接 T_1 极,黑表笔接 T_2 极,如图 6-17(b)所示然后使 T_2 与 G 极短路,给 G 加上正触发信号,电阻值仍为几十欧,与 G 极脱开后若阻值不变,则说明管子经触发后,在 $T_2 \rightarrow T_1$ 方向上也能维持导通状态,因此具有双向触发性质。由此证明上述假定正确。否则是假定与实际不符,需重新作出假定,重复以上测量。显然,在识别 G、T_1 的过程中,也就检查了双向晶闸管的触发能力。

(7)单结晶体管的判别

单结晶体管也称作双基极二极管,其三个电极是发射极 E、第一基极 b_1、第二基极 b_2。图形符号如图 6-18 所示:

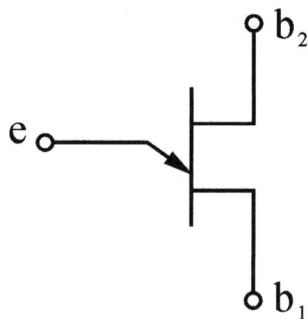

①管脚的判别

a.先确定 e 极,将万用表置于 $R \times 1k$ 档,e 对 b_1,e 对 b_2 都会呈现正向电阻小、反向电阻大现象,若测得 e 对 b_1,e 对 b_2 正向电阻都偏小时,则黑表棒所接为发射极。若两次测得电阻值都一样,约在 2~10 千欧,则为 b_1、b_2 极。

图 6-18 单结晶体管

b.确定 b_1、b_2 极,一般来说,e 对 b_1 的正向电阻稍大于 e 对 b_2 的正向电阻。

3. 实验设备及仪器材料

(1)10 只色环电阻,2 只电位器   (2)5 只电容

(3)3 只二极管   (4)3 只三极管

(5)2 只单向晶闸管   (6)2 只双向晶闸管

(7)2 只单结晶体管   (8)万用表

4. 实验内容及步骤

(1)练习识别色环电阻的阻值和误差。

(2)学会用万用表测试各种电阻值;尤其是电位器可用万用表检测电位器的质量好坏。

说明:一般情况几欧姆~几十欧姆用 $R \times 1$ 档;几百欧姆用 $R \times 10$ 档;几千欧姆用 $R \times 100$ 档;几千欧姆用 $R \times 1k$ 档。与其标称阻值比较,计算误差。

(3)练习电容按其标注方法读出容量值和误差。

(4)用万用表检测电容的性能。

(5)用万用表练习测试二极管的性能和极性。

(6)用万用表练习测试三极管的性能和极性。

(7)用万用表练习测试单向晶闸管,。

(8)用万用表练习双向晶闸管的简易测试。

(9)用万用表练习单结晶体管的简易测试。

5. 实验报告要求

(1)拟好记录实验结果所需的数据、表格。

(2)记录各项实验表格,分析测量结果。

(3)分析实验中出现的故障及其排除方法。

(4)测试过程中的体会。

（二）单相桥式整流可控调压电路的安装与调试实训

1. 实验目的

（1）学习单结晶体管和晶闸管的简易测试方法。

（2）熟悉单结晶体管触发电路（阻容移相桥触发电路）的工作原理及调试方法。

（3）熟悉用单结晶体管触发电路控制晶闸管调压电路的方法。

2. 实验原理

可控整流电路的作用是把交流电变换为电压值可以调节的直流电。如图 6-19 所示为单相半控桥式整流实验电路。主电路由负载 R_L（灯炮）和晶闸管 T_1 组成，触发电路为单结晶体管 T_2 及一些阻容元件构成的阻容移相桥触发电路。改变晶闸管 T_1 的导通角，便可调节主电路的可控输出整流电压（或电流）的数值，这点可由灯炮负载的亮度变化看出。晶闸管导通角的大小决定于触发脉冲的频率 f，由公式

$$f = \frac{1}{RC}\ln\left(\frac{1}{1-\eta}\right)$$

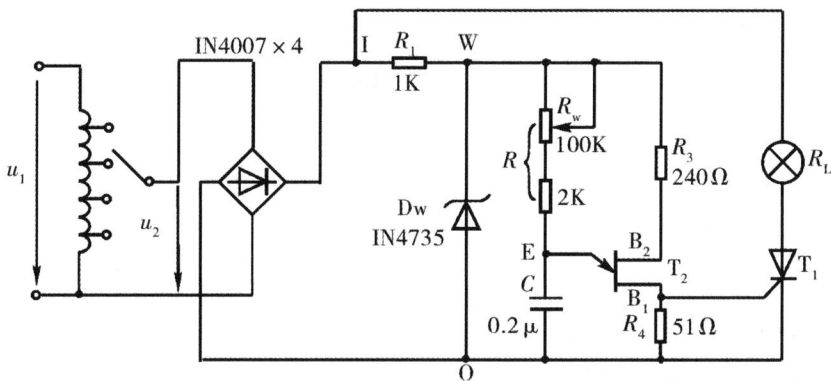

图 6-19 单相半控桥式整流实验电路

可知，当单结晶体管的分压比 η（一般在 0.5~0.8 之间）及电容 C 值固定时，则频率 f 大小由 R 决定，因此，通过调节电位器 R_w，可以改变 C 充电的速度，因此就改变了第一个脉冲出现的时间，从而达到移相，使可以改变触发脉冲频率，主电路的输出电压也随之改变，从而达到可控调压的目的。

用万用电表的电阻档（或用数字万用表二极管档）可以对单结晶体管和晶闸管进行简易测试。

图 6-20 为单结晶体管 BT33 管脚排列、结构图及电路符号。好的单结晶体管 PN 结正向电阻 R_{EB1}、R_{EB2} 均较小，且 R_{EB1} 稍大于 R_{EB2}，PN 结的反向电阻 R_{B1E}、R_{B2E} 均应很大，根据所测

阻值,即可判断出各管脚及管子的质量优劣。

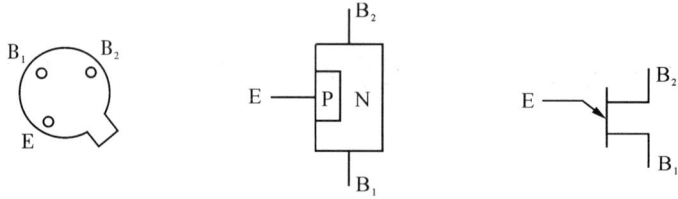

图 6 – 20　单结晶体管 BT33 管脚排列、结构图及电路符号

图 6 – 21 为晶闸管 3CT3A 管脚排列、结构图及电路符号。晶闸管阳极(A) – 阴极(K)及阳极(A) – 门极(G)之间的正、反向电阻 R_{AK}、R_{KA}、R_{AG}、R_{GA} 均应很大,而 G – K 之间为一个 PN 结,PN 结正向电阻应较小,反向电阻应很大。

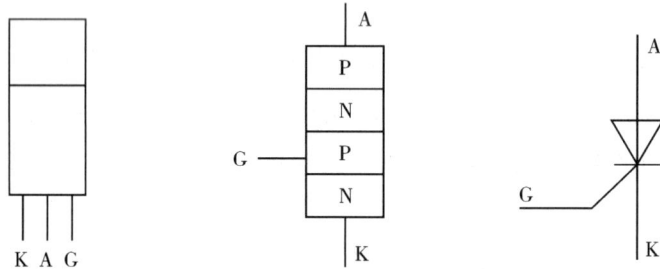

图 6 – 21　晶闸管管脚排列、结构图及电路符号

3. 实验设备及器件

(1) ±5V、±12V 直流电源　　　　　(2) 可调工频电源

(3)万用电表　　　　　　　　　　　(4) 双踪示波器

(5)交流毫伏表　　　　　　　　　　(6) 直流电压表

(7)晶闸管 3CT3A　　　　　　　　　单结晶体管 BT33

二极管 IN4007 ×4　　　　　　　　　稳压管 IN4735

灯炮 12V/0.1A

4. 实验内容及步骤

(1) 单结晶体管的简易测试

用万用电表 $R \times 10\Omega$ 档分别测量 EB_1、EB_2 间正、反向电阻,记入表 6 – 14。

表 6 – 14

$R_{EB1}(\Omega)$	$R_{EB2}(\Omega)$	$R_{B1E}(K\Omega)$	$R_{B2E}(K\Omega)$	结论

(2)晶闸管的简易测试

用万用电表 $R \times 1k$ 档分别测量 A – K、A – G 间正、反向电阻;用 $R \times 10\Omega$ 档测量 G – k 间正、反向电阻,记入表 6 – 15。

表 6 – 15

$R_{AK}(k\Omega)$	$R_{KA}(k\Omega)$	$R_{AG}(k\Omega)$	$R_{GA}(k\Omega)$	$R_{GK}(k\Omega)$	$R_{KG}(k\Omega)$	结论

（3）晶闸管导通，关断条件测试

断开 ±12V、±5V 直流电源，按图 6 – 22 所示在万能板上焊接实验电路。

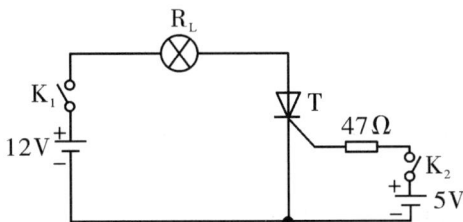

图 6 – 22　晶闸管导通、关断条件测试

① 晶闸管阳极加 12V 正向电压，门极 a）开路 b）加 5V 正向电压，观察管子是否导通（导通时灯炮亮，关断时灯炮熄灭），管子导通后，c）去掉 +5V 门极电压、d）反接门极电压（接 -5V），观察管子是否继续导通。

② 晶闸管导通后，a）去掉 +12V 阳极电压、b）反接阳极电压（接 -12V），观察管子是否关断。记录之。

（3）晶闸管可控整流电路

按图 6 – 96 焊接实验电路。取可调工频电源 14V 电压作为整流电路输入电压 u_2，电位器 R_W 置中间位置。

①单结晶体管触发电路

断开主电路（把灯炮取下），接通工频电源，测量 U_2 值。用示波器依次观察并记录交流电压 u_2、整流输出电压 u_I（I - 0）、削波电压 u_W（W - 0）、锯齿波电压 u_E（E - 0）、触发输出电压 u_{B1}（B_1 - 0）。记录波形时，注意各波形间对应关系，并标出电压幅度及时间。记入表 6 – 16。

②阻容移相触发电路

改变移相电位器 R_W 阻值，观察 u_E 及 u_{B1} 波形的变化及 u_{B1} 的移相范围，记入表 6 – 16 。

表 6 – 16

	u_2	u_I	u_W	u_E	u_{B1}	移相范围
单结晶体管触发电路						
阻容移相						

③可控整流电路

断开工频电源，接入负载灯泡 R_L，再接通工频电源，调节电位器 R_W，使电灯由暗到中等亮，再到最亮，用示波器观察晶闸管两端电压 u_{T1}、负载两端电压 u_L，并测量负载直流电压 U_L

及工频电源电压 U_2 有效值,记入表 6 – 17。

表 6 – 17

	暗	较亮	最亮
u_L 波形			
u_T 波形			
导通角 θ			
$U_L(V)$			
$U_2(V)$			

5. 实验报告要求

(1)总结晶闸管导通、关断的基本条件。

(2)画出实验中记录的波形(注意各波形间对应关系),并进行讨论。

(3)对实验数据 U_L 与理论计算数据 $U_L = 0.9 U_2 \dfrac{1 + \cos\alpha}{2}$ 进行比较,并分析产生误差原因。

(4)分析实验中出现的异常现象。

任务二　电子线路装接的基本工艺

知识链接 1　**装接工具及装接辅助材料**

(1)电烙铁

① 电烙铁的类型

从电烙铁的功能分,有恒温式、调温式、双温式、带吸锡功能式及无绳式等。

从加热方式分,有内热式、外热式、燃气式等。

② 握法:有反握法、正握法、握笔法。

③ 功率选择:

a. 焊接受热易损的小电子元器件,选用 20 ~ 30W 内热式电烙铁;

b. 焊接较粗导线,考虑选用 50W 内热式或 40 ~ 75W 外热式;

c. 焊接较大元器件时,如金属底盘接地焊片,应选 100W 以上的电烙铁。

④ 使用前的处理:

一把新烙铁必须先处理,后使用。具体方法是,首先用锉刀把新烙铁头(紫铜制作)按需要锉成一定的形状,然后接上电源,当烙铁头温度升到能熔锡时,将烙铁头在松香上沾涂一下,等松香冒烟后再沾涂一层焊锡,如此反复进行 2~3 次,使烙铁头的刃面全部挂上一层锡便可使用。

注意事项:

a. 电烙铁不宜长时间通电而不使用;

b. 更换烙铁芯时应注意引线正确连接;

c. 电烙铁在焊接时,最好选用松香焊剂,以保护烙铁头不被腐蚀。

d. 内热式电烙铁在使用时,更应注意不要敲击烙铁头,不要用钳子夹连接杆。

(2)镊子　用于焊接时元件的夹持散热及焊接前元件管脚的整形。

(3)尖嘴钳　作用与镊子相同。

(4)剪刀　用于清理管脚上的脏物及氧化层,并剪掉管脚的多余部分。

(5)焊料　应选用优质的焊锡丝,焊点光亮不起渣。

(6)焊剂　采用松香或松香酒精配制的溶液,最好不要使用焊锡膏。具有增强焊料与金属表面的活性、增加浸润的作用。

(7)吸锡器和吸锡电烙铁

吸锡器是无损拆卸元件时的必备工具。吸锡器的原理是利用弹簧突然释放的弹力带动一个吸气筒的活塞向外抽气,同时在吸嘴处产生强大的吸力,从而将液态的焊锡吸走。吸锡电烙铁的内部结构如图 6-23 所示。

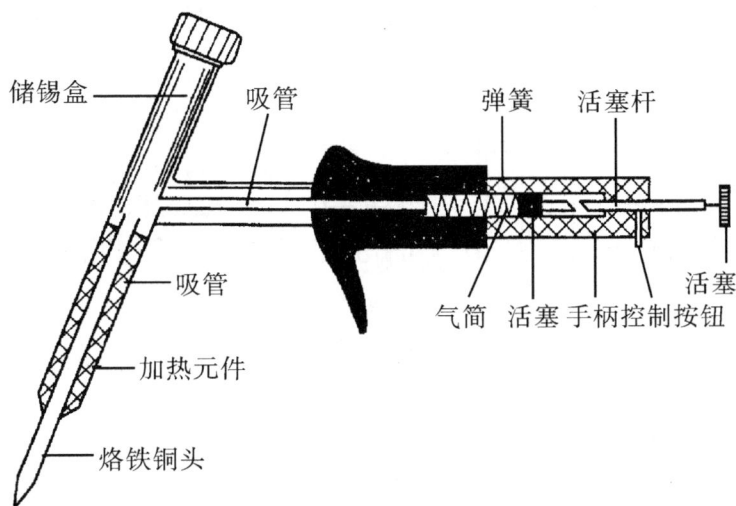

图 6-23　吸锡电烙铁

这类产品具有焊接和吸锡的双重功能,在使用时,只要把烙铁头靠近焊点,待焊点熔化后按下按钮,即可把熔化后的焊锡吸入储锡盒内。

元器件的安装焊接与印制线路板上元器件的安装方法

（1）表面安装技术

近年来，表面安装技术（SMT）得到了迅速的发展，它是将表面安装形式的元器件、片状材料，用专用的粘胶剂或焊料膏固定在预先制作好的印制线路板上，再采用波峰焊等工艺实现焊接的安装技术。

（2）手工焊接工艺

①元器件的引脚形式

为了便于安装和焊接，在安装前要预先把元器件引出脚弯成一定的形状，如图6-24所示。

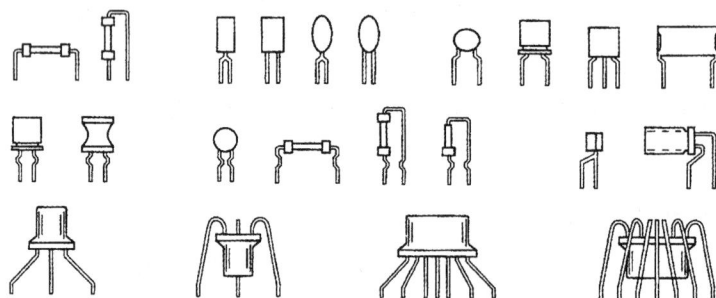

图6-24 元器件引出脚弯成一定的形状

在没有专用工具或只需加工少量元器件引线时，可使用尖嘴钳和镊子等工具将引出脚加工成形。

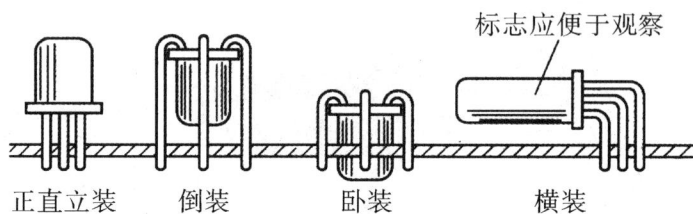

标志应便于观察

正直立装　倒装　卧装　横装

图6-25 元器件的安装形式

②元器件的安装形式（图6-25）

引线弯折处距根部尺寸应大于2mm，引线弯曲半径应大于两倍引线直径，引线成形后其标志符号应朝上。两引线左右弯折要对称，引出线要与板面平行，并距板面2~3mm。

元器件插到焊板后，背面引出线应留有一定长度，为保证机械强度、防止虚焊，一般至少为2mm，焊接后，将多余部分剪去。对引脚可采用三种处理方式：直插式、45°弯脚、90°弯脚。

安装元器件时应注意将元器件的标志朝向便于观察的方向，以便校对电路和维修。

③元器件安装的次序

在印制线路板上安装元器件的先后次序没有固定的模式，特别是人工安装元器件一般取决于个人习惯,但应以前道工序不妨碍后道工序为基本原则。

元器件一般有以下几种安装方式:

a. 按元器件的属性:先全部接电阻→再接电容→……。

b. 按元器件的体积大小:先小后大。

c. 按元器件的安装方式:先卧后立。

d. 元器件的位置:先内后外。

e. 按电路原理图:逐一完成局部电路。

④焊接元器件前的准备工作

a. 清洗印制线路板:一般用橡皮反复擦拭铜箔面氧化层,若铜箔氧化严重也可以用细砂纸轻轻打磨,直至铜箔表面光洁如新,然后在铜箔表面涂上一层松香水起防护作用。

b. 元器件引脚镀锡:一般元器件引脚在插入印制电路板之前,都必须刮干净再镀锡,另外个别因长期存放而氧化的元器件,也应重新镀锡。

需要注意的是,对于扁平封装的集成电路引线,不允许用刮刀清除氧化层,只能用橡皮擦。

c. 助焊剂的选择:选用松香作助焊剂。因为焊锡膏、焊油等焊剂的腐蚀性大,所以在印制线路板的焊接中禁止使用。

d. 焊锡的选用:选用芯内储有松香助焊剂的空心焊锡丝,它的常用规格有 $\phi0.8\text{mm}$、$\phi1\text{mm}$、1.5mm 和 $\phi2.0\text{mm}$ 等。使用者可根据焊件大小加以选择。

⑤ 焊接须知

a. 掌握焊接的热量和焊接的时间。若电烙铁没有达到足够的热度,就不能急着去焊元器件,因为此时焊锡没有充分熔化,焊接表面粗糙,且颜色暗淡,稍一用力焊点就会断裂,造成虚焊。另外,此时锡在焊点上熔化很慢,若元件、印制焊盘和烙铁接触的时间较长,就会使热量过多地传导到印制焊盘和元件上去,导致印制线路板焊盘翘起、变形,甚至会损坏元件。焊接时间过长的主要原因是电烙铁的功率和加热时间不够或被焊元器件表面不干净,应根据实际情况分析解决。

b. 焊接过程的把握。将经过镀锡处理的元器件找准焊孔后插入,焊脚在印制线路板反面透出的长度不得小于5mm,然后将烙铁及焊丝同时凑到焊脚处加热,待焊锡熔化,浸润在焊脚周围并形成大小适中、圆润光滑的焊点时,将烙铁向上迅速抽出,不要让烙铁头在铜箔上拖动游移。焊点形成后,焊盘的焊锡尚未凝固,此时不能移动焊件,否则焊锡会凝成砂粒状,使被焊物件附着不牢,造成虚焊;另外也不要对焊锡吹气使其散热,应让它自然冷却。若将烙铁拿开后,焊点带不规则毛刺,则说明焊接时间过长。这是焊锡汽化引起的,需重新焊接。

⑥ 焊点的检查

将焊接的结果罗列几种,如图6-26所示。

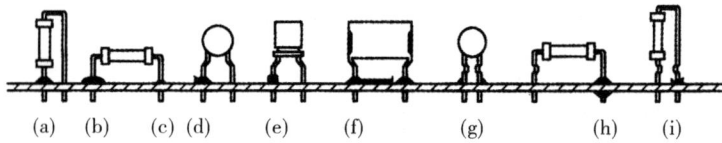

图6-26　焊点质量

a. a焊点　优良焊点。

b. b焊点　焊料过多。

c. c焊点　焊料过少。

d. d焊点　外表不光滑,有毛刺,焊接时间过长。

e. e焊点:过于饱满,其实为焊锡未浸润焊点,多为虚焊。

f. f焊点:拖尾,易造成相互间短路,焊接时间过长造成。

g. g焊点:焊点不完整,机械强度不够。

h. h焊点:焊点反面渗出过多,因烙铁过热所致。

i. i焊点:焊点在凝固时元件有晃动,造成焊料凝固成松散的豆渣形状。

⑦ 元器件之间的焊接方式

元器件之间的焊接方式有钩焊、搭焊、插焊和网焊等几种形式,如图6-27所示。

图6-70 钩焊

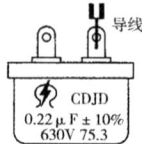
图6-71 搭焊

图6-72 插焊

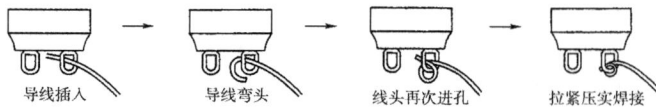
图6-27　网焊

⑧元器件拆卸

从事电子技术这一行,免不了要从印制线路板上拆卸电子元器件。若拆卸得当,元器件、印制焊盘就可反复使用;若拆卸不当,则容易损坏元器件和印制线路板,为后续工作带来麻烦。

为了拆焊的顺利进行,在拆焊过程中要使用一些专用的拆焊工具,如吸锡器、风焊机、捅针和

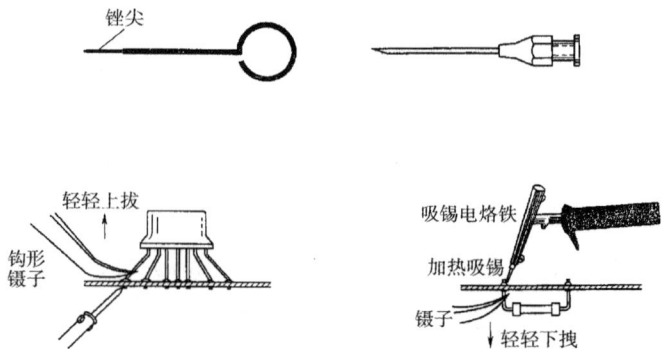

图6-28　拆焊工具及方法

钩形镊子等工具。捅针可用硬钢丝线或 6 - 9 号注射器针头改制,其作用是清理锡孔的堵塞,以便重新插入元器件,捅针外形如图 6 - 28 所示。

（3）焊接安全知识

① 电烙铁金属外壳必须接地。

② 使用中的电烙铁不可搁置在木板上,要搁置在金属制成的烙铁架上。

③ 不可用烧死(焊头因氧化不吃锡)的烙铁焊头焊接,以免烧坏焊件。

④ 不准甩动使用中的电烙铁,以免锡珠溅出伤人

技能训练

按图焊接一般难度的电子线路并能熟练调试技能训练

1. 实验目的

（1）学习电子线路安装、焊接技术。

（2）学习晶体管放大器静态工作点的测量和调试方法,分析静态工作点对放大器性能的影响。

（3）学习晶体管放大器交流参数:电压放大倍数、输入电阻、输出电阻、最大不失真输出电压和频率特性的测试方法。

（4）熟悉常用电子仪器及模拟电路设备的使用方法和晶体管 β 值测试方法。

2. 实验原理

（1）实验电路图

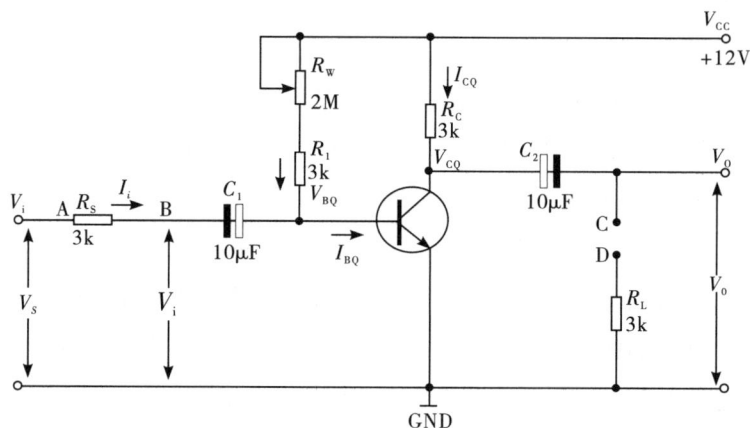

（2）元件作用：

① R_B 基极偏流电阻,提供静态工作点所需基极电流。R_B 是由 R_1 和 RW 串联组成,RW 是可变电阻,用来调节三极管的静态工作点,R_1(3K)起保护作用,避免 RW 调至 0 端使基极电流过大,损坏晶体管。

② R_S 是输入电流取样电阻,输入电流 I_i 流过 R_S,在 R_S 上形成压降,测量 R_S 两端的电压便可计算出 I_i。

③ R_C——集电极直流负载电阻。

④ R_L ——交流负载电阻。

⑤$C1$、$C2$ ——耦合电容。

（3）理论计算公式：

①直流参数计算：

$$I_{BQ} \approx \frac{VCC - V_{BEQ}}{R_B}; \qquad 式中: V_{BEQ} \approx 0.7V$$

$$I_{CQ} \approx I_{EQ} = I_{BQ} \cdot \beta$$

$$V_{CEQ} = VCC - I_{CQ}R_C$$

②交流参数计算：

$$r_{be} \approx r_{bb'} + (1+\beta)\frac{26(mV)}{I_{EQ}(mA)} \qquad 式中: r_{bb'}的默认值可取 300\Omega$$

$$A_V = \frac{-\beta \times R_L'}{r_{be}}; \qquad R_L' = R_C \parallel R_L$$

$$A_{VS} = \frac{R_i}{R_S + R_i} \times A_V$$

$$R_i = R_B // r_{be}$$

$$R_O \approx R_C$$

3.放大电路参数测试方法

由于半导体元件的参数具有一定的离散性,即便是同一型号的元件,其参数往往也有较大差异。设计和制作电路前,必须对使用的元器件参数有全面深入的了解。有些参数可以通过查阅元器件手册获得;而有些参数,如晶体管的各项有关参数(最重要的是 β 值),常常需要通过测试获取,为电路设计提供依据。另一方面,即便是经过精心设计和安装的放大电路,在制作完成后,也必须对静态工作点和一些交流参数进行测试和调节,才能使电路工作在最佳状态。一个优质的电子电路必定是理论设计和实验调试相结合的产物。因此,我们不但要学习电子电路的分析和设计方法,还应认真学习电子调节和测试的方法。

（1）放大器静态工作点的调试和测量：

晶体管的静态工作点对放大电路能否正常工作起着重要的作用。对安装好的晶体管放大电路必须进行静态工作点的测量和调试。

①静态工作点的测量：

晶体管的静态工作点是指 V_{BEQ}、I_{BQ}、V_{CEQ}、I_{CQ} 四个参数的值。这四个参数都是直流量，所以应该使用万用电表的直流电压和直流电流档进行测量。

测量时，应该保持电路工作在"静态"，即输入电压 $V_i = 0$。要使 $V_i = 0$，对于阻容耦合电路，由于存在输入隔直电容，所以信号源的内阻不会影响放大器的静态工作点，只要将测试用的信号发生器与待测放大器的输入端断开，即可使 $V_i = 0$；但是输入端开路很可能引入干扰信号，所以最好不要断开信号发生器，而是将信号发生器的"输出幅度"旋钮调节至"0"的位置，使 $V_i = 0$。对于直接耦合放大电路，由于信号源的内阻直接影响待测放大器的静态工作点，所以在测量静态工作点时必须将信号发生器连接在电路中，而将输出幅度调节至0。

在实验中，为了不破坏电路的真实工作状态，在测量电路的电流时，尽量不采用断开测点串入电流表的方式来测量，而是通过测量有关电压，然后换算出电流。在本实验中，只要测出 V_{BQ}、V_{CQ}、VCC 电压值，便可计算出 V_{BEQ}、V_{CEQ}、I_{CQ}、I_{BQ}。计算公式如下（计算前，需知道 R_B、R_C 的值）：

$$V_{BFQ} = V_{BQ}; V_{CEQ} = VV_{CQ}$$

$$I_{CQ} = \frac{V_{CC} - V_{CQ}}{R_C} \tag{6.2.2}$$

$$I_{BQ} = \frac{V_{CC} - V_{BQ}}{R_B} \tag{6.2.3}$$

式中：$R_B = R_1 + R_W$

为减小测量误差，应选用内阻较高的直流电压表。（500 型万用表的直流电压档内阻为 $20k\Omega/V$，数字万用表直流电压档的内阻为 $10M\Omega$。）

②静态工作点的调节方法：

静态工作点的设置是否合适，对放大器的性能有很大的影响。静态工作点对放大器的"最大不失真输出幅值"和电压放大倍数有直接影响。当输入信号较大时，如果静态工作点设置过低，就容易产生截止失真（NPN 管的输出波形为顶部失真[图 6-30(a)]；如果静态工作点设置较高，就容易出现饱和失真（NPN 管的输出波形为底部失真[图 6-30(b)]。当静态工作点设置在交流负载线的中点时，如果出现失真，将是一种上下半周同时削峰的失真[图 6-30(c)]。这时放大器有最大的不失真输出幅值。

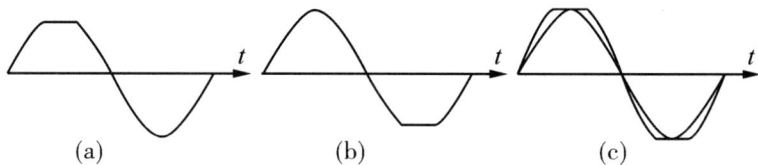

图 6-30　静态工作点与输出波形的关系

因此,当放大器需要处理大信号时,应将静态工作点设置在交流负载线的中点;对于前置放大器,由于处理的信号幅度较小,不容易出现截幅现象,而应着重考虑放大器的噪声、增益、输入阻抗、稳定性等方面,所以一般设置静态工作点在交流负载线中点以下偏低位置。

调节静态工作点一般通过改变 R_B 的阻值来进行。若减小 R_B 的阻值,可使 I_{CQ} 增大,V_{CEQ} 减小;增大 R_B 则作用相反。调节工作点前,应先用图解法根据交流负载线确定最佳工作点的值(I_{CQ}、V_{CEQ}),然后给待测放大器加电后,用万用表测量 V_{CEQ},调节 R_B,使 V_{CEQ} 达到设计值。必要时,需要在放大器输入端输入一定幅度的正弦信号,用示波器观察输出波形,并调节 R_B,使输出信号的失真最小。实验中,为调节静态工作点方便,R_B 采用了可变电阻 RW(当然,如果改变 VCC 和其它元件的数值也会影响静态工作点,但都不如调节 R_B 方便)。实际应用电路中在 Q 点调节好后,将 RW 换为阻值相同的固定电阻。

(2)放大器动态指标测试:

本次实验中要测试的动态指标如下:电压放大倍数 A_V、输入电阻 R_i、输出电阻 R_0、最大不失真输出幅值和通频带 f_{bw}。实用放大电路常常还要测试谐波失真系数、噪声系数、灵敏度、最大不失真输出功率、电源效率等参数。这些参数也很重要,但限于实验课时限制,本次实验不进行测试。

①电压放大倍数 A_V 的测量:

首先调节放大器静态工作点至规定值。

用低频信号发生器(XD22 型)输出 1kHz 正弦波信号 V_s,用屏蔽线将正弦波信号接至放大器的输入端(线路图 6 - 29 中的 A 点和地之间,注意将屏蔽线的外层屏蔽网接地)。调节信号发生器输出幅度为规定值,用示波器(XJ4241 型)观察输出电压 V_0 的波形,注意输出不应产生失真。如果存在失真,应再次检查静态工作点和电路元件的数值,这些方面都正确的话,应减小输入信号的幅值。

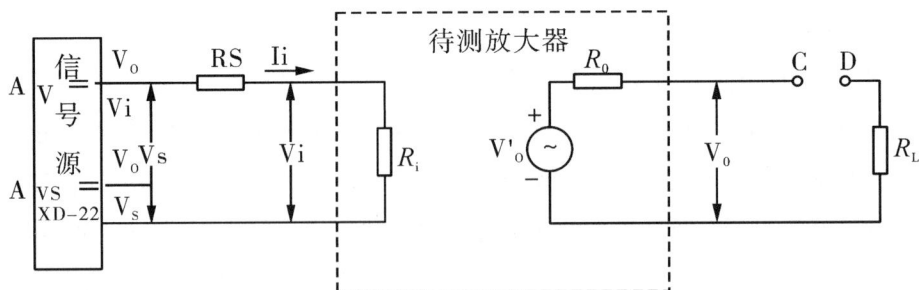

用电子管毫伏表测量 V_s、V_i、V_0,由下式计算:

$$A_V = \frac{V_0}{V_i} \tag{6.2.4}$$

$$A_{VS} = \frac{V_0}{V_s} \tag{6.2.5}$$

图中 V_i、V_s、V_0 以电子管毫伏表测得,用示波器观察输出波形在不失真情况下测量。

②输入电阻 R_i 的测量:

根据输入电阻的公式可知:

$$R_i = \frac{V_i}{I_i}$$

由于输入电流 I_i 的直接测量比较困难(直接在输入端串入电流表测量 I_i 将对放大器引入较大的干扰信号),所以在测量 I_i 时,采用了间接测量的方法。在电路输入端串入采样电阻 R_s,用电子管毫伏计测量 R_s 两端的电压 V_s 和 V_i,由 R_s 上的电压降便可换算出输入电流 I_i。公式如下:

$$I_i = \frac{V_S - V_i}{R_s}$$

根据 V_i 和 I_i 便可计算出 R_i。

③输出电阻 R_0 的测量:

根据输出电阻的公式可知:

$$R_0 = \left(\frac{V_0'}{V_0} - 1 \right) \times R_L$$

式中:V_0' ——负载电阻 R_L 开路时的输出电压(将图 6 – 31 中的 C、D 开路)

V_0 ——带负载输出电压,连接 R_L 后测得。

然后按公式计算 R_0。

在上述测量过程中注意保持输入电压 V_i 的频率和幅值不变。

④最大不失真输出幅值的测量:(最大动态范围)

放大器的静态工作点确定之后,其"最大不失真输出幅值"就确定了,但由于 Q 点不一定是在交流负载线的中点,所以不一定是该电路能够达到的最大值。测试"最大不失真输出幅度"的电路接线同 A_V 的测试电路相同。在测量过程中,将输入信号 V_S 的幅值由小逐渐增大,并注意观测 V_0 的波形,当波形刚开始出现失真时,这时的输出电压 V_0 的幅度就是该电路对应当前工作点的"最大不失真输出幅度"。记录该波形和幅值,并注意首先出现的是"截止失真"还是"饱和失真",可分析出静态工作点是偏低(首先出现截止失真)还是偏高(首先出现饱和失真)。参看图 6 – 32 的失真波形。为使电路能达到最大的不失真输出幅度,应该将静态工作点调节到交流负载线的中点。为此,应根据当前工作点情况,将 Q 点适当调高(Q 点偏低时)或调低(Q 点偏高时)。同时,逐步增大输入信号的幅度,用示波器监视输出波形,每当波形出现失真时,就根据失真情况微调 R_W,改变静态工作点,使失真消除。当波形上下半周同时出现削峰现象时,说明静态工作点已调节在交流负载线的中点上,用示波器测量最大不失真输出电压的幅值 V_{OP-P},或用电子管毫伏表测量最大不失真输出电压的有效值 $V_{OM有效}$。两者之间的关系为:

$$V_{OP-P} = 2\sqrt{2} V_{OM有效}$$

⑤放大器频率特性的测量(图 6 − 32)

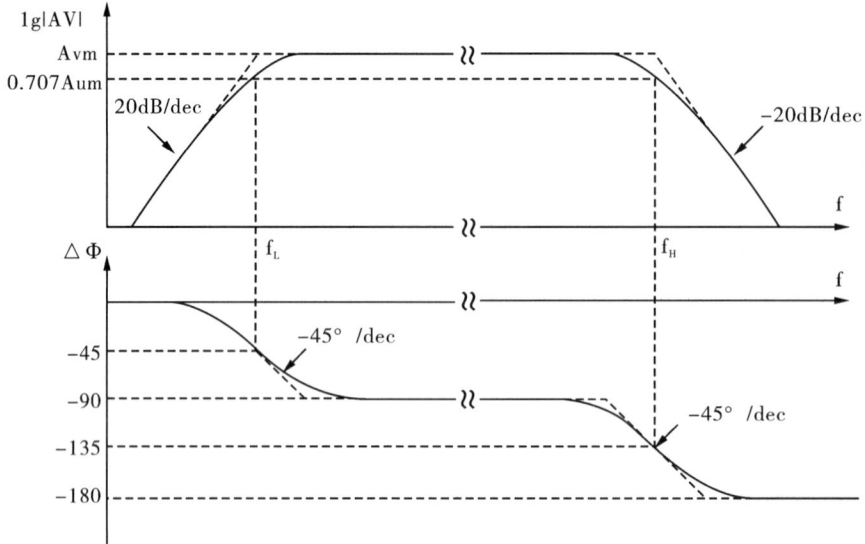

图 6 − 32　单管放大器的频率特性曲线

放大器频率特性反映了放大器对不同频率输入信号的放大能力。放大器的频率特性用频率特性曲线来表示。频率特性曲线直观的反映出电压放大倍数 A_V、附加相移 $\Delta\Phi$ 与输入信号的频率 f 之间的关系。

单管阻容耦合放大器的频率特性曲线如图 6 − 32 所示。A_{vm} 为中频(信号频率 $f_0 = 1kHz$)电压放大倍数。当输入信号频率的变化时,电压放大倍数下降 3dB(为中频放大倍数的 $\frac{1}{\sqrt{2}} \approx 0.707$ 倍)时对应的频率分别称为下限截止频率和(f_L)和上限截止频率(f_H),并定义通频带 f_{bw} 为:

$$f_{bw} = f_H - f_L$$

由于放大器的 A_V 不能直接测得,而是测出 V_i 和 V_o 之后根据公式: $A_V = \dfrac{V_o}{V_i}$ 计算而得,所以一般采用如下方法测量放大器的上下限截止频率:

固定信号发生器的输出 V_i 的幅值不变,改变其输出频率,这时 V_o 的变化即代表了 A_V 的变化。先将信号发生器的频率设为 1KHz,用示波器观察放大电路的输出波形不失真,测量这时示波器显示的输出幅值 V_{Omp} 或用毫伏表测量放大电路的输出有效值 V_{Om},在保证输出信号不失真的前提下,可微调信号发生器的输出幅度,使放大器的输出电压易于读数(指针指示某一整数值)。然后保持信号发生器的输出幅值不变,逐渐改变信号发生器的输出频率,记录对应该频率点的放大器输出电压 V_o,当信号频率较低或较高时,V_o 将下降。这时应减小每次的频率变化增量,仔细寻找使 $V_o = 0.707V_{Om}$ 时的频率值 f,该频率值就是 f_L 或 f_H。为减少测量所用的时间,在中频段,因放大电路的输出电压有较宽的一段基本不变,所以调节频率可适当粗一些,而在放大器输出电压发生变化时,应多测几点,以保证测量的准确性。测试时,必须保证输入信号的幅值不变,只改变频率。所以应使用双踪示波器同时监视 U_i 和 U_o,当改变输入信号频率时,如果幅值有所改变,应调整信号发生器的输出幅值旋钮使 U_i 幅值与初始值相同。

4. 实验设备与器件:

(1)晶体管直流稳压电源:调节输出电压为 +12V;

(2)低频信号发生器;

(3)双踪示波器;

(4)交流毫伏表;

(5)万用电表;

(6)数字万用表;

(7)电烙铁、焊锡、松香;

(8)晶体三极管;

(9)电位器(可变电阻);

(10)电阻、电解电容器。

5. 实验内容与步骤

实验电路如图6－29所示。先画出装配图,然后焊接电路。电路焊接好后,经检查无误,将实验电路与各电子仪器正确连接,再次检查无误后(特别要注意稳压电源的输出电压和极性、万用电表的量程),向下进行通电调试。为防止干扰,信号发生器、示波器、毫伏表的屏蔽线外层屏蔽网和稳压电源的负极应接在公共地线上。

(1)焊接电路

① 用数字万用表的 H_{FE} 档或晶体管图示仪测量实验中使用的晶体管 T 的电流放大系数 β,作为分析计算的依据。

② 根据原理图在纸上画出电路装配图。在画装配图时,要注意以下几点:

a.注意晶体管的管脚位置,E、B、C 的方向。

b.画装配图时要考虑元件的实际大小尺寸。

c.装配图上安排元件位置时最好遵照原理图的信号流向,要注意输入回路应尽量远离输出回路,避免输出信号反馈到输入端,引起放大器不能正常工作。

d.要有一根公用地线,作为输入、输出的公共端和元件的接地端的接地线。在实际应用电路中,公共地线通常使用较粗的裸铜线。

e.对于初学者,可根据原理图的元件位置来布置电路板元件位置,便于理解工作原理和调试检查。实际应用电路中,要根据具体条件充分考虑散热、避免电磁干扰、避免有害反馈等因素,元件安排要整齐美观,并尽量缩小电路板面积。

③根据电路装配图,在实验电路板上焊接电路。

焊接电路时,要注意以下几点:

a. 使用的电烙铁功率要合适,功率太大容易烫坏元件;功率太小焊接困难,焊点呈渣状,不光滑,很容易形成虚焊。一般焊接晶体管元件使用功率为 25 ~ 35W 的电烙铁比较合适,焊接较大的元件可使用大于 45W 的电烙铁。电烙铁的焊头要清洁,表面预先镀有一层焊锡。如果焊头表面氧化发黑,则很难焊接。因此,如果焊头已经氧化发黑,先不要接电,用砂纸将焊头的氧化层去除,注意把尖端部特别要处理干净,然后加电,当焊头温度升高至能够融化松香时,立即涂上松香,避免焊头氧化,当焊头温度升高至能熔化焊锡时,镀上一层焊锡,这样便能方便地焊接了。

b. 将待焊接的元件接脚处理干净,去掉接脚的污物和氧化物,才能可靠焊牢。对于氧化严重的接脚,可用细砂纸打磨出金属光泽并预先镀锡。但对于镀金的元件接脚严禁用砂纸打磨,以免造成更严重的氧化。

c. 在焊接过程中,注意元件的引脚、安装形式、安装次序。多使用助焊剂—松香,尽量减少焊锡的用量。焊锡只要能将元件接脚和线路板铆钉圆满包住即可,避免过多流溢,与其它接脚形成短路。松香的作用是避免接脚在电烙铁高温下进一步氧化,并能去除接脚表面不太严重的氧化层,还能增加焊锡的流动性,使焊点光滑。

d. 必须严防虚焊。焊接好后,稍用力拉动元件,应没有接脚松动的感觉。

e. 控制电烙铁接触元件的时间,过短容易虚焊,过长又会烫坏元件。一般应在 2 秒到 6 秒之间,根据所焊接的元件大小和散热情况决定。

f. 焊接完成检查无误后方可通电实验。

(2)参数测试

① 测量静态工作点:

先将 R_W 调至阻值最大位置,稳压电源输出调至 12V,信号发生器的输出幅度调节为 0 ,再接通电源。用万用表监视 I_{CQ}(参看前面介绍测量 I_{CQ} 的方法),调节 R_W,使 $I_{CQ} = 2mA$(即 $V_{CQ} = 6V$),用数字万用表的直流电压档测量 V_{BQ}、V_{EQ}、V_{CQ},断开电源后,用电阻档测量 R_{B2},记入表 6 – 18。

表 6 – 18 $I_{CQ} = 2mA$

测量值				理论计算值			
$V_{BQ}(V)$	$V_{EQ}(V)$	$V_{CQ}(V)$	$R_B(k\Omega)$	$V_{BEQ}(V)$	$V_{CEQ}(V)$	$I_{CQ}(mA)$	$R_B(k\Omega)$
	0			0.7		2	

③测量电压放大倍数:保持 $I_{CQ} = 2mA$ 不变

在放大器输入端加入频率为 1000HZ 的正弦信号 V_S,调节低频信号发生器的输出幅度,使 $V_i = 5mV$,同时用示波器观察放大器输出电压 V_0 的波形,在保持波形不失真的条件下,用交流毫伏表测量下述两种情况下的 V_o 值,并用双踪示波器同时观察 V_o 和 V_i 的相位关系,并计算出 A_V,把结果记入表 6 - 19。

表 6 - 19　$I_{CQ} = 2mA$　　$V_i = 5\ mV$

$R_C(k\Omega)$	$R_L(k\Omega)$	$V_o(V)$	A_V
3	∞		
3	3		

记录 V_i 和 V_o 的波形。

⑤观察静态工作点对电压放大倍数的影响

置 $R_C = 3K\Omega$,$R_L = \infty$,V_i 适当($\approx 10mV$),调节 R_W,用示波器监视输出电压波形,在 V_o 不失真的条件下,通过调节 R_b 改变 I_{CQ} 的值,测量 I_{CQ} 为 1mA 和 3mA 时 V_o 的值,记入表 6 - 20 ,并计算出 A_V,与 2mA 的 A_V 值比较。

表 6 - 20　$R_C = 3k\Omega$　　$R_L = \infty$

$I_{CQ}(mA)$	1	2	3
$V_i(mV)$			
$V_o(V)$			
A_V			

测量 I_{CQ} 时,注意将低频信号发生器的输出幅度调到 0 。

⑤观察静态工作点对输出波形失真的影响

置 $R_C = 3k\Omega$,$R_L = 3k\Omega$,$V_i = 0$,调节 R_W 使 $I_{CQ} = 3mA$,测出 V_{CEQ} 值,记入表 6 - 25 中。再逐步加大输入信号 V_i,使输出幅值最大但不失真,然后保持输入信号幅值不变,分别增大和减小 RW,使波形出现失真,画出 V_o 的波形,并测出失真情况下的 I_{CQ} 和 V_{CEQ} 值,把结果记入表 6 - 21 中。每次测 I_{CQ} 和 V_{CEQ} 时,注意应使输入信号为 0。

表 6 - 21　$R_C = 3k\Omega$　　$R_L = \infty$　　$V_i =$　　mV

$I_{CQ}(mA)$	$V_{CEQ}(V)$	V_o 波形	失真类型	Q 点位置	
			截止失真		
3			不失真		
			饱和失真		

⑥测量最大不失真输出电压

置 $R_C = 3k\Omega$,$R_L = 3k\Omega$,按照前面"放大器动态参数测试"中介绍的"最大不失真输出幅值的测量"中粗体字所述的方法,同时调节输入信号的幅度和可变电阻 R_W,寻找能输出最大

不失真幅值的 Q 点。用示波器和交流毫伏表测量 V_{0m}，记入表 6 – 22。

表 6 – 22　　　$R_C = 3k\Omega$　　　$R_L = 3k\Omega$

$I_{CQ}(mA)$	$V_{im}(mV)$	$V_{om}(V)$	V_{op-p}

⑦测量输入电阻和输出电阻

置 $R_C = 3k\Omega$，$R_L = 3k\Omega$，$I_{CQ} = 2mA$。输入 1kHz 正弦信号，在输出电压 V_0 不失真的情况下，用交流毫伏表测出 V_s，V_i 和 V_0，记入表 6 – 27；然后，保持 V_i 不变，断开 R_L，测得 V_0，记入表 6 – 23 中，并计算得到 R_i、R_o 的计算值。表中的理论值是指根据电路图计算得到的值。计算时，$r_{bb'}$ 可取 100Ω。

表 6 – 23　　　$R_C = 3k\Omega$　　　$R_L = 3k\Omega$　　　$I_{CQ} = 2mA$

V_S (mV)	V_i (mA)	$R_i(k\Omega)$		$V_o{'}$ (V)	V_o (V)	$R_o(k\Omega)$	
		测量计算值	理论值			测量计算值	理论值

⑧测量幅频特性曲线

置 $R_C = 3k\Omega$，$R_L = 3k\Omega$，$I_{CQ} = 2mA$，保持输入信号的幅值不变（V_s 或 V_i 约 10mV），改变信号频率 f，逐点测出相应的输出电压记入表 6 – 24。

表 6 – 24　　　$V_i =$ 　　　mV

	$f_L =$		$f_m =$		$f_H = \backslash$		
$f(kHz)$							
$Vo(V)$							
$A_V = \dfrac{V_0}{V_i}$							

具体操作可参看前面所述的有关内容。

6. 实验报告要求

（1）列表整理测量结果，并把所测得的静态工作点、电压放大倍数、输入电阻、输出电阻的值与理论计算值相比较（每项结果取一组进行比较），分析产生误差的原因。

（2）总结 R_C、R_L 及静态工作点对放大器电压放大倍数及输入、输出电阻的影响。

（3）讨论静态工作点变化对放大器输出波形的影响，比较最大不失真输出电压范围。

（4）理论计算值与实测值，分析产生误差的原因，分析、讨论在调试过程中出现的问题。

任务三　模拟电路的基本知识及其应用任务

知识链接 1　集成电路基本知识

在学习了晶体管基本放大电路,熟悉了分立元件电路及分析方法之后,集成运放电路是学习集成电路分析方法的一个重要起步阶段,随着集成电路的广泛运用,这一部分内容的地位显得愈发重要。

1. 集成运算放大器

集成运算放大器(简称集成运放)是一个高电压增益、高输入阻抗和低输出阻抗的直接耦合多级放大电路。一般将其分为专用型和通用型两类,集成运放接入适当的反馈电路可构成各种运算电路,主要有比例运算、加减运算和微积分运算等。由于集成运放开环增益很高,所以它构成的基本运算电路均为深度负反馈电路。集成运放工作在线性状态时,两输入端满足"虚短"和"虚断",根据这两个特点很容易分析各种运算电路。

(1)集成运算放大器电路符号

集成运算放大器电路符号如图 6 - 33 所示,图中"▷"表示信号的传输方向,"∞"表示理想条件,两个输入端中,N 称为反相输入端,用符号"—"表示,说明如果输入信号由此端加入,由它产生的输出信号与输入信号反相。P 称为同相输入端,同"＋"表示,说明输入信号由此加入,由它产生的输出信号与输入信号同相。

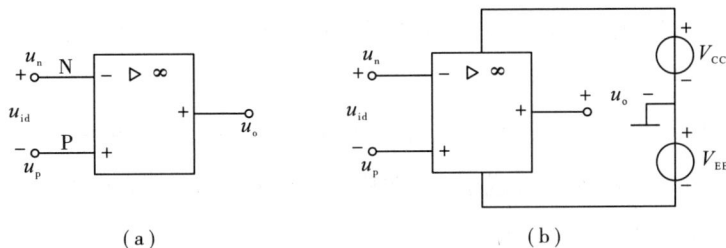

图 6 - 33　集成运算放大器电路符号

考虑到运算放大器要有直流电源才能工作,大多数集成运算放大器需要两个直流电源供电,所以图 6 - 4(b)中由运算放大器内部引出的两个端子分别接到正电源 ＋V_{CC} 和负电源 －V_{EE},一般 $V_{CC} = V_{EE}$。运算放大器的参考地就是两个电源的公共地端。

集成运算放大器最少应有上述 5 个端子,根据结构、功能的不同,有的运算放大器还可能有几个供专门用途的端子,如频率补偿和调零端等,相应功能可查阅相关器件手册。

（2）集成运算放大器特性的理想化

集成运算放大器等效电路如图 6－34 所示，图中，R_{id}、R_o 分别为运算放大器的差模输入电阻和输出电阻，A_{ud} 为开环差模电压放大倍数，u_n 和 u_p 分别为反相、同相端输入电压，差模输入电压 $u_{id} = u_n - u_p$，在线性工作状态、输出端开路时，输出电压 $u_o = A_{ud}u_{id}$。

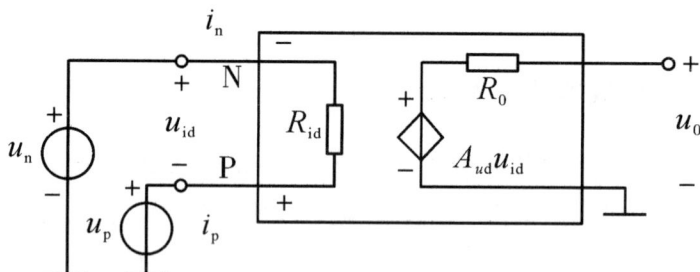

图 6－34 集成运算放大器等效电路

一般集成运算放大器的开环差模电压增益 A_{ud} 非常大，其值可达 $10^4 \sim 10^7$ 倍（80 ～ 140dB），差模输入电阻 R_{id} 很高，采用双极型三极管作输入级，其典型值为几十千欧到几兆欧，而采用场效应管作输入级，其输入电阻通常大于 $10^8 \Omega$，输出电阻 R_o 很小，其值约为几十到几百欧，一般小于 200Ω。另外，集成运算放大器的共模抑制比 K_{CMR} 也很大，可达 $10^4 \sim 10^6$（80 ～ 120dB），失调电压、失调电流以及它们的温漂均很小。因此，在实际应用中，常用集成运算放大器特性理想化，即可认为：$A_{ud} \to \infty$、$R_{id} \to \infty$、$R_o \to 0$、$K_{CMR} \to \infty$ 以及失调和温漂均趋于 0。

根据上述理想化条件，可认为当集成运算放大器线性工作时，只要集成运算放大器输出电压 u_o 为有限值，则输入差模电压 $u_{id} = u_n - u_p$ 就必趋于 0，即

$$u_n - u_p = \frac{u_o}{A_{ud}} \to 0 \qquad 即 \qquad u_n \approx u_p$$

其次，由于差模输入电阻 R_{id} 趋于无穷大，因而流进集成运算放大器的电流也必然趋于零，即 $i_n \approx i_p \approx 0$

根据式（6.1.1）可以将集成运算放大器两个输入端看成虚短路，常称为"虚短"，而根据式（6.1.2）又可以将两个输入端看成虚断，常称为"虚断"。由于输出电阻 $R_o \to 0$，可认为集成运算放大器的输出电压与负载电阻大小没有关系。

（3）集成运算放大器的选择

在能够满足设计要求时，应尽量选择通用集成运放，然后再挑选开环增益、输入阻抗、共模抑制比高且输出电阻、输入失调电流、输入失调电压小的集成运放。

2. 基本运算电路

集成运算放大器的通用性和灵活性都很强，只要改变输入电路或反馈支路的形式及参

数,就可以得到输出信号与输入信号之间多种不同的关系,主要有比例运算、加减法运算和微积分运算等。下面分析它们的电路构成和主要工作特点。

(1)反相比例运算

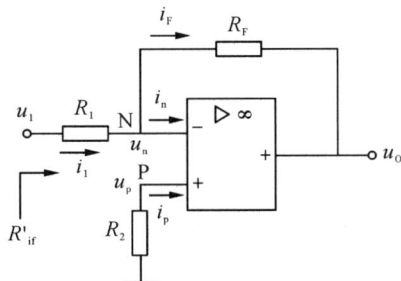

图6-35　反相比例运算电路

如图6-35所示为反相比例运算电路,输入信号u_1通过电阻R_1加到集成运放的反相输入端,而输出信号通过电阻R_F也回送到反相输入端,R_F为反馈电阻,构成深度电压并联负反馈。同相端通过电阻R_2接地,R_2称为直流平衡电阻,其作用是集成运放两输入端的对地直流电阻相等,从而避免运放输入偏置电流在两输入端之间产生附加的差模输入电压,故要求$R_2 = R_1 /\!/ R_F$。

根据运放输入端"虚断"与"虚短",由图6-35可求得输出电压与输入电压的关系为:

$$u_o = \frac{R_F}{R_1} u_I$$

可见u_o与u_1成比例,输出电压与输入电压反相,因此称为反相比例子运算电路,其比例系数为

$$A_{uf} = \frac{u_o}{u_i} = \frac{R_F}{R_1}$$

由于$u_n \approx 0$,由图6-39可得该反相比例运算电路的输入电阻为

$$R'_{if} \approx R_1$$

综上所述,反相比例运算电路主要有如下工作特点:①是深度电压并联负反馈电路,可作为反相放大器,调节器节R_F、R_1比值可调节放大倍数A_{uf};A_{uf}的值可大于1也可小于1;②入电阻等于R_1,较小;③所以运放共模输入信号$u_{Ic} \approx 0$,对集成运放K_{cmR}的要求较低。这也是所有反相运算电路的特点。另外,根据反相运算电路中$u_n \approx u_p \approx 0$这种情况,常将集成运放输入端N称为"虚地"端。

(2)同相比例运算

图6-36所示为同相比例运算电路,输入信号u_1通过电阻R_2加到集成运放的同相输入端,而输出信号通过反馈电阻R_F回送到反相输入端,构成深度电压串联负反馈,反相端则通过电阻R_1接地,R_2同样是直流平衡电阻,应满足$R_2 = R_1 /\!/ R_F$。

根据运放输入端"虚断",由图6-36可得输出电压u_o与输入电压的关系为

$$u_o = \left(1 + \frac{R_F}{R_1}\right)u_p = \left(1 + \frac{R_F}{R_1}\right)U_I$$

可见 u_o 与 u_I 同相且成比例,故称为同相比例子运算电路,其比例系数为

$$A_{uf} = \frac{u_o}{u_I} = 1 + \frac{R_F}{R_1}$$

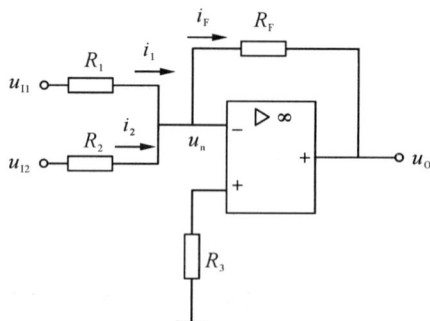

图 6 – 37　反相加法运算电路

根据运放同相端"虚断"可得,同相比例运算电路的输入电阻为

$$R_{if}^{'} \approx \infty$$

综上所述,同相比例运算电路主要有如下工作特点:①它是深度电压串联负反馈电路,可作为同相放大器,调节 R_F、R_1 比值即可调节放大倍数 A_{uf},$A_{uf} = 1$ 时,它成为电压跟随器。②输入电阻趋于无究大。③$u_n \approx u_p \approx u_1$ 说明此时运放的共模信号不为零,而等于输入信号 u_1,因此在选用集成运放构成同相比例运算电路时,要求运放应有较高的最大共模输入电压和较高的共模抑制比,其他同相运算电路也有此特点和要求。

（3）反相加法运算

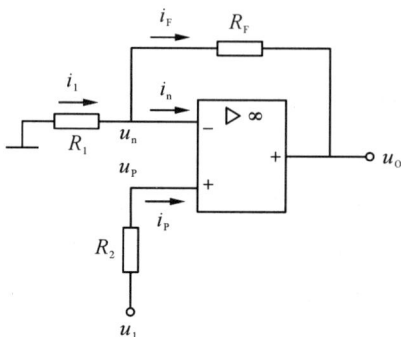

图 6 – 36　同相比例运算电路

图 6 – 37 所示为反相输入加法运算电路,它是利用反相比例运算电路实现的,输入信号 u_{I1}、u_{I2} 分别通过电阻 R_1、R_2 加至运放的反相输入端,R_3 为直流平衡电阻,要求 $R_3 = R_1 // R_2 // R_F$。

根据运放反相输入端虚断可知 $i_F \approx i_1 + i_2$,而根据运放反相运算时输入端虚地可得 $u_n \approx 0$,因此由图 6 – 37 可得输出电压为

$$U_O \approx -R_F\left(\frac{u_{I1}}{R_1} + \frac{u_{I2}}{R_2}\right)$$

若 $R_F = R_1 = R_2$ 则 $u_o = -(u_{I1} + u_{I2})$，可见实现了反相加法运算。

由式上式可见，这种电路在调一路输入电阻时，并不影响其它路信号产生的输出值，因而调节方便，使用得比较多。

（4）同相加法运算

如图 6-38 所示为同相输入加法运算电路，它是利用同相比例运算电路实现的。图中，输入信号 u_{I1}、u_{I2} 均加至运放同相输入端，为使直流电阻平衡，要求 $R_2//R_3//R_4 = R_1//R_F$。

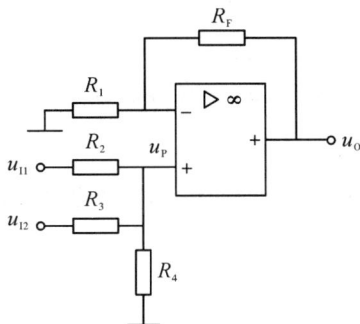

图 6-38 同相输入加法运算电路

根据运放同相端虚断与同相输入时输出电压与运放同相端电压 u_p 世隔绝的关系式，可得

$$U_O \approx -R_F \left(\frac{u_{I2}}{R_1} + \frac{u_{I2}}{R_3} \right)$$

可见实现了同相加法运算，若 $R_2 = R_3 = R_F$，则 $u_o = u_{I1} + u_{I2}$。与反相加法运算比较，同相加法运算电路共模输入电压较高，且调节不大方便，因此运用较少。

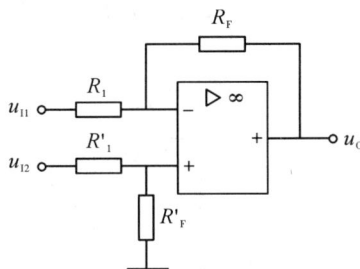

图 6-39 减法运算电路

（5）减法运算

如图 6-39 所示为减法运算电路，图中，输入信号 u_{I1} 和 u_{I2} 分别加至反相输入端和同相输入端，这种形式的电路也称为差分运算电路。对该电路也可用"虚短"和"虚断"来分析，

因此由图 6-39 可得输出电压为

$$u_O = u_{O1} + u_{O2} = -\frac{R_F}{R_1} u_{I1} + \left(1 + \frac{R_F}{R_1} \right) \frac{R'_F}{R'_1 + R'_F} u_{I2}$$

当 $R_1 = R'_1$，$R_F = R'_F$ 时，则

$$u_O = \frac{R_F}{R_1} (u_{I1} - u_{I2})$$

假如式中 $R_F = R_1$，则 $u_o = u_{I1} - u_{I2}$，可见实现了反相加法运算。

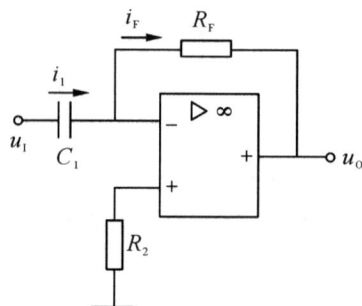

图 6 - 40　微分运算电路

（6）微分运算

如图 6 - 40 所示为微分运算电路，它和反相比例算电路的差别是用电容 C_1 代替电阻 R_1。为使直流电阻平衡，要求 $R_2 = R_F$。

根据运放反相端虚地可得

$$i_1 = C_1 \frac{du_I}{dt} \quad i_F = \frac{u_o}{R_f}$$

由于 $i_1 \approx i_F$，因此可输出电压 u_O 为：

$$u_O = - R_F C_1 \frac{du_1}{dt}$$

可见输出电压 u_O 正比于输入电压

u_1 对时间 t 的微分，从现时实现微分运算，式中 $R_F C_1$ 即为电路的时间常数。

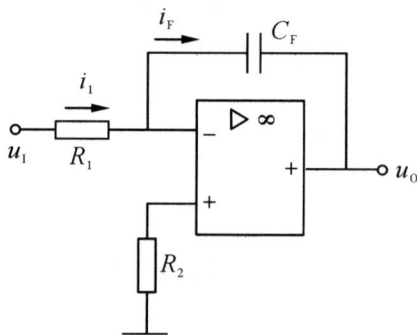

图 6 - 41　积分运算电路

（7）积分运算

将微分运算电路中的电阻和电容位置互换，即构成积分运算电路，如图 6 - 41 所示，由图可得

$$i_1 = \frac{U_I}{R_I} \qquad i_F = - C \frac{du_O}{dt}$$

由于 $i_1 = i_F$，因此可得输出电压 u_O 为 $u_O = \frac{-1}{R_1 C_F} \int u_1 dt$。

可见输出电压 u_0 正比于输入电压 u_1 对时间 t 的积分,从而实现了积分运算。式中 R_1C_F 为电路的时间常数。

知识链接2 线性集成稳压电器

电子设备中都需要稳定的直流电源,集成稳压器具有体积小、重量轻、使用方便和工作可靠等优点,应用越来越广泛。本节先介绍串联型稳压电路的工作原理,然后再讨论三端集成稳压器。

1. 串联型稳压电路的工作原理

串联型稳压电路组成框图6－42(a),它由调整管、取样电路、基准电压和比较放大电路等部分成。由于调整管与负载串联,故称为串联型稳压电路。图6－42(b)所示为串联型稳压电路的原理电路图,图中 V_1 为调整管,它工作在线性放大区,故又称为线性稳压电路。R_3 和稳压管 V_2 组成基准电压源,为集成运放 A 的同相输入端提供基准电压,R_1、R_2 和 R_P 组成取样电路,它将稳压管的输出电压分压后送到集成运放 A 的反相输入端,集成运放 A 构成比较放大电路,用来对取样电压与基准电压的差值进行放大。当输入电压 U_1 增大(或负载电流 I_0 减小)引起输出电压 U_0 增加时,取样电压 U_F 随之增大,U_Z 与 U_F 的差值减小,经 A 放大后使调整管的基极电压 U_{B1} 减小,集电极 I_{C1} 减小,管压降 U_{CE} 增大,输出电压 U_0 减小,从而使得稳压电路的输了电压上升趋势受到抑制,稳定了输出电压。同理,当输入电压 U_1 减小或负载电流 I_0 增大引起 U_0 减小时,电路将产生与上述相反的稳压过程,亦将维持输出电压基本不变。

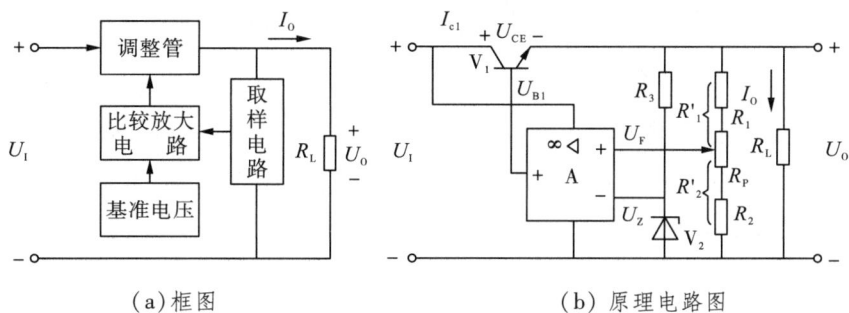

(a)框图   (b)原理电路图

图6－42 串联稳压电路

由图可得

$$\because U_F = \frac{U_0 R'_2}{R_1 + R_2 + R_P} = U_0$$

由于 $U_F \approx U_Z$,所以稳压电路的输出电压 U_0 等于

$$\therefore U_0 = \frac{R_1 + R_2 + R_P}{R'_2} U_Z$$

由此可见了通过调节电位器 R_P 的动端,即可调节器节输出电压 U_0 的大小。

2. 三端固定输出集成稳压器

三端固定输出集成稳压器通用产品有 CW7800 系列（正电源）和 CW7900 系列（负电源）。输出电压由具体型号中的后两个数字代表，有 5V、6V、9V、12V、15V、18V、24V 等档次。其额定输出电流以 78 或（79）后面所加字母来区分。L 表示 0.1A，M 表示 0.5A，无字母表示 1.5A。例如 CW7805 表示输出电压为 +5V，额定输出电流为 1.5A。

如图 6-43 所示为 CW7800 和 CW7900 系列塑料封装和金属封装三端集成稳压器的外形及管脚排列。

（1）内部电路结构

图 6-44 是 CW7800 系列集成稳压器的内部组成框图。由图可见，除增加了一级启动电路和保护电路外，其余部分与上面所叙述串联稳压电源一样，其基准电压源的稳定性更高，保护电路更完善。

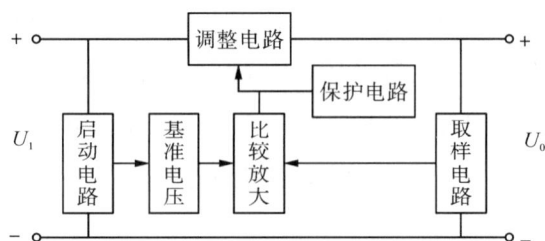

图 6-43 三端集成稳压器的外形及管脚排列

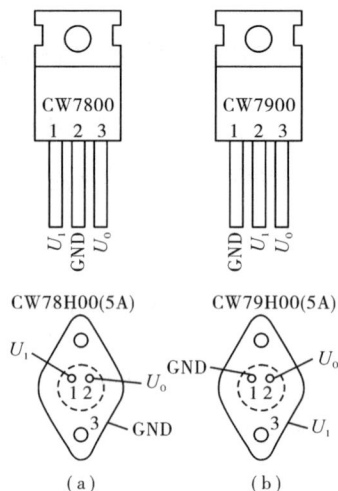

图 6-44 线 CW7800 集成稳压器的内部组成框图

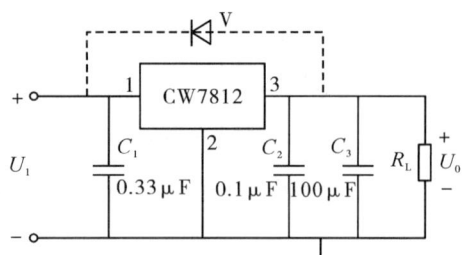

图 6-45 基本应用电路

启动电路是集成稳压器中的一个特殊环节，它的作用是在 U_1 加入后，帮助稳压器快速建立输出电压 U_0。CW7800 系列稳压器中设有比较完善的保护电路，主要用来保护调整管，它具有过流、过压和过热保护功能。

（2）应用电路

① 基本应用电路

图 6-45 所示为 CW7800 系列集成稳压器的基本应用电路。由于输出电压决定于集成稳压器，为使电路正常工作，要求输入电压比输出电压 U_0 至少大 2.5~3V；输入端电容 C_1 用以抵消输入端较长接线的电感效应，以防止自激振荡，还可抑制电源的高频脉冲干扰。一般取 0.1~1μF。输出端电容 C_2、C_3 用以改善负载的瞬态响应，消除电路的高频噪声，同时也具有消振作用。V 是保护二极管，用来防止在输入端短路时输出电容 C_3 所存储电荷通过稳压器放电而损坏器件。

② 提高输出电压的电路

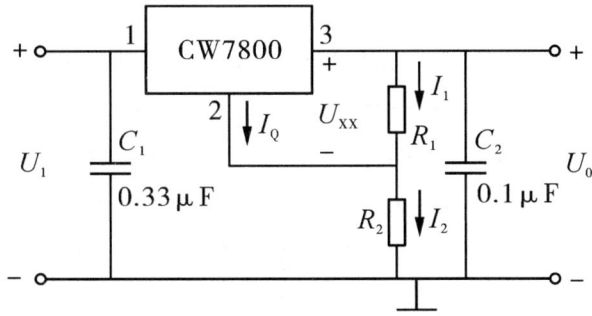

图 6 -46　提高输出电压的电路

$$U_O \approx (1 + \frac{R_2}{R_1})U_{xx}$$

由此可见,提高 R_2 与 R_1 的比值,可提高 U_0。这种接法的缺点是,当输入电压变化时,I_Q 也变化,将降低稳压器的精度。

③输出正、负电压的电路

图 6 - 47 所示为采用 CW7815 和 CW7915 三端稳压器各一块组成的具有同时输出 +15V、-15V 电压的稳压电路。

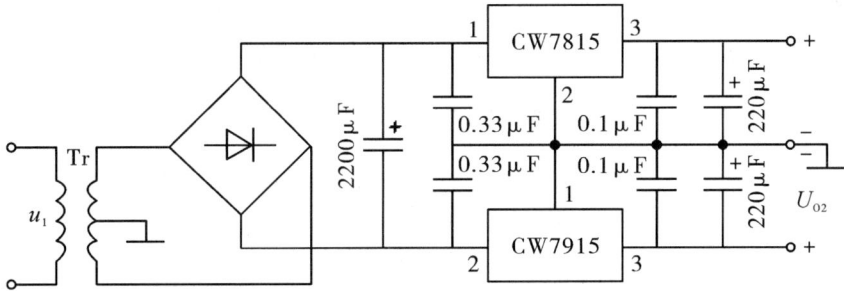

图 6 -47　正、负同时输出的稳压电源

④ 恒流源电路

集成稳压器输出端串入阻值合适的电阻,就可以构成输出恒定电流的电源,如图 6 -48 所示。

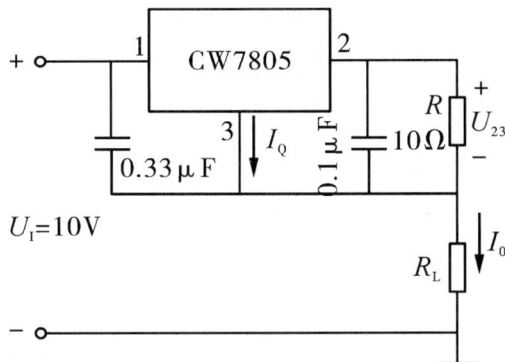

图 6 -48　恒流源电路

3. 三端可调输出集成稳压器

三端可调输出集成稳压器是在三端固定输出集成稳压器的基础上发展起来的,集成片的输入电流几乎全部流到输出端,流到公共端的电流非常小,因此可以用少量的外部元件方便地组成精密可调的稳压电路,应用更为灵活。典型产品 CWll7/CW217/CW317 系列为正电压输出,负电源系列有 CWl37/CW237/CW337 等。CW117 及 CW137 系列塑料直插式封装管脚排列如图 6 – 49 所示,CWll7 系列集成稳压器内部电路组成框图如图 6 – 50,基准电路有专门引出端子 ADJ,称为电压调整端。因所有放大器和偏置电路的静态工作点电流都流到稳压器的输出端,所以没有单独引出接地端。

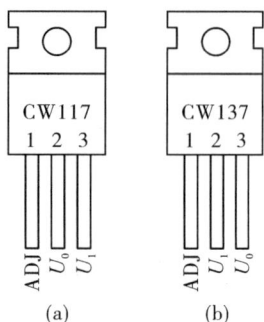

图 6 – 49　三端可调输出集成稳压器
外形及管脚排列

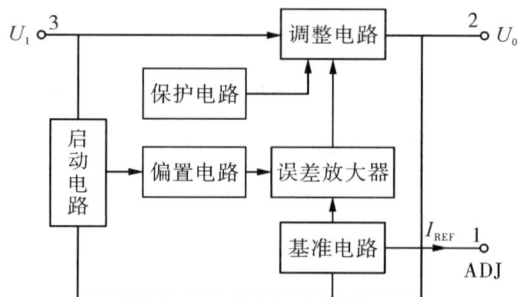

图 6 – 50　CW117 系列集成稳压器
内部电路组成框图

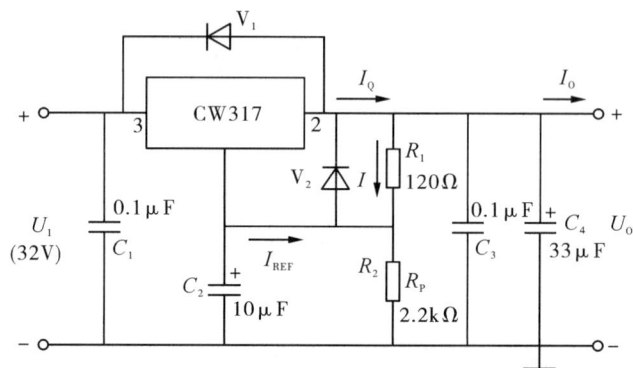

图 6 – 51　三端可调稳压器基本应用电路

图 6 – 51 为三端可调输出集成稳压器的基本应用电路,V_1 用于防止输入短路时 C_4 上存储的电荷产生很大的电流反向流入稳压器使之损坏。V_2 用于防止输出短路时 C_2 通过调整端放电而损坏稳压器。C_2 用于减小输出纹波电压。R_1、R_P 构成取样电路,这样,实质上电路构成串联型稳压电路,调节 R_P 可改变取样比,即可调节输出电压 U_O 的大小。

$$U_O \approx 1.25 \times (1 + \frac{R_2}{R_1})$$

考虑到器件内部电路绝大部分的静态工作电流 I_Q 由输出端流出,为保证负载开路时电路工作正常,必须正确选择电阻 R_1。

4.开关集成稳压电源

前述线性集成稳压器有很多优点,使用也很广泛;但由于调整管必须工作在线性放大区,管压降比较大,同时要通过全部负载电流,所以管耗大,电源效率低,一般为40% ~60%。特别在输入电压升高、负载电流很大时,管耗会更大,不但电源效率很低,同时使调整管的工作可靠性降低。

开关稳压电源的调整管工作在开关状态,依靠调节调整管导通时间来实现稳压。由于调整管主要工作在截止和饱和两种状态,管耗很小,故使稳压电源的效率明显提高,可达80% ~90%,而且这一效率几乎不受输入电压大小的影响,即开关稳压电源有很宽的稳压范围。由于效率高,使得电源体积小、重量轻。开关稳压电源的主要缺点是输出电压中含有较大的纹波。但由于开关稳压电源优点显著,故发展非常迅速,使用也越来越广泛。

(1)串联型开关稳压电路

图6 – 52 所示为串联型开关稳压电路的基本组成框图。图中,V_1 为开关调整管,它与负载 R_L 串联;V_2 为续流二极管,L、C 构成滤波器;R_1 和 R_2 组成取样电路、A 为误差放大器、C 为电压比较器,它们与基准电压源、三角波发生器组成开关调整管的控制电路。在闭环情况下,电路能根据输出电压的大小自动调节调整管的导通和关断时间,维持输出电压的稳定。

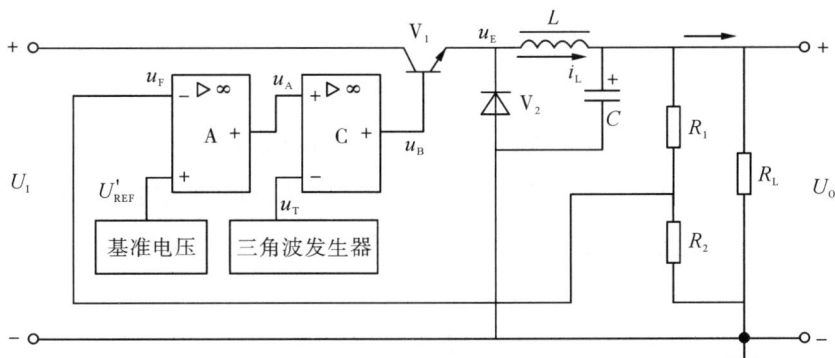

图6 – 52　串联型开关稳压电路的基本组成框图

使用集成开关稳压器,应注意工作频率的确定、电路元器件的选择、结构上的考虑。

技能训练

串联稳压电源的装接及调试实训

1.实验目的

(1)熟悉串联稳压电源的工作原理,了解集成稳压电源的特点和使用方法。

（2）学会稳压电源的调试,整流、滤波、稳压的性能指标的测量方法。

（3）了解串联调整型直流稳压电源的外特性曲线测试方法。

（4）观察过流保护电路的作用。

（5）观察在不同位置加入滤波电容的波形效果。

2. 实验原理

（1）稳压电源的主要指标

稳压电源的技术指标分为两种:一种是特性指标,包括允许的输入电压、输出电压、输出电流及输出电压调节范围等;另一种是质量指标,用来衡量输出直流电压的稳定程度,包括稳压系数、输出电阻、温度系数及纹波电压等。这些质量指标的含义,可简述如下:

①稳压器的质量指标

a. 电压调整率 S_U

电压调整率是表征稳压器稳压性能的优劣的重要指标,又称为稳压系数或稳定系数,它表征当输入电压 U_I 变化时稳压器输出电压 U_0 稳定的程度,通常以单位输出电压下的输入和输出电压的相对变化的百分比表示,即

$$S_U = \frac{\Delta U_0 / U_0}{\Delta U_I} \times 100\%$$

单位为 mV。S_U 越小,稳压性能越好。

b. 电流调整率 S_I

电流调整率是反映稳压器负载能力的一项主要自指标,又称为电流稳定系数。它表征当输入电压不变时,稳压器对由于负载电流（输出电流）变化而引起的输出电压的波动的抑制能力,在规定的负载电流变化的条件下,通常以单位输出电压下的输出电压变化值的百分比来表示稳压器的电流调整率,即

$$S_I = \frac{\Delta U_0}{U_0} \times 100\%$$

单位为 mV。S_I 越小,输出电压受负载电流的影响就越小。

c. 纹波抑制比 S_R

纹波抑制比反映了稳压器对输入端引入的市电电压的抑制能力,当稳压器输入和输出条件保持不变时,稳压器的纹波抑制比常以输入纹波电压峰 – 峰值 U_{IPP} 与输出纹波电压峰 – 峰值 U_{OPP} 之比表示,一般用对数表示,但是有时也可以用百分数表示,或直接用两者的比值表示,即

$$S_R = 20\log \frac{U_{IPP}}{U_{OPP}} (dB)$$

S_R 表示稳压器对其输入端引入的交流纹波电压的抑制能力。

d. 温度系数 S_T

集成稳压器的温度稳定性是以在所规定的稳压器工作温度 T_i 最大变化范围内（$T_{min} \leq T_i \leq T_{max}$）稳压器输出电压的相对变化的百分比值,即

$$S_T = \frac{\Delta U_0 / U_0}{\Delta T} \times 100\%$$

单位为%/°C。

②稳压器的工作指标

稳压器的工作指标是指稳压器能够正常工作的工作区域,以及保证正常工作所必须的工作条件,这些工作参数取决于构成稳压器的元件性能。

a. 输出电压范围

符合稳压器工作条件情况下,稳压器能够正常工作的输出电压范围,该指标的上限是由最大输入电压和最小输入 – 输出电压差所规定,而其下限由稳压器内部的基准电压值决定。

b. 最大输入 – 输出电压差

该指标表征在保证稳压器正常工作条件下稳压器所允许的最大输入 – 输出之间的电压差值,其数值主要取决于于稳压器内部调整晶体管的耐压指标。

c. 最小输入 – 输出电压差

该指标表征在保证稳压器正常工作条件下,稳压器所需的最小输入 – 输出之间的电压差值。

d. 输出负载电流范围

输出负载电流范围又称为输出电流范围,在这一电流范围内,稳压器应能保证符合指标规范征所给出的指标。

③ 极限参数

a. 最大输入电压

该电压是保证稳压器安全工作的最大输入电压。

b. 最大输出电流

是保证稳压器安全工作所允许的最大输出电流。

（2）直流稳压电源的组成

直流稳压电源一般由电源变压器、整流电路、滤波电路和稳压电路四个基本部分组成,其稳压过程如图 6 – 53 所示。

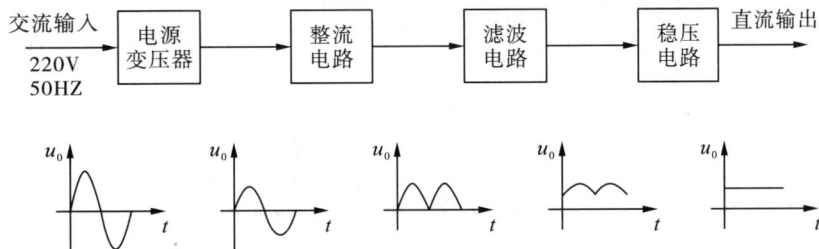

图 6 – 53　直流稳压电源基本组成及稳压过程

①电源变压器

电源变压器是将电网供电给的交流电压(220V,50H$_z$)转换成所需数值交流电源的部件。

② 整流电路

小功率整流电路中整流器,一般由四个二极管封装成一个器件,即整流桥(在没有封装的整流桥器件情况下,常用 IN4007 整流二极管组成的整流桥)。整流主要依靠二极管的单向导电性,将变压器副边的交流电压 u_2 转换成脉动的直流电压。整流后的单极性电能不仅包含有用的直流分量,还有有害的交流分量。在直流负载上得到的直流电压和电流分别为

$$U_L = \frac{2\sqrt{2}U_2}{\pi} = 0.9U_2$$

$$I_L = \frac{0.9U_2}{R_L}$$

③ 滤波电路

滤波器一般由整流器输出端并联容量较大的电容构成电容滤波电路,利用电容器的充放电作用,便可在负载上得到比较平滑的直流电压。在滤波电路中,负载电阻 R 为电容 C 提供放电回路,RC 充放电时间常数应满足

$$RC > (3 \sim 5)T/2$$

式中 T 为 50H$_z$ 交流电压的周期,即 $T = 20\text{ms}$。

④ 稳压电路

保证输出直流电压更加稳定。

(3)串联型稳压电路

分立元件组成的串联型稳压电源的电路如图 6-54 所示,其整流部分分为单相桥式整流,电容滤波电路。稳压部分为串联型稳压电路,它由调整元件(晶体管 T_1);比较放大器 T_2,R_7;取样电路 R_1,R_2,R_p,基准电压 D_z,R_3 和过流保护电路 T_3 管及电阻 R_4,R_5,R_6,等组成。

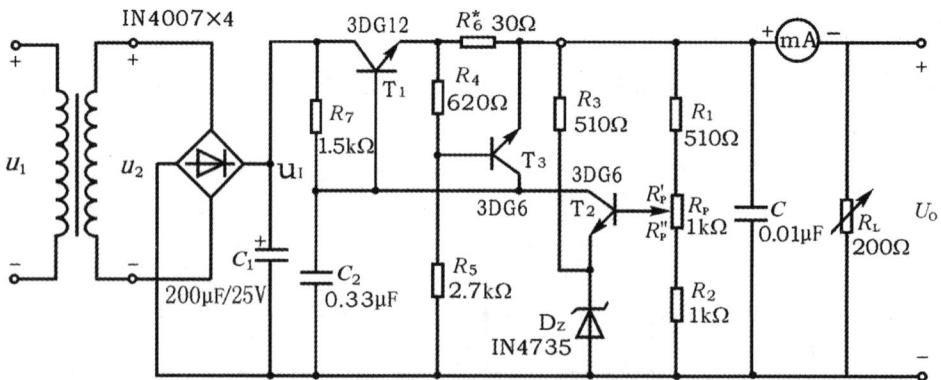

图 6-54 串联型稳压电源实验电路

整个稳压电路是一个具有电压串联负反馈的闭环系统,其稳压过程为:当电网电压波动或负载变动引起输出直流电压发生变化时,取样电路取出输出电压的一部分送入调整管 T_1 的基极,使调整管改变其管压降,以补偿输出电压的变化,达到稳定输出电压的目的。

由于在稳压电路中,调整管与负载串联,因此流过它的电流与负载电流一样大。当输出电流过大或发生短路时,调整管会因电流过大或电压过高而损坏,所以需要对调整管加以保护。在图 6 – 54 电路中,晶体管 T_3、R_4、R_5、R_6 组成减流型保护电路。此电路设计在 $I_{OP} = 1.2I_O$ 时开始起保护作用,此时输出电流减小,输出电压降低。故障排除后电路应能自动恢复正常工作。在调试时,若保护提前作用,应减小 R_6 值,若保护作用迟后,则应增大 R_6 之值。

稳压电源的主要性能指标:

①出电压 U_O 和输出电压调节范围

$$U_O = \frac{R_1 + R_P + R_2}{R_2 + R_P^{"}}(U_{DZ} + U_{BE2})$$

调节 R_p 可以改变输出电压 U_O。

②输出电阻 R_O

当输入电压 U_1(指稳压电路输入电压)保持不变,由于负载变化而引起的输出电压变化量与输出电流变化量之比,即

$$R_O = \frac{\Delta U_O^{'}}{U_O}\bigg|_{U_I = 常数}$$

单位为 Ω。R_O 的大小反映直流稳压电源带负载能力的大小,其值越小,带负载能力越强。

③稳压系数 S(电压调整率)

稳压系数定义为当负载保持不变,输出电压相对变化量与输入电压相对变化量之比,即

$$S = \frac{\Delta U_O / U_O}{\Delta U_I / U_I}\bigg|_{R_L = 常数}$$

由于工程上常把电网电压波动 ±10% 作为极限条件,因此也有将此时输出电压的相对变化 $\frac{\Delta U_O}{U_O}$ 作为衡量指标,称为电压调整率。

④纹波电压

输出纹波电压是指在额定负载条件下,输出电压中所含交流分量的有效值(或峰值)。

3. 实验设备与器件

(1)可调工频电源　　　　　　(2)双踪示波器

(3)交流毫伏表　　　　　　　(4)用电表

（5）直流毫安表　　　　　　　　（6）直流电压表

（7）晶体三极管 3DG6（或9011）×2,3DG12（或9013）×1

（8）二极管 IN4007×4,稳压管二极管 IN4735×1

（9）滑线变阻器 200Ω/1A×1,电阻器、电容器若干

4. 实验内容及步骤

①整流滤波电路测试

按图6-55所示在实验板上连接实验电路。取可调工频电源电压为 $U_2 = 16V$,作为整流电路输入电压。

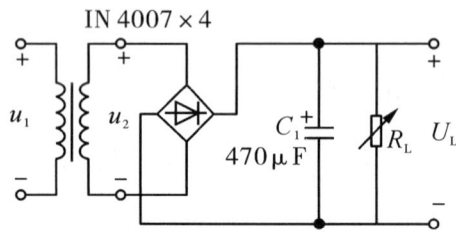

图6-55　整流滤波电路

②取 $R_L = 200\Omega$,不加滤波电容,测量直流输出电压 U_L,并用示波器观察 u_2 和 u_L 波形,记入表6-29。

③取 $R_L = 200\Omega$,$C = 470\mu F$,重复内容(1)的要求,记入表6-25

④取 $R_L = 100\Omega$,$C = 470\mu F$,重复内容(1)的要求,记入表6-25。

表6-25　整流滤波电路测试

电路形式		U_L(V)	u_L波形
$R_L = 200\Omega$			
$R_L = 200\Omega$ $C = 470F$			
$R_L = 100\Omega$ $C = 470F$			

（2）输出电压可调范围的测量

按图6-55所示,接上负载,检查无误后,接通电源。调整调压变压器,使交流输入电压

保持220V,输出电流为150 mA,调节 R_p 记录电压调节范围数据于表6-26中。

（3）调整管的测量

断开负载 R_L,检查调整管 T_1 的压降 U_{CE}。用调压器将输入电源电压逐渐调到额定最大值(~240V),再调节 R_p 使输出电压最低,观察测量数据记入表6-26中。

接上负载,调节 R_p 至满载,将输入电压调到额定最低值(~220V)观察此时调整 U_{CE} 的最低值,测试数据记入6-26中。

（4）纹波电压的测量

输出纹波电压是直流输出电压 U_o 上的交流分量的有效值(或峰值),用示波器置于适当量程,并接在输出端。当电源电压为220V时,调节 R_p 使输出达到150 mA,从示波器上读出纹波电压的有效值,并把测量数据填入表6-26。

表6-26 输出电压及调整管电压的测量

测试项目	U_{CE}最小值	U_{CE}最大值	稳压输出调节范围
实测数据			
纹波电压			

（5）电路稳定性能的测量

①测算电压调整率

保持负载电流150mA逐次调节自耦调压器改变电路输入电压,从电压表上读出输出变化值记入表6-27。

表6-27 电压调整率的测试

额定输出电压 U_o		
额定输出电流 I_L		
电源电压波动 ±10%	198V	242V
对应的输出电压 $U_o^{'}$		
输出电压的变化 $\Delta U_o^{'}$		
电压调整率 S_U	正向：	反向：

一般取额定电压的 ±10%,即198V~240V,测出相应的输出电压 $U_o^{'}$,则 $\Delta U_o^{'} = U_o^{'} - U_o$ 并按公式 $\frac{\Delta U_o^{'}}{U_o} \times 100\%$ 算出正向和反向电压调整率。式中的 U_o 是额定值~220V时的稳定输出电压。

⑤测算电流调整率

调整调压变压器,使输入电压保持220V,调整 R_p 和 R_L 使输出电压为12V和额定输出电流150mA。断开负载 R_L 使 $I_L = 0$,用电压表上读出输出电压变化,记入表6-28中。

表 6 - 28　电流调整率测试

额定输出电压 U_0		
额定输出电流 I_L 的变化	0	150 mA
对应的输出电压 U_0'		
输出电压的变化量 $\Delta U_0'$		
电流调整率 S_I	正向：	反向：

注意：

①每次改接电路时，必须切断工频电源。

②在观察输出电压 U_0 波形的过程中，"Y 轴灵敏度"旋钮位置调好以后，不要在变动，否则将无法比较各波形的脉动情况。

5. 实验报告要求

(1)对各项测试的数据记入到表中，描绘有关波形。并对结果进行全面分析，总结桥式整流、电容滤波电路的特点。

(2)分析保护电路的工作原理。

(3)分析讨论实验中出现的故障及其排除方法。

(4)比较整流电路加滤波器和不加时各自的特点。

测试题

1. 串联稳压电源的安装调试

(1) 按图 6 - 56 进行串联型稳压电源的焊接安装。

(2) 通电调试。

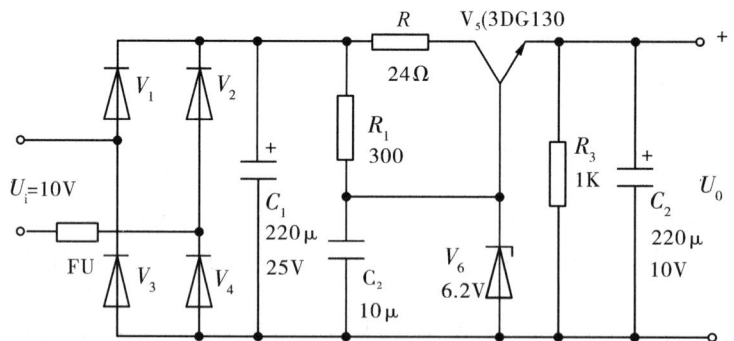

图　6 - 56

（3）评分标准

项目内容		配分	评 分 标 准		检 验	扣分
按图焊接	接线	40	电路接线不正确	扣20分（每处）		
	布局	10	布局不合理	扣5～10分		
	焊点	30	焊点毛糙 虚焊漏焊	扣5～10分 扣10～15分（每处）		
测试电压	U_i U_{C1} U_W U_o	20	测试方法正确： 测试数据正确	不正确扣5～10分 不正确扣5～10		
工 时		60分钟	每超过10分钟	扣10分		
备 注			各项的最高扣分，不得超过配分数		成 绩	

2. 直流调光电路的安装

（1）按图6－57进行直流调光电路的焊接安装

（2）通电调试

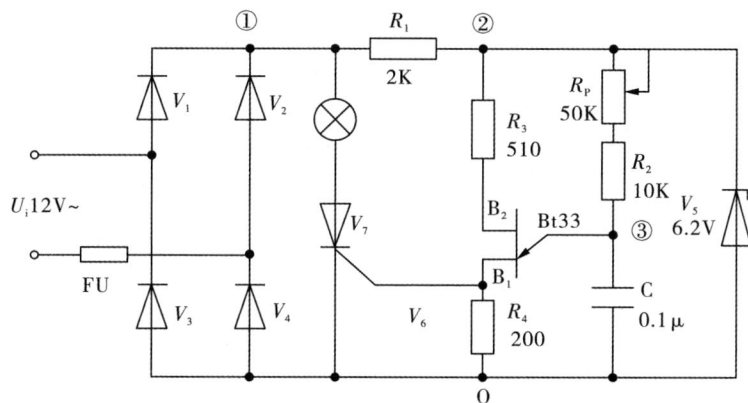

图6－57

（3）评分标准

项目内容		配分	评 分 标 准	检 验	扣分
按图焊接	接线	30	电路接线不正确　　　　　扣20分(每处)		
	布局	10	布局不合理　　　　　　　扣5~10分		
	焊点	20	焊点毛糙　　　　　　　　扣5~10分 虚焊漏焊　　　　　扣10~15分(每处)		
调试	灯泡有明显亮度变化	20	一次成功： 出现一次故障排除了　　　　扣10分 出现二次故障排除了　　　　扣15分 调试不成功　　　　　　　　扣20分		
工　时		180分钟	每超过10分钟扣10分		
备　注			各项的最高扣分,不得超过配分数	成绩	

3. 单相可控调压电路安装与调试

（1）按图图6-58单相可控调压电路的焊接安装。

（2）通电调试。

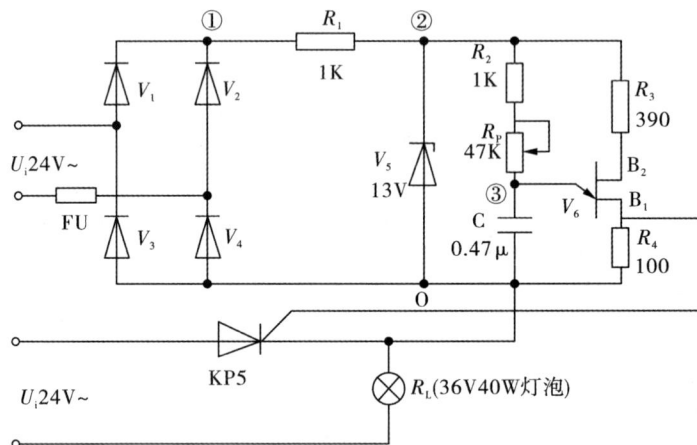

图 6-58

（3）评分标准

项目内容		配分	评　分　标　准		检　验	扣　分
按图焊接	接线	30	电路接线不正确	扣20分（每处）		
	布局	10	布局不合理	扣5~10分		
	焊点	20	焊点毛糙 虚焊漏焊	扣5~10分 扣10~15分（每处）		
调试	1-0、2-0、3-0、4-0、四处波形图灯泡有明显亮度变化	20	（1）1-0处：桥式整流后脉动电压 （2）2-0处：梯形波同步电压 （3）3-0处：锯齿波电压，调节RP大小 （4）4-0处：输出脉冲，调节RP大小 　　各点波形不正确　　　　每处扣3分 　　示波器使用不熟练　　　扣5~10分 （5）灯泡不调光　　　　　扣10分			
工　时		180分钟	每超过10分钟扣10分			
备　注			各项的最高扣分，不得超过配分数		成　绩	

4. 晶闸管单相桥式半控整流电路安装与调试

（1）按图6-59晶闸管单相桥式半控整流电路的焊接安装。

（2）通电调试。

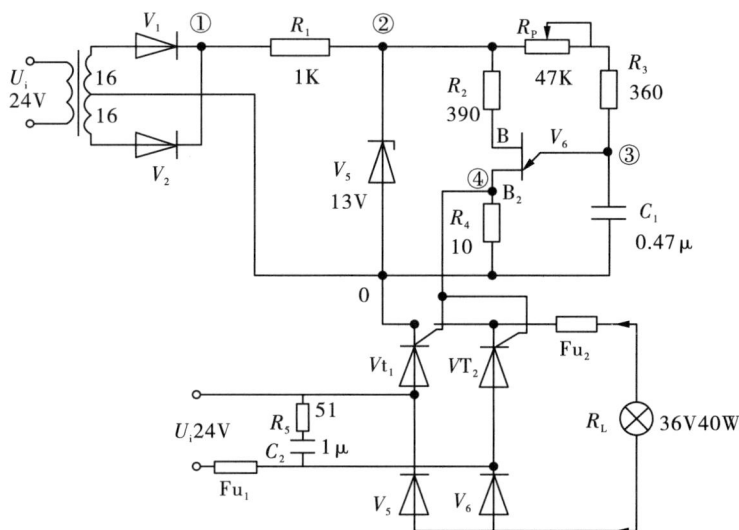

图6-59

（3）评分标准

项目内容		配分	评 分 标 准	检 验	扣分
按图焊接	接线	30	电路接线不正确　　　　　扣 20 分（每处）		
	布局	10	布局不合理　　　　　　　扣 5~10 分		
	焊点	20	焊点毛糙　　　　　　　　扣 5~10 分 虚焊漏焊　　　　　扣 10~15 分（每处）		
调试	1-0、2-0、3-0、4-0、四处波形图　灯泡有明显亮度变化	20	(1)1-0 处:桥式整流后脉动电压 (2)2-0 处:梯形波同步电压 (3)3-0 处:锯齿波电压,调节 RP 大小 (4)4-0 处:输出脉冲,调节 RP 大小 　各点波形不正确　　　　每处扣 3 分 　示波器使用不熟练　　　扣 5~10 分 (5)灯泡不调光　　　　　　扣 10 分		
工　时		180 分钟	每超过 10 分钟扣 10 分		
备　注			各项的最高扣分,不得超过配分数	成 绩	

项目七　常用的机床故障诊断与维修

【项目目标】

掌握常用机床的故障诊断、维修方法及调试。

【知识目标】

掌握 CA6140 型车床基本结构和电气工作原理。

掌握 Z3050 型摇臂钻床基本结构和电气工作原理。

掌握 X6132 型万能铣床基本结构和电气工作原理。

掌握 M7130 型平面磨床基本结构和电气工作原理。

【技能目标】

掌握常用机床电气故障诊断、故障排除方法及调试。

任务一　常用机床电气故障维修方法

知识链接 1　机床电气设备的日常维护

机床电气设备在运行中常会发生各种故障,轻者使机床停止工作而影响生产,严重时会造成重大事故。为此应注意加强对机床电气设备的日常维护与保养,机床电气设备的日常维护主要包括电动机、电器和控制线路。具体的内容和要求如下:

1.电动机部分

(1)定期检查电动机的绝缘电阻,电压为 380V 的三相电动机,其绝缘电阻一般不小于0.5MΩ,否则应进行烘干或浸漆处理。

(2)经常保持电动机的清洁,电动机表面积灰过多,会影响其散热,导致绕组发热,缩短电动机的寿命;也不允许有水滴、油污或金属屑落入电机内部。若有发生立即清除。

(3)在正常运行时,电动机的负载电流不得超过铭牌规定的额定值,同时,还应检查三相电流是否平衡。三相电流任何一相与其三相平均值相差不允许超过10%。

（4）检查电源电压、频率是否与铭牌相符，并同时检查电源三相电压是否对称。

（5）定期检查电动机的温升是否超过铭牌规定的数值。

（6）定期检查电动机的接地装置是否可靠和完整。

（7）经常听诊运转中的电动机是否有摩擦声、尖叫声和其他杂音，并注意观察电动机起动是否轻快。如发现运转声音不正常和起动困难的电动机，都应该立即停车检查，待排除故障后才能继续使用。

（8）查看电动机轴承部位的工作情况，是否有发热、漏油现象，还可用螺丝刀放在轴承部位，再用耳朵紧贴木柄听诊是否有异常杂音。必要时可打开轴承盖查看润滑脂是否正常，轴承的润滑脂应根据不同情况，定期（一年左右）进行清洗更换。

（9）对绕线转子异步电动机，应检查电刷与集电环间的接触压力、磨损及火花情况。一般电刷与集电环的接触面不应小于全面积的75%，电刷压强应为15～25kPa，刷握和集电环间应有2～4mm间距。电刷与刷握内壁应保持0.1～0.2mm游隙，如发现有不正常火花时，则应清理集电环表面，用零号砂布均匀地把集电环表面磨平，并校正电刷压强到不产生火花为止。

（10）对直流电动机，应检查换向器表面是否光滑圆整，有无机械损伤或火花灼伤，若沾有碳粉、油污等杂物，应用干净柔软的白布沾酒精擦去。当电机运行一段时间后，会在换向器表面形成一层均匀的暗褐色光泽薄膜，这层薄膜具有保护换向器的功效，切勿用砂布磨去。

（11）应检查电动机的转速是否正常，若负载转速低于额定转速，应首先检查负载、传动机械是否正常，电动机铭牌所示接法是否正确，电压、频率与电源电压、频率是否相符，然后再检查电动机本身是否存在故障。

（12）检查传动机械是否正常运行，联轴器带轮或传动齿轮是否跳动。

2. 电器及控制线路部分维护

（1）查看机床电气控制箱门、盖，应关闭严密，不得有水滴、油污和金属屑等进入控制箱内，以免损坏电器，造成事故。

（2）机床的按钮站及操纵台上的所有按钮、主令开关手柄、信号灯及仪表，都应该保持清洁完好。

（3）定期检查机床电气控制箱内的电器元件，仔细倾听其在工作中和动作时的声音来判断是否正常。如通电或断电时动作迅速，声音清脆，无明显交流声则属正常情况；如有异常声音，应停机进行检修。

（4）检查各连接点的导线有否松脱。

（5）检查接触器、继电器等电磁线圈是否过热。

（6）试验位置开关能否起位置保护作用。

（7）检查电器的操作机械是否灵活、可靠，若有卡阻现象，可加少许润滑油。

（8）检查电器各整定值是否恰当。

（9）检查各类指示信号装置和照明装置是否完好。

（10）检查电气设备和机床的所有裸露导体零件是否接到保护接地专用端子上，是否达到了保护电路连续性的要求。

知识链接2　机床电气设备故障维修及安全要求

1. 熟悉机床电气设备与电气控制线路

（1）从分析原理入手。从主电路中找出该机床共有几台电动机和其他设备，以及它们是由哪些接触器控制的；弄清每台电动机的起动方法，有无反转、调速、联锁及制动等。

（2）根据主电路中，每台电动机或其他设备的接触器主触点文字符号，在控制线路中找出相对应的线圈。

（3）在控制线路中，把每个接触器回路中所串并联的其他元件（如接触器、继电器触点以及按钮、转换开关、行程开关的接线点等）都找出来，分析它们相互的关系，弄清哪个先动作，哪个后动作，在什么情况下动作，什么情况下不动作。也就是说，要弄清控制线路中各种电器元件相互联系、相互制约的关系。

（4）对机床电路中的保护装置及照明、指示信号电路等，主要弄清它们在什么情况下起作用，以及是通过哪些元件起作用的。

（5）电路与实物对号。在掌握机床电气原理图的基础上，对照电气原理图、电气接线图找到每个电动机、每个控制元件的安装位置以及每个元件、每个设备连线的走向，直到完全和原理图、接线图对上号为止。

（6）机床电气控制线路试运行。在对机床电气控制原理图和实物理解、掌握，对机床结构和运行形式都了解的基础上开机试运行，每动作一个环节和一个过程，都要结合电路图对照分析动作。最终做到熟悉电气设备与机床电气系统的性能，掌握试车顺序，要在机床使用人员配合下进行试车，并能遵照机床的安全操作规程。

2. 常用机床电气设备故障维修安全操作规定

（1）在机床线路进行的维修中，除认真执行电力拖动部分的安全规定外，机床电器还有其特殊要求。

（2）在机床电路中各种保护措施，如短路保护、过载保护、接零（或接地）保护、欠压保护、联锁保护、大电流保护、过流保护以及位置开关的保护,要完整可靠。

(3)机床电气控制箱要经常保持清洁完好,出现故障后要及时修复。

(4)在维修、处理故障时,要以不破坏设备和电器元件为原则。

(5)机床在开机试车前,要检查电动机和主要电器元件以及主控线路的绝缘电阻,其绝缘电阻值不得小于 $0.5\text{M}\Omega$。

(6)机床试车前要进行电路外部检查,如电动机有无卡阻现象,所有触点是否接触良好,外部接线是否正确,各接线点有无松脱,测试电压是否正常等。

(7)开动机床前,必须熟悉该机床电气控制系统,掌握机床起动形式和动作顺序,否则不得擅自开动。

(8)在机床检修试运行时不带工作负荷进行,在试车过程中检查每个电气动作环节是否符合机床动作要求,以及指示信号、照明是否正常,电动机的转向、转速是否符合要求。

(9)有关机床的联锁、限位装置要试验其性能,是否动作可靠,是否符合电气原理图的要求。

(10)时间继电器、热继电器的整定值要调整合适,并复查一次以保证动作可靠。二级保养时,还要重新调整。

(11)机床电气控制箱检查完毕,要关闭仓门(或箱门),不准在电器元件或控制箱上乱写标记。

(12)机床检修后,开动时要测试电动机的空载运行电流,并注意开动后是否有异常现象。如有异常应立即停车,进行检查修理,不准带病运行。

(13)机床设备的电动机外壳应清洁良好,保证风道无阻塞等。

(14)机床工作照明必须使用 36V 以下照明灯具。

(15)机床电气控制箱内不准有积灰和异物,各种电器元件必须紧固,接线板和电器元件上的压线螺丝必须压接牢固、可靠。

(16)机床电气控制元件上非接线端闲置不用的螺丝,也要用螺丝刀旋紧,防止受振动脱落造成意外事故。

(17)在修理故障点时,一般情况下应尽量做到恢复原状,但有时为了尽快恢复机床正常工作,根据实际情况也允许采取一些适当的应急措施,但绝不能凑合行事。

(18)在处理故障时应注意,不能把找出的故障点作为寻找故障的终点,还必须进一步分析产生故障的根本原因。

(19)每次排除故障后,应及时总结。并作好维修记录,记录内容可包括机床的名称、型号、编号、故障发生日期、故障现象、故障部位、损坏的电器、故障原因、修复措施及修复后的运行情况等,作为档案,以备日后维修时参考。

知识链接3　机床电气设备常见的故障检修方法

机床电气控制线路是多种多样的,机床的电气故障往往又是与机械、液压、气动系统交错在一起,比较复杂,不正确的检修方法有时还会使故障扩大,甚至会造成设备及人身事故,因此必须掌握正确的检修方法。常见的故障分析方法包括直观法、电压测量法、电阻测量法、短接法、强迫闭合法、对比法、置换元件法和逐步开路法等。实际检修时,要综合运用以上方法,并根据积累的经验,对故障现象进行分析,快速准确地找到故障部位,采取适当方法加以排除。在实际中主要采用电压测量法、电阻测量法、短接法。

1. 直接观察法

直接观察法是根据机床电器故障的外壳表现,通过眼看、鼻闻、耳听等手段,来检查、判断故障的方法。

(1)检查步骤

① 调查情况。向机床操作者和故障在场人员询问故障情况,包括故障发生的部位,故障现象(如响声、冒火、冒烟、异味、明火等,热源是否靠近电器,有无腐蚀性气体侵蚀,有无漏水等),是否有人修理过,修理的内容等。

② 初步检查。根据调查的情况,看有关电器外部有无损坏,连线有无断路、松动,绝缘有无烧焦,螺旋熔断器的熔断指示器是否跳出,电器有无进水、油垢,开关位置是否正确等。

③ 试车。通过初步检查,确认不会使故障进一步扩大和不会发生人身、设备事故后,可进行试车检查。试车中要注意有无严重跳火、冒火、异常气味、异常声音等现象。一经发现应立即停车,切断电源。注意检查电机的温升及电器的动作程序是否符合电气原理图的要求,从而发现故障部位。

(2)检查方法及注意事项

① 用观察火花的方法检查故障。电器的触点在分断电路或导线线头松动时会产生火花,因此可以根据火花的有无、大小等现象来检查电器故障。例如,正常紧固的导线与螺钉间不应有火花产生,当发现该处有火花时,说明线头松动或接触不良。电器的触点在闭合、分断电路时跳火,说明电路是通路,不跳火说明电路不通。当观察到控制电动机的接触器主触点两相有火花,一相无火花时,说明无火花的触点接触不良或这一相电路断路。三相中有两相的火花比正常大,另一相比正常小,可初步判断为电动机相间短路或接地。三相火花都比正常大,可能是电动机过载或机械部分卡住。在辅助电路中,若接触器线圈电路为通路,衔铁不吸合,要分清是电路断路还是接触器机械部分卡住造成的。可按一下起动按钮,如果按钮常开触点在闭合位置,断开时有轻微的火花,说明电路为通路,故障在接触器本身机械部分卡住等;如触点间无火花说明电路是断路。

② 从电器的动作程序来检查故障。机床电器的工作程序应符合电器说明书和图纸的要求,如果某一电路上的电器动作过早、过晚或不动作,说明该电路或电器有故障。还可以根据电器发出的声音、温度、压力、气味等分析判断故障。另外运用直观法,不但可以确定简单的故障,还可以把较复杂的故障缩小到较小的范围。

③ 注意事项

a. 当电器元件已经损坏时,应进一步查明故障原因后再更换,不然会造成元件的连续烧坏。

b. 试车时,手不能离开电源开关,以便随时切断电源。

c. 直接观察法的缺点是准确性差,所以不经进一步检查不要盲目拆卸导线和元件,以免延误时机。

2. 电压测量法

(1)方法和步骤

① 分阶测量法。电压的分阶测量法如图 7-1 所示。控制回路 L_1、L_2 之间电压 380V,当电路中的中间继电器的常开触点 KA 闭合时,按起动按钮 SB2,接触器 KM1 不吸合,说明电路有故障。

检查时,需要两人配合进行。一人按下 SB2 不放,另一人把万用表拨到电压 500V 挡位上。首先测量 0、1 两点之间的电压,若电压值为 380V,说明控制电路的电源电压正常。

然后,将黑色测试棒接到 O 点上,红色测试棒按标号依次向前移动,分别测量标号 2、

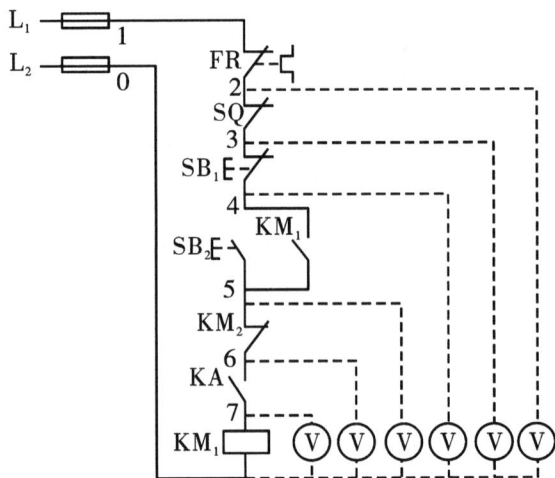

图 7-1 电压的分阶测量法

3、4、5、6、7 各点的电压。电路正常的情况下,0 与 2~7 各点电压均为 380V。若 0 与 7 间无电压,说明是电路有故障。例如,测量 0 到 2 时,电压为 0V,说明热继电器 FR 的常闭辅助触点接触不良或触点两端接线柱所接导线断路。究竟故障在辅助触点上还是连线断路,可先接牢所接导线,然后将红色测试棒接在 FR 常闭触点的接线柱 2 上,若电压仍为 0V,则故障在 FR 常闭辅助触点上,更换热继电器 FR 即可。根据电压值来检查故障的具体方法见表 7-1 所列。

表7-1　分阶测量法所测电压值(单位为 V)及故障原因

故障现象	测试状态	0-2	0-3	0-4	0-5	0-6	0-7	故障原因
KA 闭合, SB2 按下时, KM1 不吸合	SB2 按下	0	0	0	0	0	0	FR 接触不良
		380	0	0	0	0	0	QS 接触不良
		380	380	0	0	0	0	SB1 接触不良
		380	380	380	0	0	0	SB2 接触不良
		380	380	380	380	0	0	KM2 接触不良
		380	380	380	380	380	0	KA 接触不良
		380	380	380	380	380	380	KM1 本身有故障

维修实践中,为了快速查找故障范围,也可不必逐点测量,而多跨几个标号测试点,在 KA 闭合情况下,先测量 0 与 4、1 与 5 等。

② 分段测量法。触点闭合后各电器之间的导线在通电时,其电压降接近于零。而用电器、各类电阻、线圈通电时,其电压降等于或接近于外加电压。根据这一特点,采用分段测量法检查电路故障更为方便。电压的分段测量法如图 7-2 所示。当电路中的中间继电器的常开触点 KA 闭合时,按下按钮 SB2 时,如接触器 KM1 不吸合,按住按钮 SB2 不放,先测 0、1 两点的电源电压。电压在 380V,而接触器不吸合,说明电路有断路之处,可将红、黑两测试棒逐段或者重点测相邻两点标号的电压。如电路正常,除 0 与 7 两标号间的电

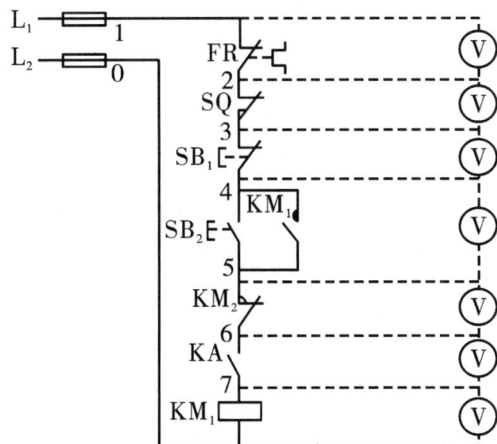

图 7-2　电压分段测量法

压等于电源电压 380V 外,其他相邻两点间的电压部应为零。如测量某相邻两点电压为 380V,说明该两点所包括的触点或连接导线接触不良或断路。例如,标号 3 与 4 两点间电压为 380V,说明停止按钮接触不良。根据其测量结果可找出故障点,见表 7-2 所列。当测量电路电压无异常,而 0 与 7 间电压正好等于电源电压,接触器 KM1 仍不吸合,说明线圈断路或机械部分卡住。

表7-2 分段测量法所测电压值及故障原因 （单位为 V）

故障现象	测试状态	1-2	2-3	3-4	4-5	5-6	6-7	7-0	故障原因
KA 闭合，SB2 按下时，KM1 不吸合	SB2 按下	380	0	0	0	0	0	0	FR 接触不良
		0	380	0	0	0	0	0	QS 接触不良
		0	0	380	0	0	0	0	SB1 接触不良
		0	0	0	380	0	0	0	SB2 接触不良
		0	0	0	0	380	0	0	KM2 接触不良
		0	0	0	0	0	380	0	KA 接触不良
		0	0	0	0	0	0	380	KM1 本身有故障

对于机床电器开关及电器相互之间距离较大、分布面较广的设备，由于万用表的测试棒连线长度有限，用分段测量法检查故障比较方便。

③点测法。机床电器的辅助电路电压为220V且零线接地的电路，可采用点测法检测电路故障，如图7-3所示。把万用表的黑色测试棒接地，红色测试棒点测1、2~0等点，根据测量的电压情况来检查电气故障，这种测量某标号与接地电压的方法称为点测法（或对地电压法）。用点测法测量电压值及判断故障的原因见表7-3所列。

表7-3 点测法所测电压值及故障原因 （单位为 V）

故障现象	测试状态	1	2	3	4	5	6	7	故障原因
KA 闭合，SB2 按下时，KM1 不吸合	SB2 按下	0	0	0	0	0	0	0	FU1 熔体熔断
		220	0	0	0	0	0	0	FR 接触不良
		220	220	0	0	0	0	0	QS 接触不良
		220	220	220	0	0	0	0	SB1 接触不良
		220	220	220	220	0	0	0	SB2 接触不良
		220	220	220	220	220	0	0	KM2 接触不良
		220	220	220	220	220	220	0	KA 接触不良

（2）注意事项

① 用分阶测量法时，标号7以前各点对0点电压应为380V，如低于该电压（相差20%以上，不包括仪表误差）时可视为电路故障。

② 分段测量到接触器线圈两端7与0时，电压等于电源电压，可判断为电路正常；如不吸合，说明接触器本身有故障。

③ 电压的三种检查方法可以灵活运用，测量步骤也不必过于死板，除点测法在220V电路上应用外，其他两种方法是通用的，也可以在检查一条电路时用两种方法。在运用以上三种方法时，必须将起动按钮按住不放，且 KA 闭合时才能测量。

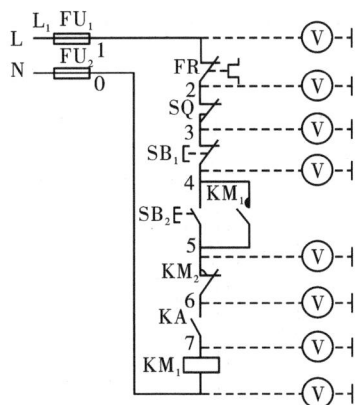

图 7 – 3 电压的点测法

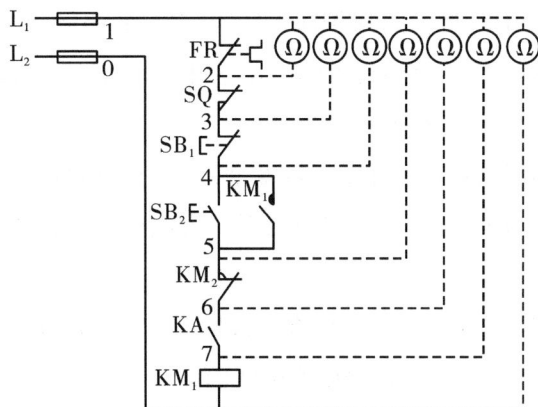

图 7 – 4 电阻的分阶点测法

3. 电阻测量法

(1)检查方法和步骤

① 分阶测量法。电阻的分阶测量法如图 7 – 4 所示。当确定电路中的行程开关 SQ、中间继电器触点 KA 闭合时,按起动按钮 SB2,接触器 KM1 不吸合,说明该电路有故障。检查时,先将电源断开,把万用表拨到电阻挡位上,测量 0、1 两点之间的电阻(注意测量时,要一直按下该按钮 SB2)。若两点电阻接近接触器线圈电阻值,说明接触器线圈良好。若电阻为无穷大,说明电路断路。为了进一步检查故障点,将 0 点上的测试棒移至标号 2 上,如果电阻为零,说明热继电器触点接触良好。再将测试棒移至标号 3 – 7,逐步测量 1 – 3、1 – 4、1 – 5、1 – 6、1 – 7 各点的电阻。当测量到某标号时,电阻突然增大,则说明测试棒刚刚跨过的触点或导线断路;若电阻为零,说明各触点接触良好。根据其测量结果,可找出故障点,如表 7 – 4 所示。

表 7 – 4 电阻的分阶测量法的测量结果及故障原因

故障现象	测试状态	1 – 2	1 – 3	1 – 4	1 – 5	1 – 6	1 – 7	1 – 0	故障原因
KA 闭合, SB2 按下时, KM1 不吸合	SB2 按下	∞	∞	∞	∞	∞	∞	∞	FR 接触不良
		0	∞	∞	∞	∞	∞	∞	QS 接触不良
		0	0	∞	∞	∞	∞	∞	SB1 接触不良
		0	0	0	∞	∞	∞	∞	SB2 接触不良
		0	0	0	0	∞	∞	∞	KM2 接触不良
		0	0	0	0	0	∞	∞	KA 接触不良
		0	0	0	0	0	0	∞	KM1 线圈断路

②分段测量法。电阻的分段测量法如图 7 – 5 所示。注意,一定要先切断电源,在继电器触点 KA 闭合时,测量 1 与 4,0 与 5,如果电阻值很大,说明该触点接触不良或导线断路。

然后在电阻值大的判断具体位置。例如,当测得2—3两点间电阻很大时,说明行程开关触点接触不良。这两种方法适用于开关、电器在机床上分布距离较大的电气设备。

（2）注意事项

电阻测量法的优点是安全,缺点是测量电阻值不准确时容易造成判断错误。为此应注意以下几点:

① 用电阻测量法检查故障时,一定要断开电源或接控制变压器次级绕组的一端。

② 如所测量的电路与其他电路并联,必须将该电路与其他电路断开,否则电阻不准确。

③ 测量高电阻电器件,万用表要拨到适当的挡位。在测量连接导线或触点时,万用表要拨到R×1的挡位上,以防仪表误差造成误判。

图7-5电阻的分段测量法。

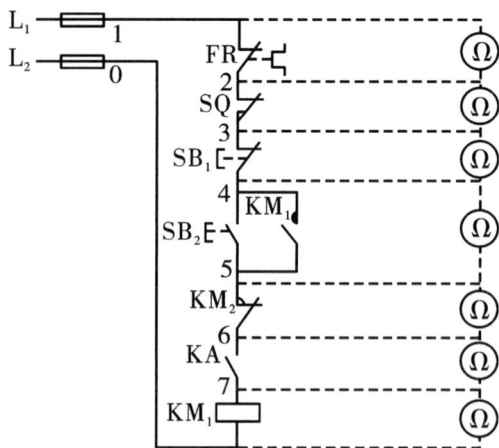

图7-2 电压分段测量法

4. 短接法

电路或电器的故障大致归纳为短路、过载、断路、接地、接线错误、电器的电磁及机械部分故障等六类。诸类故障中出现较多的是断路故障,它包括导线断路、虚连、松动、触点接触不良、虚焊、假焊、熔断器熔断等。对这类故障除用电阻法、电压法检查外,还有一种更为简单可靠的方法,就是短接法。方法是用一根绝缘良好的导线,将所怀疑的断路部位短接起来,如短接到某处,电路工作恢复正常,说明该处断路。

（1）检查方法和步骤

① 局部短接法。局部短接法如图7-6所示。当确定电路中的中间继电器常开触点KA闭合时,按下起动按钮SB2,接触器KM1不吸合,说明该电路有故障。检查时,可首先测量0、1两点电压,若电压正常,可将按钮SB2按住不放,分别短接L1-1、1-2、2-3、3-4、4-5、5-6、6-7和0-L2。当短接到某点,接触器吸合,说明故障就在这两点之间。具体短接部位及故障原因见表7-5所列。

表 7-5　短接部位及故障原因

故障现象	短接标号	接触器 KM 的动作情况	故障原因
按下起动 按钮,接触器 KM1 不吸合	L1-1	KM1 吸合	FU1 熔体熔断
	1-2	KM1 吸合	FR 接触不良
	2-3	KM1 吸合	QS 接触不良
	3-4	KM1 吸合	SB1 接触不良
	4-5	KM1 吸合	SB2 接触不良
	5-6	KM1 吸合	KM2 接触不良
	6-7	KM1 吸合	KA 接触不良
	0-L2	KM1 吸合	FU2 熔体熔断

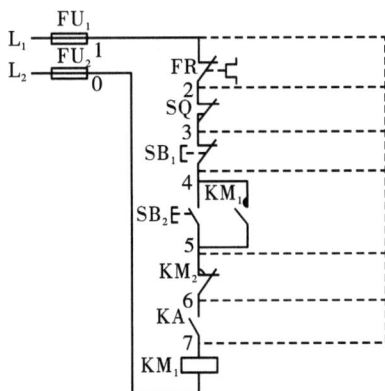

图 7-6　局部短接法　　　　　图 7-7　长短接法

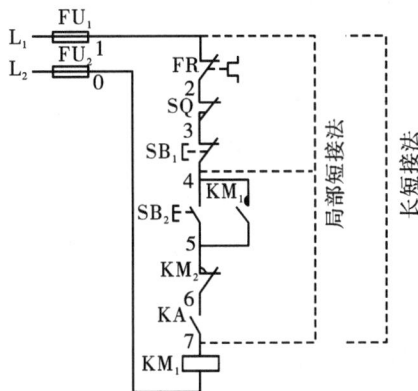

②长短接法。长短接法如图 7-7 所示,是指依次短接两个或多个触点或线段,用来检查故障的方法。这样做既节约时间,又可弥补局部短接法的某些缺陷。例如,两触点 SQ 和 KA 同时接触不良或导线断路(图 7-7),局部短接法检查电路故障的结果可能出现错误的判断,而用长短接法一次可将 1-7 间短接,如短接后接触器 KM1 吸合,说明 1-7 这段电路上一定有断路的地方,然后再用局部短接的方法来检查,就不会出现错误判断的现象。

长短接法的另一个作用是把故障点缩小到一个较小的范围之内。总之应用短接法时可将长短接与局部短接结合,加快排除故障的速度。

(2)注意事项

① 应用短接法是用手拿着绝缘导线带电操作的,所以一定要注意安全,避免发生触电事故。

② 应确认所检查的电路电压正常时,才能进行检查。

③ 短接法只适于压降极小的导线及电流不大的触点之类的断路故障。对于压降较大的电阻、线圈、绕组等断路故障,不得用短接法,否则就会出现短路故障。

④ 对于机床的某些要害部位要慎重行事,必须在保障电气设备或机械部位不出现事故

的情况下,才能使用短接法。

⑤ 在怀疑熔断器熔断或接触器的主触点断路时,先要估计一下电流。一般在 5A 以下时才能使用,否则,容易产生较大的火花。

5. 强迫闭合法

在排除机床电气故障时,经过直观法检查后没有找到故障点,而身边也没有适当的仪表进行测量,可用一绝缘棒将有关继电器、接触器、电磁铁等用外力强行按下,使其常开触点或衔铁闭合。然后观察机床电气部分或机械部分出现的各种现象,如电动机从不转到转动,机床相应的部分从不动到正常运行等。利用这些外部现象的变化来判断故障点的方法叫强迫闭合法。

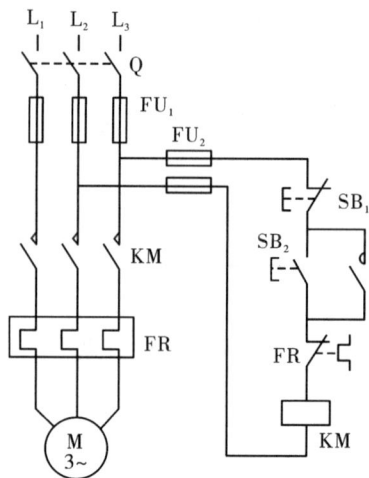

图 7 - 8　强迫闭合法

(1)检查方法和步骤

在异步电动机控制电路中,如图 7 - 8 所示,检查控制回路的故障。若按下起动按钮 SB2 接触器 KM 不吸合,可用一细绝缘棒或绝缘良好的螺丝刀(注意手不能接触金属部分),从接触器灭弧罩的中间孔(小型接触器用两绝缘棒对准两侧的触点支架)快速按下,然后迅速松开,可能有如下情况出现:

① 电动机起动,接触器不再释放,说明起动按钮 SB2 接触不良。

② 强迫闭合时,电动机不转,但有"嗡嗡"声,松开时看到三个主触点都有火花,且亮度均匀。其原因是电动机过载使控制电路中的热继电器 FR 常闭触点跳开。

③ 强迫闭合时,电动机运转正常,松开后电动机停转,同时接触器也随之跳开,一般是控制电路中的接触器辅助触点 KM 接触不良、熔断器 FU2 熔断或停止、起动按钮接触不良。

④强迫闭合时电动机不转,有"嗡嗡"声,松开时接触器的主触点只有两触点有火花。

说明电动机主电路一相断路或接触器一对主触点接触不良。

(2)注意事项

用强迫闭合法检查电路故障,如运用得当,比较简单易行;但运用不好也容易出现人身和设备事故。所以应注意以下几点:

① 运用强迫闭合法时,应对机床电路控制程序比较熟悉,对要强迫闭合的电器与机床机械部分的传动关系比较明确。

② 用强迫闭合法前,必须对整个故障的电气设备作仔细的外部检查,如发现以下情况,不得用强迫闭合法检查。

a.具有联锁保护的正反转控制电路中,两个接触器中有一个未释放不得强迫闭合另一个接触器。

　　b. Y－△起动控制电路中,当接触器 KM△没有释放时,不能强迫闭合其他接触器。

　　c. 机床的运动机械部件已达到极限位置又弄不清反向控制关系时,不要随便采用强迫闭合法。

　　d. 当强迫闭合某电器时,可能造成机械部分(机床夹紧装置等)严重损坏时,不得随便采用。

　　e. 用强迫闭合法时,所用的工具必须有良好的绝缘性能,否则,会出现比较严重的触电事故。

6. 其他检查方法

　　(1)检查方法和步骤

　　① 置换元件法。某些电器的故障原因不易确定或检查时间过长时,为了保证机床的利用率,可置换同一型号的性能良好的元器件进行实验,以证实故障是否由此电器引起。运用置换元件法检查时应注意,当把原电器拆下后要认真检查是否已经损坏,只有肯定是由于该电器本身因素造成损坏时,才能换上新电器,以免新换元件再次损坏。

　　② 对比法。在检查电气设备故障时,总要进行各种方法的测量和检查,把已得到的数据与图纸资料及平时记录的正常参数相比较来判断故障;对无资料又无平时记录的电器,可与同型号的完好电器相比较,来分析检查故障,这种检查方法叫对比法。

　　对比法在检查故障时经常使用,如比较继电器、接触器的线圈电阻、弹簧压力、动作时间、工作时发出的声音等。电路中的电器元件属于同样控制性质或多个元件共同控制同一设备时,可以利用其他相似的或同一电源的元件动作情况来判断故障。例如,异步电动机正反转控制电路,若正转接触器 KM1 不吸合,可操纵反转,看接触器 KM2 是否吸合,如吸合则证明 KM1 电路本身有故障。再如反转接触器吸合时,电动机两相运转,可操作电动机正转,若电动机运转正常,说明 KM2 的一对主触点或连线有一相接触不良或断路。

　　③ 逐步开路法。遇到难以检查的短路或接地故障,可重新更换熔体,把多支路并联电路一路一路逐步或重点地从电路中断开,然后通电试验。若熔断器不再熔断,故障就在刚刚断开的这条电路上。然后再将这条支路分成几段,逐段地接入电路,当接入某段电路时熔断器又熔断,证明故障就在这段电路及其电器元件上。这种方法简单,但容易把损坏不严重的电器元件彻底烧毁。为了不发生这种现象,可采用逐步接入法。

　　④ 逐步接入法。电路出现短路或接地故障时,换上新熔断器逐步或重点地将各支路一条一条的接入电源,重新试验,当接到某段时熔断器义熔断,故障就在这条电路及其所包括的电器元件,这种方法叫逐步接入法。

　　(2)注意事项

　　开路法或逐步接入法是检查故障时较少用的一种方法,它可能使有故障的电器损坏得更甚,而且拆卸的线头特别多,很费力,只在遇到较难排除的故障时才用这种方法。在用逐步接入法排除故障时。因大多数并联支路已经拆除,为了保护电器,可用较小容量的熔断器接入电路进行试验。对于某些不易购买且尚能修复的电器元件出现故障时,可用欧姆表或兆欧表进行接入或开路检查。

任务二　CA6140 型车床电气故障诊断与维修

知识链接1　卧式车床主要结构及运动形式

CA6140 型车床是一种应用极为广泛的金属切削机床,能够车削外圆、内圆、锥度、端面、螺纹、螺杆及特形面等。掌握车床的电气设备维修,也应了解车床的基本结构及与拖动有关的机械部分。

CA6140 型车床型号含义:C—类代号(车床类)、A—结构特性代号、6—组代号(落地及卧式车床组)、1—系代号(卧式车床系)、40—主参数折算值。

现以 CA6140 型车床为例进行介绍,其外部结构如图 7 - 9 所示。它主要由床身、进给箱、溜板箱、溜板和刀架、尾座、光杠和丝杠等部件组成。

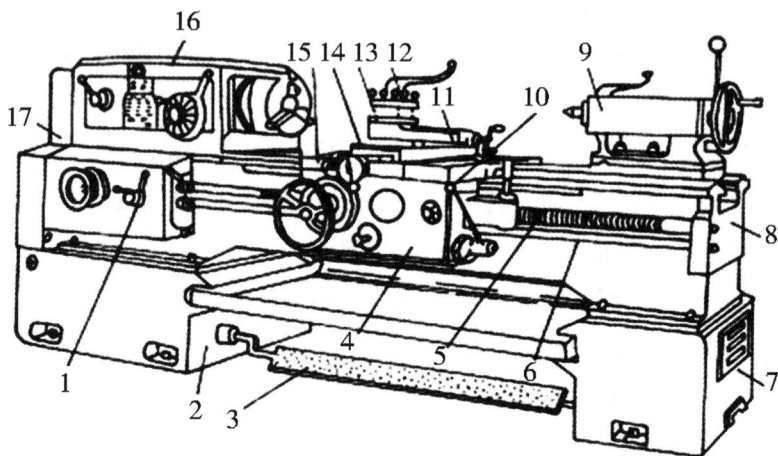

1-进给箱;2-前床腿;3-刹车踏板;4-溜板箱;5-丝杠;6-光杠;7-后床腿;8-床身;9-尾座;
10-操纵手柄;11-小溜板;12-方刀架;13-转盘;14-横溜板;15-纵溜板;16-主轴箱;17-挂轮架

图 7 - 9　CA6140 型车床外形图

CA6140 型车床有两个主要的运动部分,一个是用卡盘或顶尖将被加工工件固定,用电动机拖动进行旋转运动,称为车床主轴运动;另一个是溜板箱带动刀架直线快速移动。辅助运动包括溜板箱的快速移动、尾架的移动和工件的夹紧与放松等。车床工作时绝大部分功率消耗在主轴运动上,并通过光杠带动溜板箱进行慢速移动,使刀具进行自动切削。溜板箱

的运动只消耗很小的功率。车床的主运动和进给运动示意图见图7-10

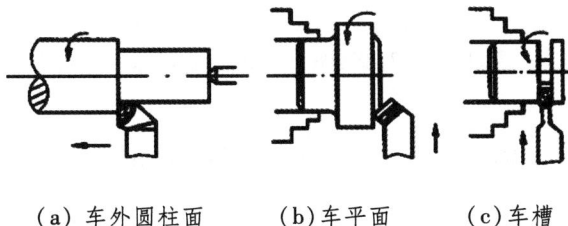

（a）车外圆柱面　　（b）车平面　　（c）车槽

图7-10 车床的主运动和进给运动示意图

知识链接2　CA6140型车床电气控制要求及电路分析

（一）CA6140型车床电气控制要求

（1）主拖动电动机一般选用三相交流异步电动机，不要求电气调速。

（2）采用齿轮箱进行机械有级调速，为了减小振动，主拖动电动机通过几条皮带将动力传递到主轴上。

（3）在车削螺纹时要求主轴有正反转，由主拖动电动机正反转来实现。

（4）为装卡工件找正方便，主轴要有单向点动控制（电动机为Y形接法）。

（5）主拖动电动机的正反转启动、停止采用手柄碰撞微动开关操作。

（6）为了刹车迅速、准确，由踏板压下行程开关来实现。

（7）刀架的横向、纵向快速移动由快速电动机拖动。

（8）车削加工时，由于刀具及工件温度过高，有时需要冷却，因而应该配有冷却泵电动机。

（9）必须有过载、短路、欠压、失压保护。

（10）具有安全的工作照明装置。

（二）电气线路分析

CA6140型卧式车床电气原理如图7-11所示，CA6140车床的电气元件见明细表7-8。

1. 主电路分析

主电路共有三台电动机：M为主轴电动机，带动主轴旋转和刀架做进给运动；M2为冷却泵电动机，用来输送切削液；M3为刀架快速移动电动机。

（1）将钥匙开关SB向右旋转，再扳动断路器QF将三相电源引入CA6140控制电路由于三台电动机容量均小于10kW，故采用直接起动。

（2）主轴电动机M由接触器KM控制起动，热继电器FR1对主轴电动机M进行过载保护，熔断器FU作短路保护，接触器KM作失电压和欠电压保护。

（3）冷却泵电动机M2由接触器KA控制起动，热继电器FR2作过载保护。

（4）刀架快速移动电动机由中间继电器 KA2 控制。因 KA2 是点动控制,为短时工作制故可不设过载保护。

（5）FU1 作为冷却泵电动机 M2、刀架快速移动电动机 M3、控制变压器 TC 的短路保护。

2. 控制电路分析

控制变压器 TC 二次侧输出 10V 电压作为控制电路的电源。正常工作时,位置开关 SQ1 的常开触头闭合。打开床头传动带罩后,SQ1 断开,切断控制电路电源。钥匙开关 SB 和位置开关 SQ2 正常工作时是断开的,QF 线圈不通电,断路器 QF 能合闸。打开配电柜时,SQ2 闭合,QF 线圈得电,断路器 QF 自动断开。

（1）主轴电动机 MI 的控制按下起动按钮 SB2,接触器 KM 线圈得电,KM 主触头闭合,KM 自锁触头(6-7)自锁,主轴电动机 M 起动运转,同时 KM(10-1)常开触头闭合,为 KA 得电做好准备。按下停止按钮 SB1,电动机 M 停止运转。主轴的正、反转采摩擦离合器实现。

（2）冷却泵电动机 M2 的控制冷却泵电动机 M2 只有在主轴电动机起动后才能起动。只有当主轴电动机 M 起动后,KM(10-11)常开触头闭合,转动转换开关 SB4,中间继电器 KA 线圈得电,冷却泵电动机才能起动。

（3）刀架快速移动电动机 M3 的控制刀架快速移动电动机 M3 的起动是由安装在进给操纵手柄顶端的按钮 SB3 来控制,它与中间继电器 KA2 组成点动控制电路。将操纵手柄转换到所需方向,按下 SB3,中间继电器 KA2 得电,KA2 在 4 区的主触头闭合,电动机 M3 起动,刀架按指定方向快速移动。

3. 保护环节、信号和照明

控制变压器 TC 的二次侧分别输出 24V 和 6V 电压,作为车床低压照明灯和信号灯电源 HL 为电源信号灯,合上电源总开关 QF,HL 灯亮,表示车床控制电路电源正常:EL 作为床的低压照明灯,由开关 SA 控制。它们分别由 FU3 和 FU4 作短路保护。

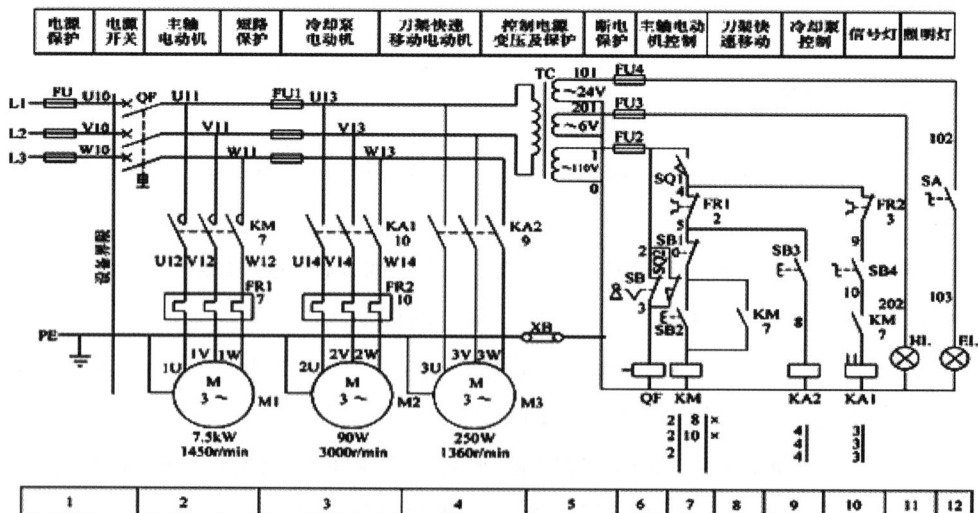

图 7-11　CA6140 型卧式车床电气原理图

FU3	熔断器	RL1-15 熔体 2 A	1	信号灯电路短路保护
FU4	熔断器	RL1-15 熔体 2 A	1	控制电路短路保护
SB1	按钮	LA19-11	1	停止 M1
SB2	按钮	LA19-11D	1	启动 M1
SB3	按钮	LA9	1	启动 M3
SB4	旋转开关	LA9	1	控制 M2
SA	组合开关	HZ2-10/3，10 A	1	照明开关
QS	转换开关	HY1-25-SG	1	电源开关
TC	控制变压器	BK-150	1	为控制电路、指示电路和照明电路提供电源
HL	信号灯	XD-0 额定电压 6 V	1	刻度照明及信号指示
EL	机床照明灯	JC11 额定电压 35 V	1	工作照明
XB	连接片	X-021	1	导线铜连接片

符号	名称	型号及规格	数量	用途
M1	主轴电动机	Y132M-4 7.5 kW	1	拖动主轴
M2	冷却泵电动机	AOB-25 90 W	1	驱动冷却泵
M3	快速移动电动机	2AOS5634 250 W	1	驱动刀架快速移动
KH1	热继电器	JH16-20/3D 15.4 A	1	M1 的过载保护
KH2	热继电器	JH16-20/3D 0.32 A	1	M2 的过载保护
KM1	交流接触器	CJ10-20 线圈电压 110 V	1	控制 M1
KA1	中间继电器	JZ7-44 线圈电压 110 V	1	控制 M2
KA2	中间继电器	JZ7-44 线圈电压 110 V	1	控制 M3
FU	熔断器	RL1-15 熔体 6 A	3	电源保护
FU1	熔断器	RL1-15 熔体 6 A	3	M2、M3 短路保护
FU2	熔断器	RL1-15 熔体 4 A	1	照明灯电路短路保护

表 7-8　　CA6140 型车床电气元件明细表

知识链接3 **CA6140 型车床常见电气故障分析与检修**

1．检修前的准备工作

（1）根据电气原理图,对机床电气控制原理加以分析研究,将控制原理读通读透,尤其是每种机床的电路特点要加以掌握。有些机床电气控制不只是单纯的机械和电气相互控制关系,而是由电气→机械(或液压)→液压(或机械)→电气循环控制,这样就为电气故障检修带来了较大难度。

（2）对于电气安装接线图的掌握也是电气检修的重要组成部分。单纯掌握电气工作原理,而不清楚线路走向、电器元件的具体位置、操作方式等也是不可能将检修工作搞好的。因为有些电气线路和控制开关不是装在机床的外部,而是装在机床内部,例如 CA6140 型车床的位置开关 SQ5 在主传动电动机防护罩内,SQ2 脚踏刹车开关在前床腿内安装,不易发现。因此,在平时应将情况摸清。

另外,有些机床生产厂家的机床实际线路与图纸不符,还有的图纸不够清楚,个别点、线有错误,画图不规范等,需要在平时发现改正。对于检修前根据电气安装图调查了解,实际上也是一个学习和掌握新知识、新技能的过程,因为各种机床使用的电器元件不尽相同,尤其是电器产品不断更新换代。所以,对新电器元件的了解和掌握,以及平时熟悉电气安装图对检修工作是大有好处的。

(3)在检修中,检修人员应具备由实物→图和由图→实物的分析能力,因为在检修过程中分析故障会经常对电路中的某一个点或某一条线来加以分析判别与故障现象的关系,这些能力是靠平时经常锻炼才能掌握的。所以,检修人员对电路图的掌握是检修工作至关重要的一环。

2. CA6140 型车床常见电气故障现象及检修

(1)主轴电动机 M1 不能起动现象及检修

常出现的现象有:按下 SB2 后 M1 不能起动;或一按下 SB2 熔断器就烧毁;或当按下停止按钮停机后无法再起动;或在运行中突然停转,然后再不能起动等。

检修方法:发生此类故障时,首先应检查电源电压是否正常,熔断器有无熔断,低压断路器 QF 有无跳闸;其次应检查热继电器 FR1,看热继电器是否已动作。如果热继电器已动作,则应先分析引起其动作的原因,例如可能负载过大(切削时进刀量过大且运行时间过长),热继电器整定电流值过小,或是热继电器选配不当,则应更换热继电器或是重新调节其整定电流值。找出原因后,将热继电器复位,即可重新起动电动机。此外,还应检查交流接触器 KM,若接触器本身没有问题,则要检查控制电路,先将 KM 主触头的三条引出线断开,然后合上低压断路器 QF,按下起动按钮 SB2,看 KM 能否吸合。如 KM 不能吸合,则故障多在控制电路中的 KM 支路上,检查起动按钮的常开触头是接线是否接触良好,停止按钮 SB1 的常闭触头是否接触良好;热继电器 FR1 的触头有无问题等。最后应检查控制电路的电源是否正常(如 TC 的二次绕组有无 110V 电压,熔断器和 FU3 有无熔断等)。这些故障均排除后,主轴电动机 M1 应能正常起动。

(2)按下起动按钮 SB1 后,主轴电动机 M1 不能停转现象及检修

这类故障多数是由于接触器 KM 铁心上的油污使铁心不能释放,KM 的主触点发生熔焊或停止按钮 SB1 的动断触点短路所造成的。

检修方法:切断电源,清洁铁心表面的污垢或更换触点即可排除故障。

(3)按下起动按钮 SB2 后,主轴电动机 M1 不能起动并发出"嗡嗡"声现象。

若在按下起动按钮 SB2 时 M1 不能起动并发出"嗡嗡"声,或是在运行中突然发出较明

显的"嗡嗡"声,则电动机发生了缺相故障。

检修方法:发现电动机缺相,应立即切断电源,避免损坏电动机。造成缺相的原因可能是三相熔断器一相熔断,或是接触器的三相主触头其中有一相接触不良,也可能是接线脱落。有些机床的熔断器装在床身上,在机器运行时因振动造成熔断器松脱,也会造成电动机缺相。电动机的缺相运行会使电动机因过载而烧毁,找出故障原因并排除后,M1 应能正常起动和运行。平时应有针对性地进行检查,注意消除隐患。

(4)按下起动按钮 SB2 后,主轴电动机 M1 点动运转,但是 KM 不能自锁

当按下按钮 SB2 时,主轴电动机 M1 能够运转,但松开按钮后电动机 M1 立即停转,这是由接触器 KM 的辅助动合触点接触不良或位置偏移,辅助动合触点的连接导线松脱或断裂等现象引起的故障。

检修方法:将接触器 KM 的辅助动合触点进行修整或更换即可排除故障。

(5)冷却泵电机 M2 不能运行现象

① 冷却泵电机 M2 不能起动,因为 M2 只有在 M1 才能起动;如果只是 M2 不能起动,首先检查热继电器 FR2 辅助常闭触头,还应检查控制电路中 KM 的辅助常开触头是否接触良好。

② 当控制冷却泵电机 M2 接触器吸合,但是 M2 不运行,M2 烧坏,冷却泵电动机烧毁的原因很可能是负荷过重。当车床冷却液中金属屑等杂质较多时,杂质的沉积常常会阻碍冷却泵叶片的转动,造成冷却泵负荷过重甚至出现堵塞现象。叶片可能不能转动导致电动机堵转,如未及时发现,就会烧毁电动机。此外,在车床加工零件时,冷却液飞溅,可能会有冷却液从接线盒或电动机的端盖等处进入电动机内部,造成定子绕组出现短路,从而烧毁电动机。这类故障应着重于防范注意检查冷却泵电动机的密封性能,同时要求车床的操作者使用合格的冷却液,并及时更换冷却液。

(6)变压器 TC 一次侧有正常电压,二次侧没有电压,或者电压很低现象。

该变压器 TC 出现的故障,该车床采用控制变压器 TC 给控制和照明、信号指示电路供电,机床的控制变压器常会出现烧毁等故障,其主要原因如下:

① 过载控制变压器的容量一般都比较小,在使用中一定要注意其负载与变压器的容量相适应,如随意增大照明灯的功率或加接照明灯,都容易使变压器因过载而损坏。

② 短路产生短路的原因较多,包括灯头接触不良造成局部过热,螺口灯泡锡头脱焊造成内部短路;灯头内电线因长期过热导致绝缘性能下降而产生短路;灯泡拧得过紧,也有可能使灯头内的弹簧片与铜壳相碰而短路。此外,控制电路的故障也会造成变压器二次侧短路。因此应注意日常检查。

③ 熔体选得过大变压器二次侧的熔体一般应按额定电流的两倍选用,若选得过大,则不到保护作用。

检修方法：更换变压器 TC

（7）照明灯不亮现象

这类故障的原因可能是照明灯泡已坏、灯开关 SA 已损坏、变压器一次绕组或二次绕组已烧毁。

检修方法：若照明灯泡已坏或者灯座开关 SA 已损坏则需更换照明灯泡或开关 SA。若变压器一次绕组或二次绕组已烧毁，需进行修复。

技能训练

CA6140 型车床电气控制线路的检修训练

1. 实训内容

CA6140 型车床电气控制线路的故障分析及检修。

2. 实训器材

常用电工工具、万用表、500V 兆欧表、钳形电流表、CA6140 型车床。

3. 实训步骤及要求

（1）在教师指导下对车床进行操作，了解车床的各种工作状态及操作方法。

（2）在教师的指导下，参照电气原理图和电气安装接线图，熟悉车床电器元件的分布位置和走线情况。

（3）在 CA6140 型车床上人为设置故障点，设置故障时应注意以下几点：

① 人为设置故障必须是模拟车床在使用中，由于受外界因素影响而造成的故障。

② 切忌设置更改线路或更换电器元件等由于人为原因而造成的故障。

③ 设置的故障应与学生具备的能力相适应。

④ 学生检修故障练习时，教师必须在现场密切观察学生操作，随时做好采取应急措施的准备。

（4）教师进行检修示范，示范时应边讲解边检修。

① 根据故障现象用逻辑分析法确定故障范围。

② 再用电阻法检查故障。

③ 用电压法检查故障。

④ 用验电笔检查故障。

⑤ 排除电路中故障，并通电试车。

⑥ 教师设置故障点,主电路一处、控制电路两处,让学生进行检修练习。

4. 注意事项

(1)掌握 CA6140 型车床线路工作原理及操作方法,认真观摩教师检修示范。

(2)检修时所用工具、仪表应正确。

(3)检修时,严禁扩大故障范围或产生新的故障。

(4)带电检修时,必须有指导教师监护,以保证安全。

5. 成绩评定

考核及评分标准见表 7-9。

表 7-9　评分标准表

项目内容	配分	评分标准		扣分	得分
故障分析	30 分	检修思路不正确	扣 10 分		
		标不出故障点、线或标错位置,每个故障点	扣 10 分		
检修故障	60 分	切断电源后不验电	扣 5 分		
		使用仪表和工具不正确,每次	扣 5 分		
		检查故障方法不正确	扣 10 分		
		查出故障不会排除,每个故障	扣 20 分		
		检修中扩大故障范围	扣 20 分		
		少查出一个故障	扣 30 分		
		损坏电器元件每个	扣 5 分		
		检修中或检修后试车操作不正确,每次	扣 10 分		
安全文明生产	10 分	防护用品穿戴不齐全	扣 5 分		
		检修结束后未恢复原状	扣 5 分		
		检修中丢失零件	扣 5 分		
		出现短路或触电	扣 10 分		
工 时		1 小时。检查故障不允许超时,修复故障允许超时,每超过 5 分钟扣 5 分,最多可延长 20 分钟。			
合 计	100 分				
备 注		各项内容最高扣分不得超过该项所配分数			

说明:在平时训练中,没有条件的可以制作一些车床模拟电路装置,供训练中使用。设置电路故障时,也可以将一些开关串进电路中,利用开关的通、断来实现。这样既可以保证训练内容的落实,又可以减少一些投资,达到事半功倍的效果。

任务三　Z3050 型摇臂钻床电气故障诊断与维修

　　钻床的结构形式很多,有台式钻床、立式钻床、卧式钻床、深孔钻床、摇臂钻床等。摇臂钻床顾名思义,就是其摇臂可以在立柱上进行旋转移动,主轴箱又可以在摇臂上移动。在加工工件方面与其他钻床最大的区别是,摇臂钻床钻孔时可以改变钻头的位置,而其他钻床钻孔则需要改变被加工工件的位置。从某种意义上讲,利用摇臂钻床加工多孔大型零件,可以节省劳动强度,提高生产率。

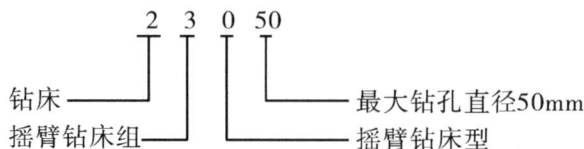

```
          2   3  0  50
钻床 ─────┘   │  │  │
摇臂钻床组 ────┘  │  └──── 最大钻孔直径50mm
                 └──────── 摇臂钻床型
```

Z3050 型摇臂钻床型号含义

知识链接 1 　**Z3050 型摇臂钻床结构和运动形式**

1. Z3050 型摇臂钻床结构组成

　　Z3050 型摇臂钻床主要由底座、内立柱、外立柱、摇臂、主轴箱、工作台等部分组成。内立柱固定在底座上,在它外面套着空心的外立柱,外立柱可绕着不动的内立柱回转360°。摇臂一端的套筒部分与外立柱滑动配合,借助于丝杠,摇臂可沿着外立柱上下移动,但两者不能做相对转动,因此摇臂与外立柱一起相对内立柱回转。主轴箱是一个复合的部件,它包括主轴旋转和进给运动的全部传动变速和操作机构。主轴箱是安装在摇臂的导轨上,可以通过手轮操作使它沿着摇臂上的水平导轨移动。当需要钻孔时,可利用夹紧机构将主轴箱紧固在摇臂上,摇臂紧固在外立柱上,外立柱紧固在内立柱上,以保证加工时的稳定。Z3050型摇臂钻床的外部结构如图 7 – 12 所示。

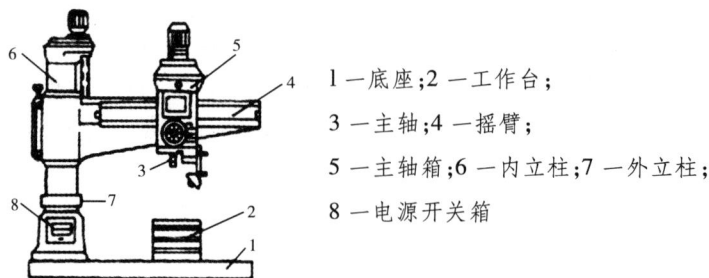

1—底座;2—工作台;
3—主轴;4—摇臂;
5—主轴箱;6—内立柱;7—外立柱;
8—电源开关箱

图 7 – 12　Z3050 型摇臂钻床外形结构图

2. Z3050 型摇臂钻床运动形式

加工工件时,根据工件的高度不同,可将摇臂进行升降调整。但在升降之前,摇臂应自动松开,然后进行升降运动,当升降到所需位置时,摇臂应自动夹紧在立柱上。摇臂连同外立柱绕内立柱的回转运动是依靠人力推动完成,但回转前必须先将外立柱松开。主轴箱沿摇臂上导轨的水平移动也是手动的,移动前也必须先将主轴箱松开。摇臂钻床的主运动是主轴带动钻头的旋转运动;进给运动是钻头的上下运动;辅助运动是指主轴箱沿摇臂水平移动,摇臂沿外立柱上下移动以及摇臂连同外立柱一起相对于内立柱的回转运动。

知识链接 2　Z3050 型摇臂钻床电气控制及电路分析

1. Z3050 型摇臂钻床电气控制要求

(1)由于摇臂钻床的相对运动部件较多,故采用多台电动机拖动,以简化传动装置。主轴电动机 M2 承担钻削及进给任务,只要求单向旋转。主轴的正反转通过摩擦离合器来实现,主轴钻速和进刀量用变速机构调节。

(2)摇臂的夹紧放松、立柱本身的夹紧放松、主轴箱的夹紧放松都是由电动机 M3 配合液压装置自动进行的。

(3)摇臂的升降是由电动机 M2 来完成的,摇臂的升降要求有限位保护。

(4)钻削加工时,需要对刀具及工件进行冷却,由冷却泵电动机 M4 输送冷却液。

(5)为了安全,本机床设有"开门断电"功能。

2. 电气控制线路分析

Z3050 型摇臂钻床的电气控制线路如图 7 – 13 所示。

(1)主电路分析

Z3050 型摇臂钻床共有四台电动机,除冷却泵电动机采用断路器直接启动外,其余三台异步电动机均采用接触器直接启动。

M1 是主轴电动机,由交流接触器 KMl 控制,只要求单方向旋转,主轴的正反转由机械手柄操作。Ml 装于主轴箱顶部,拖动主轴及进给传动系统运转。热继电器 FR1 作为电动机 M1 的过载及断相保护,短路保护由断路器 QFl 中的电磁脱扣装置来完成。

M2 是摇臂升降电动机,装于立柱顶部,用接触器 KM2 和 KM3 控制其正反转。由于电动机 M2 是间断性工作,所以不设过载保护。

M3 是液压泵电动机,用接触器 KM4 和 KM5 控制其正反转。由热继电器 FR2 作为过载及断相保护。该电动机的主要作用是拖动油泵供给液压装置压力油,以实现摇臂、立柱以及主轴箱的松开和夹紧。

摇臂升降电动机 M2 和液压油泵电动机 M3 共用断路器 QF3 中的电磁脱扣器作为短路保护。

M4 是冷却泵电动机,由断路器 QF2 直接控制,并实现短路、过载及断相保护。

电源配电盘在立柱前下部。冷却泵电动机 M4 装于靠近立柱的底座上,升降电动机 M2 装于立柱顶部,其余电气设备置于主轴箱或摇臂上。由于 Z3050 型钻床内、外立柱间未装设汇流环,故在使用时,请勿沿一个方向连续旋转摇臂,以免发生事故。

主电路电源电压为交流 380V,由断路器 QF1 作为电源引入开关。

(2)控制电路分析

控制电路电源由控制变压器 TC 降压后供给 110V 电压,熔断器 FU1 作为短路保护。

① 开车前的准备工作。为保证操作安全,本钻床设有"开门断电"功能。所以开车前应将立柱下部及摇臂后部的电气箱门盖关好,方能接通电源。合上 QF3(5 区)及总电源开关 QF1(2 区),则电源显示灯 HL1(10 区)亮,表示钻床的电气线路已进入带电状态。

② 主轴电动机 M1 的控制。按下启动按钮 SB3(12 区),接触器 KM1 吸合并自锁,使主轴电动机 M1 启动运行,同时指示灯 HL2(9 区)亮。按下停止按钮 SB2(12 区),接触器 KM1 释放,使主轴电动机 M1 停转,同时指示灯 HL2 熄灭。

③ 摇臂升降控制。按下上升按钮 SB4(15 区)(或下降按钮 SB5),则时间继电器 KT1 线圈(14 区)通电吸合,其瞬时闭合的常开触头(17 区)闭合,接触器 KM4 线圈(17 区)通电,液压泵电动机 M3 启动,正向旋转,供给压力油。压力油经分配阀体进入摇臂的"松开油腔",推动活塞移动,活塞推动菱形块,将摇臂松开。同时活塞杆通过弹簧片压下位置开关 SQ2,使其常闭触头(17 区)断开,常开触头(15 区)闭合。前者切断了接触器 KM4 的线圈电路,KM4 主触头(6 区)断开,液压泵电动机 M3 停止工作。后者使交流接触器 KM2(或 KM3)的线圈(15 区或 16 区)通电,KM2(或 KM3)的主触头(5 区)接通 M2 的电源,摇臂升降电动机 M2 启动旋转,带动摇臂上升(或下降)。如果此时摇臂尚未松开,则位置开关 SQ2 的常开触头则不能闭合,接触器 KM2(或 KM3)的线圈无电,摇臂就不能上升(或下降)。

当摇臂上升(或下降)到所需位置时,松开按钮 SB4(或 SB5),则接触器 KM2(或 KM3)和时间继电器 KT1 同时断电释放,M2 停止工作,随之摇臂停止上升(或下降)。

由于时间继电器 KT1 断电释放,经 1~3 秒时间的延时后,其延时闭合的常闭触头(18 区)闭合,使接触器 KM5(18 区)吸合,液压泵电动机 M3 反向旋转,随之泵内压力油经分配阀进入摇臂的"夹紧油腔"使摇臂夹紧。在摇臂夹紧后,活塞杆推动弹簧片压下的位置开关 SQ3,其常闭触头(19 区)断开,KM5 断电释放,M3 最终停止工作,完成了摇臂的松开→上升(或下降)→夹紧的整套动作。

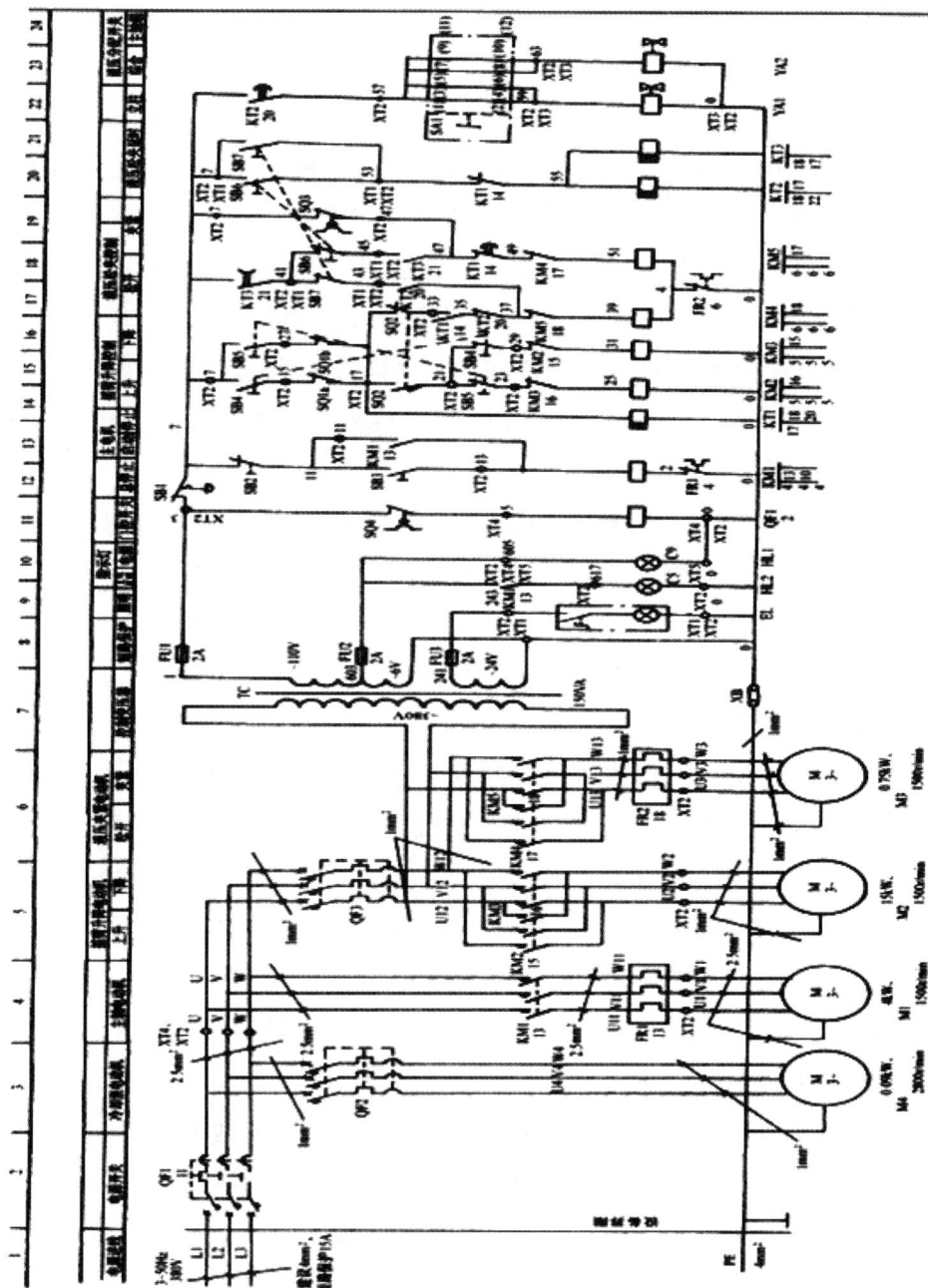

图 7 – 13　Z3050 型摇臂钻床的电气控制线路图

　　组合开关 SQ1a(15 区)和 SQ1b(16 区)作为摇臂升降的超程限位保护。当摇臂上升到极限位置时,压下 SQ1a 使其断开,接触器 KM2 断电释放,M2 停止运行,摇臂停止上升;当摇臂下降到极限位置时,压下 SQ1b 使其断开,接触器 KM3 断电释放,M2 停止运行,摇臂停止下降。

　　摇臂的自动夹紧由位置开关 SQ3 控制。如果液压夹紧系统出现故障,不能自动夹紧摇臂,或者由于 SQ3 的调整不当,在摇臂夹紧后不能使 SQ3 的常闭触头断开,都会使液压泵电动机 M3 因长期过载运行而损坏。为此电路中设有热继电器 FR2,其整定值应根据电动机 M3 的额定电流进行整定。

摇臂升降电动机 M2 的正反转接触器 KM2 和 KM3 不允许同时获电工作,以防止电源相间短路。为避免因操作失误、主触头熔焊等原因而造成短路事故,在摇臂上升和下降的控制电路中采用了接触器连锁和复合按钮连锁,以确保电路安全工作。

④ 立柱和主轴箱的夹紧与放松控制。立柱和主轴箱的夹紧(或放松)既可以同时进行,也可以单独进行,由转换开关 SAl(22～24 区)和复合按钮 SB6(或 SB7)(20 或 21 区)进行控制。SAl 有三个位置,扳到中间位置时,立柱和主轴箱的夹紧(或放松)同时进行;扳到左边位置时,立柱夹紧(或放松);扳到右边位置时,主轴箱夹紧(或放松)。复合按钮 SB6 是松开控制按钮,SB7 是夹紧控制按钮。

a. 立柱和主轴箱同时松开、夹紧。将转换开关 SAl 拨到中间位置,然后按下松开按钮 SB6,时间继电器 KT2、KT3 线圈(20、21 区)同时得电。KT2 的延时断开常开触头(22 区)瞬时闭合,电磁阀 YAl、YA2 得电吸合。而 KT3 延时闭合的常开触头(17 区)经 1～3 秒延时闭合,使接触器 KM4 获电吸合,液压泵电动机 M3 正转,压力油进入立柱和主轴箱的松开油腔,使立柱和主轴箱同时松开。

松开 SB6,时间继电器 KT2 和 KT3 的线圈断电释放,KT3 延时闭合的常开触头(17 区)瞬时分断,接触器 KM4 断电释放,液压泵电动机 M3 停转。KT2 延时分断的常开触头(22 区)经 1～3 秒后分断,电磁阀 YAl、YA2 线圈断电释放,立柱和主轴箱同时松开的操作结束。

立柱和主轴箱同时夹紧的工作原理与松开相似,只要按下 SB7,使接触器 KM5 得电吸合,液压泵电动机 M3 反转即可。

b. 立柱和主轴箱单独松开、夹紧。如果希望单独控制主轴箱,可将转换开关 SAl 扳到右侧位置。按下松开按钮 SB6(或夹紧按钮 SB7),时间继电器 KT2 和 KT3 的线圈同时得电,这时只有电磁阀 YA2 单独通电吸合,从而实现主轴箱的单独松开(或夹紧)。

松开复合按钮 SB6(或 SB7),时间继电器 KT2 和 KT3 的线圈断电释放,KT3 的通电延时闭合的常开触头瞬时断开,接触器 KM4(或 KM5)的线圈断电释放,液压泵电动机 M3 停转。经 1～3 秒的延时后 KT2 延时分断的常开触头(22 区)分断,电磁阀 YA2 的线圈断电释放,主轴箱松开(或夹紧)的操作结束。

同理,把转换开关 SAl 扳到左侧,则使立柱单独松开或夹紧。

因为立柱和主轴箱的松开与夹紧是短时间的调整工作,所以采用点动控制。

⑤ 冷却泵电动机 M4 的控制。扳动断路器 QF2,就可以接通或切断电源,操纵冷却泵电动机 M4 的工作或停止。

(3)照明、指示电路分析

照明、指示电路的电源也由控制变压器 TC 降压后提供 24V、6V 的电压,由熔断器 FU3、

FU2 做短路保护,EL 是照明灯,HL1 是电源指示灯,HL2 是主轴指示灯。

Z3050 型摇臂钻床的电气安装接线如图 7 – 14 所示。

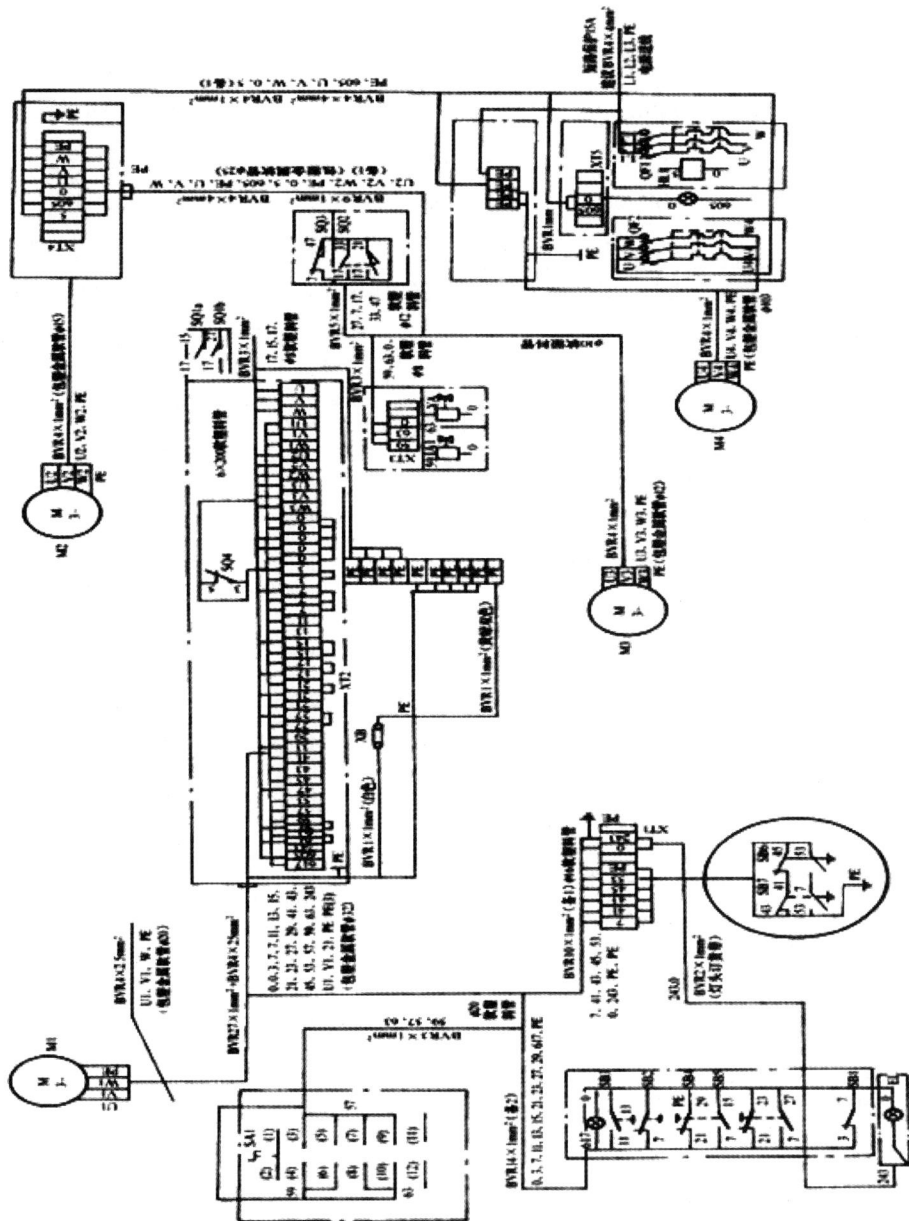

图 7 – 14 Z3050 型摇臂钻床的电气安装接线图

Z3050 型摇臂钻床的电器元件明细见表 7－10。

表 7－10　Z3050 摇臂钻床电器元件明细表

代号	名称	型号	规格	数量	用途
M1	主轴电动机	Y112M－4	4kW、1400r/min	1	驱动主轴及进给
M2	摇臂升降电动机	Y90L－4	1.5kW、1400r/min	1	驱动摇臂升降
M3	液压油泵电动机	Y802－4	0.75kW、1390r/min	1	驱动液压系统
M4	冷却泵电动机	AOB－15	90W、2800r/min	1	驱动冷却泵
KM1	交流接触器	CJ0－20B	线圈电压110V	1	控制主轴电动机
KM2～KM5	交流接触器	CJ0－10B	线圈电压110V	4	控制 M2、M3 正反转
FU1、FU2	熔断器	BZ－001A	2A	3	控制、指示、照明电路的短路保护
KT1KT2	时间继电器	JJSK2－4	线圈电压110V	2	
KT3	时间继电器	JJSK2－2	线圈电压110V	1	
FR1	热继电器	JR0－20/3D	6.8～11A	1	M1 过载保护
FR2	热继电器	JR0－20/3D	1.5～2.4A	1	M3 过载保护
QF1	低压断路器	DZ5－20/330FSH	10A	1	总电源开关
QF2	低压断路器	DZ5－20/330H	0.3～0.45A	1	M4 控制开关
QF3	低压断路器	DZ5－20/330H	6.5A	1	M2、M3 电源开关
YA1、YA2	交流电磁铁	MFJ1－3	线圈电压110V	2	液压分配
TC	控制电压器	BK－150	380/110－24－6V	1	控制、指示、照明电路供电
SB1	按钮	LAY3－11ZS/1	红色	1	总停止开关
SB2	按钮	LAY3－11		1	主轴电动机停止
SB3	按钮	LAY3－11D	绿色	1	主轴电动机起动
SB4	按钮	LAY3－11		1	摇臂上升
SB5	按钮	LAY3－11		1	摇臂下降
SB6	按钮	LAY3－11		1	松开控制
SB7	按钮	LAY3－11		1	夹紧控制
SQ1	组合开关	HZ4－22		1	摇臂升、降限位
SQ2、SQ3	位置开关	LX5－11		2	摇臂松、紧限位
SQ4	门控开关	JWM6－11		1	门控
SA1	万能转换开关	LW6－2/8071		1	液压分配开关
HL1	信号灯	XD1	6V、白色	1	电源指示
HL2	指示灯	XD1	6V	1	主轴指示
EL	钻床工作灯	JC－25	400W、24V	1	钻床照明

知识链接3　Z3050 型摇臂钻床常见电气故障与检修

Z3050 型摇臂钻床电气控制的特殊环节是摇臂升降、立柱和主轴箱的夹紧与松开。其工作过程是由电气、机械以及液压系统的紧密配合实现的,因此在维修中不仅要注意电气部分能否正常工作,而且也要注意它与机械和液压部分的协调关系。

(1)摇臂不能升降

由摇臂升降过程可知,升降电动机 M2 旋转,带动摇臂升降,其条件是使摇臂从立柱上完全松开后,活塞杆压合位置开关 SQ2。所以发生故障时,应首先检查位置开关 SQ2 是否动作,如果 SQ2 不动作,常见故障是 SQ2 的安装位置移动或已损坏。这样,摇臂虽已放松,但活塞杆压不上 SQ2,摇臂就不能升降。有时,液压系统发生故障,使摇臂放松不够,也会压不上 SQ2,使摇臂不能运动。由此可见,SQ2 的位置非常重要,排除故障时,应配合机械、液压调整好后紧固。

另外,电动机 M3 电源相序接反时,按上升按钮 SB4(或下降按钮 SB5),M3 反转,使摇臂夹紧,压不上 SQ2,摇臂也就不能升降。所以,在钻床大修或安装后,一定要检查电源相序。

(2)摇臂升降后,摇臂夹不紧

由摇臂夹紧的动作过程可知,夹紧动作的结束是由位置开关 SQ3 来完成的,如果 SQ3 动作过早,将导致 M3 尚未充分夹紧就停转。常见的故障原因是 SQ3 安装位置不合适、固定螺丝松动造成 SQ3 移位,使 SQ3 在摇臂夹紧动作未完成时就被压上,切断了 KM5 回路,使 M3 停转。

排除故障时,首先判断是液压系统的故障(如活塞杆阀芯卡死或油路堵塞造成的夹紧力不够),还是电气系统故障。对电气方面的故障,应重新调整 SQ3 的动作距离,固定好螺钉即可。

(3)立柱、主轴箱不能夹紧或松开

立柱、主轴箱不能夹紧或松开的可能原因是油路堵塞、接触器 KM4 或 KM5 不能吸合所致。出现故障时,应检查按钮 SB6、SB7 接线情况是否良好。若接触器 KM4 或 KM5 能吸合,M3 能运转,可排除电气方面的故障,则应请液压、机械修理人员检修油路,以确定是否是油路故障。

(4)摇臂上升或下降限位保护开关失灵

组合开关 SQl 的失灵分两种情况:一是组合开关 SQl 损坏,SQl 触头不能因开关动作而闭合或接触不良使线路断开,由此使摇臂不能上升或下降;二是组合开关 SQl 不能动作,触头熔焊,使线路始终处于接通状态,当摇臂上升或下降到极限位置后,摇臂升降电动机 M2 发生堵转,这时应立即松开 SB4 或 SB5。根据上述情况进行分析,找出故障原因,更换或修理失灵的组合开关 SQl 即可。

（5）按下 SB6 立柱、主轴箱能夹紧，但释放后就松开

由于立柱、主轴箱的夹紧和松开机构都采用机械菱形块结构，所以这种故障多为机械原因造成的。可能是菱形块和承压块的角度方向装错，或者距离不合适，也可能因夹紧力调得太大或夹紧液压系统压力不够导致菱形块立不起来，可找机械维修工检修。

技能训练

（一）Z3050 型摇臂钻床电气控制线路的故障检修实训

1. 实训内容

Z3050 型摇臂钻床电气控制线路的故障分析及检修。

2. 实训器材

常用电工工具，万用表、500V 兆欧表、钳形电流表。

3. 实训步骤及要求

（1）在操作师傅的指导下，对钻床进行操作，了解钻床的各种工作状态及操作方法。

（2）在教师指导下，弄清钻床电器元件安装位置及走线情况；结合机械、电气、液压几方面相关的知识，弄清钻床电气控制的特殊环节。

（3）在 Z3050 型摇臂钻床上人为设置自然故障。

（4）教师示范检修，步骤如下：

① 用通电试验法引导学生观察故障现象；

② 根据故障现象，依据电路图，用逻辑分析法确定故障范围；

③ 采用正确的检查方法，查找故障点并排除故障；

④ 检修完毕，进行通电试验，并做好维修记录。

（5）由教师设置故障，主电路一处，控制电路两处，由学生进行检修训练。

4. 故障设置原则

（1）不能设置短路故障、机床带电故障，以免造成人身伤亡事故。

（2）不能设置一接通总电源开关电动机就启动的故障，以免造成人身和设备事故。

（3）设置故障不能损坏电气设备和电器元件。

（4）在初次进行故障检修训练时，不要设置调换导线类故障，以免增大分析故障的难度。

5. 注意事项

（1）熟悉 Z3050 型摇臂钻床电气线路的基本环节及控制要求。

（2）弄清电气、液压和机械系统如何配合实现某种运动方式，认真观摩教师的示范检修。

（3）检修时,所用的工具、仪表应符合使用要求。

（4）不能随意改变升降电动机原来的电源相序。

（5）排除故障时,必须修复故障点,但不得采用元件代换法。

（6）检修时,严禁扩大故障范围或产生新的故障。

（7）带电检修,必须有指导教师监护,以确保安全。

6. 成绩评定

考核及评分标准见表 7 – 11。

表 7 – 11—评分标准表

项目内容	配分	评 分 标 准		扣分	得分
故障分析	30 分	排除故障前不进行调查研究	扣 5 分		
		检查思路不正确	扣 5 分		
		标不出故障点、线或标错位置,每个故障点	扣 10 分		
检修故障	60 分	切断电源后不验电	扣 5 分		
		使用仪表和工具不正确,每次	扣 5 分		
		检查故障方法不正确	扣 10 分		
		查出故障不会排除,每个故障	扣 20 分		
		检修中扩大故障范围	扣 10 分		
		少查出故障,每个	扣 20 分		
		损坏电器元件	扣 30 分		
		检修中或检修后试车操作不正确,每次	扣 5 分		
安全文明生产	10 分	防护用品穿戴不齐全	扣 5 分		
		检修结束后未恢复原状	扣 5 分		
		检修中丢失零件	扣 5 分		
		出现短路或触电	扣 10 分		
工 时		1 小时;检查故障不允许超时,修复故障允许超时, 每超过 5 分钟扣 5 分,最多可延长 20 分钟			
合 计	100 分				
备 注		各项内容最高扣分不得超过该项所配分数			

说明:无论是什么型号的摇臂钻床,其立柱、摇臂、主轴箱的机械运动基本相同。但是,控制它们运动的电气控制线路却有较大的区别。在检修中,应特别注意控制摇臂升降电动机的电源相序,如果电源相序不对,操作时,电动机旋转方向改变,则使 SQla(或 SQlb)位置开关失去保护作用。

任务四   X6132 型万能铣床电气故障诊断与维修

铣床主要是用于加工零件的平面、斜面、沟槽、成型面的加工机床。装上分度头以后,可以加工直齿轮或螺旋面,装上回转圆工作台则可以加工凸轮和弧形槽。铣床用途广泛,在金属切削机床中使用数量仅次于车床,在机械行业的机床设备中占有相当大的比重。铣床的种类很多,有卧式铣床、立式铣床、龙门铣床、仿型铣床和各种专用铣床。现以 X6132 型万能铣床为例加以介绍。

X6132 铣床的型号含义: X 表示铣床,61 表示卧式,32 表示最大铣削直径为 320mm。

知识链接 1   X6132 万能铣床结构与运动形式

1. X6132 型万能铣床结构

X6132 型万能铣床具有主轴转速高、调速范围宽、操作方便、工作台能自动循环加工等特点,其外部结构如图 7 - 15 所示,主要由底座、床身、悬梁、刀杆支架、工作台、溜板和升降台等部分组成。箱式床身固定在底座上,它是机床的主体部分,用来安装和连接机床的其他部件,床身内装有主轴的传动机构和变速操纵机构。

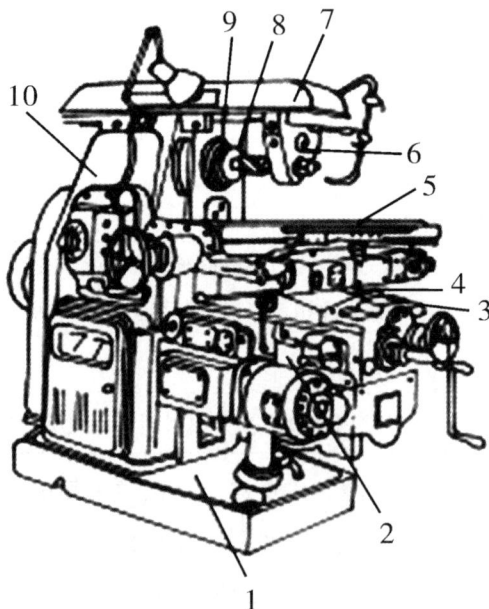

1-底座;2-升降台;3-横溜板;4-回转盘;5-工作台;6-刀杆挂脚;7-悬梁;8-刀杆;9-主轴;10-床身

图 7 - 15   X6132 型万能铣床外形图

2. X6132 型万能铣床运动形式

床身的项部有水平导轨,装有带一个或两个刀杆支架的悬梁,刀杆支架用来支撑铣刀心轴的一端,心轴的另一端固定在主轴上,并由主轴带动旋转。悬梁可沿水平导轨移动,以便调整铣刀的位置。床身的前侧面装有垂直导轨,升降台可沿导轨上下移动。在升降台上面的水平导轨上,装有可在平行于主轴轴线方向移动(横向移动,即前后移动)的溜板,溜板上部有可以转动的回转台。工作台装在回转台的导轨上,可以做垂直于轴线方向的移动(纵向移动,即左右移动),工作台上有固定工件的 T 形槽。因此,固定于工作台上的工件可做上下、左右及前后三个方向的移动,便于工作调整和加工时进给方向的选择。此外,溜板可绕垂直轴线左右旋转45°,因此工作台还能在倾斜方向进给,以加工螺旋槽。该铣床还可以安装圆工作台以扩大铣削范围。

从上述分析可知,X6132 型万能铣床有三种运动,即主运动、进给运动和辅助运动。主轴带动铣刀的运动称为主运动;加工中工作台带动工件的移动或圆工作台的旋转运动称为进给运动;而工作台带着工件在三个方向的快速移动属于辅助运动。

不管是卧式铣床,还是立式铣床,在结构上大体相同,差别在于铣头的放置方向不同,刀具的形状不同。而工作台的进给方式、主轴变速的工作原理等都是一样,电气控制线路也大体相同。

知识链接2　X6132 万能铣床电气控制要求及电路分析

1. X6132 型万能铣床电气控制要求

(1)X6132 型万能铣床的主运动和进给运动之间没有速度比例协调的要求,所以主轴与工作台各自采用单独的三相交流异步电动机拖动。

(2)主轴电动机 M1 是在空载时直接启动,为完成顺铣和逆铣,要求有正反转。可根据刀具的种类预先选择转向,在加工过程中不允许变换转向。

(3)为了减小负载波动对铣刀转速的影响以保证加工质量,主轴上装有飞轮,其转动惯性较大。为此,要求主轴电动机有停车制动控制,以提高工作效率。

(4)工作台的纵向、横向和垂直三个方向的进给运动由一台进给电动机 M3 拖动,三个方向的选择由操纵手柄改变传动链来实现。每个方向都有正反向运动,要求 M3 能正反转。同一时间只允许工作台向一个方向运动,故三个方向的运动之间应有连锁保护。

(5)为了缩短调整运动的时间,提高生产效率,工作台应有快速移动控制,X6132 型铣床是采用电磁离合器吸合改变传动链的传动比来实现的。

(6)使用圆工作台时,要求圆工作台的旋转运动与工作台的上下、左右、前后三个方向的运动之间有连锁控制,即圆工作台旋转时,工作台不能有其他方向的移动。

为了适应加工的需要,主轴转速与进给速度应有较宽的调节范围。X6132型铣床采用的是机械变速的方法,即改变变速箱传动比来实现的。为保证变速时齿轮易于啮合,减小齿轮端面的冲击,要求变速时电动机有冲动(短时转动)控制。

(7)根据工艺要求,主轴旋转与工作台进给应有先后顺序控制,即进给运动要在铣刀旋转之后才能进行,加工结束必须在铣刀停转前停止进给运动。

(8)冷却泵由一台三相交流异步电动机M2拖动,供给铣削时输送冷却液。

(9)为操作方便,主轴的停止与工作台快速移动为两地控制。

2. 电气控制线路分析

X6132型万能铣床电气控制原理如图7-16所示。这种机床控制线路的显著特点是,控制由机械操作和电气控制密切配合进行。因此在分析电气原理图之前必须详细了解各转换开关、行程开关的作用,各指令开关的状态以及与相应控制手柄的动作关系。表7-12、表7-13、表7-14分别列出了工作台纵向(左、右)进给行程开关SQ1、SQ2与工作台横向(前、后)、升降(上、下由十字手柄控制)进给行程开关SQ3、SQ4以及圆工作台转换开关SA5的工作状态。SA2是主轴转向预选开关,实现按铣刀类型预先决定主轴转向。SA3是冷却泵控制开关,SQ5、SQ6分别是工作台进给变速和主轴变速冲动开关,由各自变速控制手轮和手柄控制。在了解各开关的工作状态之后,便可按步骤分析控制线路。

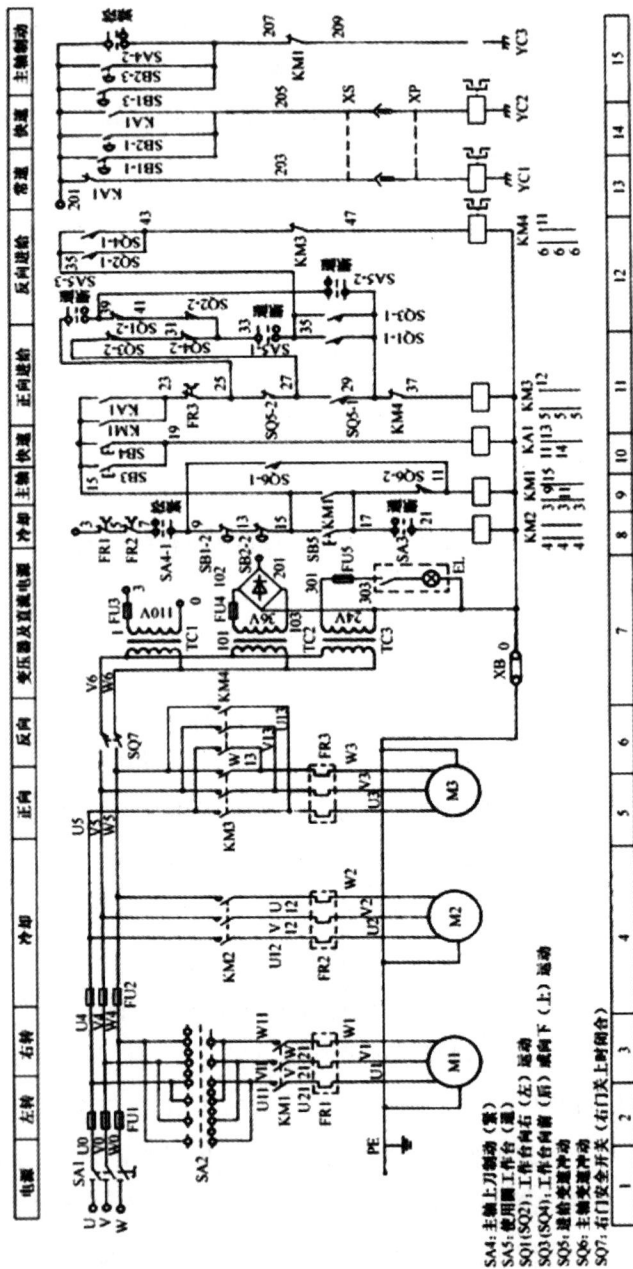

图 7-16　X6132型万能铣床电气控制原理图

表 7 – 12 工作台纵向行程开关工作状态

触点 \ 纵向操作手柄	向 左	中 间(停)	向 右
SQ1 – 1	–	–	+
SQ1 – 2	+	+	–
SQ2 – 1	+	–	–
SQ2 – 2	–	+	+

表 7 – 13 工作台升降、横向行程开关工作状态

触点 \ 升降及横向操作手柄	向 左	中 间(停)	向 右
SQ3 – 1	+	–	–
SQ3 – 2	–	+	+
SQ4 – 1	–	–	+
SQ4 – 2	+	+	–

表 7 – 14 工作台纵向行程开关工作状态

触点 \ 位置	接通圆工作台	断开圆工作台
SA5 – 1	–	+
SA5 – 2	+	–
SA5 – 3	–	+

(1)主电路分析

① 主电动机的启动控制。主电动机 M1 由接触器 KM1 控制直接启动,M1 的正反转由控制开关 SA2 选择,接触器 KM1、停止按钮 SB1、SB2 及启动按钮 SB5 构成电动机单方向旋转两地控制电路,一处在升降台上,另一处设在床身上。

② 主电动机的制动控制。由 SB1、SB2 的常开触头、KM1 的常闭触头及主轴制动离合器 YC3 构成主轴制动停车控制环节。电磁离合器 YC3 安装在主轴控制传动链中与主电动机相连的第一根传动轴上。当主电动机 M1 启动旋转时,接触器 KM1 通电并自锁,其常闭辅助触头 KM1(207 – 209)断开,使 YC3 线圈处于断电状态,电磁离合器不起作用。当主轴停车时,按下 SB1 或 SB2,KM1 线圈断电释放,主电动机 M1 断开三相电源,同时 YC3 线圈通电产生磁场,在电磁吸力作用下将摩擦片压紧产生制动,使主轴迅速停车。当松开 SB1 或 SB2 时,YC3 线圈断电,摩擦片松开,制动结束。这种制动方式迅速、平稳、制动时间短。

③ 主轴上刀、换刀时的制动控制。在主轴上刀或换刀时,主轴若发生意外的转动将造

成严重的人身事故,为此在上刀或换刀时,应使主轴处于制动状态。在主轴上刀或换刀前,将主轴上刀制动开关 SB4 扳到"接通"位置,触头 SA4 - 1(201 - 207)闭合,接通主轴制动电磁离合器 YC3,使主轴处于制动状态。同时触头 SA4 - 1(7 - 9)断开,使主轴转动控制电路断电,主电动机 M1 不能通电旋转。

上刀或换刀之后,再将 SA4 开关扳回"断开"位置,触头 SA4 - 2(201 - 207)断开,解除主轴制动状态,同时触头 SA4 - 1(7 - 9)闭合,为主电动机启动做好准备。

④ 主轴变速冲动控制。主轴变速时,首先将变速手柄拉出,然后转动蘑菇形变速盘,选好合适的主轴转速,再将变速手柄推回。在将变速手柄推回复位的过程中,压动主轴变速行程开关 SQ6,使触头 SQ6 - 1(9 - 11)闭合,触头 SQ6 - 2(17 - 11)断开,使交流接触器 KM1 线圈瞬间通电吸合,其主触头瞬时接通,主电动机 M1 做瞬时点动,以使齿轮良好的啮合。当变速手柄复位后,SQ6 复位,触头 SQ6 - 1(9 - 11)断开,切断主电动机瞬时点动电路,如图 7 - 17 所示。

变速手柄复位应迅速、连续,以免主电动机转速升得过快,发生碰齿将齿轮打坏。当瞬时点动一次未能实现齿轮啮合时,可以重复进行手柄的操作,直至齿轮实现良好的啮合为止。

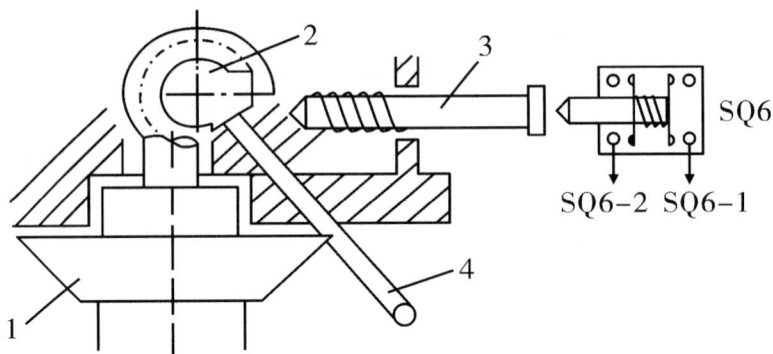

1 - 变速盘;2 - 凸轮;3 - 弹簧杆;4 - 变速手柄

图 7 - 17   主轴变速的冲动控制示意图

(2)进给电路分析

铣削加工时,应根据加工工艺要求选择不同进给量。这就要求进给拖动系统有足够宽的调速范围。对于进给系统,其负载主要为工作台移动时的摩擦转矩,属于恒转矩负载。进给系统由异步电动机拖动,经进给变速箱获得 18 种进给速度,这种调速方法系恒功率调速性质。为此,按高速来选择电动机功率,X6132 型铣床进给电动机功率为 1.5kW。

X6132 型铣床工作台运动方式有手动进给、自动进给和快速移动三种。其中手动进给为操作者摇动手柄时工作台移动;自动进给和快速移动则由进给电动机拖动,经电磁离合器 YC1、YC2 传动。YC1 与 YC2 安装在进给变速箱内某一轴上,当 YC1 通电时,为自动进给;当 YC2 通电时,实现快速移动。而 YC1 与 YC2 由快速继电器 KA1 的常开和常闭触头来实现互锁。

　　为减少按钮数量,避免误操作,对进给电动机的控制采用电气开关与机械挂挡相互连动的手柄操作。工作台的进给方向有左右的纵向运动、前后的横向运动和垂直的上下运动,它们是由进给电动机 M3 的正反转来实现的。一个是纵向机械操作手柄,另一个是垂直与横向机械操作手柄。在操作机械手柄的同时,完成机械挂挡和压合相应行程开关,从而接通相应的正转或反转的接触器,启动进给电动机,拖动工作台按预定方向运动。这两个机械操作手柄各有两套,分别设在铣床工作台正面与侧面,实现工作台运动的两地操作。

　　在图 7-18 中,SQl、SQ2 为与纵向操作手柄有机械联系的行程开关;SQ3、SQ4 为与垂直和横向操作手柄有机械联系的行程开关。当这两个机械操作手柄都处在中间位置时,SQl～SQ4 都处于未被压下的原始状态,当扳动操作手柄时,将压下对应行程开关。SA5 为圆工作台选择控制开关,它有三对触头,两个工作位置,闭合情况见表 7-14。

　　① 工作台纵向运动控制。在主电动机 M1 启动之后,KMl 触头(15-23)闭合,为工作台进给做准备。将纵向进给操作手柄板向右侧,在机械上通过连动机构接通纵向进给离合器,在电气上压下行程开关 SQl-1(29-35)闭合,同时触头 SQl-2(39-41)断开。这时圆工作台选择开关的触头 SA5-1(33-35)、SA5-3(25-39)闭合,进给电动机 M3 的正转接触器 KM3 线圈通电吸合,M3 正向启动旋转。此时,继电器 KAl 处于断电释放状态,其 KAl(201-203)触头闭合,进给电磁离合器 YCl 线圈通电动作,接通了进给电动机与工作台之间的齿轮传动机构,进给电动机拖动工作台向右做进给运动。

　　将纵向进给操作手柄扳到中间位置(零位),则使行程开关 SQl 不再受压,SQl 触头(29-35)断开,接触器 KM3 断电释放,进给电动机停转,工作台向右进给停止。

　　电路因主电动机或冷却泵电动机发生长期过载时,热继电器 FRl 或 FR2 动作,则 KMl 线圈断电释放,主电动机和进给电动机均断电停止,主轴运动与进给运动立即停止。

　　工作台向左进给运动的电路与向右进给运动时相仿,只是将纵向进给操作手柄板向左侧,将 SQl 和 KM3 换成 SQ2 和 KM4 即可。

　　② 工作台向前与向下进给运动的控制。在主电动机启动之后,将垂直与横向进给手柄扳到"向前"位置,在机械上接通了横向进给离合器,在电气上压下行程开关 SQ3,SQ3-1(29-35)触头闭合,SQ3-2(27-31)触头断开。进给电动机正转接触器 KM3 线圈通电吸合,其主触头闭合,接通 M3 正向电源,电动机正向旋转。此时 KAl 仍断电释放,进给电磁离合器 YCl 线圈通电动作,经齿轮传动机构拖动工作台向前工作进给。

　　将垂直与横向进给手柄扳到中间位置,工作台向前进给运动停止。工作台向下运动的情况与向前运动完全相同,只要将垂直与横向进给手柄扳到"向下"位置,在机械上接通垂直进给离合器即可,电气工作过程完全一样。

　　③ 工作台向后和向上进给运动的控制。情况与向前和向下进给运动控制相仿,只是在将垂直与横向进给手柄扳到"向后"和"向上"位置时,在电气上压下行程开关 SQ4,同时在

机械上接通横向或垂直进给离合器。进给电动机反向接触器 KM4 线圈通电吸合,进给电动机反向旋转,拖动工作台实现向后或向上的进给运动。

④ 进给变速时的瞬时点动控制。主电动机启动后,将垂直与横向进给手柄、纵向进给手柄均扳在中间位置,方可进行进给变速。

进给变速时,将蘑菇形手柄拉出,选择好适当的进给速度,然后将此手柄继续拉出到极限位置。在拉出的过程中,借变速孔盘推动进给变速行程开关 SQ5,使 SQ5 - 2 触头(25 - 27)断开,SQ5 - 1 触头(27 - 29)闭合。这时,进给电动机正向接触器 KM3 线圈瞬时通电吸合,使进给电动机瞬时正转,以利于变速齿轮的啮合。当变速手柄迅速推回原位时,行程开关 SQ5 不再受压,进给电动机停转。如果一次瞬时点动齿轮未啮合好,可再重复上述操作,直至齿轮啮合完好为止。

⑤ 工作台快速移动的控制。在主电动机启动后或主电动机未启动时,均可实现工作台快速移动的控制。方法是先将操纵手柄扳向所需运动方向,然后按下快速移动按钮 SB3 或 SB4,给进电动机 M3 将启动运转,并在快速移动电磁离合器 YC2 作用下获得预定方向的快速移动,下面以工作台向右快速移动为例进行说明。

若主电动机尚未启动,将纵向进给操纵手柄扳向右侧,在机械上接通了纵向进给离合器,在电气上压下行程开关 SQ1,为接触器 KM3 线圈吸合做准备。按下 SB3 或 SB4,快速继电器 KA1 线圈通电吸合,KA1 触头(201 - 203)断开,进给电磁离合器 YC1 断电释放;而 KA1 触头(201 - 205)闭合,使电磁离合器 YC2 通电工作;进给电动机正转接触器 KM3 线圈通电吸合,其主触头闭合,接通 M3 正向电源,进给电动机正向启动运转。因 YC2 已处于工作状态,经快速传动链,进给电动机拖动工作台向右快速移动

松开快速移动按钮 SB3 或 SB4,工作台快速移动停止。

当工作台正做慢速进给运动时,若需工作台沿原运动方向做快速移动时,只需按下 SB3 或 SB4 即可。这时 KA1 通电吸合,接通 YC2 电路,工作台即按原来进给方向做快速移动。

(3)圆工作台的控制

为了扩大机床加工范围,可在机床上安装附件——圆形工作台。圆形工作台可以手动,也可以自动。自动工作时,将圆形工作台控制开关 SA5 扳到"接通"位置,此时 SA5 - 1 触头(33 - 5)、SA5 - 3 触头(25 - 39)断开,SA5 - 2 触头(29 - 39)闭合。

按下主电动机启动按钮 SB5,接触器 KM1 通电吸合并自锁,主电动机启动运转,KM1 触头(15 - 23)闭合,KM3 线圈经 SQ3 - 2→SQ4 - 2→SQ2 - 2→SQ1 - 2 及 SA5 - 2 触头通电吸合,进给电动机 M3 正向旋转,经机械传动机构拖动圆形工作台单向旋转。

(4)冷却泵和机床工作照明控制

冷却泵电动机 M2 通常在铣削加工时由组合开关 SA3 操作,并由 FR2 做长期过载保护。机床工作照明由变压器 TC3 输出 24 V 安全电压,由工作灯本身开关控制 EL。

（5）控制电路的连锁与保护

X6132 型万能铣床运动较多,电气控制电路较为复杂,为安全可靠的工作,应具有完善的连锁与保护。

① 主运动与进给运动的顺序连锁。在控制、整流、照明变压器的电源输入端用 SQ7 作为"开门断电"保护装置。另外,进给电气控制电路在主电动机接触器。KM1 触头（15 - 23）闭合之后才能进行操作,这就保证了主电动机启动之后方可进行操作。而当主电动机停止时,进给电动机也能立即停止。

② 工作台 6 个运动方向的连锁。铣床加工时,只允许一个方向运动。为此,工作台上、下、左、右、前、后 6 个运动方向之间都有连锁。其中工作台纵向操纵手柄实现工作台左、右运动方向的连锁,横向与垂直操纵手柄实现上、下、前、后 4 个方向之间的连锁。但关键在于如何实现这两个操纵手柄之间的连锁。为此,在图 7 - 18 中,接线点 33 - 39 之间由 SQ1、SQ2 常闭触头串联组成,27 - 33 之间由 SQ3、SQ4 常闭触头串联组成,然后再与 KM3、KM4 线圈连接,控制进给电动机。当扳动纵向进给操纵手柄时,SQ1 或 SQ2 开关被压下,断开 39 - 33 支路,但 KM3、KM4 线圈仍可经 27 - 33 支路供电。若此时在扳动横向与垂直进给操纵手柄,又将 SQ3 或 SQ4 开关压下,将 27 - 33 支路断开,使 KM3、KM4 线圈无法通电,进给电动机无法工作。这就保证了不允许同时操纵两个控制手柄,实现了工作台 6 个运动方向间的连锁。

③ 长工作台与圆工作台的连锁。圆工作台的运动必须与氏工作台 6 个方向的进给运动有可靠的连锁,否则将造成刀具和机床的损坏。为避免这种事故的发生,在电气上采取了互锁措施。只有纵向进给操纵手柄、垂直与横向进给操纵手柄都置于零位时,才可以进行圆工作台的旋转运动。若某一操纵手柄不在零位,则行程开关 SQ1 ~ SQ4 中的一个被压下,其对应的常闭触头都断开,从而切断了 KM3 线圈通电通路。所以,当圆工作台工作时,若扳动任何一个进给操纵手柄,接触器 KM3 将断电释放,进给电动机 M3 自动停止。

④ 工作台进给运动与快速移动的互锁。工作台进给运动与快速移动分别由电磁离合器 YC1 与 YC2 传动,而 YC1 与 YC2 分别由快速继电器 KA1 的常闭触头（201 - 203）、常开触头（201 - 205）控制,实现工作台进给与快速移动的互锁。

X6132 型万能铣床的电器元件明细见表 7 - 15。

表 7 - 15 X6132W 型万能铣床电器元件明细表

	名 称	型号及规格	数量	用 途
M1	主轴电动机	Y132S - 4、5.5kW、380V、1500r/min	1	主传动用
M2	冷却泵电动机	JCB - 22、0.125kW、380V、2790r/min	1	冷却液用
M3	进给电动机	Y90L - 4、1.5kW、380V、1500r/min	1	工作台进给
TC1	控制变压器	JBK2 - 100VA、380V、110V	1	控制电路电源
TC2	整流变压器	JBK2 - 100VA、380V、36V	1	电磁离合器电源

TC3	照明变压器	JBK2 – 50VA、380V、24V	1	工作照明
MK1	交流接触器	CJ0 – 20A、线圈电压 110V	1	控制 M1
MK2	交流接触器	CJ0 – 10A、线圈电压 110V	1	控制 M2
MK3	交流接触器	CJ0 – 10A、线圈电压 110V	1	控制 M3
MK4	交流接触器	CJ0 – 10A、线圈电压 110V	1	控制 M3
KA1	中间继电器	JZ7 – 44、线圈电压 110V	1	控制 YC2 快速
FR1	热继电器	JR16 – 20/3D、整定电流 11.6A	1	M1 过载保护
FR2	热继电器	JR16 – 20/3D、整定电流 0.43A	1	M2 过载保护
FR3	热继电器	JR16 – 20/3D、整定电流 3.7A	1	M3 过载保护
FU1	熔断器	RL1 – 60A、熔体 30A	3 套	电源短路保护
FU2	熔断器	RL1 – 15A、熔体 4A	3 套	M2、M3 短路保护
FU3	熔断器	RL1 – 15A、熔体 4A	1 套	控制电路短路保护
FU4	熔断器	RL1 – 15A、熔体 4A	1 套	整流电路短路保护
FU5	熔断器	RL1 – 15A、熔体 10A	1 套	工作照明短路保护
SA1	转换开关	HZ10 – 60/3、380V、60A 板后接线	1	电源总开关
SA2	换相开关	HZ10 – 25N/3、380A、25A	1	M1 换相开关
SA3	转换开关	HZ10 – 10/3、380V、10A	1	冷却开关
SA4	主令开关	LS2 – 2、380V、5A、旋钮式	1	换刀开关
SA5	转换开关	HZ10 – 10E23、380V、10A	1	圆工作台开关
VC	整流二极管	2ZC、5A、100V	4	整流用
SB1	按钮开关	LA18 – 22J、5A 紧急式、红色	1	停止制动
SB2	按钮开关	LA19 – 22J、5A 紧急式、红色	1	停止制动
SB3	按钮开关	LA19 – 11、380V、5A 黑色	1	快速点动
SB4	按钮开关	LA19 – 11、380V、5A 黑色	1	快速点动
SB5	按钮开关	LA19 – 11、380V、5A 绿色	1	M1 起动
SQ1	位置开关	LX1 – 11K、380V、5A、开启式	1	M3 正反转及连锁
SQ2	位置开关	LX1 – 11K、380V、5A、开启式	1	M3 正反转及连锁
SQ3	位置开关	LS2 – 131、380V、5A、单轮自动复位式	1	M3 正反转及连锁
SQ4	位置开关	LS2 – 131、380V、5A、单轮自动复位式	1	M3 正反转及连锁
SQ5	位置开关	LX1 – 11K、380V、5A、开启式	1	进给冲动开关
SQ6	位置开关	LX1 – 11K、380V、5A、开启式	1	主轴冲动开关
SQ7	位置开关	X2 – N、380V、5A	1	开门断电保护
EL	照明灯	JC6 – Z、螺口带开关	1	工作照明
XS	航空插座	P20J3M、直式密封	1	连接电磁离合器
XP	航空插头	P20K3Q	1	连接电磁离合器
YC1	电磁离合器	B1DL – Ⅱ	1	常速进给
YC2	电磁离合器	B1DL – Ⅱ	1	快速进给
YC3	电磁离合器	B1DL – Ⅲ	1	主轴制动

知识链接3　X6132 型万能铣床电气线路常见故障分析与检修

（1）主轴电动机 M1 不能启动

这种故障分析和前面有关的机床故障分析类似。首先判别接触器是否吸合,故障是在主电路还是在控制电路,然后再检查各开关是否处于正常工作位置。检查三相电源、控制电路电源、"开门断电"保护开关、熔断器、热继电器的常闭触头、停止按钮以及接触器 KMl 的情况,看有无电器损坏、接线是否良好、线圈断路等现象。另外,还应检查主轴冲动开关 SQ6,由于开关位置移动、撞坏,或常闭触头 SQ6 - 2 接触不良而引起线路的故障也不少见。

（2）工作台各个方向都不能进给

铣床工作台的进给运动是通过进给电动机 M3 的正反转配合机械传动来实现的。若各个方向都不能进给,多是因为进给电动机 M3 不能启动所引起的。检修故障时,首先检查圆工作台的控制开关 SA5 是否在"断开"位置。若没问题,接着检查控制主轴电动机的接触器 KMl 线圈是否已吸合动作。只有接触器 KMl 吸合后,控制进给电动机 M3 的接触器 KM3、KM4 才能得电。如果接触器 KMl 没吸合,则表明控制回路电源有问题,可检查控制变压器 TCl 一次侧、二次侧线圈和电源电压是否正常,熔断器是否熔断,SQ7 闭合是否良好。若电压正常,接触器 KMl 吸合,主轴旋转后各个方向仍无进给运动,可将纵向或横向手柄扳向一个工作台进给位置,然后按下 SB3 或 SB4 快速移动按钮。如果接触器 KM3 或 KM4 吸合,则可证明接触器 KMl 触头（15 - 23）接触不良或导线有问题。若将接触器 KMl 触头（15 - 23）修好后,虽然接触器 KM3 或 KM4 吸合,但工作台仍不能运动,则表明故障发生在主电路、进给电动机或机床的机械部分上。遇到这种情况要先分别将主电路和进给电动机查清,如没问题,再配合机修人员将电动机拆下后再试。如果一切正常,则说明机床机械部分出现了问题。

除此之外,由于经常扳动操作手柄,开关经常受冲击,使位置开关 SQl、SQ2、SQ3、SQ4 的位置发生变动或被撞坏,使线路处于断开状态;变速冲动开关 SQ5 - 2 在复位时不能闭合接通或接触不良,也会使工作台没有进给。

（3）工作台能向左、右进给,不能向前、后、上、下进给

铣床控制工作台各个方向的开关是相互连锁的,使之只有一个方向的运动。因此这种故障的原因可能是控制纵向进给的位置开关 SQl 或 SQ2 由于经常被压合,使螺钉松动、开关移位、触头接触不良、开关活动机构卡住等,使线路断开或不能复位闭合,电路 SQl - 2 触头（39 -41）或 SQ2 -2 触头（33 -41）断开。这样当操纵工作台向前、后、上、下运动时,位置开关 SQ3 -2 或 SQ4 -2 也被压下,切断了进给接触器 KM3、KM4 的通路,造成工作台只能纵向（左、右）运动,而不能横向（前、后）或垂直（上、下）运动。

检修故障时,用万用表欧姆挡测量 SQl -2 或 SQ2 -2 的触头导通情况,查找故障部位,

修理或更换元件,就可排除故障。注意在测量 SQl – 2 或 SQ2 – 2 常闭触头是否良好时,应将 SQ3 或 SQ4 断开,否则通过 39—41—33—31—27—25—39 的导通,会误认为 SQl – 2 或 SQ2 – 2常闭触头接触良好。

(4)工作台不能快速移动,主轴制动失灵

这种故障看似是不相关的问题,其实它们都是由直流电源供给电磁离合器工作的。因此,首先应检查整流电源是否正常,然后再检查整流变压器 TC2 和熔断器 FU4。如果整流电压过低,使电磁离合器吸力不够,也会造成上述动作不能工作。

(5)变速时不能冲动控制

这种故障多数是由位置开关 SQ5 或 SQ6 经常受到冲击,使开关位置移动(压不上开关),或者开关底座被撞坏或接触不良,使电路不通,从而造成主轴电动机 M1 或进给电动机 M3 不能瞬时点动。出现这种故障时,调整或更换开关,即可恢复冲动控制。

技能训练

X6132 型万能铣床电气控制线路的检修实训

1. 实训内容

X6132 型万能铣床电气控制线路的故障分析与检修。

2. 实训器材

常用电工工具,万用表、500V 兆欧表、钳形电流表。

3. 实训步骤及要求

(1)熟悉铣床的主要结构和运动形式,对铣床进行实际操作,了解铣床的各种工作状态及操作手柄的作用.

(2)熟悉铣床电器元件的安装位置、走线情况以及操作手柄处于不同位置时,位置开关的工作状态及运动部件的工作情况。

(3)根据条件,在铣床模拟板或铣床上人为设置故障,由教师边讲解边示范检修,直至故障排除。

(4)由教师设置故障,学生进行检修,并观察检修过程是否按正确步骤和方法进行操作,检修后及时纠正存在的问题。

(5)根据故障现象,先在电路图上标出故障最小范围,然后采用正确的检查排除故障方法,在规定时间内查出并排除故障。

（6）检修时严防损坏电器元件或设备，以免扩大故障范围和产生新的故障。

4. 注意事项

（1）检修前要认真阅读电路图，掌握各个控制环节的原理及作用，并认真仔细地观察教师的示范检修。

（2）由于铣床的电气控制与机械结构的配合十分紧密，因此在出现故障时应首先判别是机械故障还是电气故障。

（3）在修复故障时，要注意造成故障的原因，以避免再次发生同一故障。

（4）检修前要先调查研究，检修时停电要验电，带电检修时，工具、仪表使用要正确，必须有指导教师在现场监护，以确保安全。

5. 成绩评定

考核及评分标准见表 7 - 16。

表 7 - 16　评分标准表

项目内容	配分	评 分 标 准		扣分	得分
故障分析	30 分	排除故障前不进行调查研究	扣 5 分		
		检查思路不正确	扣 5 分		
		标不出故障点、线或标错位置，每个故障点	扣 10 分		
检修故障	60 分	切断电源后不验电	扣 5 分		
		使用仪表和工具不正确，每次	扣 5 分		
		检查故障方法不正确	扣 10 分		
		查出故障不会排除，每个故障	扣 20 分		
		检修中扩大故障范围	扣 10 分		
		少查出故障，每个	扣 20 分		
		少排除故障，每个	扣 10 分		
		损坏电器元件	扣 30 分		
		检修中或检修后试车操作不正确，每次	扣 5 分		
安全文明生产	10 分	防护用品穿戴不齐全	扣 5 分		
		检修结束后未恢复原状	扣 5 分		
		检修中丢失零件	扣 5 分		
		出现短路或触电	扣 10 分		
工 时		1 小时。检查故障不允许超时，修复故障允许超时，每超过 5 分钟扣 5 分，最多可延长 20 分钟。			
合 计	100 分				
备 注		各项内容最高扣分不得超过该项所配分数			

6. 说明

对于不同厂家生产的铣床,除了保留控制线路特点外,在某些方面也是有些区别的。有些铣床主轴电动机采用的是反接或能耗制动。在工作台快速移动方面,用的是牵引电磁铁控制。另外在线路上也有些小的变化。对于铣床故障,在检修时,一定要抓住铣床线路特点,有针对性地进行检修。

任务五　M7130 型平面磨床电气故障诊断与维修

磨床的种类很多,按其工作性质可分为外圆磨床、内圆磨床、平面磨床、工具磨床以及一些专用磨床,如齿轮磨床、无心磨床、花键磨床、螺纹磨床、导轨磨床与球面磨床等。平面磨床是应用较为普遍的一种磨床,该磨床操作方便,磨削精度和光洁度都比较高,在磨具加工行业中得到广泛的应用。现以 M7130 型平面磨床为例加以介绍。

M7130 型平面磨床含义:M 表示磨床,7 表示平面,1 表示卧轴矩形工作台式、30 表示工作台、工作面宽度为 300mm。

知识链接1　M7130 型平面磨床结构与运动形式

1. M7130 型平面磨床结构

M7130 型平面磨床是卧轴矩形工作台式,其外部结构如图 7 – 18 所示。M7130 型平面磨床主要由床身、立柱、滑座、砂轮架、工作台和电磁吸盘等部分组成。

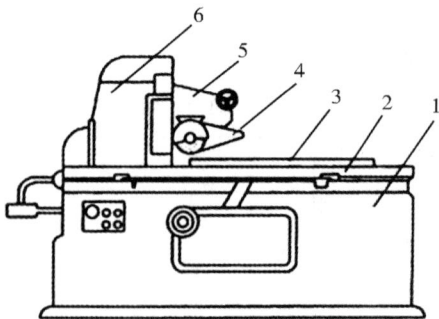

1－床身;2－工作台;3－电磁吸盘;4－砂轮架;5－滑座;6－立柱

图 7 – 18　M7130 型平面磨床外形图

2. M7130 型平面磨床运动形式

M7130 型平面磨床的主运动是砂轮旋转,辅助运动是工作台的纵向往复运动以及砂轮架的横向和垂直进给运动。磨床的进给运动要求有较宽的调速范围,很多磨床的进给运动都是采用液压驱动。工作台完成一次纵向往复运动,砂轮架横向进给一次,从而连续地加工整个平面。整个平面磨完一遍后,砂轮架在立柱导轨上向下移动一次(进刀),将工件加工到所需的尺寸。M7130 型平面磨床运动形式如图 7 - 19 所示。

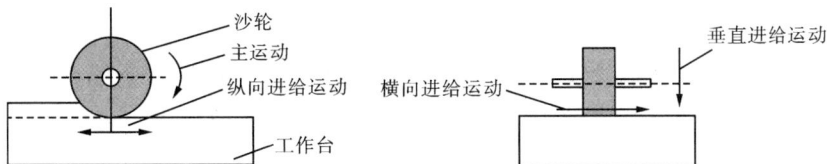

图 7 - 19 M7130 型平面磨床运动形式

知识链接 2 **M7130 型平面磨床电气控制要求及电路分析**

1. M7130 型平面磨床电气控制要求

(1)砂轮的旋转运动。砂轮(磨头)电动机 M1 采用了装入式电动机,砂轮可以直接装在电动机轴上使用。由于砂轮的运动不需要调速,使用三相异步电动机拖动即可。

(2)工作台往复运动。装在床身导轨上的工作台在纵向做往复运动,是由液压拖动系统完成的,因液压传动换向平稳,易于实现无级调速。液压泵电动机 M3 拖动液压泵,工作台在液压泵作用下做纵向往复运动。当装在工作台前侧的换向挡铁碰撞床身上的液压换向开关时,工作台就能自动改变运动的方向。

(3)砂轮架的横向进给。砂轮架的上部有燕尾形导轨,可沿着滑座上的水平导轨做横向(前、后)移动。在磨削过程中,工作台换向时,砂轮架就横向进给一次。在修正砂轮或调整砂轮的前后位置时,可连续横向进给移动。砂轮架的横向进给运动可由液压驱动,也可用手动操作。

(4)砂轮架的升降运动。滑座可沿着立柱的导轨垂直上下移动,以调整砂轮架的高度,这一垂直进给运动是通过操作手轮控制机械传动装置实现的。

(5)冷却泵的输送。冷却泵电动机 M2 工作,为砂轮和工件磨削时进行冷却,同时冷却液还常带走磨下的铁屑。要求砂轮电动机 M1 与冷却泵电动机 M2 做顺序控制。

(6)电磁吸盘的制控。在加工工件时,一般将工件吸附在电磁吸盘上进行磨削加工。对于较大工件,也可以将电磁吸盘从工作台上取下,将工件直接放在工作台上用螺钉和压板固定好,进行磨削加工。在使用电磁吸盘固定被加工工件时,应有足够大的吸力。另外,电磁吸盘要有退磁控制环节。为保证安全,电磁吸盘与电动机 M1、M2、M3 三台电动机之间有电气连锁装置,即电磁吸盘充磁后,电动机才能启动;电磁吸盘不工作或发生故障时,三台电动机均不能启动。

2. 电气控制线路分析

M7130 型平面磨床电气控制原理如图 7－20 所示。该电路分为主电路、控制电路、电磁吸盘电路和照明电路四部分。

（1）主电路分析

QS 为电源开关。主电路共有三台电动机，M1 为砂轮电动机（磨头电动机），M2 为冷却泵电动机，M3 为液压泵电动机，共用一组熔断器 FU1 作为短路保护。砂轮电动机 M1 用接触器 KM1 控制，用热继电器 FR1 进行过载保护；由于冷却液箱和床身是分装的，所以冷却泵电动机 M2 通过插接器 X1 和砂轮电动机 M1 的电源线相连，并和砂轮电动机 M1 在主电路实现顺序控制。冷却泵电动机的容量较小，不单独设置过载保护；液压泵电动机 M3 由接触器 KM2 控制，用热继电器 FR2 做过载保护。

（2）控制电路分析

控制电路采用交流 380V 电压直接供电，由熔断器 FU2 做短路保护。在电动机的控制电路中，串接着转换开关 SA2 的常开触头（6 区）和欠电流继电器 KA 的常开触头（8 区）。因此，三台电动机启动的必要条件是使 SA2 或 KA 的常开触头闭合。欠电流继电器 KA 的线圈串接在电磁吸盘 YH 的工作回路中，所以电磁吸盘得电工作时，欠电流继电器 KA 线圈得电吸合，接通砂轮电动机 M1 和液压泵电动机 M3 的控制电路，这样只有在加工工件被 YH 吸住的情况下，砂轮和工作台才能进行磨削加工，保证了安全。

砂轮电动机 M1 和液压泵电动机 M3 都采用了接触器自锁正转控制线路，SB1、SB3 分别是它们的启动按钮，SB2、SB4 分别是它们的停止按钮。

（3）电磁吸盘电路分析

电磁吸盘是用来固定被加工工件的一种装置。它与机械夹具比较，具有固定迅速，操作方便快捷，不损伤工件，一次能固定多个工件，以及磨削中发热工件可自由伸缩、不会变形等优点。不足之处是只能吸住铁磁材料的工件，不能吸住非铁磁材料的工件。

电磁吸盘电路包括整流电路、控制电路和保护电路三部分。

整流电路由整流变压器 T1 将 220V 的交流电压降为 145V，然后经桥式整流器 VC：后输出 110V 直流电压。

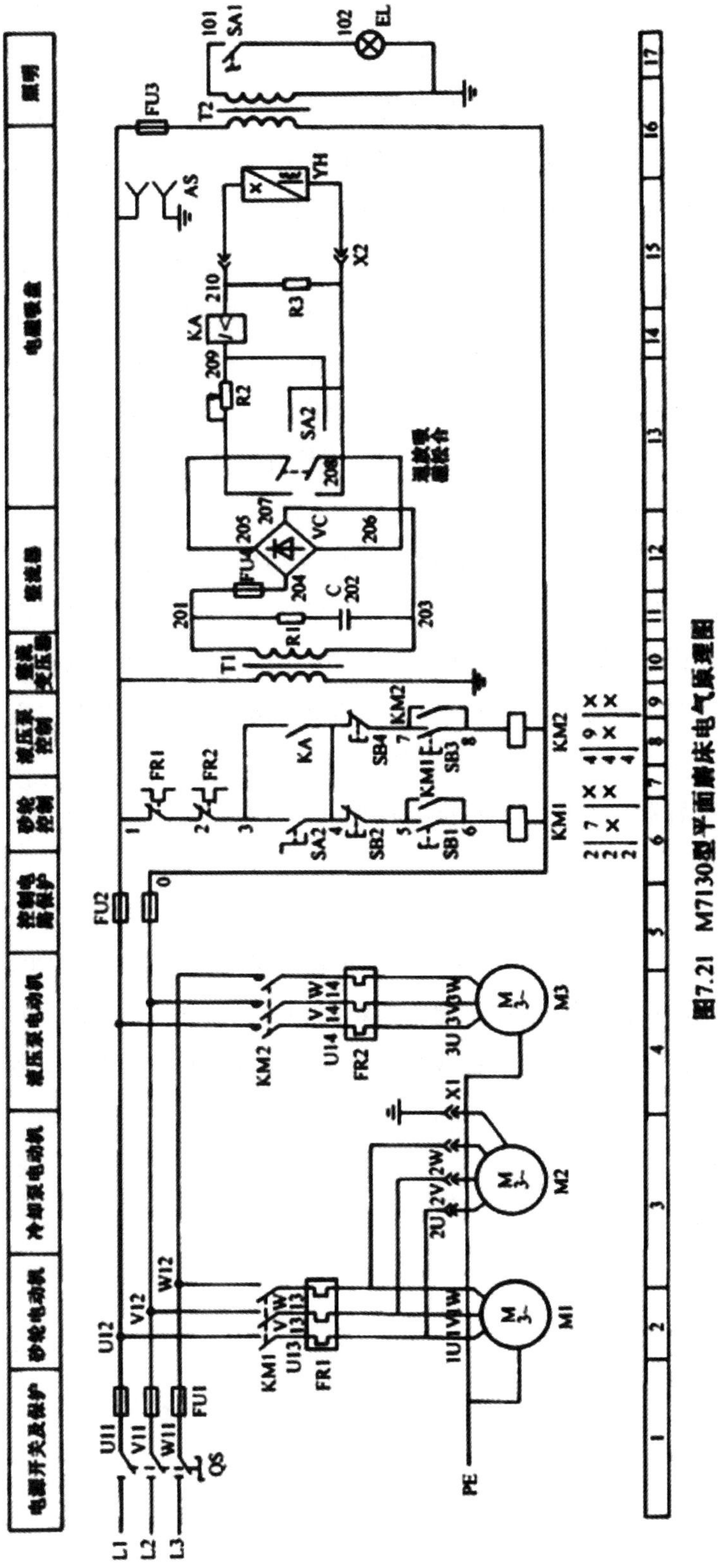

图7.21　M7130型平面磨床电气原理图

图 7 – 20　M7130 型平面磨床电气控制原理

SA2 是电磁吸盘 YH 的转换开关（又称退磁开关），有"吸合""放松"和"退磁"三个位置。当 SA2 扳至"吸合"位置时，触头 205 - 208 和 206 - 209 闭合，110V 直流电压接入电磁吸盘 YH，工件被牢牢吸住。此时，欠电流继电器 KA 线圈得电吸合，KA 的常开触头闭合，接通砂轮和液压泵电动机的控制电路。待工件加工完毕，先把 SA2 扳到"放松"付置，切断电磁吸盘 YH 的直流电源。此时，因工件具有剩磁而不能取下，因此，必须进行退磁。将 SA2 扳到"退磁"位置，这时，触头 205 - 207 和 206 - 208 闭合，电磁吸盘 YH 通入较小的（因串入退磁电阻 R2）反向电流进行退磁。退磁结束，将 SA2 扳回到"放松"位置，即可将工件取下。

如果有些工件不易退磁时，可将附件退磁器的插头插入 XS，使工件在交变磁场作用下进行退磁。若将工件夹在工作台上，而不需要电磁吸盘时，则应将电磁吸盘 YH 的 X2 插头从插座上拔下，同时将转换开关 SA2 扳到"退磁"位置，这时，接在控制电路中 SA2 的常开触头 3 - 4 闭合，接通电动机的控制电路。

电磁吸盘的保护电路由放电电阻 $R3$ 和欠电流继电器 KA 组成。因为电磁吸盘的电感很大，当电磁吸盘从"吸合"状态转变为"放松"状态的瞬间，线圈两端将产生很大的自感电动势，易使线圈或其他电器由于过电压而损坏，电阻 $R3$ 的作用是在电磁吸盘断电瞬间给线圈提供放电通路，吸收线圈释放的磁场能量。欠电流继电器 KA 用以防止电磁吸盘断电时工件脱出发生故障。

电阻 R1 与电容器 C 的作用是防止电磁吸盘回路交流侧的过电压，熔断器 FU4 为电磁吸盘提供短路保护。

（4）照明电路分析

照明变压器 T2 将 380V 的交流电压降为 36V 的安全电压供给照明电路。EL 为机床工作灯，一端接地，另一端由开关 SA1 控制。熔断器 FU3 为工作照明电路的短路保护。

M7130 型平面磨床的电气安装接线如图 7 - 21 所示，M7130 型平面磨床电器元件明细见表 7 - 17。

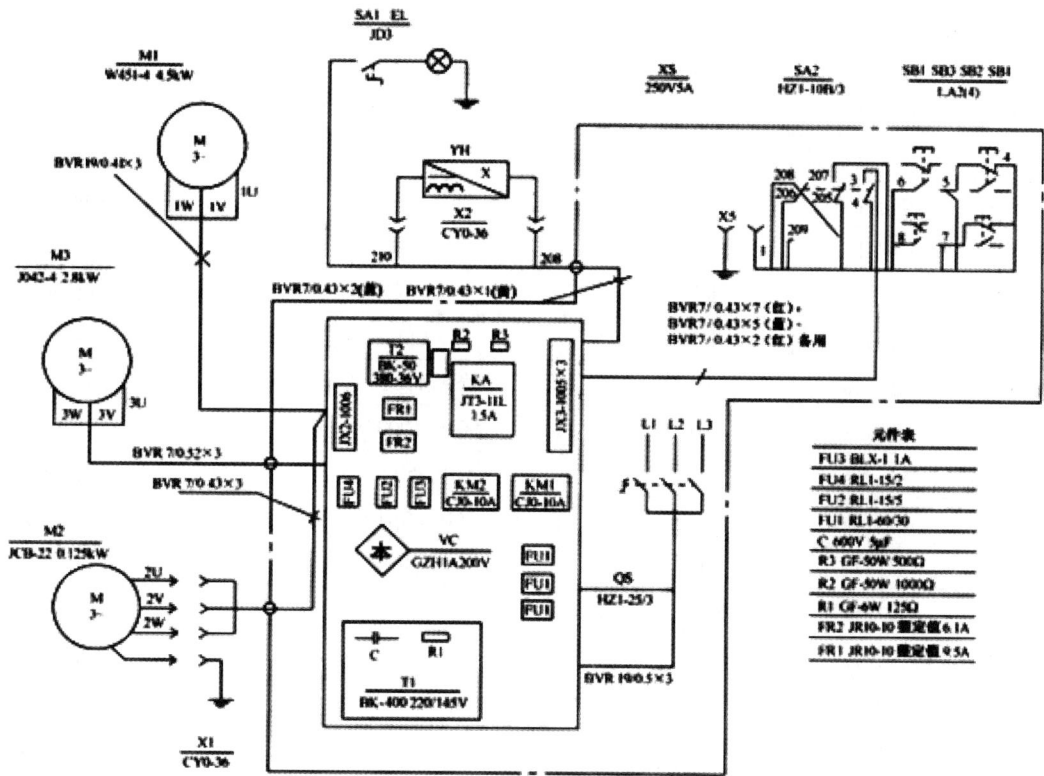

图 7-21 M7130 型平面磨床的电气安装接线

表 7-17 M7130 平面磨床电器元件明细表

代号	名称	型号	规格	数量	用途
M1	砂轮电动机	W451-4	4.5kW、220V/380V、1400r/min	1	驱动砂轮
M2	冷却泵电动机	JCB-22	125W、220V/380V、2790r/min	1	驱动冷却泵
M3	液压泵电动机	JO42-4	2.8kW、220V/380V、1450r/min	1	驱动液压泵
QS	电源开关	HZ1-25/3		1	引入电源
SA2	转换开关	HZ1-10P/3		1	控制电磁吸盘
SA1	照明灯开关			1	控制照明灯
FU1	熔断器	RL1-60/30	60A、熔体30A	3	电源保护
FU2	熔断器	RL1-15	15A、熔体5A	2	控制电源短路保护
FU3	熔断器	RLX-1	1A	1	照明电路短路保护
FU4	熔断器	RL1-15	15A、熔体2A	1	保护电磁吸盘
KM1	接触器	C10-10	线圈电压380V	1	控制M1
KM2	接触器	C10-10	线圈电压380V		控制M3
FR1	热继电器	JR10-10	整流电流9.5A		M1过载保护
FR2	热继电器	JR10-10	整流电流6.1A		M3过载保护
T1	整流变压器	BK-400	400VA、220V/145V		降压

T2	照明变压器	BK－50	50VA、380V/36V		降压
VC	硅整流器	GZH	1A、220V		输出直流电压
YH	电磁吸盘		1.2V、110V		工件夹具
KA	欠电流继电器	JT3－11L	1.5V		保护用
SB1	按钮开关	LA2	绿色	1	起动 M1
SB2	按钮开关	LA2	红色	1	停止 M1
SB3	按钮开关	LA2	绿色	1	起动 M3
SB4	按钮开关	LA2	红色	1	停止 M3
R1	电阻器	GF	6A、125Ω	1	放电保护电阻
R2	电阻器	GF	50W、1000Ω	1	去磁电阻
R3	电阻器	GF	50W、500Ω	1	放电保护电阻
C	电容器		60V、5μF	1	保护用电容
EL	照明灯	JD3	24V、40W	1	工作照明
X1	接插器	CY0－36		1	M2 用
X2	接插器	CY0－36		1	电磁吸盘用
XS	插座		250V、5A	1	退磁用
附件	退磁器	TC1TH/H		1	工作件退磁用

知识链接 3 **M7130 平面磨床电气线路常见故障分析与检修**

（1）三台电动机都不能启动

造成电动机都不能启动的原因是欠电流继电器 KA 的常开触头和转换开关 SA2 的触头 3－4 接触不良、接线松脱或有油垢，使电动机的控制电路处于断电状态。检修故障时，应将转换开关 SA2 扳至"吸合"位置，检查欠电流继电器 KA 的常开触头 3－4 的接通情况，不通则应修理或更换元件，就可排除故障。否则，将转换开关 SA2 扳到"退磁"位置，拔掉电磁吸盘的插头，检查 SA2 的触头 3－4 的通断情况，不通则应修理或更换转换开关。

若 KA 和 SA2 的触头 3－4 导通，电动机仍不能启动，可检查热继电器 FR1、FR2 的常闭触头是否动作或接触不良。

（2）砂轮电动机的热继电器 FR1 经常脱扣

砂轮电动机 M1 为装入式电动机，它的轴承是铜瓦，易磨损。磨损后易发生堵转现象，使电流增大，导致热继电器脱扣。若是这种情况，应修理或更换铜瓦。另外，砂轮进刀量太大，电动机超负荷运行，造成电动机堵转，使电流急剧上升，热继电器脱扣。因此，工作中应选择合适的进刀量，防止电动机超载运行。除以上原因以外，更换后的热继电器规格选得太小或整定电流不合适，使电动机还未达到额定负载时，热继电器就已脱扣，应注意热继电器必须按其被保护电动机的额定电流进行选择和调整。

（3）冷却泵电动机烧坏

造成这种故障的原因有以下几种：一是切削液进入电动机内部，造成匝间或绕组间短路，使电流增大；二是反复修理冷却泵电动机后，使电动机端盖轴间隙增大，造成转子在定子内不同心，工作时电流增大，电动机长时间过载运行；三是冷却泵被杂物塞住引起电动机堵转，电流急剧上升。由于该磨床的砂轮电动机与冷却泵电动机共用一个热继电器 FRl，而且两者容量相差太大，当发生以上故障时，电流增大不足以使热继电器 FRl 脱扣，从而造成冷却泵电动机烧坏。若给冷却泵电动机加装热继电器，就可以避免发生这种故障。

（4）电磁吸盘无吸力

出现这种故障时，首先用万用表测三相电源电压是否正常。若电源电压正常，再检查熔断器 FUl、FU2、FU4 有无熔断现象。常见的故障是熔断器 FU4 熔断，造成电磁吸盘电路断开，使吸盘无吸力。FU4 熔断是由于整流器 VC 短路，使整流变压器 T1 二次侧绕组流过很大的短路电流造成的。如果检查整流器输出空载电压正常，而接上吸盘后，输出电压下降不大，欠电流继电器 KA 不动作，吸盘无吸力，这时，可依次检查电磁吸盘 YH 的线圈、接插器 X2、欠电流继电器 KA 的线圈有无断路或接触不良的现象。检修故障时，可使用万用表测量各点电压，查出故障元件，进行修理或更换，即可排除故障。

（5）电磁吸盘吸力不足

引起这种故障的原因是电磁吸盘损坏或整流器输出电压不正常。M7130 型平面磨床电磁吸盘的电源电压由整流器 VC 供给。空载时，整流器直流输出电压应为 130～140V，负载时不应低于 110V。若整流器空载输出电压正常，带负载时电压远低于 110V，则表明电磁吸盘线圈已短路，短路点多发生在线圈各绕组间的引线接头处。这是由于吸盘密封不好，切削液流入，引起绝缘损坏，造成线圈短路。若短路严重，过大的电流会使整流元件和整流变压器烧坏。出现这种故障，必须更换电磁吸盘线圈，并且要处理好线圈绝缘，安装时要完全密封好。

若电磁吸盘电源电压不正常，多是因为整流元件短路或断路造成的。应检查整流器 VC 的交流侧电压及直流侧电压。若交流侧电压正常，直流输出电压不正常，则表明整流器发生元件短路或断路故障。如某一桥臂的整流二极管发生断路，将使整流输出电压降低到额定电压的一半；若两个相邻的二极管都断路，则输出电压为零。整流器元件损坏的原因可能是元件过热或过电压造成的。如由于整流二极管热容量很小，在整流器过载时，元件温度急剧上升，烧坏二极管；当放电电阻 R3 损坏或接线断路时，由于电磁吸盘线圈电感很大，在断开瞬间产生过电压将整流元件击穿。排除此类故障时，可用万用表测量整流器的输出及输入电压，判断出故障部位，查出故障元件，进行更换或修理即可。

（6）电磁吸盘退磁不好，使工件取下困难

电磁吸盘退磁不好的故障原因，一是退磁电路断路，根本没有退磁，应检查转换开关 SA2 接触是否良好，退磁电阻 R2 是否损坏；二是退磁电压过高，应调整电阻 R2，使退磁电压调至 5~lOV;三是退磁时间太长或太短,对于不同材质的工件,所需的退磁时间不同,注意掌握好退磁时间。

技能训练

技能实训 M7130 型平面磨床电气控制线路的检修实训

1. 实训内容

M7130 型平面磨床电气控制线路的故障分析及检修。

2. 实训器材

常用电工工具,万用表、500V 兆欧表、钳形电流表。

3. 实训步骤及要求

(1)在有故障的 M7130 型磨床上或人为设置故障的 M7130 型磨床上,由教师示范检修,把检修步骤及要求贯穿其中,直至故障排除。

(2)由教师设置故障点,指导学生如何从故障现象着手进行分析,逐步引导到采用正确的检查步骤和检修方法排除故障。

(3)教师设置人为的故障,由学生检修。具体要求如下:

① 根据故障现象,先在电路图上用虚线正确标出最小范围的故障部位,然后采用正确的检修方法,在规定时间内查出并排除故障;

② 检修过程中,故障分析、故障排除的思路要正确,不得采用更换电器元件、借用触头或改动线路的方法修复故障;

③ 检修时严禁扩大故障范围或产生新的故障,不得损坏电器元件或设备;

④ 主电路设置一处故障,控制电路设置两处故障。

4. 注意事项

(1)检修前,要认真阅读 M7130 型平面磨床的电路图和接线图,弄清有关电器元件的位置、作用及走线情况。

(2)要认真仔细地观察教师的示范检修。

(3)停电要验电,带电检查时,必须有指导教师在现场监护,以确保用电安全。

(4)工具和仪表的使用要正确,检修时要认真核对导线的线号,以免出错。

5. 成绩评定

考核及评分标准见表 7-18。

表 7 - 18　评分标准表

项目内容	配分	评分标准		扣分	得分
故障分析	30 分	排除故障前不进行调查研究	扣 5 分		
		检查思路不正确	扣 5 分		
		标不出故障点、线或标错位置,每个故障点	扣 10 分		
检修故障	60 分	切断电源后不验电	扣 5 分		
		使用仪表和工具不正确,每次	扣 5 分		
		检查故障方法不正确	扣 10 分		
		查出故障不会排除,每个故障	扣 20 分		
		检修中扩大故障范围	扣 20 分		
		少查出故障,每个	扣 10 分		
		少排除故障,每个	扣 10 分		
		损坏电器元件	扣 30 分		
		检修中或检修后试车操作不正确,每次	扣 5 分		
安全文明生产	10 分	防护用品穿戴不齐全	扣 5 分		
		检修结束后未恢复原状	扣 5 分		
		检修中丢失零件	扣 5 分		
		出现短路或触电	扣 10 分		
工　时		1 小时。检查故障不允许超时,修复故障允许超时,每超过 5 分钟扣 5 分,最多可延长 20 分钟。			
合　计	100 分				
备　注		各项内容最高扣分不得超过该项所配分数			

　　说明:平面磨床控制线路主要特点是电磁吸盘串接了电流继电器 KA,有些平面磨床则是采用欠电压继电器。其目的都是在保证电磁吸盘能够正常工作的情况下,才允许砂轮电动机工作,以保证安全。有些平面磨床在砂轮电动机和液压泵电动机的控制线路方面也增加了连锁关系,只有启动液压泵电动机之后,才允许砂轮电动机启动。其目的也是在保证工作台正常使用的前提下,才允许砂轮电动机启动运行。

思考题与习题

7 - 1　电气控制系统分析的任务是什么? 分析哪些内容? 应达到什么要求?

7 - 2　说明电气原理图分析的基本方法与步骤是什么?

7 - 3　用短接法检查故障时应注意哪些问题?

7 - 4　在修复故障时应注意什么问题?

7 - 5　在 CA6140 型车床中,若主轴电动机 M1 只能点动,则可能的故障原因是什么?

7-6 从主电路的组成说出 CA6140 型车床主轴电动机 M1 的工作状态和控制要求是什么？

7-7 试述 CA6140 型车床主轴电动机的控制特点及时间继电器 KT 的作用。

7-8 CA6140 型车床电气控制具有哪些保护环节？

7-9 CA6140 型车床的主轴电动机因过载而自动停车后，操作者立即重新扳动主轴启动操作手柄，但电动机仍不能启动，试分析可能的原因。

7-10 Z3050 型摇臂钻床在摇臂升降的过程中，液压泵电动机 M3 和摇臂升降电动机 M2 应如何配合工作？并以摇臂上升为例叙述电路的工作情况。

7-11 在 Z3050 型摇臂钻床电路中，时间继电器 KTI、KT2、KT3 的作用是什么？

7-12 在 Z3050 型摇臂钻床电路中 SQl、SQ2、SQ3、SQ4 各开关的作用是什么？结合电路工作情况进行说明。

7-13 Z3050 型摇臂钻床大修后，若摇臂升降电动机 M2 的三相电源相序接反会发生什么事故？

7-14 Z3050 型摇臂钻床大修后，若 SQ3 安装位置不当，会出现什么故障？

7-15 在 X6132 型万能铣床电路中，有哪些连锁与保护？为什么要有这些连锁与保护？它们是如何实现的？

7-16 在 X6132 型万能铣床电路中，电磁离合器 YCl、YC2、YC3 的作用是什么？

7-17 X6132 型万能铣床主轴变速能否在主轴停止或主轴旋转时进行？为什么？

7-18 简述 X6132 型万能铣床的工作台快速移动的控制过程。

7-19 如果 X6132 型万能铣床的工作能纵向（左右）进给，但不能横向（前后）和垂直（上下）进给，试分析故障原因。

7.20 X6132 型万能铣床电气控制有哪些特点？

7-21 说明 X6132 型万能铣床控制线路中圆工作台控制过程及连锁保护的原理。

7-22 M7130 磨床的电磁吸盘吸力不足会造会什么后果？吸力不足的原因有哪些？

7-23 M7130 磨床的电气控制电路中，欠电流继电器 KA 和电阻 R3 的作用分别是什么？

7-24 M7130 磨床的电磁吸盘退磁不好的原因有哪些？

项目八　PLC 控制技术

【项目目标】

掌握 PLC 的基础知识及软件应用。

掌握 PLC 的基本控制指令及其应用。

掌握 PLC 的应用程序设计。

【知识目标】

掌握 PLC 的基础知识及软件应用,基本指令和功能指令及程序编写。

【技能目标】

学会编程软件的使用,掌握 PLC 的硬件接线、基本编程方法及程序调试。

任务一　S7 – 200PLC 认识

可编程控制器简称 PLC,是一种以微处理器为基础,综合了计算机技术、自动控制技术和通信技术发展而来的新型工业控制装置,具有结构简单、编程方便、可靠性高等优点,在自动控制中应用极为普遍。本章将介绍可编程控制器的基本构成、工作原理、指令系统、编程方法、实际应用等。

20 世纪 60 年代以前,继电接触器控制系统在工业上应用非常广泛;但这种控制系统具有体积大、机械触点多、接线复杂、可靠性低、排除故障困难、对生产工艺变化的适应性差等缺点,因此日益满足不了现代化生产过程复杂多变的控制要求。随着计算机的出现,人们试图用计算机来实现工业控制。

20 世纪 60 年代末期,美国通用汽车公司自动装配线上使用了第一台可编程控制器,实现了生产的自动控制;其后日本、德国相继引入,促使了可编程控制器的迅速发展。但这一时期它主要用于顺序控制,只能进行逻辑运算,故称可编程逻辑控制器

(programmable logic controller,PLC)。随着微电子技术和大规模集成电路的发展,微处理器问世并被用到 PLC 中,使 PLC 增加了运算、数据传递和处理等功能,故称为可编程控制

器,简称 PC,但由于 PC 容易与个人计算机(personal computer)混淆,故仍将可编程控制器简称为 PLC。

PLC 虽然才诞生短短 30 多年,但已成为工业控制领域中占主导地位的自动化设备。在世界先进国家,PLC 已成为工业控制的标准设备。生产 PLC 的著名厂家有美国的 AB 公司、哥德公司、通用电气公司,德国的西门子公司,日本的三菱、松下、欧姆龙公司等。近几年来,国外 PLC 产品大量进入我国市场,我国研制尤其是应用 PLC 技术日益广泛,

知识链接 1 可编程控制器的特点

PLC 是在微处理器的基础上发展起来的一种新型的微型控制器,是一种基于数字计算机技术、专为在工业环境下应用而设计的电子控制装置。由于 PLC 把微型计算机技术和继电器控制技术融合在一起,兼具计算机的功能完备、灵活性强、通用性好以及继电接触器控制系统的简单易懂、维修方便的特点,主要体现在以下几个方面:

1. 编程简单

PLC 最常用的编程语言是梯形图,梯形图主要由人们熟悉的常开/常闭触点、线圈、定时器、计数器等符号组成,与继电接触器原理图相类似。这种编程语言形象直观、方便易学,不需要专门的计算机知识。

2. 可靠性高

PLC 是专门为工业控制而设计,内部采取了屏蔽、滤波、光电隔离等一系列抗干扰措施,因此可靠性高,其平均故障时间间隔可达 2 万~5 万小时,甚至更长。

3. 通用性好

可编程控制器品种很多,每个品种都有很多组件,每个组件都有其特定的功能,各种组件可灵活组成不同要求的控制系统。

在 PLC 组成的控制系统中,只需在 PLC 端子上接入相应的输入输出信号即可,当控制要求改变时,可用编程器在线或离线修改程序。同一台 PLC 只要改变软件则可实现控制不同对象的要求。

4. 功能强

PLC 采用微处理器并向多微处理器发展,不仅有逻辑运算、定时、计数等顺序控制功能,还能完成数字运算、数据处理、模拟量控制和生产过程监控,并有较强的通信功能,操作简单方便。

5. 使用维护方便

PLC 体积小,重量轻,便于安装。PLC 的编程简单,编程器使用也简单方便。PLC 还具有很强的自诊断功能,可以迅速方便地检查判断并显示出自身故障,缩短检修时间。

6. 设计施工周期短

上面已介绍过,PLC 在许多方面是以软件编程来取代硬件接线,因此系统比较简单。在施工过程中,不需要很多配套的外围设备和大量的复杂接线,因此可大大缩短 PLC 控制系统的设计、施工和投产周期。

知识链接 2　PLC 的应用领域

从 PLC 的功能来看,它的应用范围大致包括以下几个方面:

1. 逻辑(开关)控制

这是 PLC 最基本的功能,也是最为广泛的应用,采用 PLC 可以很方便地实现各种开关量控制。用来取代继电器控制系统,实现逻辑控制和顺序控制。它既可用于单机或多机控制,又可用于自动化生产线的控制。PLC 可根据操作按钮、限位开关及现场其他指令信号或检测信号,控制执行机构完成相应的控制功能。

2. 计数控制

PLC 具有计数控制功能。PLC 中的计数器分为普通计数器、可逆计数器、高速计数器等,以完成不同用途的计数控制。它为用户提供几十个甚至上千个计数器,其计数设定值的设定方式同定时器计时时间设定值的一样。

3. 步进控制

PLC 具有步进(顺序)控制功能。在新一代的 PLC 中,可以采用 IEC 规定的用于顺序控制的标准化语言—顺序功能图编制用户程序,使得 PLC 在实现按照事件或输入状态的顺序控制相应输出的场合更简便。

4. 模拟量处理与 PID 控制

PLC 具有模拟量处理与 PID 控制功能。PLC 可以接模拟量输入和输出信号,模拟量一般为 4~20mA 的电流、1~5V 或 0~10V 的电压。为了既能完成对模拟量的 PID 控制,又不加重 PLC 的 CPU 负担,一般选用专用的 PID 控制模块实现 PID 的控制。

5. 数据处理

PLC 具有数据处理能力。它能进行算术运算、逻辑运算、数据比较、数据传送、数据转换、数据移位、数据显示和打印、数据通信等功能,如加、减、乘、除、乘方、开方、与、或、异或、求反等操作。

6. 通信和联网

新一代的各类 PLC 都具有通信功能。它既可以对远程 I/O 进行控制,又能实现 PLC 和 PLC、PLC 和计算机之间的通信,使用 PLC 可以很方便地构成"集中管理、分散控制"的分布式控制系统,是实现工厂自动化的理想控制器。

知识链接3 PLC 的结构及各部分的运用

PLC 的类型繁多,功能和指令系统也不尽相同,但其结构和工作原理则大同小异,一般由主机、输入/输出接口、电源、编程器、扩展接口和外部设备接口等几个主要部分构成,如图 8-1 所示。如果把 PLC 看作一个系统,外部的各种开关信号或模拟信号均为输入变量,它们经输入接口寄存到 PLC 内部的数据存储器中,而后经逻辑运算或数据处理以输出变量形式送到输出接口,从而控制输出设备。

1. 主机

主机部分包括中央处理器(CPU)、系统程序存储器和用户程序及数据存储器。CPU 是 PLC 的核心,起着总指挥的作用,它主要用来运行用户程序,监控输入/输出接口状态,作出逻辑判断和进行数据处理。即取进输入变量,完成用户指令规定的各种操作,将结果送到输出端,并响应外部设备(如编程器、打印机、条码扫描仪等)的请求以及进行各种内部诊断等。

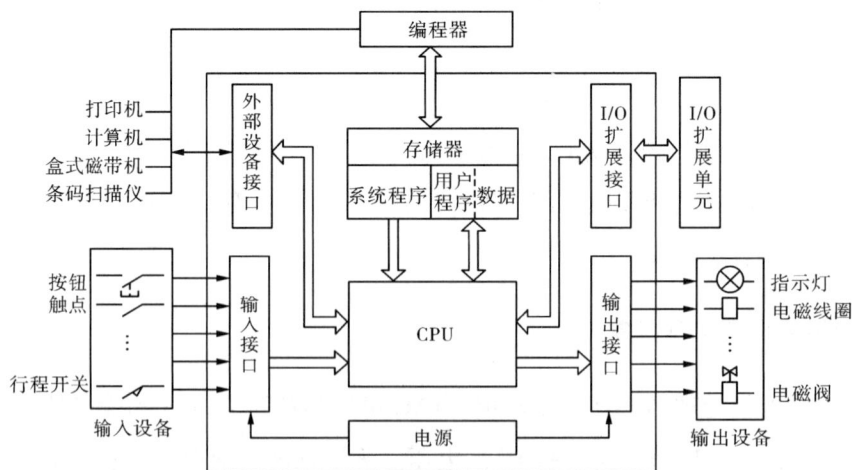

图 8-1　PLC 的硬件系统结构图

PLC 的内部存储器有两类:一类是系统程序存储器,主要存放系统管理和监控程序及对用户程序作编译处理的程序,系统程序已由厂家固定,用户不能更改;另一类是用户程序及数据存储器,主要存放用户编制的应用程序及各种暂存数据、中间结果。

2. 输入/输出(I/O)接口

I/O 接口是 PLC 与输入/输出设备连接的部件。输入接口接受输入设备(如按钮、行程开关、传感器等)的控制信号。输出接口是将经主机处理过的结果,通过输出电路去驱动输出设备(如接触器、电磁阀、指示灯等)。

I/O 接口电路一般采用光电耦合电路,以减少电磁干扰。这是提高 PLC 可靠性的重要措施之一。

3. 电源

PLC 的电源是指为 CPU、存储器、I/O 接口等内部电子电路工作所配备的直流开关稳压电源。I/O 接口电路的电源相互独立,以避免或减小电源间的干扰。通常也为输入设备提供直流电源。

4. 编程器

编程器也是 PLC 的一种重要的外部设备,用于手持编程。用户可以用它输入、检查、修改、调试程序或用它监视 PLC 的工作情况。除手持编程器外,还可将 PLC 和计算机连接,并利用专用的工具软件进行编程或监控。

5. 输入/输出扩展接口

I/O 扩展接口用于将扩充外部输入/输出端子数的扩展单元与基本单元(即主机)连接在一起。

6. 外部设备接口

此接口可将编程器、打印机、条码扫描仪等外部设备与主机相连,以完成相应操作。

知识链接4 PLC 的主要性能指标

PLC 虽具有微机的许多特点但它的工作方式却与微机有很大不同。微机一般采用等待命令的工作方式。PLC 则采用循环扫描工作方式,在 PLC 中,用户程序按先后顺序存放,如:CPU 从第一条指令开始执行程序,直至遇到结束符后又返回第一条。如此周而复始不断循环。这种工作方式是在系统软件控制下,顺次扫描各输入点的状态,按用户程序进行运算处理,然后顺序向输出点发出相应的控制信号。整个工作过程可分为5个阶段:自诊断、通信处理、扫描输入、执行程序、刷新输出,其工作过程示意图如图8-2所示。

PLC 与继电接触器控制的重要区别之一就是工作方式不同。继电接触器是按"并行"方式工作的,也就是说是按同时执行的方式工作的,只要形成电流通路,就可能有几个电器同时动作。而 PLC 是以反复扫描的方式工作的,它是循环地连续逐条执行程序,任一时刻它只能执行一条指令,这就是说 PLC 是以"串行"方式工作的。

总之,采用循环扫描的工作方式也是 PLC 区别于微机的最大特点。

图 8 - 2　PLC 工作过程

知识链接5 PLC 的主要性能指标

1. 描述 PLC 性能的几个术语

描述 PLC 性能时,经常用到位、数字、字节及字等术语。

"位"是指二进制的一位,仅有1、0两种取值。一个位对应 PLC 一个继电器,某位的状态为1或0,分别对应继电器线圈通电或断电。

4位二进制数构成一个数字,这个数字可以是0000～1001(十进制),也可以是0000～1111(十六进制)。

2个数字或8位二进制数构成一个字节。

2个字节构成一个字。在 PLC 术语中,字称为通道。一个字含16位,或者说一个通道含16个继电器。

2. PLC 的主要性能指标

(1)存储容量

系统程序存放在系统程序存储器中。这里说的存储容量指的是用户程序存储器的容量,用户程序存储器容量决定了 PLC 可以容纳的用户程序的长短,一般以字为单位来计算。

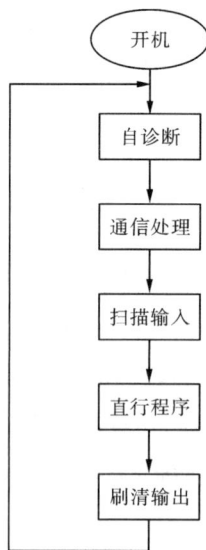

每 1024 个字为 lK 字。中、小型 PLC 的存储容量一般在 8K 以下,大型 PLC 的存储容量可达到 256K 字 ~2M 字。也有的 PLC 用存放用户程序的指令条数来表示容量。

（2）输入/输出点数

I/O 点数即 PLC 面板上连接输入、输出信号用的端子的个数,常称为"点数",用输入点数与输出点数的和来表示。I/O 点数越多,外部可接入的器件和输出的器件就越多,控制规模就越大。因此,I/O 点数是衡量 PLC 性能的重要指标之一。国际上流行将 PLC 的点数作为 PLC 规模分类的标准,I/O 总点数在 256 点以下为小型 PLC,64 点及 64 点以下的为微型 PLC,总点数在 2048 点以上的为大型机等。

（3）扫描速度

扫描速度是指 PLC 执行程序的速度,是衡量 PLC 性能的重要指标,一般以执行 lK 字所用的时间来衡量扫描速度。PLC 用户手册一般给出执行各条程序所用的时间,可以通过比较各种 PLC 执行相同操作所用的时间,来衡量扫描速度的快慢。

（4）编程指令的种类和数量

这也是衡量 PLC 能力强弱的主要指标。编程指令种类及条数越多,其功能就越强,即处理能力和控制能力也就越强。

（5）扩展能力

PLC 的扩展能力反映在以下两个方面:大部分 PLC 用 I/O 扩展单元进行 I/O 点数的扩展;有的 PLC 可以使用各种功能模块进行功能的扩展。

（6）智能单元的数量

PLC 不仅能够完成开关量的逻辑控制,而且利用智能单元可以完成模拟量控制、位置和速度控制以及通信联网等功能。智能单元种类的多少和功能的强弱是衡量 PLC 产品水平的一个重要指标。各个生产厂家都非常重视智能单元的开发,近年来智能单元的种类日益增多,功能也越来越强。

知识链接6　S7 - 200 系列 PLC 内部元件

本节从元器件的寻址方式、存储空间、功能等角度,介绍各种元器件的使用方法。

1. 数据存储类型及寻址方式

PLC 内部元器件的功能是相互独立的,在数据存储区为每一种元器件分配一个存储区域。每一种元器件用一组字母表示器件类型,字母加数字表示数据的存储地址。如 I 表示输入映像寄存器（又称输入继电器）;Q 表示输出映像寄存器（输出继电器）;M 表示内部标志位存储器;SM 表示特殊标志位寄存器;S 表示顺序控制存储器（又称状态继电器）;V 表示变量存储器;L 表示局部变量存储器;T 表示定时器;C 表示计数器;AI 表示模拟量输入映像寄存器;AQ 表示模拟量输出映像寄存器;AC 表示累加器;HC 表示高速计数器等。掌握这些内部器件定义、范围、功能和使用方法是 PLC 程序设计的基础。

(1)数据存储器的分配 S7-200 按元器件的种类将数据存储器分成若干存储区域,每个区域的存储单元按字节编址,每个字节由 8 位组成。可以对存储单元进行位操作,每 1 位都可以看成是有 0、1 状态的逻辑器件。

(2)数值表示方法 包括数值类型、范围和常数等内容。

① 数值类型及范围。S7-200 系列在存储单元所存放的数据类型有布尔型(BOOL)、整数型(INT)和实数型(REAL)3 种。表 8-1 给出了不同长度数值所能表示的整数范围。

表 8-1　数据大小范围及相关整数范围

数据大小	无符号整数		符号整数	
	十进制	十六进制	十进制	十六进制
B(字节)8 位值	0 ~ 225	0 ~ FF	-128 ~ 127	80 ~ 7F
W(字)16 位值	0 ~ 65 535	0 ~ FFFF	-32 768 ~ 32 767	8000 ~ 7FFF
DW(双字)32 位值	0 ~ 4 294 967 295	0 ~ FFFFFFFF	-2 147 483 648 ~ 2 147 843 647	80000000 ~ 7FFFFFFF

布尔型数据指字节型无符号整数。常用的整数型数据包括单字长(16 位)符号整数和双字长(32 位)符号整数两类。实数型数据(浮点数)采用 32 位单精度数表示,数据范围是正数: +1.175 495E-38 ~ +3.402 823E+38;负数: -1.175 495E-38 ~ -3.402 823E+38。

② 常数。在 S7-200 的许多指令中使用常数,常数值的长度可以是字节、字或双字。CPU 以二进制方式存储常数,可以采用十进制,十六进制,ASCⅡ码成浮点数形式书写常数。

(3)S7-200 寻址方式 S7-200 将信息存于不同的存储单元,每个单元都有 1 个惟一的地址,系统允许用户以字节、字、双字为单位存、取信息。提供参与操作的数据地址的方法称为寻址方式。S7-200 数据寻址方式有立即数寻址、直接寻址和间接寻址三大类。立即数寻址的数据在指令中以常数形式出现,直接寻址和间接寻址方式有位、字节、字和双字 4 种寻址格式。

可以进行位操作的元器件有:输入映像寄存器(I),输出映像寄存器(Q),内部标志位(M),特殊标志位(SM),局部变量存储器(L),变量存储器(V),状态元件(S)等。

字节、字、双字操作:直接访问字节(8 位)、字(16 位)、双字(32 位)数据时,必须指明数据存储区域、数据长度及起始地址。当数据长度为字或双字时,最高有效字节为起始地址字节。

可按字节(Byte)操作的元器件有:I、Q、M、SM、S、V、L、AC、常数。

可按字(Word)操作的元器件有:I、Q、M、SM、S、T、C、L、AC 常数。

可按双字(Double Word)操作的元器件有:I、Q、M、S、MS、V、L、AC、.HC、常数

S7—200CPU 中允许使用指针进行间接寻址的元器件有 I、Q、V、M、S、T、C。

2. S7 – 200 系列 PLC 数据存储区及元件功能

(1)输人/输出映像寄存器 包括输入映像寄存器和输出映像寄存器两种。

① 输入映像寄存器 I(又称输入继电器)。在图 8 – 3 输入映像寄存器的示意图中,输入继电器线圈只能由外部信号驱动,不能用程序指令驱动,常开触点和常闭触点供用户编程使用。外部信号传感器(如按钮、行程开关、现场设备、热电偶等)用来检测外部信号的变化。它们与 PLC 或输入模块的输入端相连。

② 输出映像寄存器 Q(又称输出继电器)。在图 8 – 4 输出映像寄存器等效电路图图中,输出继电器是用来将 PLC 的输出信号传递给负载,只能用程序指令驱动。

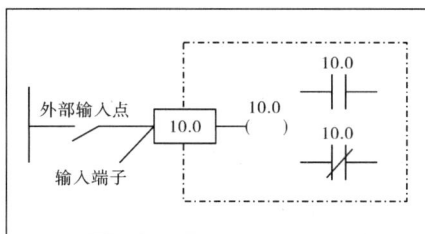

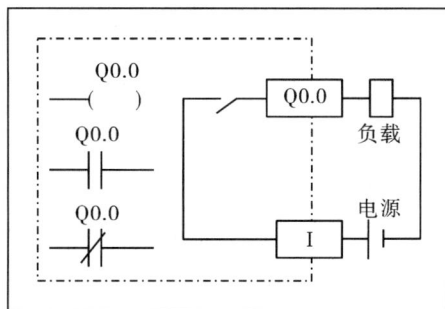

图 8 – 3　输入映像寄存器的电路示意图　　图 8 – 4　输出映像寄存器等效电路示意图

S7 – 200 CPU 输入映像寄存器区域共有 I0 ~ I15 等 16 个字节存储单元,能存储 128 点信息。CPU 224 主机有 I0.0 ~ I0.7,I1.0 ~ I1.5 共 14 个数字量输入接点,其余输入映像寄存器可用于扩展或其他。

S7 – 200 CPU 输出映像寄存器区域共有 Q0 ~ Q15 等 16 个字节存储单元,能存储 128 点信息。CPU 224. 主机有 Q0.0 ~ Q0.7、Q1.0、Q1.1 共 10 个数字量输出端点,其余输出映像寄存器可用于扩展或其他。

(2)变量存储器 V 变量存储器 V 用以存储运算的中间结果,也可以用来保存与工序或任务相关的其他数据,如模拟量控制,数据运算,设置参数等。变量存储器可按位使用,也可按字节、字或双字使用。变量存储器有较大存储空间,如 CPU 224 有 VB0.0 ~ VB5 119.7 的 5KB 存储容量。

(3)位存储器(M) 内部存储器标志位(M0.0 ~ M31.7)可以按位使用,作为控制继电器(又称中间继电器),用来存储中间操作数或其他控制信息。也可以按字节、字或双字来存取存储区的数据。

(4)特殊标志位(SM)存储器 特殊存储器 SM 用于 CPU 与用户之间交换信息,例如

SM0.0 一直为"1"状态,SM0.1 仅在执行用户程序的第一个扫描周期为"1"状态。SM0.4 和 SM0.5 分别提供周期为 1min 和 1s 的时钟脉冲。SM1.0、SM1.1 和 SM1.2 分别为零标志位、溢出标志和负数标志。

(5)顺序控制继电器(S) 顺序控制继电器 S 又称状态元件,用来组织机器操作或进入等效程序段工步,以实现顺序控制和步进控制。可以按位、字节、字或双字来取 S 位,编址范围 S0.0 ~ S31.7。

(6)局部存储器(L) S7 ~ 200 有 64 个字节的局部存储器,编址范围为 LB0.0 ~ LB63.7。其中 60 个字节可以用作暂时存储器或者给子程序传递参数。如果用梯形图编程,编程软件保留这些局部存储器的后 4 个字节。如果用语句表编程,可以使用所有的 64 个字节,但建议不要使用最后 4 个字节,最后 4 个字节为系统保留字节。

S7 – 200 PLC 根据需要分配局部存储器。当主程序执行时,64 个字节的局部存储器分配给主程序;当中断或调用子程序时,将局部存储器重新分配给相应程序。局部存储器在分配时,PLC 不进行初始化,初始值是任意的。

可以用直接寻址方式按字节、字或双字来访问局部存储器,也可以把局部存储器作为间接寻址的指针,但不能作为间接寻址的存储区域。

局部存储器(L)和变量存储器(V)很相似,主要区别在于局部存储器(L)局部有效的,变量存储器(V)则是全局有效。全局有效是指同一个存储器可以被任何程序(如主程序、中断程序或子程序)存取,局部有效是指存储区和特定的程序相关联。

(7)定时器(T) PLC 中定时器相当于继电器系统中的时间继电器,用于延时控制。S7 – 200 有三种定时器,它们的时基增量分别为 1ms、10ms 和 l00ms,定时器的当前值寄存器是 16 位有符号的整数,用于存储定时器累计的时基增量值(1 ~ 32767)。

定时器的当前值大于等于设定值时,定时器位被置为 1,梯形图中对应的定时器的常开触点闭合,常闭触点断开。用定时器地址(如 T5)来存取当前值和定时器位,带位操作数的指令存取定时器位,带字操作数的指令存取当前值。

(8)计数器(C) 计数器主要用来累计输入脉冲个数。其结构与定时器相似,其设定值在程序中赋予,CPU 提供了 3 种类型的计数器,各为加计数器、减计数器和加减计数器。计数器的当前值为 16 位有符号整数,用来存放累计的脉冲数(1 ~ 32 767)。当计数器的当前值大于等于设定值时,计数器位被置为 1。用计数器地址(如 C20)来存取当前值和计数器位,带位操作数的指令存取计数器位,带字操作数的指令存取当前值。

(9)模拟量输入/输出映像寄存器(AI/AQ) S7 – 200 的模拟量输入电路将外部输入的模拟量(如温度、电压)等转换成 1 个字长(16 位)的数字量,存入模拟量输入映像寄存器区域,可以用区域标志符(AI),数据长度(W)及字节的起始地址来存取这些值。因为模拟量为 1 个字长,起始地址定义为偶数字节地址,如 AIW0,AIW2,……,AIW62,共有 32 个模拟量输入点。模拟量输入值为只读数据。

S7 – 200 模拟量输出电路将模拟量输出映像寄存器区域的 1 个字长(16 位)数字值转换为模拟电流或电压输出。可以用标识符(AQ)、数据长度(W)及起始字节地址来设置。

因为模拟量输出数据长度为 16 位,起始地址也采用偶数字节地址,AQW0,AQW2,…,AQW62,共有 32 个模拟量输出点。用户程序只能给输出映像寄存器区域置数,而不能读取。

(10)累加器(AC) 累加器是用来暂存数据的寄存器,可以同子程序之间传递参数,以及存储计算结果的中间值。S7 – 200 CPU 中提供了 4 个 32 位累加器 ACO ~ AC3。累加器支持以字节(B)、字(W)和双字(DW)的存取。按字节或字为单位存取时,累加器只使用低 8 位或低 16 位,数据存储长度由所用指令决定。

(11)高速计数器(HC) CPU 224 PLC 提供了 6 个高速计数器(每个计数器最高频率为 30kHz 用来累计比 CPU 扫描速率更快的事件。高速计数器的当前值为双字长的符号整数,且为只读值。高速计数器的地址由符号 HC 和编号组成,如 HC0、HC1、…、HC5。

技能训练

PLC 的认识与使用

1. 实训内容

(1)观察实训设备和 PLC 的外观及其上面标识的含义。

(2)根据提供的 I/O 分配表 8 – 2,接线图与程序。如图 8 – 5、图 8 – 6 所示,由教师指导先将程序写入 PLC,并按接线图接好。

表 8 –2 I/O 分配表

输入信号			输出信号		
元件名称	元件代号	输入点编号	元件名称	元件代号	输入点编号
停止按钮	SB1	I0.0	指示灯 0	HL0	Q0.0
启动按钮	SB2	I0.1	指示灯 1	HL1	Q0.1
			指示灯 2	HL2	Q0.2

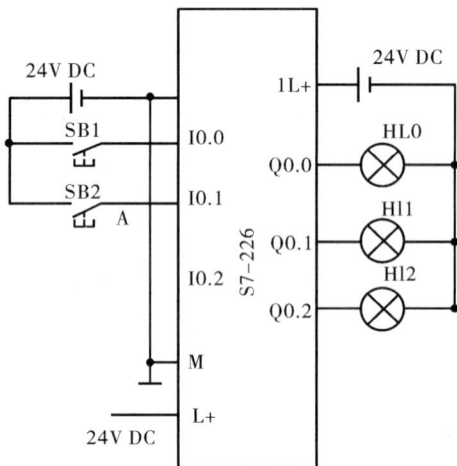

图 8-5 PLC 接线图   图 8-6 示例程序

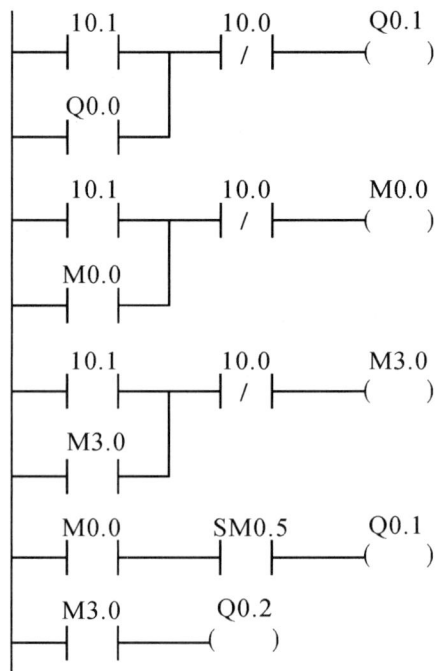

（3）根据要求操作，并观察 PLC 的运行情况和计算机监视情况，理解输入输出映像寄存器和其他内部元件的使用。

2. 实训器材

（1）VTV-90HC PLC 训练装置。

（2）VTV-90HC-1 电机控制模拟实验板。

（3）PLC 主机（S7-200，CPU224）。

3. 实训步骤

（1）PLC 硬件观察

完成下列任务，并在实训报告中记录。

①根据所给的 PLC 写出具体型号及其含义。

②指出 PLC 控制系统的各个部件并描述其具体作用。

③了解模块化 PLC 各模块的名称及作用。

④参观由 PLC 控制的生产设备或观看录像。

（2）PLC 内部元件的认识

实训前由教师指导将按照 I/O 分配表和接线图接好线路，并将程序写入 PLC，并将计算机和 PLC 连接好。按下面步骤进行。

①接通 PLC 的电源，此时模式选择开关置于 STOP 状态。观察 S7-200 PLC 上的各 LED 指示灯的状态。

②将 PLC 置于 RUN 状态，按下启动按钮 SB2，观察各指示灯的状态。然后按下停止按

钮 SB1,观察各指示灯的状态。

③将模式选择开关由 RUN 切换到 STOP 后,再由 STOP 切换到 RUN 状态,观察各指示灯的状态

④将以上观察的结果填入表 8 - 3 中,注:填亮、灭、闪。

表 8 - 3 PLC 运行情况记录表

状态	HL0	HL1	HL2
STOP 状态			
RUN 状态按下 SB2			
RUN 状态按下 SB1			
再次由 STOP 切换到 RUN 状态			

4.实训报告

(1)整理实训中观察的现象和体会。

(2)说明 PLC 各部分的作用。

(3)上网查找有关资料,并记录网址。

(4)记录 PLC 运行情况,并分析输入/输出映像寄存器,位存储器的工作特点。

(5)说明连接 PLC 输入装置的状态与内部输入继电器、程序中的触点有什么关系?

(6)突然断电后,正在运行的 PLC 中的程序会消失吗?

6.评分标准

表 8 - 4 实训考核评分表

姓名:	班级:		学号:	工位号:		日期:
考核项目	考核内容	配分	考核要求			得分
实训态度	认真听课	10 分	笔记认真			
	勤于思考	10 分	积极正确回答问题			
	善于动手	10 分	积极动手操作			
	团队精神	10 分	合理分工,互相协作			
实训报告	按要求完成报告	50 分	报告规范,内容详实 40 分,正确回答思考题 10 分			
安全文明	安全文明意识	10 分	正确使用设备、工具,无事故发生			
考评教师签名:				总分:		

任务二 S7 - 200PLC 基本指令及应用

S7 - 200 系列 PLC 的 SIMATIC 指令有梯形图 LAD、语句表 STL 和功能图 FBD 三种编程语言。

1. 梯形图(LAD)程序指令

梯形图程序指令的基本逻辑元素是触点、线圈、功能框和地址符。触点有常开、常闭等类型,用于代表输入控制信息,当一个常开触点闭合时,能流可从此触点流过;线圈代表输出,当线圈有能流流过时,输出便被接通;功能框代表一种复杂的操作,它可以使程序大大简化;地址符用于说明触点、线圈和功能框的操作对象。

2. 语句表(STL)程序指令

语句表程序指令由操作码和操作数组成,类似于计算机的汇编语言,它的图形显示形式即为梯形图程序指令,语句表程序指令则显示为文本格式。

3. 功能块图(FBD)程序指令

功能块图程序指令由功能框元素表示。与(AND)/或(OR)功能块图程序指令如同梯形图程序指令中的触点一样用于操作布尔信号;其他类型的功能块图与梯形图程序指令中的功能框类似。

3 种程序指令的类型可以相互转换,如图 8 - 7 所示。

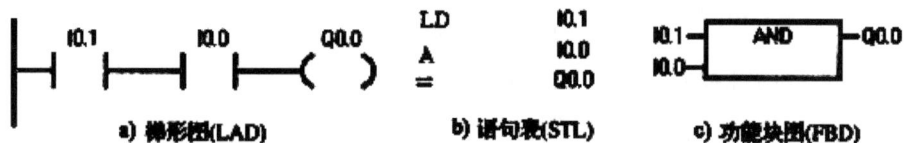

图 8 - 7 同一功能的梯形图、语句表、功能块图程序指令

S7 - 200 系列 PLC 的基本常用指令见表 8 - 5。

表 8 - 5　S7 - 200 系列 PLC 的基本常用指令

语句表	梯形图 LAD	功能描述	
		语句表含义	梯形图含义
LD bit	┤├ bit	将 bit 装入栈顶	将一常开触点 bit 与母线相连接
LDN bit	┤/├ bit	将 bit 取反后装入栈顶	将一常闭触点 bit 与母线相连接
A bit	┤├ bit	将 bit 与栈顶相与后存入栈顶	将一常开触点 bit 与上一触点串联,可连续使用
AN bit	┤/├ bit	将 bit 取反后装入栈顶相与后存入栈顶	将一常闭触点 bit 与上一触点串联,可连续使用
O bit	┤├ bit	将 bit 与栈顶相或后存入栈顶	将一常开触点 bit 与上一触点并联,可连续使用
ON bit	┤/├ bit	将 bit 取反与栈顶相或后存入栈顶	将一常闭触点 bit 与上一触点并联,可连续使用
= bit	—(bit)	复制栈顶的值到 bit	当能流流进线圈时,线圈所对应的操作数 bit 置"1"
NOT 无	┤NOT├		对该指令前面的逻辑运算结果取反
S bit,N	—(S) bit N	条件满足时,从 bit 开始的 N 个位被置"1"	
R bit,N	—(R) bit N	条件满足时,从 bit 开始的 N 个位被置"0"	
EU	┤P├	正跃变指令检测到每一次输入的上升沿出现时,都将使得电路接通一个扫描周期	
ED	┤N├	负跃变指令检测到每一次输入的下降沿出现时,都将使得电路接通一个扫描周期	

表 8 - 6 定时器/计数器、移位、控制及中断处理指令

语句表 STL	梯形图 LAD	功能描述	
		语句表含义	梯形图含义
TON T×××,PT	Txxx IN TON PT	使能输入端 IN 为"1"时,TON 定时器开始定时,当定时器的当前值大于预定值 PT 时,定时器位变为 ON(该位为"1");当 TON 定时器的使能输入端 IN 由"1"变"0"时,TON 定时器复位	
TOF T×××,PT	Txxx IN TOF PT	使能输入端 IN 为"1"时,TON 定时器开始定时,当定时器的当前值大于预定值 PT 时,定时器位变为 ON(该位为"1");当 TON 定时器的使能输入端 IN 由"1"变"0"时,TON 定时器复位	
TONR T×××,PT	Txxx IN TONR PT	使能输入端 IN 为"1"时,TONR 定时器开始延时;为"0"时,定时器停止计时,并保持当前值不变;当定时器当前值达到预定值 PT 时,定时器位变为 ON(该位为"1")	
CTU C×××,PT	Cxxx CU CTU R PV	加计数器对 CU 的上升沿进行加计数;当计数器当前值大于等于设定值 PV 时,计数器位被置 1;当计数器的复位输入 R 为 ON 时,计数器被复位,计数器当前值被清零,位值变为 OFF	
CTD C××× PV	Cxxx CD CTD LD PV	减计数器对 CD 的上升沿进行减计数;当当前值等于 0 时,该计数器被置位,同时停止计数;当计数装载端 LD 为 1 时,当前值恢复为预设值,位值置 0	
CTUD C××× PV	Cxxx CU CTUD CD R PV	在加计数脉冲输入 CU 的上升沿,计数器的当前值加 1,在减计数脉冲输入 CD 的上升沿,计数器的当前值减 1,当前值大于等于设定值 PV 时,计数器位被置位。若复位输入 R 为 ON 时或对计数器执行复位指令 R 为 ON 时或对计数器执行复位指令 R 时,计数器被复位	
SHRB DATA S_BIT,N	SHRB EN DATA S_BIT N	当使能位 EN 为 1 时,数据位 DATA 在每一个程序扫描周期均移入寄存器的最低位(N 为正时)或最高位(N 为负时),寄存器的其它位侧依次左移(N 为正时)或右移(N 为负时)一位	

SLX OUT,N SRX OUT,N		当使能位 EN 为 1 时,把输入数据 IN 左移或右移 N 位后,再把结果输出到 OUT 中
RLX OUT,N RRX OUT,N		当使能位 EN 为 1 时,把输入数据 IN 循环左移或右移 N 位后,再把结果输出到 OUT 中
LDXF IN1,IN2 AXF IN1,IN2 OXF IN1,IN2		比较两个数 IN1 和 IN2 的大小,若比较式为真,则该触点闭合
JMP n		条件满足时,跳转指令(JMP)可使程序转移到同一程序的具体标号(n)处
LBL n		跳转标号指令(LBL)标记跳转目的地的位置(n)
CALL SBR_n		子程序调用与标号指令(CALL)把程序的控制权交给子程序(SBR_n)
CRET —		有条件子程序返回指令(CRET)根据该指令前面的逻辑关系,决定是否终止子程序(SBR_n) 无条件子程序返回指令(RET)立即终止子程序的执行
LSCR n		当顺序控制继电器位 n 为 1 时,SCR(LSCR)指令被激活,标志着该顺序控制程序段的开始

SCRT n	——(SCRT)	当满足条件使 SCRT 指令执行时,则复位本顺序控制程序段,激活下一顺序控制程序段 n
SCRE —	├—(SCRE)	执行 SCRE 指令,结束由 SCR(LSCR)开始到 SCRE 之间顺序控制程序段的工作

技能训练

(一)PLC 基本逻辑指令训练实训

1. 实训内容

S7 – 200 编程软件的使用方法;基本逻辑指令的练习。

2. 实训器材

(1)微型计算机(预装西门子公司的 STEP7 – Micro/WIN32 编程软件)。

(2)VTV – 90HC PLC 训练装置。

3. 实训步骤

(1)打开 STEP7 – Micro/WIN32 编程软件,用菜单命令"文件 – 新建",生成一个新的项目。用菜单命令"文件 – 打开",可打开一个已有的项目。用菜单命令"文件另存为"可修改项目的名称。

(2)选择菜单命令"PLC – 类型",设置 PLC 的型号。可以使用对话框中的"通信"按钮,设置与 PLC 通信的参数。

(3)用"检视"菜单可选择 PLC 的编程语言,选择菜单命令"工具选项",点击窗口中的"通用"标签,选择 SIMATIC 指令集,还可以选择使用梯形图或 STL(语句表)。

(4)输入图 8 – 8 所示的梯形图程序。

(5)用"PLC"菜单中的命令或按工具条中的"编译"或"全部编译"按钮来编译输入的程序。如果程序有错误,编译后在输出窗口显示与错误有关的信息。双击显示的某一条错误,程序编辑器中的矩形光标将移到该错误所在的位置。必须改正程序中所有的错误,编译成功后,才能下载程序。

（6）设置通信

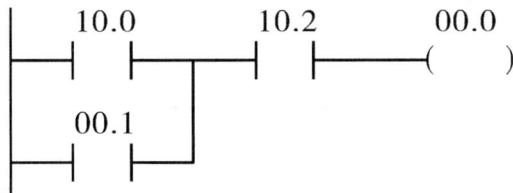

图 8 – 8　基本逻辑指令训练的梯形图

（7）将编译好的程序下载到 PLC 之前，它应处于 STOP 工作方式。将 PLC 上的方式开关放在非 STOP 位置，单击工具栏的"停止"按钮，可进入 STOP 状态。单击工具栏的"下载"按钮，或选择菜单命令"文件→下载"，在下载对话框中选择下载程序块，单击"确认"按钮，开始下载。

（8）断开数字量输入板上的全部输入开关，输入侧的 LED 全部熄灭。下载成功后，单击工具栏的"运行"按钮，用户程序开始运行，"RUN"对应的 LED 灯亮。

用接在输入端子 I0.1 和 I0.2 的开关模拟按钮的操作，将开关接通后又立即断开，发出启动信号和停止信号，观察 Q0.O 对应的 LED 的亮/灭状态。分别记录不同组合时 Q0.0 的状态。

4.注意事项

（1）在编程器中找出图 8 – 18 对应的指令表程序，并记录。

（2）记录两按钮不同状态组合时，输出状态的结果。

（3）对结果进行分析。

（4）输入程序不要出现错误。

（二）定时指令训练

1.实训内容

定时指令的基本应用。

2.实训器材

VTV – 90HC PLC 训练装置。

3.实训步骤

（1）输入程序：将如图 8 – 9 所示的程序输入到 PLC 中，运行并观察结果。

（2）利用 TON 指令编程，产生连续方波输出，设周期为 3S，占空比为 2：1。

4.注意事项

（1）记录观察结果。

（2）画出输出波形的时序图。

（3）输入程序不要出现错误。

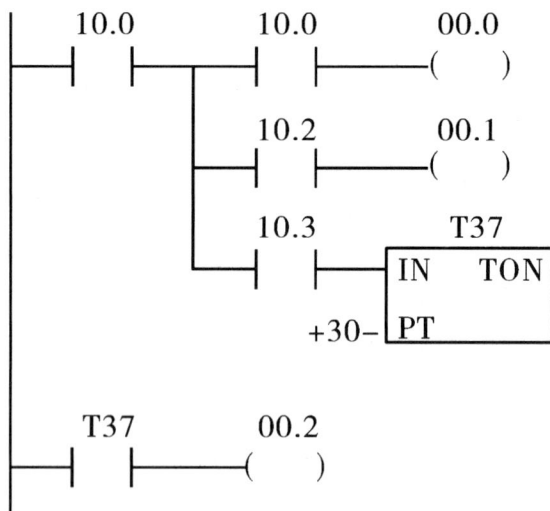

图 8 - 9　定时器指令训练的梯形图

任务三　PLC 的应用程序设计

知识链接 1　PLC 应用程序设计基本内容

用户程序设计需在分析工艺过程,明确控制要求,列出输入输出分配表的基础上进行,通常包括以下基本内容:

1. 绘制系统控制流程图

根据系统的控制要求,用流程图形式将系统的控制过程描绘出来,以清楚地表明动作的顺序和条件。

2. 编制程序

根据系统控制流程图,用 PLC 的程序语言编制程序。这是程序设计的关键一步,也是比较困难的一步。要完成一个好的程序设计,首先要十分熟悉控制要求,同时还要有一定的电气设计的实践经验。

3. 程序测试

用编程器将程序输入到 PLC 的用户程序存储器中,并检查输入的程序是否正确。然后对程序进行调试和修改,直到满足要求为止。

4. 编制程序设计说明书

程序说明书是对所编程序功能、程序的基本结构、各功能单元分析、各参数的来源和运算过程、运行原理、程序测试方法等重要内容的注释和综合说明,主要是让程序维护者、现场调试人员、使用者了解程序的基本结构、基本原理和对某些问题的特定处理方法,以及使用中应注意的事项等等。

知识链接2 梯形图的特点及绘制规则

(1)梯形图按自上而下、从左到右的顺序排列。每个继电器线圈为一个逻辑行,即一层阶梯。每一个逻辑行起于左母线,然后是触点的连接,最后终止于继电器线圈或右母线。

注意:左母线与线圈之间一定要有触点,而线圈与右母线之间不能有任何触点,应直接连接。

(2)一般情况下,在梯形图中某个编号继电器线圈只能出现一次,而继电器触点(常开或常闭)可无限次引用。

有些 PLC,在含有跳转指令或步进指令的梯形图中允许双线圈输出。

(3)在每一逻辑行中,串联触点多的支路应放在上方。如果将串联触点多的支路放在下方,则语句增多,程序变长。

(4)在每一个逻辑行中,并联触点多的支路应放在左边。如果将并联触点多的电路放在右边,则语句增多、程序变长。

(5)梯形图中,不允许一个触点上有双向"电流"通过。触点5上有双向"电流"通过,该梯形图不能编程,这是不允许的。对于这样的梯形图,应根据其逻辑功能作适当的等效变换。

(6)梯形图中,当多个逻辑行都具有相同条件时,为了节省语句数量,常将这些逻辑行合并。如图 8 - 10a 所示,并联触点 1、2 是各个逻辑行所共有的相同条件。可合并成图 8 - 10b 所示的梯形图,利用主控指令或分支指令来编程。

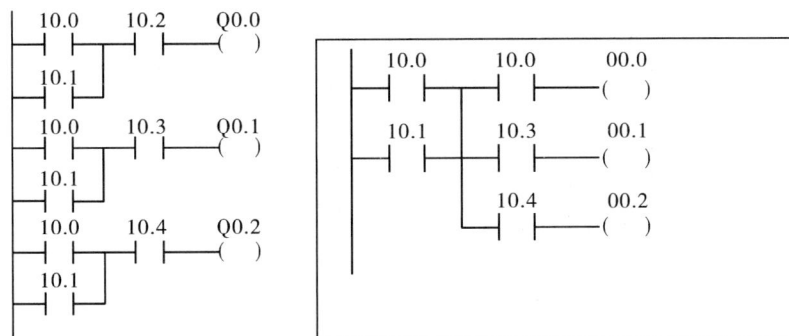

a)不合理   b)合理

图 8 - 10 梯形图之四

当相同条件复杂时,可节约许多存储空间,这对存储容量小的 PLC 很有意义。

(7)设计梯形图时,输入继电器的触点状态全部按相应的输入设备为常开进行设计更为合适,不易出错。因此,也建议尽可能用输入设备的常开触点与 PLC 输入端连接。如果某些信号只能用常闭触点输入,可先按输入设备全部为常开来设计,然后将梯形图中对应的输入继电器触点取反(即常开改为常闭,常闭改为常开)。

知识链接3　PLC 应用程序的设计方法

PLC 应用程序的工程设计方法主要有经验设计法及功能图设计法。

1.经验设计法

工程技术人员沿用设计继电接触器控制电路图的方法来设计 PLC 应用程序的梯形图,这种方法即称为梯形图的经验设计法。这种方法没有确切的规则可以遵循,具有很大的试探性和随意性。

例题1 送料小车自动控制系统的梯形图设计

(1)控制要求

送料小车首先在轨道的最左端装料,小车同时压下行程开关 SQ1,25s 后小车装料结束,开始右行。当小车碰到行程开关 SQ2 后停下来卸料,35s 后卸料完毕并开始左行。当小车再次碰到 SQ1 后又停下来装料。这样不停地循环工作,直到按下停止按钮 SB3。

(2)运料小车系统示意图

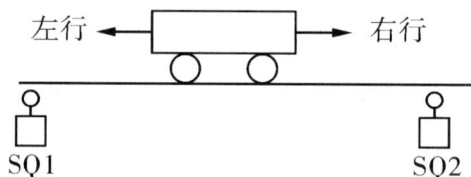

图 8-11　运料小车系统示意图

(3)I/O 接线图

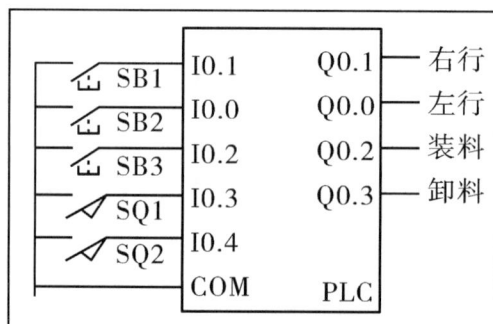

图 8-12　PLC 接线图

（4）PLC I/O 地址分配表如表 8 - 7。

表 8 - 7　I/O 分配表

输入信号			输出信号		
序号	名称	PLC 端子	序号	名称	PLC 端子
1	左行 SB2	I0.0	6	左行	Q0.0
2	右行 SB1	I0.1	7	右行	Q0.1
3	停止 SB3	I0.2		装料	
4	左限位 SQ1	I0.3			
5	右限位 SQ2	I0.4			

（5）PLC 控制系统程序设计

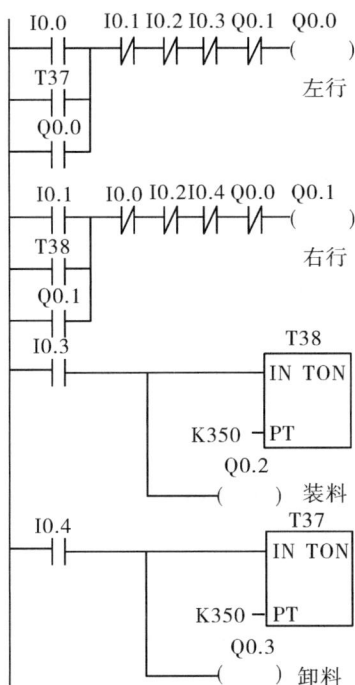

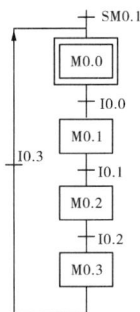

图 8 - 13　梯形图　　　　图 8 - 14　循环序列功能图

2. 功能图设计法

功能图是一种描述顺序控制系统功能的图解表示方法。主要由"步""初始步""与步对应动作与命令""有向线段及转移"组成。

功能图设计法又称状态流程图设计法，是专门用于顺序控制的一种程序设计法。许多 PLC 厂家专门开发了一种功能指令，称为顺序控制继电器指令或步进指令。

例题 2　如图 8 - 15 所示为一十字路口交通灯示意图。在该十字路口的东南西北四个方向分别装有红、黄、绿三色交通灯，并按照白天和夜间两种情况进行控制。具体过程如下：

（1）控制要求：

当白天控制开关 SA1 合上后，南北红灯亮并维持 40s，在此期间东西绿灯亮 32s 后闪烁 5s，然后东西黄灯亮 3s。再自动切换到东西红灯亮并维持 40s，在此期间南北绿灯亮 32s 后闪烁 5s，然后南北黄灯亮 3s，如此循环往复。

当夜晚来临时，工作人员合上夜间控制开关 SA2 后，四个方向的黄灯闪烁，提醒过往人员慢速行驶。

另外该系统要求，东南西北四个方向的红灯不能同时亮，如果同时亮表明控制系统出了故障，报警灯亮。

（2）十字路口交通灯示意图

根据以上工作过程可知，该系统输入点有 2 个，输出点有 7 个。参考 I/O 地址分配见表 8-5，程序见图 8-12 所示。

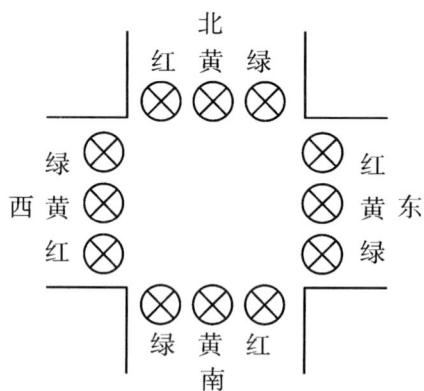

图 8-15　十字路口交通灯示意图

（3）I/O 分配表

表 8-8　I/O 分配表

输入信号		输出信号	
元件名称	输入点编号	元件名称	输入点编号
白天控制按钮 SA1	I0.0	东西绿灯	Q0.0
夜间控制按钮 SA2	I0.1	东西黄灯	Q0.1
		东西红灯	Q0.2
		南北绿灯	Q0.3
		南北黄灯	Q0.4
		南北红灯	Q0.5
		报警信号	Q0.6

（4）PLC 控制系统程序设计

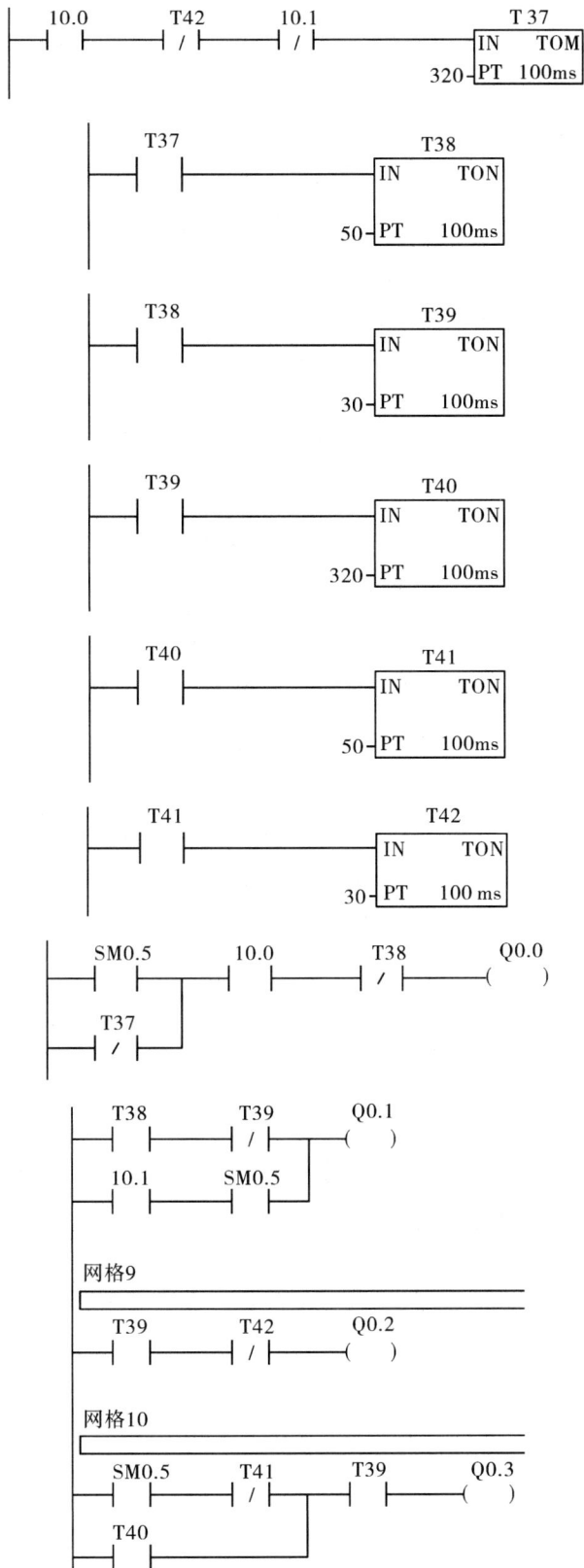

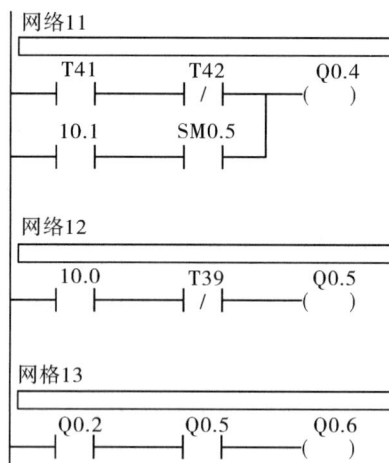

图 8 - 16　梯形图

当白天控制开关 SA1 合上后，I0.0 导通，使开始计时，Q0.0 ~ Q0.5 六个输出信号根据六个定时器的常开与常闭控制四个方向的交通灯按正常时序动作。当 SA2 合上后，T37 ~ T42 六个定时器依次被复位并不再定时，I0.1 的常开触点闭合并与上 SM0.5 使四盏黄灯持续闪烁。当 Q0.2 和 Q0.5 同时导通后，Q0.6 也导通报警灯亮。

例题 3　如图 8 - 17 该机械手的任务是将工件从工作台 A 搬往工作台 B。试设计该机械手的 PLC 控制系统。

（1）控制要求

工作台 A、B 上工件的传送不用 PLC 控制；机械手要求按一定的顺序动作，其流程图如图 8 - 15 所示。起动时，机械手从原点开始按顺序动作。停止时，机械手停止在现行工步上，重新起动时，机械手按停止前的动作继续进行。

（2）机械手示意图

机械手的工作示意图如图 8 - 17，机械手的系统结构示意图如图 8 - 18。

（3）I/O 接线图

输入输出端子电气接线图如图 8 - 20 所示。

（4）PLC I/O 地址、内部辅助继电器的分配表

根据控制系统外部 I/O 接线图，PLC I/O 地址分配表见表 8 - 9 。

表 8-9　外部 I/O 继电器分配表

序号	符号	功能描述	序号	符号	功能描述
1	I0.0	起动	13	I1.4	上升
2	I0.1	下限	14	I1.5	右移
3	I0.2	上限	15	I2.0	左移
4	I0.3	右限	16	I2.1	夹紧
5	I0.4	左限	17	I2.2	放松
6	I0.5	无工作检测	18	I2.3	复位
7	I0.6	停止	19	Q0.0	下降
8	I0.7	手动	20	Q0.1	夹紧/放松
9	I1.0	单步	21	Q0.2	上升
10	I1.1	单周期	22	Q0.3	右移
11	I1.2	连续	23	Q0.4	左移
12	I1.3	下降	24	Q0.5	原位显示

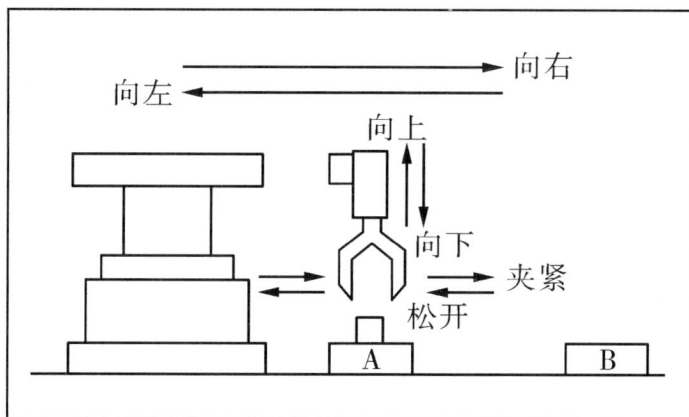

图 8-17　机械手的工作示意图

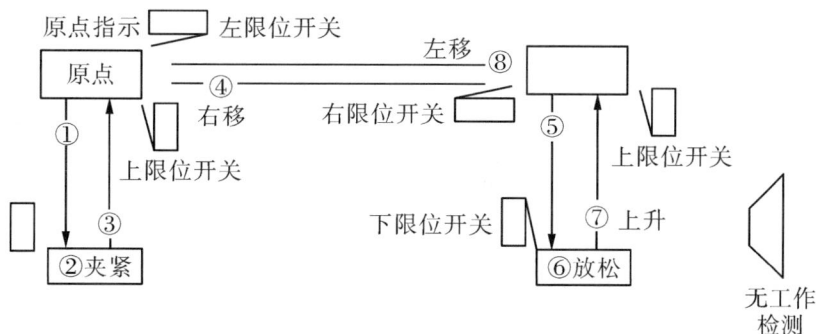

图 8-18　系统结构示意图

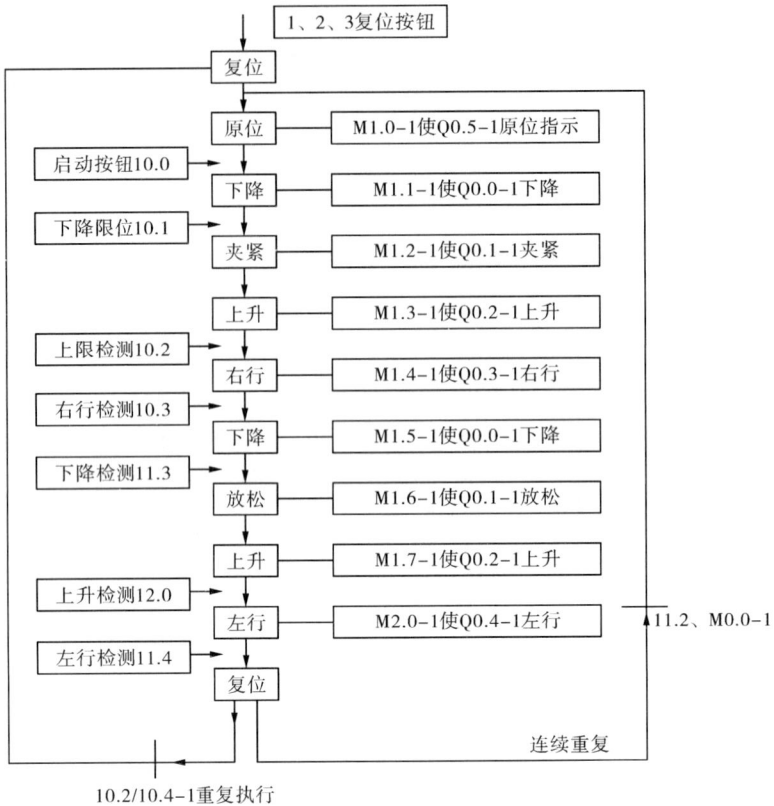

图 8-19 控制系统流程图

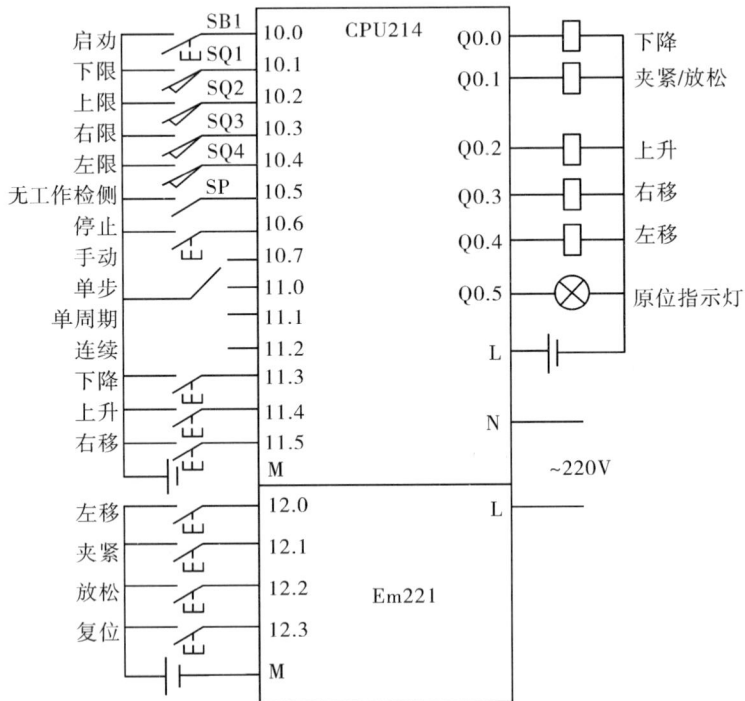

图 8-20 控制系统外部 I/O 接线图

（5）PLC 控制系统程序设计

如图 8－21 所示。

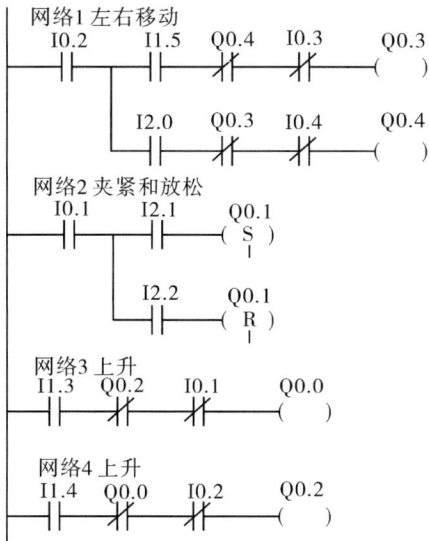

图 8－21a　主程序梯形图

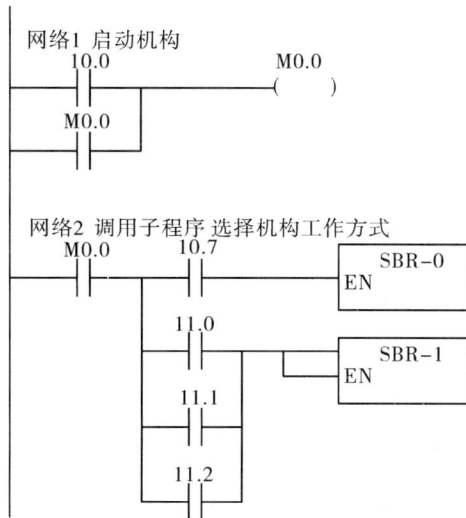

图 8－21b　手动程序梯形图（子程序 0）

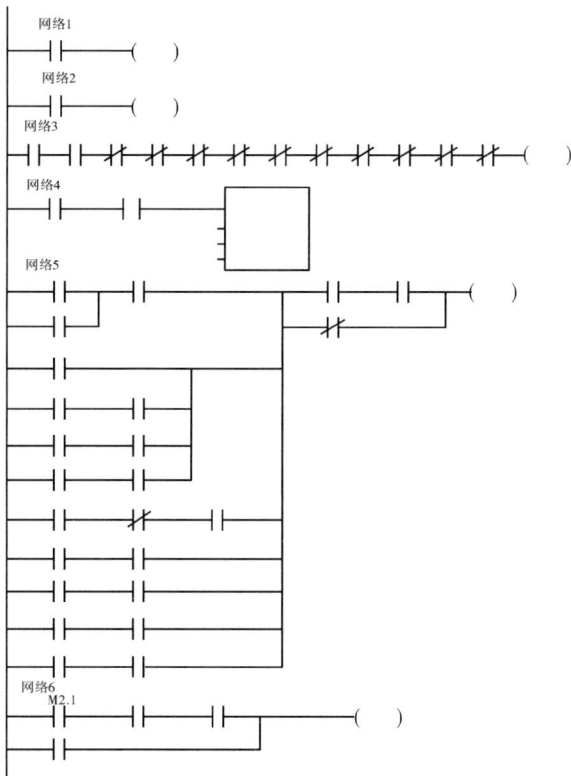

图 8－21c　自动操作程序（子程序 1）

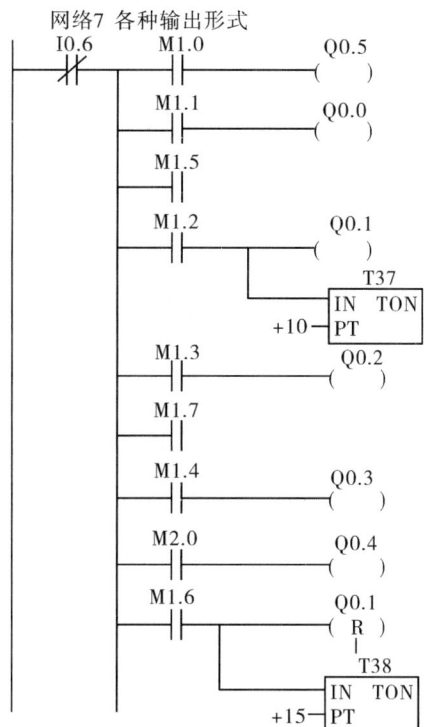

图 8－21d　输出显示程序

技能训练

（一）电动机控制实训

1. 实训内容

用 PLC 设计两台电动机的启动和停止控制线路。

2. 实训器材

（1）VTV - 90HC PLC 训练装置。

（2）VTV - 90HC - 1 电机控制模拟实验板。

（3）PLC 主机（S7—200，CPU224）。

3. 实训步骤

控制要求：按下启动按钮 SB1（I0. O），KM1 接通，电动机 M1 运行。5s 后 KM2 接通，电动机 M2 运行，即完成启动。按下停止按钮 SB2（I0. 1），电动机 M2 停止运行，10 s 后 M1 停止运行。

系统接入过流保护 FR1（I0. 2）、FR2（I0. 3）。

（1）系统接线如图 8 - 22 所示。

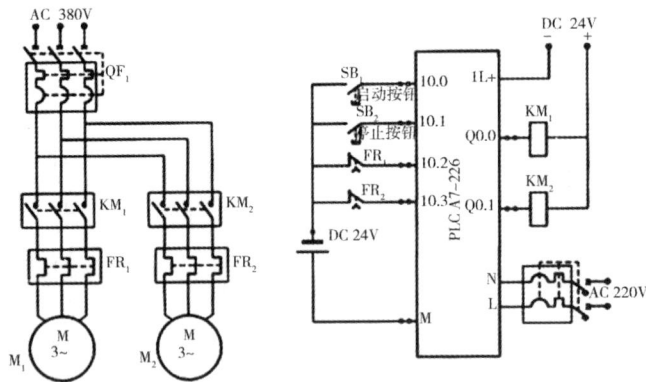

图 8 - 22 电动机控制的接线图

（2）程序设计：根据图 8 - 22 所示，两台电动机的启动和停止控制线路的程序设计如图 8 - 23 所示，运行并观察结果。

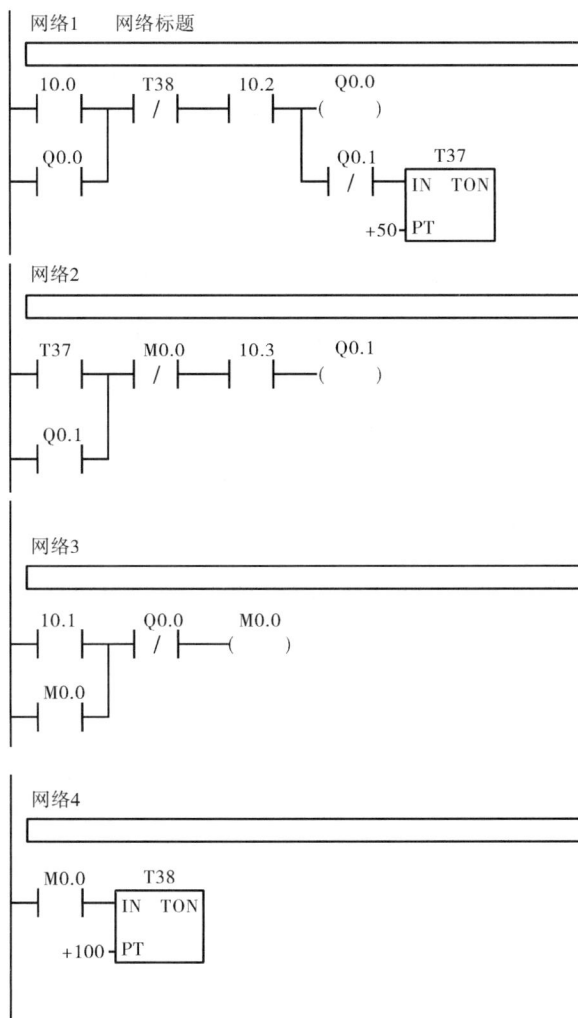

图 8 - 23　梯形图

4. 注意事项

（1）连接主电路时，要注意不可出现错误。

（2）记录按下启动按钮、停止按钮时，观察到的电动机的运行情况和持续时间。

（3）画出输出波形的时序图。

（4）输入程序时不要出现错误。

（二）抢答器的 PLC 控制设计

1. 实训内容

用 PLC 设计抢答器的控制线路。

2. 实训器材

常用电工工具 1 套,万用表 l 块、可编程控制器(S7 - 200 224)1 台,组合开关(Hzl0—25/3)1 个,抢答按钮 4 只,抢答指示灯 3 只,导线若干。

3. 实训步骤

(1)控制要求

有 3 组抢答台和 1 个主持人,每个抢答台上各有 1 个抢答按钮和一盏抢答指示灯。参赛者在允许抢答时,第一个按下抢答按钮的抢答台上的指示灯将会亮,且释放抢答按钮后,指示灯仍然亮;此后另外两个抢答台上即使再按各自的抢答按钮,其指示灯也不会亮。这样主持人就可以轻易地知道谁是第一个按下抢答器的。该题抢答结束后,主持人按下主持台上的复位按钮,则指示灯熄灭,又可以进行下一题的抢答比赛。

(2)抢答器的 I/O 分配及接线图

抢答器的 PLC 输入输出端子分配如表 8 - 10 所示,接线图如图 8 - 24 所示。

表 8 - 10　抢答器的 I/O 分配表

PLC 输入地址	说　明		PLC 输出地址	说　明
I0.0	主持人复位按钮 S0		Q0.1	1#指示灯 H1
I0.1	1#抢答按钮 S1		Q0.2	2#指示灯 H2
I0.2	2#抢答按钮 S2		Q0.3	3#指示灯 H3
I0.3	3#抢答按钮 S3			

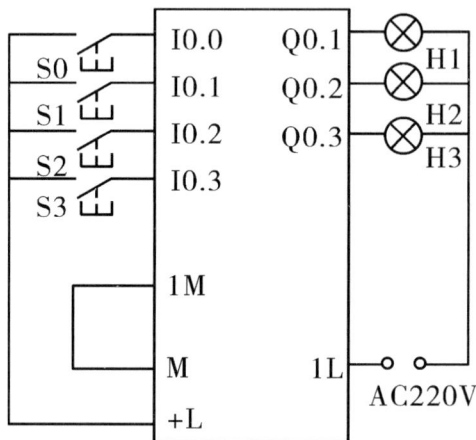

图 8 - 24　抢答器控制 PLC 接线图

(3)抢答器的控制程序设计

抢答器的控制程序设计如图 8—25 所示,本控制程序的关键在于:①抢答器指示灯的"自锁"功能,即当某一抢答台抢答成功后,即使释放其抢答按钮,其指示灯仍然亮,直至主持人进行复位灯才熄灭;②3 个抢答台之间的"互锁"功能,即只要有一个抢答台灯亮,另外两个抢答台上即使再按各自的抢答按钮,其指示灯也不会亮。

（4）上机操作步骤及要求

①根据题目要求,连接 PLC 输入输出接线,将程序录入梯形图编辑器中,下载梯形图程序,并使 PLC 进入运行状态。

②使 PLC 进入梯形图监控状态,交替按下抢答按钮、主持人按钮观察 Q0.1、Q0.2、QO.3 的值。

③打开状态图编辑器,分别将 I0.0、I0.1、I0.2、I0.3、IB0、Q0.1、Q0.2、Q0.3、QBO 写入状态图的地址栏,并将 IB0、QBO 的数据格式设置为二进制。

④进入状态图监控状态,交替按下抢答按钮、主持人按钮,观察 I0.0、I0.1、I0.2、I0.3、IB0、Q0.1、Q0.2、Q0.3、QB0 的值的变化。

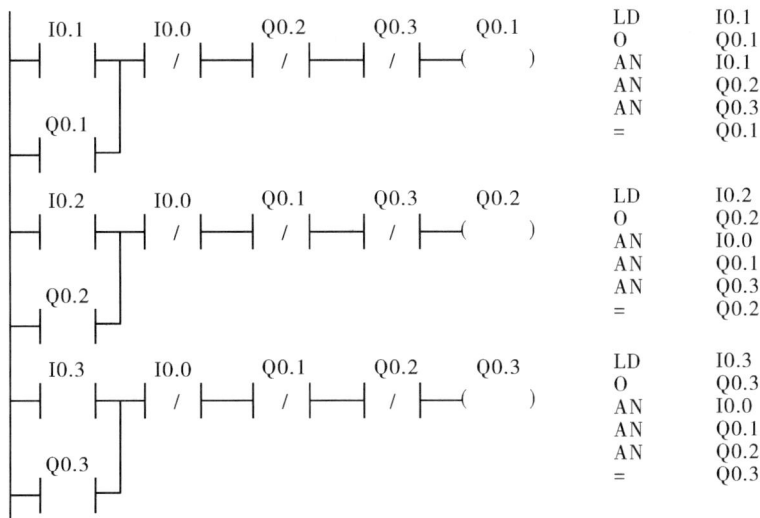

a）梯形图   b）语句表

图 8-25 抢答器程序设计

（三）用 PLC 改造通电延时带直流能耗制动的 Y—△ 起动的控制电路,并进行设计、安装与调试。

1. 实训内容

用 PLC 设计继电-接触器式的控制线路

2. 实训器材

常用电工工具 1 套,万用表 1 块、三相电动机（Y112M. 6,2.2kW,380V、丫接法或自定）1 台,配线板（500 mm×450 mm×20 mm）1 块,可编程控制器（S7-200）1 台,组合开关（Hzl0—25/3）1 个,交流接触器（CJl0-20,线圈电压 380 v）4 只,热继电器（JRl6.20/3D）1 只,熔断器及熔芯配套(RLl-60/20 A)3套,熔断器及熔芯配套(RLl-15/4 A)2套,三联按钮(LAlO-3H或LA4-3H)2个,接线端子排(JX2-1015,500 V、10 A、15节)1条,导线若干。

3．实训步骤

控制要求

根据系统需完成的控制任务,对被控对象的控制过程、控制规律、功能和特性进行详细分析。

起动时,按起动按钮SB2,接触器KMl、KM3相继吸合,三相异步电动机定子绕组接成丫形减压起动,同时时间继电器KT接通后开始计时,经10s(起动时间整定值)后接触器KM3释放,KM2吸合,此时电动机定子绕组接成△形正常运行。

停车时,按停止按钮SB1,接触器KM1和KM2释放,电动机停转。同时KM4、KM3吸合,三相异步电动机以Y形直流能耗制动。

(1)系统接线 如图8-26所示

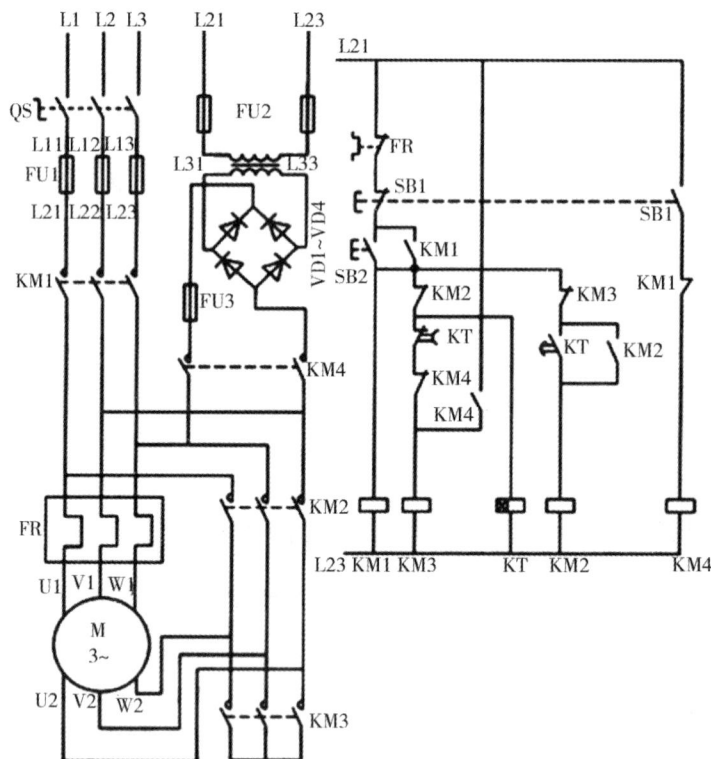

图8-26 通电延时带直流能耗制动的丫一△起动的控制电路

(2)分配I/O点数,绘制I/O接线图

I/O点数分配如表8-11所示

I/O接线图如图8-27所示

表 8 - 11　I/O 点分配表

输入			输出		
SBl	I0. 1	停止	KMl	Q0. 1	接触器 1
SB2	I0. 2	起动	KM2	Q0. 2	接触器 2
			KM3	Q0. 3	接触器 3
			KM4	Q0. 4	接触器 4

（3）设计控制程序

程序设计如图 8 - 28 所示。

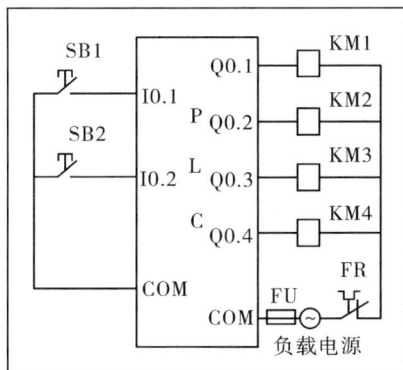

8 - 27　PLC 外部电路图　　　图 8 - 28　梯形图

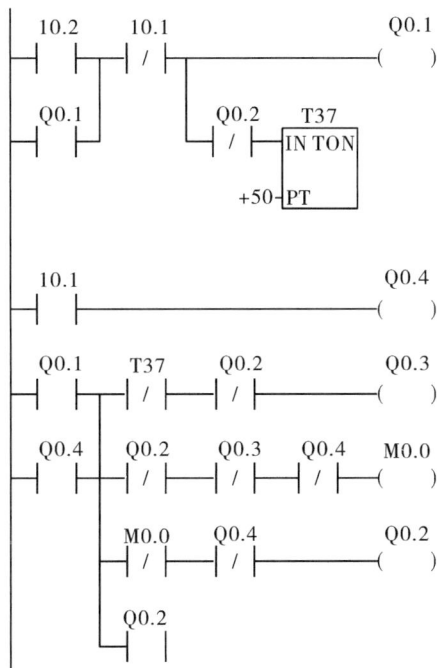

合上电源后,按下起动按钮 SB2,观察接触器动作是否正常。Y - △转换接触器动作是否正常。按停止按钮 SBl,观察接触器动作是否正常。若不符合要求,则可对硬件和程序做调整,通常只需修改部分程序即可达到调整的目的。

4. 注意事项

（1）首先按照所设计电路安装主电路,其安装方法及要求与继电接触式电路相同;然后按照 I/O 接线图安装控制电路。

（2）将设计好的程序用编程器输入到 PLC 中,进行编辑和检查。发现问题,立即修改和调整程序,直到满足控制要求。

（3）调试好的程序传送到现场使用的 PLC 存储器中,这时可先不带负载,只带上接触器线圈、信号灯等进行调试。

5.评分标准

表 8 - 12　评分标准

序号	主要内容	考核要求	评分标准	配分	扣分	得分
1	电路设计	根据给定的继电控制电路图,列出 PLC 控制 I/O 口(输入,输出)元器件地址分配表,设计梯形图及 PLC 控制 I/O 口(输入,输出)接线图,根据梯形图,列出指令表	1. 输入输出地址遗漏或搞错,每处扣 1 分 2. 梯形图表达不正确或画法不规范,每处扣 2 分 3. 接线图表达不正确或画法不规范,每处扣 2 分 4. 指令有错,每条扣 2 分	40		
2	安装与接线	按 PLC 控制 I/O 口(输入,输出)接线图在模拟配线板正确安装,元器件在配线板上布置要合理,安装要准确紧固,配线导线要紧固、美观,导线要进入行线槽,导线要有端子标号。	1. 元器件布置不整齐、不匀称、不合理,每只扣 5 分 2. 元器件安装不牢固、漏装木螺钉,每只扣 5 分 3. 损坏元器件扣 10 分 4. 电动机运行正常,如不按电路图接线,扣 2 分 5. 布线不进入行线槽,不美观,主电路、控制电路每根扣 2 分 6. 接点松动、露铜过长、反圈、压绝缘层、标记线号不清楚、遗漏或误标、引出端无别径压端子,每处扣 2 分 7. 损伤导线绝缘或线心,每根扣 0.5 分 8. 不按 PLC 控制 I/O(输入,输出)接线图接线,每处扣 5 分	30		
3	程序输入及调试	熟练操作 PLC 键盘,能正确地将所编写的程序输入 PLC;按照被控设备的动作要求进行模拟调试,达到设计要求	1. 不会熟练操作 PLC 键盘输入指令,扣 5 分 2. 不会用删除、插入、修改等命令,每项扣 5 分 3. 1 次试车不成功扣 10 分,2 次试车不成功扣 15 分,3 次试车不成功扣 20 分	30		
备注			合 计			
			指导教师 签字		年　月　日	

思考题与习题

8-1 选择 PLC 机型的主要依据是什么?

8-2 PLC 应用控制系统的硬件和软件的设计原则和内容是什么?

8-3 PLC 输入/输出有哪几种接线方式? 为什么?

8-4 开关量交流输入单元与直流输入单元各有什么特点? 它们分别适用于什么场合?

8-5 简要说明 PLC 系统的设计过程。与传统的继电器系统设计过程相比,有何特点?

8-6 PLC 系统安装时应注意哪些问题?

8-7 若 PLC 的输入端或输出端接有感性元件,应采取什么措施来保证 PLC 的可靠运行?

8-8 用一个按钮(I0.0)来控制三个输出(Q0.0~Q0.2)。当 Q0.0~Q0.2 都断开时,按一下 I0.0,Q0.0 接通;再按一下 I0.0,Q0.0 断开,Q0.1 接通;再按 I0.0,Q0.1 断开,Q0.2 接通;再按 I0.0,Q0.2 断开,回到三个输出全部断开状态。再操作 I0.0,输出又按以上顺序通断。试设计其梯形图程序。

8-9 某系统有两种工作方式:自动和手动。现场的输入设备有:6 个行程开关(SQl~SQ6)和 2 个按钮(SB1~SB2)仅供自动程序使用,6 个按钮(SB3~SB8)仅供手动程序使用,4 个行程开关(SQ7~SQ10)为自动、手动两程序共用。现有 S7-200 型的 PLC,其输入为 14 点,是否可以使用? 若可以,试绘出相应的外部输入硬件接线图。

8-10 设计一个十字路口交通指挥信号灯控制系统,其示意图所示。具体控制要求是:设置一个控制开关,当它闭合时,信号灯系统开始工作,先南北红灯亮、东西绿灯亮;当它断开时,信号灯全部熄灭。试绘出输入输出设备与 PLC 接线图、设计出梯形图程序并加以调试。

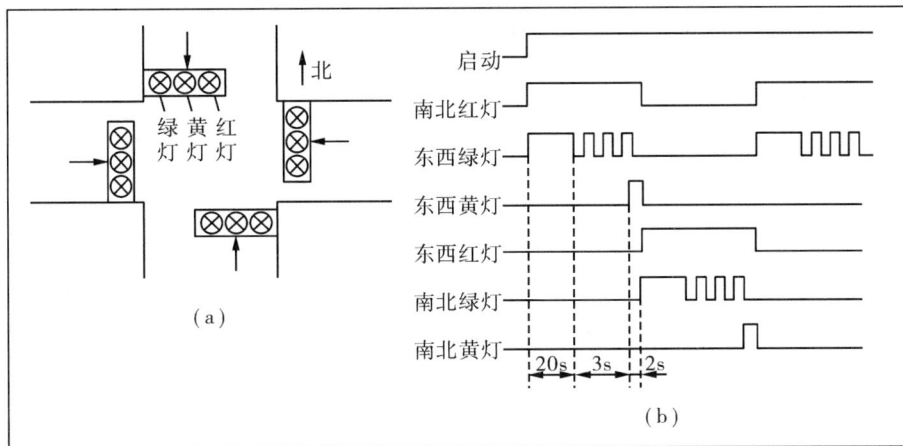

题 8-10 图

8-11 用数据类型转换指令实现100英寸转换成厘米。

8-12 编程实现定时中断,当连接在输入端I0.1的开关接通时闪烁频率减半;当连接在输入端I0.0的开关接通时,又恢复成原有的闪烁频率。

8-13 编写一个输入输出中断程序,实现一个从0到255的计数。当输入端I0.0为上跳沿时,程序采用加计数;输入端I0.0为下跳沿时,程序采用减计数。

8-14 某自动生产线上,使用有轨小车来运转工序之间的物件,小车的驱动采用电动机拖动,其行驶示意图如图所示。电机正转,小车前进;电机反转,小车后退。

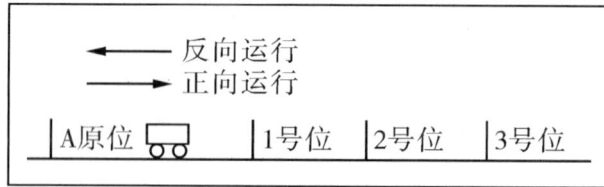

题8-14 小车行驶示意图

控制过程为:

(1)小车从原位A出发驶向1号位,抵达后,立即返回原位;

(2)接着直向2号位驶去,到达后立即返回原位;

(3)第3次出发一直驶向来3号位,到达后返回原位;

(4)必要时,小车按上述要求出发3次运行一个周期后能停下来;

(5)根据需要,小车能重复上述过程,不停地运行下去,直到按下停止按钮为止。

要求:按PLC控制系统设计的步骤进行完整的设计。

8-15 物料传送带的起停控制如图所示。起动按钮按下后,电动机M1接通;I0.1接通后电动机M2接通;当I0.2接通后电动机M1停止。其它传送带动作类推。试设计其功能图、梯形图。

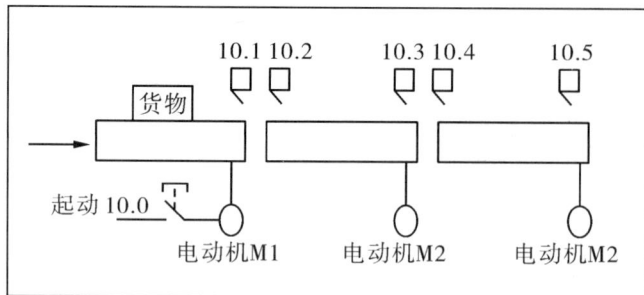

题8-15 多个传送带控制

8-16 如图所示为分拣小球大球的机械装置。工作顺序是:向下→抓球→向上→向右运动→向下→释放球→向上和向左运动至左上点(原点)。抓球和释放球的时间均为1s。当机械臂向下,电磁铁吸住大球,极限开关SQ2处于断开状态;电磁铁吸住小球,极限开关SQ2处于接通状态。试设计其功能图、梯形图。

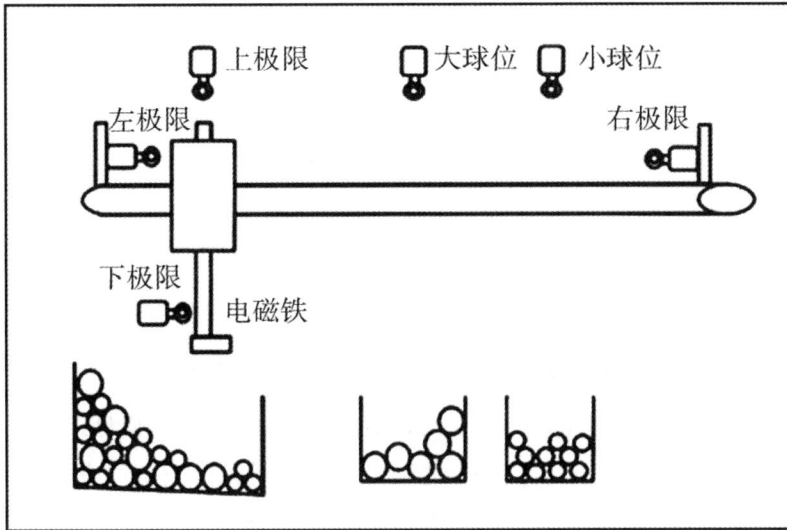

题 8 − 16　大小球分拣装置

参考文献

〔1〕. 金代中. 图解维修电工操作技能. 北京:中国标准出版社,2002

〔2〕. 机械工业职业技能鉴定指导中心. 高级维电工技术. 北京:机械工业出版社,2002

〔3〕. 唐树森,等. 电工电子技能实训指导书. 北京:人民邮电出版社,2007

〔4〕. 王兆晶维. 维修电工. 北京:机械工业出版社,2007

〔5〕. 张仁霖. 模拟电子技术实验实训指导教程. 合肥:安徽大学出版社,2008

〔6〕. 林春方. 数字电子技术实验实训指导教程. 合肥:安徽大学出版社,2008

〔7〕. 杨志忠. 数字电子技术. 北京:高等教育出版社,2003

〔8〕. 胡宴如. 模拟电子技术. 北京:高等教育出版社,2004

〔9〕. 周渊深,宁永英. 电力电子技术. 北京:机械工业出版社, 2005